21世纪高等学校物联网专业规划教材

物联网概论(第2版)

崔艳荣　周贤善　主编

陈勇　秦航　黄艳娟　刘鹏　胡森森　文畅　副主编

U0224057

清华大学出版社

北京

内 容 简 介

本书系统地介绍了物联网的概念、发展概况、体系结构、各层的关键技术、典型应用、物联网安全和标准化工作,将物联网分为感知识别层、网络传输层、应用支撑层及应用接口层4个层次。感知识别层介绍了传感器技术、自动识别技术、RFID技术、条形码技术;网络传输层则以无线网络为主,介绍了无线个人区域网、无线局域网、无线传感器网络及无线移动通信网络等几种典型的无线网络的关键技术;应用支撑层根据物联网的特点介绍了数据库系统、海量信息存储技术、搜索引擎技术及大数据挖掘;应用接口层讨论了物联网的业务分类及业务平台体系结构。另外,本书对物联网的安全和标准化工作也进行了讨论,同时给出了物联网在各个行业中的典型应用。

全书结构严谨,内容新颖,可以作为高校物联网专业和信息类、通信类、计算机类、工程类等专业"物联网概论"课程的教材,也可以供从事物联网开发、应用、研究与产业管理工作的人员参考。

图书在版编目(CIP)数据

物联网概论/崔艳荣等主编. —2 版. —北京:清华大学出版社,2018(2023.10重印)
(21 世纪高等学校物联网专业规划教材)
ISBN 978-7-302-49811-7

Ⅰ. ①物… Ⅱ. ①崔… Ⅲ. ①互联网络—应用—高等学校—教材 ②智能技术—应用—高等学校—教材 Ⅳ. ①TP393.4 ②TP18

中国版本图书馆 CIP 数据核字(2018)第 099064 号

责任编辑:贾 斌 薛 阳
封面设计:刘 键
责任校对:梁 毅
责任印制:丛怀宇

出版发行:清华大学出版社
  网 址:http://www.tup.com.cn,http://www.wqbook.com
  地 址:北京清华大学学研大厦 A 座   邮 编:100084
  社 总 机:010-83470000   邮 购:010-62786544
  投稿与读者服务:010-62776969,c-service@tup.tsinghua.edu.cn
  质量反馈:010-62772015,zhiliang@tup.tsinghua.edu.cn
  课件下载:http://www.tup.com.cn,010-83470236
印 装 者:三河市人民印务有限公司
经 销:全国新华书店
开 本:185mm×260mm   印 张:20.5   字 数:502 千字
版 次:2014 年 3 月第 1 版 2018 年 10 月第 2 版 印 次:2023 年 10 月第 8 次印刷
印 数:6001～7000
定 价:59.80 元

产品编号:075538-02

前言
FOREWORD

作为国家重点发展的战略性新兴产业之一，物联网（Internet of Things，IOT）正在快速发展。物联网被很多国家称为信息技术革命的第三次浪潮，以及继计算机、互联网、移动通信网之后信息产业的又一重大里程碑。从第一代互联网的人物交流、第二代互联网的人人交流到第三代互联网的物物交流，物联网通过现实空间物与物的智能互联，让物品"开口说话"，实现感知世界。同时通过互联网和物联网的整合，实现人类社会与物理系统的整合，在为人类社会带来了更大便利的同时，也为社会带来了巨大的经济财富。

物联网的整体构架可以分为感知识别层、网络传输层、应用支撑层及应用接口层4个层次。感知识别层位于整个层次结构的最低层，它通过传感器技术、自动识别技术、RFID技术及条形码技术等实现对物理世界的感知与识别，完成数据的采集；网络传输层利用各种无线网络技术和无线移动通信技术完成数据的传输；应用支撑层对网络传输层传输过来的数据进行各种处理；应用接口层根据物联网的具体应用将应用支撑层处理过的数据送到各类应用系统，形成物物相连的应用解决方案。

全书共分为9章。第1章介绍了物联网的概念、技术特征、发展概况、内涵及从互联网到物联网的演进；第2章对物联网的体系结构进行了分析，同时分析了物联网发展面临的挑战，对其应用前景做了展望；第3章介绍了感知识别层，主要讲解了传感器技术、自动识别技术、RFID技术及条形码等感知识别技术；第4章介绍了网络传输层，主要讲述了各类无线网络技术，例如ZigBee技术、WiFi技术、无线传感器网络技术，另外也讨论了无线移动通信网络，并对3G技术进行了分析；第5章介绍了应用支撑层，讲解了物联网中数据的特点及主要数据管理问题、海量信息存储技术、搜索引擎技术及大数据挖掘；第6章介绍了应用接口层，讨论了物联网业务的分类、行业系统架构及行业运营平台；第7章介绍了物联网综合应用，讨论了物联网在智能家居、智慧农业、智慧交通及在其他行业的经典应用；第8章介绍了物联网安全，对物联网的安全技术、安全隐患及安全内容进行了分析，并讨论了物联网安全中的传感器网络安全问题、RFID安全问题和3G安全问题；第9章介绍了物联网标准化工作，对物联网标准的研究现状、主要分类及需要做的工作进行了分析。

本书作者长期从事物联网研究工作，具有丰富的理论知识和实践经验。本书由崔艳荣教授和周贤善教授任主编，陈勇、秦航、黄艳娟、刘鹏、文畅、胡森森任副主编。第1章由文畅编写，第2章由胡森森编写，第3章由黄艳娟编写，第4章由崔艳荣编写，第5章由秦航编写,第 6 章和第 8 章由陈勇编写,第 7 章由刘鹏编写,第 9 章由周贤善编写。全书由崔艳荣和周贤善统稿。在本书编写过程中,参考和引用了物联网领域专家、学者和同行的研究成果以及互联网上的一些资讯,在此一并致谢!

  限于编写时间和作者水平,书中难免会存在不妥之处,敬请读者批评指正。作者的邮箱：cyanr@yangtzeu.edu.cn。

作 者

2017 年 4 月

目录
CONTENTS

第1章
CHAPTER 1 | 绪　论

从 1999 年提出物联网(Internet of Things,IOT)的概念至今,物联网正逐步深入人类智慧生活的各个方面。物联网是把所有物品通过射频识别(Radio Frequency Identification,RFID)等信息传感设备与互联网连接起来,实现智能化识别和管理,被称为继计算机、互联网之后,世界信息产业的第三次浪潮。

根据美国研究机构 Forrester 预测,物联网所带来的产业价值将比互联网大 30 倍,物联网将成为下一个万亿元级别的信息产业业务。

国际电信联盟(ITU)在 2005 年的一份报告中曾描绘物联网时代的图景:当司机出现操作失误时汽车会自动报警;公文包会提醒主人忘带了什么东西;衣服会"告诉"洗衣机对颜色和水温的要求等。

物联网正在把新一代 IT 技术充分运用在各行各业之中。比如:把感应器嵌入和装备到电网、铁路、桥梁、隧道、公路、建筑、供水系统、大坝、油气管道等各种物体中,然后将物联网与现有的互联网整合起来,实现人类社会与物理系统的整合。在这个整合的网络当中,存在能力超级强大的中心计算机群,能够对整合网络内的人员、机器、设备和基础设施实施实时的管理和控制,在此基础上,人类可以以更加精细和动态的方式管理生产和生活,达到"智慧"状态,提高资源利用率和生产力水平,改善人与自然间的关系。

1.1　物联网的概念

物联网尚在蓬勃发展之中,至今没有统一的定义。中国物联网校企联盟将物联网定义为当前几乎所有技术与计算机、互联网技术的结合,实现物体与物体之间、环境以及状态信息实时的共享以及智能化的收集、传递、处理、执行。广义上说,当下涉及信息技术的应用,都可以纳入物联网的范畴。

在著名的科技融合体模型中,物联网是一个基于互联网、传统电信网等信息承载体,让所有能够被独立寻址的普通物理对象实现互联互通的网络。它具有普通对象设备化、自治终端互联化和普适服务智能化三个重要特征。物联网是通过智能感知、识别技术与普适计算、泛在网络的融合应用。

国际电信联盟发布的 ITU 互联网报告中,对物联网做了如下定义:是通过二维码识读设备、射频识别装置、红外感应器、全球定位系统和激光扫描器等信息传感设备,按约定的协议,把任何物品与互联网相连接,进行信息交换和通信,以实现智能化识别、定位、跟踪、监控和管理的一种网络。根据国际电信联盟的定义,物联网主要解决物品与物品(Thing to Thing,T2T)、人与物品(Human to Thing,H2T)、人与人(Human to Human,H2H)之间的互连。但是与传统互联网不同的是,H2T 是指人利用通用装置与物品之间的连接,从而使得物品连接更加简化,而 H2H 是指人之间不依赖于个人计算机而进行的互连。

综合上述观点,"物联网就是物物相连的互联网"。包含两层意思:第一,物联网的核心和基础仍然是互联网,是在互联网基础上延伸和扩展的网络,但物联网绝不同于互联网;第二,其用户端延伸和扩展到了任何物品与物品之间,进行信息交换和通信。图 1-1 显示了物联网的构想。

图 1-1　物联网的构想图

1.2　物联网的三大特色

与互联网相比,物联网具有如下几个特征。

首先,物联网集合了各种感知技术。物联网上部署了多种类型传感器,每个传感器都是一个信息源,不同类别的传感器所捕获的信息内容和信息格式不同。传感器获得的数据具有实时性,按一定的频率周期性地采集环境信息,不断更新数据。

其次,物联网是一种建立在互联网上的泛在网络。物联网技术的重要基础和核心仍旧是互联网,通过各种有线和无线网络与互联网融合,将物体的信息实时准确地传递出去。在物联网上的传感器定时采集的信息需要通过网络传输,由于其数量极其庞大,形成了海量信息,在传输过程中,为了保障数据的正确性和及时性,必须适应各种异构网络和协议。

最后,物联网不仅提供了传感器的连接,其本身也具有智能处理的能力,能够对物体实施智能控制。物联网将传感器和智能处理相结合,利用云计算、模式识别等各种智能技术,扩充其应用领域。从传感器获得的海量信息中分析、加工和处理出有意义的数据,以适应不同用户的不同需求,发现新的应用领域和应用模式。

1.2.1 智能感知

智能感知是指利用条形码、射频识别、摄像头、传感器、卫星、微波等各种感知、捕获和测量的技术手段，实时地对物体进行信息的采集和获取。它们还能满足远程查询的电子识别需要，并能通过传感器探测周围的物理改变。甚至像灰尘这样的微粒都能被标记并纳入网络。这样的发展将使现今的静态物体变成未来的动态物体，在我们的环境中处处嵌入智能，刺激更多创新产品和服务的诞生。

射频识别技术是物联网的中枢之一。比如实时追踪物体以便获得关于位置和状态的重要信息。早期的 RFID 应用包括自动化高速公路收费，大型零售商的供应链管理，药剂防伪和电子医疗中的病人看护。最新的应用包括更多内容，从观众入场券到儿童防走失。RFID 甚至被植入到人体皮肤之下来达到医疗目的，或者作为某些俱乐部的 VIP 入场券。未来 RFID 将植入驾驶执照、护照和现金之中。RFID 阅读器也被植入到移动电话中，用于电子支付。例如，诺基亚就在 2004 年发布了支持 RFID 的商务手机。现在北京、上海、深圳等大城市，这样的手机或者城市一卡通系统，已经随处可见。

物联网全面感知追求的不仅是信息的广泛和透彻，而且是强调信息的精准和效用。"广泛"描述的是地球上任何地方的任何物体都可以纳入到物联网的范畴；"透彻"是指通过仪器和设备，可以随时获知、测量、捕获物体的信息；精准和效用是指采用系统和全面的方法，精准和快速地获取和处理信息，将特定的信息获取设备应用到特定的场景和行业，对物体实施智能化的管理。

另外，感知设备必须适应各种不同环境条件（如温度、湿度、速度、撞击、压力等），还要有效率地随时进行信息搜集。所以这些传感器在低功耗及系统耐久性的设计、高带宽、符合多元需求的感应技术、信号传递的网络技术以及加入其他新传感器的兼容性等方面，都面临相当大的挑战。

1.2.2 互通互联

互通互联是智能感知和智慧运行的中间环节，解决的是信息传输的问题，涉及各种通信网络和互联网相互融合，通过网络的可靠传递实现物体信息的共享。现有的网络包括通信网络 3G、GSM、GPRS、WLAN 等，比较流行的 ZigBee 传感器网络，以及互联网和全球定位系统。互通互联促使网络不断延伸，网络的触角触及物体，网络无处不在。

互通互联的关键在于如何实现无缝式的网络连接。要做到无缝接轨，就必须建构一个规模庞大、密集、具有多样化连接方式的网络，要结合来自不同传感器的多样化信号，主动而实时地将所搜集到的信息提供给使用者。这当然也需要基础设施的配合，包括网络布建、用户端的节点以及电信服务商是否提供物联网服务来实现。

1.2.3 智能处理

智能处理是解决物联网的计算、处理和决策问题。所谓智能处理，是以实现人与人、物与物、物与人的智能感知、互联互通和信息智能利用为特征，以物联网、云计算、大数据处理等新一代信息技术为基础，涉及智能电网、智能交通、智慧物流、智慧医疗、智慧工业、智慧农业等诸多领域。

智能物体意味着物体对外部激励拥有一定的处理能力和反应。智能家庭、智能车辆和个人机器人是嵌入式智能成功应用的一些领域。对可穿戴计算机（包括可穿戴移动车辆）的研究也正在逐步进行中。科学家们正在展开自己的想象力来开发新的设备和应用，如通过手机和互联网控制的烤箱和在线电冰箱。物体中的嵌入式智能则能把处理能力分发到网络边界，提供更高的数据处理能力和网络弹性。这还能帮助物体和设备在网络边界做出独立决定。

云是庞大数据的后台。处理须具备强大的系统进行运算及数据优化分析，才能有效分析数据并运用分析所得到的结果。其可扩充性及资料保密更是技术发展的关键。另外，智能化分析的逻辑建置具有相当大的难度，一般数据分析和事件判断是依据各领域专家所制定的规则，但是现今环境变化迅速，如何持续调整分析方法而更新规则，以及如何提供使用者可依自身所需的分析逻辑软件，透过协定来自行调整运用是目前研究的主要方向。

1.3　物联网的发展概况

从国际上看，欧盟、美国、日本、韩国等都十分重视物联网的发展，并且已经做了大量的研究开发和应用工作。美国已经把物联网作为重振经济的法宝，提出了"智慧地球、物联网和云计算"的计划，表明将继续作为新一轮 IT 技术革命的领头羊。欧盟也围绕着物联网技术和应用做了不少创新工作，他们推动了机器到机器（Machine to Machine，M2M）的技术和服务发展，2009 年推出了《欧盟物联网战略研究路线图》报告。日韩也启动了所谓泛在网络的国家战略。因此物联网不仅是科技的发展问题，也是国家综合科技实力和国际竞争力的体现。

1.3.1　物联网的起源

1991 年，剑桥大学特洛伊计算机实验室的科学家们正在为一个咖啡壶编写程序。他们想到的好点子是，在咖啡壶旁装一个小型摄像机，然后利用计算机图像捕捉技术，以 3 帧/秒的速度把咖啡壶传到实验室的计算机上，这样实验室的科学家就可以在咖啡煮好后再下楼，让他们免去了频繁下楼的烦恼。两年后，这套实时"咖啡观测"系统再次更新，不仅图像捕捉更快，而且可以通过互联网实时查看。没想到，这一举动引起了很多人的兴趣，最高峰时，全世界有近 240 万用户单击进入"咖啡壶"网站，观看它的工作过程。此外，还有数以万计的电子邮件涌入剑桥大学旅游信息办公室，希望能有机会亲眼看看这个神奇的咖啡壶。可以说，"特洛伊咖啡壶"为人们打开了让物质数据化（物联网）的大门，而这正是"智慧地球"构架的核心元素之一。

1999 年，美国麻省理工学院自动识别中心（MIT Auto-ID）的 Ashton 教授在研究 RFID 时，最早提出为全球每个物品提供一个电子标签，实现对所有实体对象的唯一有效标识。这一设想结合了物品编码、RFID 和互联网技术的解决方案,是物联网的雏形。

2005 年,在突尼斯举行的信息社会世界峰会(WSIS)上,国际电信联盟发布《ITU 互联网报告 2005:物联网》,引用了"物联网"的概念。从此,物联网的定义和范围已经发生了变化,覆盖范围有了较大的拓展,不再只是指基于 RFID 技术的物联网,而是利用嵌入到各种物品中的短距离移动收发器,把人与人的通信延伸到人与物、物与物的通信。

1.3.2 物联网国外发展概况

目前,物联网开发和应用仍处于起步阶段,发达国家和地区抓住机遇,出台政策进行战略布局,希望在新一轮信息产业重新洗牌中占领先机。日韩基于物联网的"U 社会"战略、欧洲"物联网行动计划"及美国"智能电网""智慧地球"等计划相继实施;澳大利亚、新加坡等国也在加紧部署物联网发展战略,加快推进下一代网络基础设施的建设步伐。物联网成为"后危机"时代各国提升综合竞争力的重要手段。

美国在物联网基础架构关键技术领域已有领先优势。美国国防部的"智能微尘"(smart dust)、国家科学基金会的"全球网络研究环境"(GENI)等项目提升了美国的创新能力;由美国主导的 EPC-global(Electronic Product Code)标准在 RFID 领域中呼声最高;德州仪器(TI)、英特尔、高通、IBM、微软在通信芯片及通信模块设计制造上全球领先。2009 年,奥巴马就任美国总统后,与美国工商业领袖举行了一次"圆桌会议",IBM 首席执行官彭明盛首次提出"智慧的地球"这一概念(如图 1-2 所示),建议新政府投资新一代的智慧型基础设施。当年,美国将新能源和物联网列为振兴经济的两大重点。

图 1-2 IBM 提出"智慧的地球"概念

2009 年的 IBM 论坛上,IBM 公布了名为"智慧的地球"的最新策略。IBM 认为,IT 产业下一阶段的任务是把新一代 IT 技术充分运用在各行各业之中。在策略发布会上,IBM 还提出,如果在基础建设的执行中,植入"智慧"的理念,不仅能够在短期内有力地刺激经济、促进就业,而且能够在短时间内为中国打造一个成熟的智慧基础设施平台。IBM 希望"智慧的地球"策略能掀起"互联网"浪潮之后的又一次科技产业革命。IBM 前首席执行官郭士纳曾提出一个重要的观点,认为计算模式每隔 15 年发生一次变革。这一判断像摩尔定律一样准确,人们把它称为"十五年周期定律"。而今天,"智慧的地球"战略被不少美国人认为与当年的"信息高速公路"有许多相似之处。物联网示意图如图 1-3 所示。

欧盟将信息通信技术(Information Communications Technology,ICT)作为促进欧盟从工业社会向知识型社会转型的主要工具,致力于推动 ICT 在欧盟经济、社会、生活各领域的应用,提升欧盟在全球的数字竞争力。欧盟在 RFID 和物联网方面进行了大量研究应用,通过 FP6、FP7 框架下的 RFID 和物联网专项研究进行技术研发,通过竞争和创新框架项目下的 ICT 政策支持项目推动并开展应用试点。2009 年 9 月 15 日,欧盟发布《欧盟物联网战略研究路线图》,提出欧盟到 2010 年、2015 年、2020 年三阶段物联网研发路线图,并提出物联

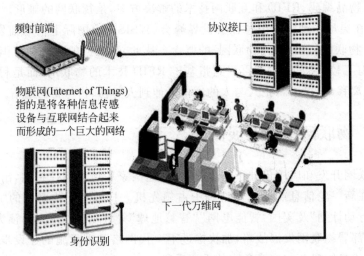

频射前端

协议接口

物联网(Internet of Things)
指的是将各种信息传感
设备与互联网结合起来
而形成的一个巨大的网络

下一代万维网

身份识别

图 1-3　物联网示意图

网在航空航天、汽车、医药、能源等 18 个主要应用领域和识别、数据处理、物联网架构等 12
个方面需要突破的关键技术。目前,除了进行大规模的研发外,作为欧盟经济刺激计划的一
部分,欧盟物联网已经在智能汽车、智能建筑等领域进行应用。

日本是世界上第一个提出"泛在"(源于拉丁语的 ubiquitous,简称 u 网络,指无所不在
的网络)战略的国家,2004 年,日本政府在两期 e-Japan 战略目标均提前完成的基础上,提出
了 u-Japan 战略,其战略目标是实现无论何时、何地、何物、何人都可受益于 ICT 的社会。物
联网包含在泛在网的概念之中,并服务于 u-Japan 及后续的信息化战略。通过这些战略,日
本开始推广物联网在电网、远程监测、智能家居、汽车联网和灾难应对等方面的应用。

日本政府主要希望通过 u-Japan 解决以下几大问题。

(1) 减少交通事故及拥堵问题;

(2) 通过信息化降低政务成本;

(3) 防御自然灾害,减少社会犯罪;

(4) 加强理工科教育,增强大学教育竞争力;

(5) 远程医疗及电子病历建设;

(6) 加强可再生能源和生物技术;

(7) 通过 ICT 应用增强日本工业的竞争力,推动日本文化和艺术的发展;

(8) 提高日本的国际影响力;

(9) 解决老年人、学生和妇女的就业问题,保证就业市场的公平。

此外,u-Japan 战略还肩负着国际战略和技术战略两个重要的横向战略重点。其国际
战略重点的目标是强化其国际影响力,引领亚洲成为世界信息据点。一是推进国际间的合
作,主要是加强与欧美各国和 WTO、OECD、APEC、ITU 等有关国际组织的合作,提高对
WSIS(世界信息社会高峰会议)的贡献度,加强在 ITU 的标准化活动和对国际社会的信息
发信力。二是推进亚洲宽带计划,建立与亚洲各国在信息方面的合作关系,推进网络基础建
设和应用软件应用、信息内容流通以及基础技术开发,培养 3000 名 ICT 人才。其技术战略
重点的目标是作为世界先驱,将泛在网络技术实用化,也就是把所谓"日本开发的技术"推向

全世界，作为世界新的信息社会的基本技术。

继日本之后，韩国也提出为期 10 年的 u-Korea 战略，目标是"在全球最优的泛在基础设施上，将韩国建设成全球第一个泛在社会"。2009 年 10 月 13 日，韩国通信委员会（KCC）通过了《基于 IP 的泛在传感器网基础设施构建基本规划》，将传感器网确定为新增长动力，据估算至 2013 年产业规模将达 50 万亿韩元。KCC 确立了到 2012 年"通过构建世界最先进的传感器网基础实施，打造未来广播通信融合领域超一流 ICT 强国"的目标。为实现这一目标，韩国确定了构建基础设施、应用、技术研发、营造可扩散环境等 4 大领域和多项课题。

1.3.3 物联网国内发展概况

中国发展物联网技术起步较早，在 20 世纪 90 年代，已经开始无线传感领域的研究。目前在标准和技术等方面也具有一定优势。中国科学院从 1999 年开始先后投入了数亿元资金用于标准制定、技术开发等工作。

由我国提交给 ISO/IEC 信息技术委员会的一项关于《传感器网络信息处理服务和接口规范》的国际标准提案，已通过新工作项目（NP）投票。这意味着我国开始参与物联网国际标准的制定，并力争掌握相应的话语权，正与德国、美国、英国等一起成为物联网国际标准制定的主导国。

科技部"863"计划第二批专项课题中包括 7 个关于物联网的课题，铁道部 RFID 应用已基本涵盖了铁路运输的全部业务，卫生部 RFID 主要应用领域有卫生监督管理、医保卡、检验检疫等，交通运输行业在高速公路不停车收费、多路识别、城市交通一卡通等智能交通领域也有所突破。

2009 年 8 月，国务院总理温家宝视察中国科学院无锡微纳传感网工程技术研发中心，指示要迅速在无锡建立"感知中国"中心。三个月后，在《让科技引领中国持续发展》讲话中，温家宝再次明确地指出，物联网为五大重点扶持的新型科技领域（新能源、新材料、生物科学、信息网络和空间海洋开发）之一，要求"着力突破传感网、物联网关键技术，早部署后 IP 时代相关技术研发，使信息网络产业成为推动产业升级、迈向信息社会的发动机"。

"感知中国"成为中国信息产业发展的国家战略。目前，物联网已被列入国家战略性新兴产业规划，无锡则被列为国家重点扶持的物联网产业研究与示范中心。同时，上海、北京、浙江、广东、福建、山东、四川、重庆、黑龙江等地区纷纷出台物联网发展规划，三大运营商、广电、国家电网乃至产业链多家企业也已制定了物联网发展规划。

工业和信息化部印发的《物联网"十二五"发展规划》，指出"十二五"期间物联网产业的发展目标、主要任务和重点工程是：重点培育 10 个产业聚集区和 100 个骨干企业，实现产业链上下游企业的汇集和产业资源整合。重点领域主要涉及智能工业、智能农业、智能物流、智能交通、智能电网、智能环保、智能安防、智能医疗和智能家居等。工信部曾预测至 2015 年，物联网产业规模将超过 5000 亿，年均增长率为 11% 左右。

在"十二五"期间，中国将制定和推广应用中国自主编码体系，突破核心技术和重大关键共性技术，初步形成从感测器、芯片、软件、终端、整机、网络到业务应用的完整产业链，培育一批具有较强国际竞争力的物联网产业领军企业。同时，重点推动以物联网为特征的智能物流产业的发展，2013—2015 年逐步形成物流信息化的体系，2015 年初步建立起与国家现代物流体系相适应的协调发展的物流信息化体系。

我国物联网产业发展势头良好，但核心技术仍需突破。射频标签是实现终端感知和地址标识最重要的工具，是物联网三大关键技术的基础。尽管我国已大量生产射频标签，但仍面临着核心芯片依赖进口、自主标准缺位、规模化推广难度大等诸多问题，严重威胁了我国的产业安全。由于芯片无法自主生产，国内的射频标签产业几乎全部使用美国主导的技术标准，如此不仅要付出专利费等经济代价，还存在极大的安全隐患。我国应该在核心技术上加强布局，增强专利储备，促进精密芯片研发，使我国日益壮大的射频标签产业用上"中国芯"。

1.4　物联网的核心技术

物联网是一种发展中的技术，其内涵也在不断地发生变化。在 10 年以前，物联网被视为互联网的应用扩展，而今这种观点已经远远不能涵盖物联网的发展。研究人员普遍认为应用创新是物联网发展的核心，以用户体验为核心的创新是物联网发展的灵魂。

1.4.1　无线射频识别技术

RFID 是一种无线射频识别技术。图 1-4 显示了一种手持式的 RFID 读写器。一套完整的 RFID 系统由三部分组成，包括两种基本的物理器件、一个阅读器（Reader）和若干电子标签（Tag），以及应用软件系统。其工作原理是阅读器发射特定频率的无线电波给电子标签，然后驱动电子标签电路将内部数据发送出去，此时阅读器便依序接收解读数据，送给应用程序做相应的处理。

图 1-4　手持式 RFID 读写器

射频识别系统最重要的优点是非接触识别，它能穿透雪、雾、冰、涂料、尘垢和条形码无法使用的恶劣环境阅读标签，并且阅读速度极快，大多数情况下不到 100ms。

这种技术最初是应用于生产和流通领域，在供应链中实现对物品的实时监控，从根本上提高对物品产生、配送、仓储、销售等环节的管理水平。物联网是分布在世界各地的销售商可以实时获取商品的销售情况，生产商可以及时调整生产量。物联网变革了商品销售、物流配送以及物品跟踪的管理模式。据 Sanford C. Bernstein 公司的零售业分析师估计，通过采用 RFID，沃尔玛每年可以节省 83.5 亿美元，其中大部分是因为不需要人工查看进货的条形码而节省的劳动力成本。现在 RFID 技术，不仅应用于物流和供应管理、生产制造和装配、航空行李处理、快递包裹处理，还应用到了图书馆管理、动物身份标识、运动计时、门禁控制/电子门票、道路自动收费、一卡通等。

制约射频识别系统发展的主要问题是不兼容的标准。射频识别系统的主要厂商提供的都是专用系统,导致不同的应用和不同的行业采用不同厂商的频率和协议标准,这种混乱和割据的状况已经制约了整个射频识别行业的增长。欧美许多组织正在着手解决这个问题,并已经取得了一些成绩。标准化必将刺激射频识别技术的大幅度发展和广泛应用。

1.4.2　无线传感器网络

1996 年,加利福尼亚大学洛杉矶分校的 William J. Kaiser 教授向美国国防部提交的"低能耗无线集成微型传感器"揭开了现代无线传感器网络(Wireless Sensor Network,WSN)的序幕。1999 年,麻省理工学院的教授们提出物联网概念的时候,他们的理念还停留在通过人工输入来实现感知。当无线传感器网络的概念融入物联网后,实时感知周围环境成为必然趋势。美国商业周刊将无线传感器网络列为 21 世纪最有影响的技术之一,麻省理工学院技术评论则将其列为改变世界的 10 大技术之一。

无线传感器网络所具有的众多类型的传感器可探测包括地震、电磁、温度、湿度、噪声、光强度、压力、土壤成分、移动物体的大小、速度和方向等周边环境中多种多样的现象。无线传感器网络技术得到学术界、工业界乃至政府的广泛关注,成为在国防军事、环境监测和预报、健康护理、智能家居、建筑物结构监控、复杂机械监控、城市交通、空间探索、大型车间和仓库管理以及机场、大型工业园区的安全监测等众多领域中最有竞争力的应用技术之一。

无线传感网络结构由传感器节点、汇聚节点、现场数据收集处理决策部分及分散用户接收装置组成。节点间能够通过自组织方式构成网络。传感器节点获得的数据沿着相邻节点进行传输,在传输过程中所得的数据可被多个节点处理,经多跳路由到协调节点,最后通过互联网或无线传输方式到达管理节点,用户可以对传感器网络进行决策管理、发出命令以及获得信息。无线传感器网络与具体行业结合,是走向智能化、自动化的最可行的方法之一。

1.4.3　泛在网络

泛在网络来源于拉丁语的 ubiquitous,是指无所不在的网络,又称 u 网络。最早提出泛在网络战略的是日本和韩国。他们给出的定义是:无所不在的网络社会将是由智能网络、最先进的计算技术以及其他领先的数字技术基础设施组成的技术社会形态。根据这样的构想,泛在网络将以"无所不在""无所不包""无所不能"为基本特征,帮助人类实现"4A"化通信,即在任何时间(Anytime)、任何地点(Anywhere)、任何人(Anyone)、任何物(Anything)都能顺畅地通信。"4A"化通信能力仅是泛在社会的基础,更重要的是建立泛在网络之上的各种应用。图 1-5 显示了泛在网络和其他网络的关系。

网络无处不在仅仅是基础,更重要的是要让应用无处不在。建设无处不在的网络社会,首先是要建立起能够实现人与人、人与计算机、计算机与计算机、人与物、物与物之间信息交流的泛在网络基础架构,然后在泛在网络基础之上开发出让人们生活更加便利的各种应用。

在泛在网络社会中,网络空间、信息空间和物理空间实现无缝连接,软件、硬件、系统、终端、内容、应用实现高度整合。泛在网络将如同空气和水一样,自然而深刻地融入人们的日常生活及工作之中。

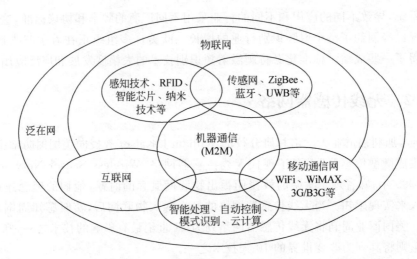

图1-5　泛在网络和其他网络的关系

为了实现泛在网络的设想,现有的电信网、互联网和广电网之间,固定网、移动网和无线接入网之间,基础通信网、应用网和射频感应网之间都应该实现融合。除了需要高度普及先进的基础设施之外,还需要建立一个标准化体系保障泛在网络的可用性和互通性。标准化包括泛在网络系统构架、系统中各功能模块和组件、各模块之间的接口、数据标志(采集、处理、传输、存储、查询等过程)、应用服务标准、信息安全、个人隐私保护等。

1.5　互联网与物联网

互联网是20世纪人类伟大的发明。互联网的出现使人们的交往方式、社会和文化形态发生了重大变化,不仅改变了现实世界,更催生了虚拟世界。互联网缩短了人与人之间的时空距离。

物联网是在互联网基础上的进一步延伸和发展,二者既有相同之处又有不同之处。物联网连接了人与人、人与物、物与物。如果说互联网扩充和丰富了“地球村”的内涵,而物联网将带领我们通向“智慧的地球”。

1.5.1　互联网的概念

美国联邦网络委员会(FNC)认为因特网(Internet)是:全球性的信息系统,通过全球性唯一的地址逻辑地连接在一起,这个地址是建立在网际协议(IP)或今后其他协议基础之上的,可以通过传输控制协议和网际协议(TCP/IP),或者今后其他接替的协议或与IP兼容的协议来进行通信,可以让公共用户或者私人用户使用高水平的服务,这种服务是建立在上述通信及相关的基础设施之上的。因特网网示意图如图1-6所示。

具体而言,互联网是一个网络实体,没有一个特定的网络疆界,泛指通过网关连接起来的网络集合,即一个由各种不同类型和规模的独立运行与管理的计算机网络组成的全球范围的计算机网络。组成互联网的计算机网络,包括局域网(LAN)、城域网(MAN)以及大规

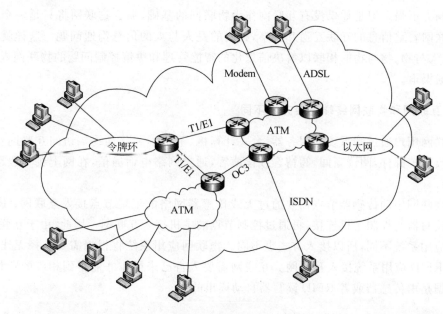

图 1-6　因特网示意图

模的广域网(WAN)等。这些网络通过普通电话线、高速率专用线路、卫星、微波和光缆等通信线路把不同国家的大学、公司、科研机构和政府等组织以及个人的网络资源连接起来,从而进行通信和信息交换,实现资源共享。

经过多年的发展,互联网已经在社会的各个层面为全人类提供便利。电子邮件、即时消息、视频会议、网络日志(blog)、网上购物等已经成为越来越多人的一种生活方式;而基于B2B、B2C 等平台的电子商务、跨越洲际的商务会谈以及电子政务等为商业与政府办公创造了更加安全、便捷的环境。

1.5.2　互联网与物联网的关系

互联网是由计算机连接而成的全球网络,即广域网、局域网及个人计算机按照一定的通信协议组成的国际计算机网络。物联网可以说是互联网的升级版,"物联网就是物物相连的互联网",它的核心和基础依然是互联网。那么物联网和互联网到底有哪些区别呢? 物联网时代会与互联网时代有何不同之处呢?

1. 互联网是物联网的基础

互联网和物联网可以从它们的主要作用来区别两者的不同之处,互联网的产生是为了人通过网络交换信息,其服务的主体是人。而物联网是为物而生,主要为了管理物,让物自主地交换信息,服务于人。既然物联网为物而生,要让物具备智能,物联网的真正实现必然比互联网的实现更难。另外,从信息的进化上讲,从人的互联到物的互联,是一种自然的递进,本质上互联网和物联网都是人类智慧的物化而已,人的智慧对自然界的影响才是信息化进程本质的原因。

物联网比互联网技术更复杂,产业辐射面更宽,应用范围更广,对经济社会发展的带动力和影响力更强。但是如果没有互联网作为物联网的基础,那么物联网将只是一个概念而已。互联网着重信息的互联互通和共享,解决的是人与人的信息沟通问题。这样就为通过人与人、人与物、物与物的相联以解决信息化的智能管理和决策控制问题的物联网提供了前期的沟通渠道。

2. 互联网和物联网终端连接方式不同

互联网用户通过端系统的服务器、台式计算机、笔记本和移动终端访问互联网资源,发送或接收电子邮件,阅读新闻,写博客或读博客,通过网络电话通信,在网上买卖股票,订机票、酒店。

而物联网中的传感器节点需要通过无线传感器网络的汇聚节点接入互联网;RFID 芯片通过读写器与控制主机连接,再通过控制节点的主机接入互联网。因此,由于互联网与物联网的应用系统不同,所以接入方式也不同。物联网应用系统将根据需要选择无线传感器网络或 RFID 应用系统接入互联网。互联网需要人自己来操作才能得到相应的资料,而物联网数据是由传感器或者 RFID 读写器自动读出的。

3. 物联网涉及的技术范围更广

物联网运用的技术主要包括无线技术、互联网、智能芯片技术、软件技术,几乎涵盖了信息通信技术的所有领域,而互联网只是物联网的一个技术方向。互联网只能是一种虚拟的交流,而物联网实现的就是实物之间的交流。所以物联网涉及的技术范围更广,未来发展的前景更好。

4. 物联网是让中国技术走在世界前列的机遇

互联网兴起和发展的时候,中国还毫无知觉。当中国意识到的时候,发现已经被发达国家甩得老远。物联网的概念是在 1999 年提出的,那时中国政府和一些产业专家就看到了物联网的未来前景,所以中国政府这几年不管从政策上还是资金上都给予了最直接的帮助,这样物联网的发展与其他国家相比就没有输在起跑线上,具有同发优势。现在,中国与德国、美国、韩国一起,已成为物联网国际标准制定的主导国之一。

1.5.3 H2H 与 T2T 的发展路线

人到人(Human to Human,H2H)之间的互连,是指人之间不依赖于计算机而进行的互连,因为互联网并没有考虑到物与物连接的问题。物到物(Things to Things,T2T),顾名思义就是物与物的连接。

许多学者讨论物联网时,经常会引入一个 M2M 的概念,可以解释成人到人(Man to Man)、人到机器(Man to Machine)、机器到机器(Machine to Machine)。从本质上而言,在人与机器、机器与机器的交互中,大部分是为了实现人与人之间的信息交互。实际上,M2M 所有的解释在现有的互联网都可以实现,人到人之间的交互可以通过互联网进行,最多可以通过其他装置间接地实现,例如第三代移动电话,可以实现十分完美的人到人的交互;人到机器的交互一直是人体工程学和人机界面领域研究的主要课题;而机器与机器之间的交互已经由互联网提供了最为成功的方案。本质上,在人与机器、机器与机器的交互中,大部分是为了实现人与人之间的信息交互。

在物联网研究中不应该采用 M2M 概念,这是容易造成思路混乱的概念,应该采用 ITU 定义的 T2T 和 H2H 的概念。

这里的"物"要满足以下条件才能够被纳入"物联网"的范围。

(1) 要有数据传输通路;

(2) 要有一定的存储功能;

(3) 要有专门的应用程序;

(4) 遵循物联网的通信协议;

(5) 在世界网络中有可被识别的唯一编号。

T2T 的发展主要有两个趋势,一个是 IP 化,另一个是智能化。IP 化是指给物联网内的物一个全球唯一的标识;智能化是指使物具备自主交换信息,实现信息处理,从而物也具备智能。

1.5.4　网络的泛化

网络演进是一个长期的过程,必须综合考虑保护现有网络的投资,并且能够保证新旧网络之间的平滑过渡。网络全 IP 化、融合组网已逐步成为网络发展的主要方向。

目前存在的互联网、电信网、传感网络、CPS 都与物联网密不可分。实现 H2T、H2H、T2T,需要最大可能地整合这些网络,从而最终实现泛在网络。这也是一项正在探索的工程。

1. 下一代互联网

互联网是人类社会重要的信息基础设施,对经济社会发展和国家安全具有战略意义,与构建和谐社会、建设创新型国家和走新型工业化道路等重大战略的实施紧密相关。学术界对于下一代互联网还没有统一定义,但对其主要特征已达成如下共识。

- 更大的地址空间:采用 IPv6 协议,下一代互联网将具有比 IPv4 更大的地址空间,接入网络的终端种类和数量更多,网络应用更广泛。
- 更快:100MB/s 以上的端到端高性能通信。
- 更安全:可进行网络对象识别、身份认证和访问授权,具有数据加密和完整性,实现一个可信任的网络。
- 更及时:提供组播服务,进行服务质量控制,可开发大规模实时交互应用。
- 更方便:无处不在的移动和无线通信应用。
- 更可管理:有序的管理、有效的运营、及时的维护。
- 更有效:有盈利模式,可创造重大社会效益和经济效益。

2. 三网融合

三网融合是当下科技和标准逐渐融合的一个典型表现形式。三网融合又叫三网合一,意指电信网络、有线电视网络和计算机网络的相互渗透、互相兼容,并逐步整合成为全世界统一的信息通信网络，其中互联网是其核心部分。

三网融合打破了此前广电在内容输送、电信在宽带运营领域各自的垄断，明确了互相进入的准则——在符合条件的情况下，广电企业可经营增值电信业务、比照增值电信业务管理的基础电信业务、基于有线电网络提供的互联网接入业务等；而国有电信企业在有关部门的监管下，可从事除时政类节目之外的广播电视节目生产制作、互联网视听节目信号传输、转播时政类新闻视听节目服务、IPTV 传输服务、手机电视分发服务等。

按照国务院的规定，2010—2012 年重点开展广电和电信业务双向进入试点，探索形成规范有序开展三网融合的政策体系和体制机制。2013—2015 年，需要总结推广试点经验，全面实现三网融合发展。随后三网融合将从试点进入推广阶段，在全国展开应用。

随着三网融合的进一步推广，IPTV、OTT、基于云的视频服务等业务将迎来更大的机遇。此前北京联通 IPTV 业务也悄然推出，IPTV 作为三网融合业务发展的最大切入点，取得了更大的进展。而国家广电总局和新闻出版总署合并，使播控权的问题得到解决，也不再受阻于广电体制，这将直接推动三网融合的发展。

3. 传感器网络

传感器网络指的是将红外感应器、全球定位系统、激光扫描器以及各种专用的传感器等信息传感设备与互联网结合起来而形成的一个巨大网络。这些传感器协作地监控不同位置的物理或环境状况（比如温度、声音、振动、压力、运动或污染物）。无线传感器网络的发展最初起源于战场监测等军事应用，而现今无线传感器网络被应用于很多民用领域，如环境与生态监测、健康监护、家庭自动化，以及交通控制等。传感器正逐步实现微型化、智能化、信息化、网络化，正经历着一个传统传感器（Dumb Sensor）→智能传感器（Smart Sensor）→嵌入式 Web 传感器（Embedded Web Sensor）的内涵不断丰富的发展过程。

传感器网络综合了传感器技术、嵌入式计算技术、现代网络及无线通信技术、分布式信息处理技术等技术。通过感知识别技术，让物品"开口说话、发布信息"，是融合物理世界和信息世界的重要一环，是物联网区别于其他网络的最独特的部分。传感器正充当着物联网的"触手"，是位于感知识别层的信息生成设备，传感器网络所感知的数据是物联网海量信息的重要来源之一。

4. 信息物理系统

信息物理系统（Cyber Physical System，CPS）表示的是虚拟世界与物理世界的一种映射和对应关系。信息物理系统是一个综合计算、网络和物理环境的多维复杂系统，通过 3C（Computation、Communication、Control）技术的有机融合与深度协作，实现大型工程系统的实时感知、动态控制和信息服务。

信息物理系统实现计算、通信与物理系统的一体化设计，可使系统更加可靠、高效、实时协同，具有重要而广泛的应用前景。它注重计算资源与物理资源的紧密结合与协调，主要用于一些智能系统上，如机器人、智能导航等。

何积丰院士认为，信息物理系统的意义在于将物理设备联网，特别是连接到互联网上，使得物理设备具有计算、通信、精确控制、远程协调和自治等 5 大功能。近年来，信息物理系统不仅成为国内外学术界和科技界研究开发的重要方向，预计也将成为企业界优先发展的产业领域。开展 CPS 研究与应用对于加快中国培育推进工业化与信息化融合具有重要意义。

5. 云计算

云计算(Cloud Computing)是基于互联网的相关服务的增加、使用和交付模式,通常涉及通过互联网来提供动态易扩展且经常是虚拟化的资源。狭义云计算指 IT 基础设施的交付和使用模式,指通过网络以按需、易扩展的方式获得所需资源;广义云计算指服务的交付和使用模式,指通过网络以按需、易扩展的方式获得所需服务。这种服务可以是 IT 和软件、互联网相关,也可以是其他服务。它意味着计算能力也可作为一种商品通过互联网进行流通。云计算是分布式计算(Distributed Computing)、并行计算(Parallel Computing)、效用计算(Utility Computing)、网络存储(Network Storage Technologies)、虚拟化(Virtualization)、负载均衡(Load Balance)等传统计算机和网络技术发展融合的产物。

云计算是当前一个热门的技术名词,很多大型企业都在研究云计算技术和基于云计算的服务,亚马逊、谷歌、微软、戴尔、IBM、Sun 等 IT 国际巨头以及百度、阿里巴巴等国内业界都在其中。从 2003 年 Google 公开发布核心文件到 2006 年 Amazon EC2(亚马逊弹性计算云)的商业化应用,再到美国电信巨头 AT&T(美国电话电报公司)推出的 Synaptic Hosting (动态托管)服务,云计算从节约成本的工具到盈利的推动器,从 ISP(网络服务提供商)到电信企业,已然成功地从内置的 IT 系统演变成公共的服务。

通过使计算分布在大量的分布式计算机上,而非本地计算机或远程服务器中,企业数据中心的运行将与互联网更相似。这使得企业能够将资源切换到需要的应用上,根据需求访问计算机和存储系统。图 1-7 显示了云网络。

图 1-7　云网络示意图

小结

物联网主要解决物品与物品、人与物品、人与人之间的互连。物联网是在互联网的基础上,综合了射频、无线传感器网络、云计算等技术。

本章介绍了物联网的起源和发展,及其国内外研究的现状,重点介绍了物联网的概念和内涵,以及物联网未来发展面临的问题。

习题

1. 什么是物联网?
2. 物联网的技术特征是什么?

3. 简述物联网的国内外发展概况。

4. 简述物联网与互联网的区别和联系。

5. 简述泛在网络的演进。

6. 物联网的内涵是什么？

7. 谈谈你认为物联网和具体的行业结合，可以产生怎样的应用前景。

第 2 章
CHAPTER 2 | **物联网的体系结构**

物联网是"物"与信息世界的深度融合,涉及众多的技术领域,也应用在许多行业。需要对物联网中的各种物品包括设备进行功能、行为的分类,从而建立科学的物联网体系结构。有利于规范和引导物联网产业的发展,促进物联网标准的统一。

2.1 物联网的基本组成

物联网是一种形式多样的聚合复杂系统。网络的体系结构是按照分层的思想建立的。物联网也是分层的结构,这种分层是按照数据的产生、传输、流动的关系对整个物联网进行的划分。采用这样的思想,可以使物联网的设计、供应商专注于自己领域内的工作,通过标准的接口进行互联。

物联网由 4 个部分组成,图 2-1 显示了物联网的 4 层结构。

图 2-1 物联网 4 层结构

（1）感知识别部分：即以二维码、RFID、传感器为主，实现对"物"的感知识别。

（2）网络传输部分：即通过现有的互联网、广电网络、通信网络或者传感器网络等实现数据的传输。

（3）应用支撑部分：即在高性能计算机技术的支撑下，将网络内海量的信息资源通过计算整合成一个互联互通的大型智能网络，根据底层采集的数据，形成与业务需求相适应、实时更新的动态数据资源库，为上层服务管理和大规模行业应用建立一个高效、可靠、可信的支撑技术平台。

（4）应用接口部分：即主要完成服务的发现和服务的呈现。

感知识别层相当于人体的五官，用于识别物体和采集信息。感知识别层包括二维码标签和识读器、RFID标签和读写器、摄像头、GPS等，主要作用是识别物体，采集信息，与人体的五官的作用相似。

网络传输层相当于人体的神经中枢和大脑，是物联网的中枢，实现信息传递和信息处理。网络传输层包括通信与互联网的融合网络、网络管理中心和信息处理中心等。网络传输层将感知识别层获取的信息进行传递和处理。

应用支撑层相当于人的骨骼，利用云计算、数据挖掘、中间件等技术实现对物品的自动控制与智能管理。应用支撑层是物联网与行业专业技术的深度融合，实现行业智能化。

应用接口层相当于人的社会分工，与行业需求结合，实现广泛智能化。这类似于人通过社会分工最终构成人类社会。

在各层之间，信息不是单向传递的，也有交互、控制等，所传递的信息多种多样，其中关键是物品的信息，包括在特定应用系统范围内能唯一标识物品的识别码和物品的静态与动态信息。下面对这4层的功能和关键技术分别进行介绍。

2.2 感知识别层

感知识别层解决对客观世界的数据获取的问题，目的是形成对客观世界的全面感知和识别。由于物联网终端的多样性，在该层中涉及众多的技术层面，核心是要解决智能化、低能耗、低成本和小型化的问题。

2.2.1 感知识别层功能

物联网是传统互联网络的延伸和扩展，扩大了通信对象的范围。即通信不再局限于人与人之间的通信，还扩展到人与现实世界的各种物体之间的通信。这里的"物"并不是自然物品，而是要满足一定的条件才能够被纳入物联网的范围。一般来说，物联网中的"物"应该有相应的信息接收器和发送器、数据传输通路、数据处理芯片、操作系统、存储空间等，遵循物联网的通信协议，在物联网中有可被识别的标识。

按照上述"物"的概念，客观世界的物在物联网设备"感"和"传"的帮助下才能满足以上条件，并加入物联网。物联网设备具体来说就是嵌入式系统、传感器、RFID等，物联网感知识别层解决的就是人类世界和物理世界的数据获取问题，包括各类物理量、标识、音频、视频数据。感知识别层处于物联网体系结构的最底层,是物联网发展和应用的基础,具有物联网全面感知的核心能力。作为物联网的最基本一层,感知识别层具有十分重要的作用。

感知一般包括数据采集和数据短距离传输两部分,即首先通过传感器、摄像头等设备采集外部物理世界的数据,通过蓝牙、红外、ZigBee、工业现场总线等短距离有线或无线传输技术进行协同工作或者传递数据到网关设备。也可以只有数据的短距离传输这一部分,特别是在仅传递物品的识别码的情况下。实际上,感知识别层的这两个部分有时难以明确区分开。

2.2.2　感知识别层关键技术

1. 传感器技术

传感器技术同计算机技术与通信技术一起被称为信息技术的三大支柱。从仿生学观点,如果把计算机看成处理和识别信息的"大脑",把通信系统看成传递信息的"神经系统"的话,那么传感器就是"感觉器官"。图 2-2 显示了各种传感器。

(a) 湿度传感器　　　　(b) 振动传感器　　　　(c) 压力传感器　　　　(d) CCD传感器

图 2-2　各种传感器

传感器技术是主要研究从自然信源获取信息,并对之进行处理(变换)和识别的一门多学科交叉的现代科学与工程技术,它涉及传感器、信息处理和识别的规划设计、开发、制造、测试、应用及评价改进等活动。传感器技术的核心即传感器,它是负责实现物联网中物、物与人信息交互的必要组成部分。获取信息靠各类传感器,它们有各种物理量、化学量或生物量的传感器。按照信息论的凸性定理,传感器的功能与品质决定了传感系统获取自然信息的信息量和信息质量,是高品质传感器技术系统构造的第一个关键。信息处理包括信号的预处理、后置处理、特征提取与选择等。识别的主要任务是对经过处理的信息进行辨识与分类。它利用被识别(或诊断)对象与特征信息间的关联关系模型对输入的特征信息集进行辨识、比较、分类和判断。因此,传感器技术是遵循信息论和系统论的。它包含众多的高新技术,被众多的产业广泛采用。它也是现代科学技术发展的基础条件,应该受到足够的重视。

微型无线传感器技术以及以此组建的传感网是物联网感知层的重要技术手段。

2. 射频识别技术

射频识别技术是 20 世纪 90 年代开始兴起的一种非接触式自动识别技术,该技术的商用促进了物联网的发展。它通过射频信号等一些先进手段自动识别目标对象并获取相关数据,有利于人们在不同状态下对各类物体进行识别与管理。

射频识别系统通常由电子标签和阅读器组成。电子标签内存有一定格式的标识物体信息的电子数据,是未来几年代替条形码走进物联网时代的关键技术之一。该技术具有一定的优势:能够轻易嵌入或附着,并对所附着的物体进行追踪定位;读取距离更远,存取数据时间更短;标签的数据存取有密码保护,安全性更高。RFID目前有很多频段,集中在13.56MHz频段和900MHz频段的无源射频识别标签应用最为常见。短距离应用方面通常采用13.56MHz HF频段;而900MHz频段多用于远距离识别,如车辆管理、产品防伪等领域。阅读器与电子标签可按通信协议互传信息,即阅读器向电子标签发送命令,电子标签根据命令将内存的标识性数据回传给阅读器。

RFID技术与互联网、通信等技术相结合,可实现全球范围内物品跟踪与信息共享。但其技术发展过程中也遇到了一些问题,主要是芯片成本,其他的如RFID反碰撞防冲突、RFID天线研究、工作频率的选择及安全隐私等问题,都在一定程度上制约了该技术的发展。

3. 微机电系统

微机电系统(Micro-Electro-Mechanical Systems,MEMS)是指利用大规模集成电路制造工艺,经过微米级加工,得到的集微型传感器、执行器以及信号处理和控制电路、接口电路、通信和电源于一体的微型机电系统。

MEMS技术近几年的飞速发展为传感器节点的智能化、小型化、功率的不断降低创造了成熟的条件,目前已经在全球形成百亿美元规模的庞大市场。近年更是出现了集成度更高的纳米机电系统(Nano-Electromechanical System,NEMS),具有微型化、智能化、多功能、高集成度和适合大批量生产等特点。MEMS技术属于物联网的信息采集层技术。

4. 条形码技术

二维条形码最早发明于日本,它是用某种特定的几何图形按一定规律在平面(二维方向上)分布的黑白相间的图形记录数据符号信息的,在代码编制上巧妙地利用构成计算机内部逻辑基础的0、1比特流的概念,使用若干个与二进制相对应的几何形体来表示文字数值信息,通过图像输入设备或光电扫描设备自动识读以实现信息自动处理。它具有条形码技术的一些共性:每种码制有其特定的字符集;每个字符占有一定的宽度;具有一定的校验功能等。同时还具有对不同行的信息自动识别功能,及处理图形旋转变化等特点。图2-3显示了条形码,左边是一维条形码,右边是二维条形码。

图2-3　条形码

与一维条形码相比,二维码有着明显的优势,归纳起来主要有以下几个方面:①数据容量更大,二维码能够在横向和纵向两个方位同时表达信息,因此能在很小的面积内表达大量的信息;②超越了字母数字的限制;③条形码相对尺寸小;④具有抗损毁能力。此外,二维码还可以引入保密措施,其保密性较一维码要强很多。两者区别如表2-1所示。

表 2-1　一维、二维条形码区别

选　项	一维条形码	二维条形码
资料密度与容量	密度低，容量小	密度高，容量大
错误侦测及纠错能力	可以检查码进行错误侦测，无错误纠正能力	有错误检验及错误纠正能力，并可以根据实际应用设置不同的安全等级
垂直方向的资料	不储存资料，垂直方向的高度是为了识读方便，弥补印刷缺陷或局部损坏	携带资料，在印刷缺陷或局部损坏的情况下，可以利用错误纠正机制恢复资料
用途	物品识别	物品描述
资料库与网络依赖性	多数场合必须依赖资料库及通信网络	可以不依赖于资料库及通信网络而单独应用
识读设备	线扫描器（光笔、线型 CCD、激光枪）	线扫描器多次扫描、图像扫描仪等

5. 自动识别技术

自动识别技术作为一门依赖于信息技术的多学科结合的边缘技术，近几十年在全球范围内得到了迅猛发展，初步形成了集计算机、光、机电、通信技术为一体的高新技术学科。

自动识别技术就是应用一定的识别装置，通过被识别物品和识读装置之间的接近活动，自动地获取被识别物品的相关信息，并提供给后台的计算机处理系统来完成相关后续处理的一种技术。自动识别系统可将数据输入工作流水线化、自动化，并降低成本，迅速提供电子化的信息，从而为管理人员提供准确和灵活的业务视图。此外，自动数据输入与人工作业相比更精确、更经济。

自动识别技术的典型应用包括生物识别技术。生物识别指的是利用可以测量的人体生物学或行为学特征来核实个人的身份。这些技术包括指纹识别、视网膜和虹膜扫描、手掌几何学、声音识别、面部识别等。对于任何需要确认个人真实身份的场合，生物识别技术都具有巨大的潜在应用市场。图 2-4 显示了三种生物识别系统。

(a) 英国入境处的虹膜识别系统　　　(b) 指纹识别系统　　　(c) 人脸识别系统

图 2-4　各种生物识别系统

2.3　网络传输层

网络传输层位于感知识别层和应用支撑层中间，负责两层之间的数据传输。感知识别层采集的数据需要经过通信网络传输到数据中心、控制系统等地方进行处理或存储，网络传输层就是利用公网或者专网以无线或者有线的通信方式,提供信息传输的通路。其中特别需要对安全及传输服务质量进行管理,以避免数据的丢失、乱序、延时等问题。

2.3.1　网络传输层功能

物联网网络传输层建立在现有的移动通信网和互联网基础上。物联网通过各种接入设备与移动通信网和互联网相连,如在手机付费系统中,刷卡设备将内置手机的 RFID 信息采集后上传到互联网,网络层完成后台认证后从银行网络划账。网络传输层也包括信息存储查询、网络管理等功能。

物联网网络传输层与目前主流的移动通信、国际互联网、企业内部网、各类专网等网络一样,主要承担着数据传输的功能。特别是当互联网、电信网络和广电网络三网融合后,有线电视网也能承担数据传输的功能。在物联网中,要求网络传输层能够把感知识别层感知到的数据无障碍、高可靠性、高安全性地进行传送,它解决的是感知识别层所获得的数据在一定范围内,尤其是远距离的传输问题。

同时,网络传输层将承担比现有网络更大的数据量和面临更高的服务质量要求,所以现有网络尚不能满足物联网的需求,这就意味着物联网需要对现有网络进行融合和扩展,利用新技术以实现更加广泛和高效的互联功能。由于广域通信网络在早期物联网发展中的缺陷,早期的物联网应用往往在部署范围、应用领域等诸多方面有所局限,终端之间以及终端与后台软件之间都难以开展协同。随着物联网的发展,建立端到端的全局网络将成为急需解决的问题。

网络传输层面临的最大问题是如何让众多的异构网络实现无缝的互联互通。通信网络按地理范围从小到大分为体域网、个域网、局域网、城域网和广域网。

体域网(Body Area Network,BAN)是附着在人体身上的一种网络,由一套小巧可移动、具有通信功能的传感器和一个身体主站组成。体域网是以人体周围的设备(例如随身携带的手表、传感器以及手机等)以及人体内部(即植入设备)等为对象的无线通信专用系统。每一个传感器既可佩戴在身上,也可植入体内,这些传感器通过无线技术进行通信。体域网早期主要用来连续监视和记录慢性病,提供某种方式的自动疗法控制,是一种可长期监视和记录人体健康信号的基本技术。目前,体域网所使用的频带尚未确定,但 400MHz 频带以及 600MHz 频带已被列入议程。专家认为,体域网技术将在医疗中得到广泛应用。近年来,随着微电子技术的发展,可穿戴、可植入、可侵入的服务于人的健康监护设备已经出现:如穿戴于指尖的血氧传感器、腕表型血糖传感器、腕表型睡眠品质测量器、睡眠生理检查器、可植入型身份识别组件等。假如没有体域网,这些传感器都只能独立工作,要自带通信部件,因此通信资源不能有效利用。目前在日本,关于信息通信技术在医疗领域的应用研究相当活跃,体域网通信标准为 IEEE 802.15.6。

Google 已经开始谷歌眼镜项目,该眼镜拥有智能手机的所有功能,镜片上装有一个微型显示屏,用户无须动手便可上网冲浪或者处理文字信息和电子邮件。同时,用户还可以用自己的声音控制拍照并将照片发布到 Google＋上,获得地图和天气信息,并在一个朋友接近时提醒佩戴者。也可以视频通话辨明方向等。靠轻微的摇头晃脑来实现鼠标的滑动及按键功能。谷歌眼镜的佩戴者也可以如佩戴普通眼镜一样,但是可以在走路时就处理他们的日常事务,当想上网时,仅需头部轻微晃一下。如图 2-5 所示即为谷歌眼镜。

图 2-5 谷歌眼镜及其佩戴者

无线个域网(Wireless Personal Area Network,WPAN)是为了实现活动半径小、业务类型丰富、面向特定群体、无线无缝的连接而提出的新兴无线通信网络技术。WPAN 能够有效地解决"最后的几米电缆"的问题,进而将无线联网进行到底。目前,IEEE、ITU 和 HomeRF 等组织都致力于 WPAN 标准的研究,其中,IEEE 组织对 WPAN 的规范标准主要集中在 IEEE 802.15 系列。

局域网的范围一般为几百米,具体技术包括以太网、Wi-Fi 等。大多数情况下,局域网也充当传感器网络和互联网之间的接入网络。

城域网范围为几十千米,具体技术包括 WiMAX、有线的弹性分组环等。

广域网一般用于长途通信,广域网络是构成移动通信网和互联网的基础。

2.3.2 网络传输层关键技术

根据物联网构成的特点,在其网络传输层主要应用的技术为无线网络技术,所以基于以下的技术会成为构建物联网整个体系的关键技术。

短距离无线传输:ZigBee,Wi-Fi(WLAN),WiMAX,Bluetooth(蓝牙)。

长距离无线传输:2G 网络(GPRS、GSM),3G 网络(WCDMA、TD-SCDMA、CDMA2000),未来 4G 网络。

1. ZigBee 技术

ZigBee 是一种短距离、低功耗的无线传输技术,是一种介于无线标记技术和蓝牙之间的技术,它是 IEEE 802.15.4 协议的代名词。ZigBee 的名字来源于蜂群使用的赖以生存和发展的通信方式,如图 2-6 所示是 CC2430 的 ZigBee 模块。

图 2-6 ZigBee 模块(CC2430)

ZigBee 采用分组交换和跳频技术,并且可使用三个频段,分别是 2.4GHz 的公共通用频段、欧洲的 868MHz 频段和美国的 915MHz 频段。ZigBee 主要应用在短距离范围并且数据传输速率不高的各种电子设备之间。与蓝牙相比,ZigBee 更简单,速率更慢,功率及费用也更低。同时,由于 ZigBee 技术的低速率和通信范围较小的特点,也决定了 ZigBee 技术只适合承载数据流量较小的业务。

ZigBee 技术具有数据传输速率低、低功耗、成本低、网络容量大、有效范围小、工作频段灵活、可靠性高、时延短、安全性高、组网灵活等特点,可以嵌入各种设备,在物联网中发挥重要作用。

2. Wi-Fi

Wi-Fi(Wireless Fidelity,无线保真)与 ZigBee 技术一样,同属于短距离无线技术,是一种网络传输标准。使用 IEEE 802.11 系列协议的局域网就称为 Wi-Fi。

Wi-Fi 是一种能够将个人计算机、移动设备(如平板电脑、手机)等终端以无线方式互相连接的技术,由 Wi-Fi 联盟(Wi-Fi Alliance)所持有。目的是改善基于 IEEE 802.11 标准的无线网络产品之间的互通性。

在日常生活中,它早已得到广泛应用,并给人们带来极大的方便。白领们在咖啡厅中浏览网页、记者在会议现场发回稿件、普通人在自己家中随心所欲地选择用手机或者多台笔记本无线上网,都离不开 Wi-Fi。

3. WiMAX

WiMAX(Worldwide Interoperability for Microwave Access),即全球微波互联接入。WiMAX 也叫 IEEE 802.16 无线城域网或 IEEE 802.16,是一项新兴的宽带无线接入技术,是又一种为企业和家庭用户提供"最后一千米"的宽带无线连接方案。WiMAX 能提供面向互联网的高速连接,数据传输距离最远可达 50km,使 WiMAX 在最近一段时间备受业界关注。WiMAX 还具有 QoS 保障、传输速率高、业务丰富多样等优点。WiMAX 的技术起点较高,采用了代表未来通信技术发展方向的 OFDM/OFDMA、AAS、MIMO 等先进技术,随着技术标准的发展,WiMAX 逐步实现宽带业务的移动化,而 3G 则实现移动业务的宽带化,两种网络的融合程度会越来越高。

4. Bluetooth(蓝牙)

蓝牙是一种支持设备短距离通信(一般 10m 内)的无线电技术,使用 IEEE 802.15 协议。1998 年 5 月,爱立信、诺基亚、东芝、IBM 和英特尔公司等 5 家著名厂商在联合开展短程无线通信技术的标准化活动时提出了蓝牙技术,其宗旨是提供一种短距离、低成本的无线传输应用技术。

蓝牙工作在全球通用的 2.4GHz ISM,即工业、科学、医学频段。蓝牙的数据速率为 1Mb/s。采用时分双工传输方案,被用来实现全双工传输。

蓝牙技术能在包括移动电话、PDA、无线耳机、笔记本、相关外设等众多设备之间进行无线信息交换。利用蓝牙技术,能够有效地简化移动通信终端设备之间的通信,也能够成功地简化设备与 Internet 之间的通信,从而数据传输变得更加迅速高效,为无线通信拓宽道路。图 2-7 显示了一种车载蓝牙免提电话系统。

图 2-7 车载蓝牙免提电话系统

5. 3G

一般来讲,3G 是指将无线通信与国际互联网等多媒体通信结合的新一代移动通信系统。3G 是第三代通信网络,目前国内支持国际电联确定三个无线接口标准,分别是中国电信的 CDMA2000、中国联通的 WCDMA、中国移动的 TD-SCDMA。

3G 与 2G 的主要区别是在传输声音和数据的速度上的提升,它能够在全球范围内更好地实现无线漫游,以图像、音频、视频流等多种媒体形式,提供包括网页浏览、电话会议、电子商务等多种信息服务。3G 同时也考虑到与已有第二代系统的良好兼容性。为了提供这种服务,无线网络必须能够支持不同的数据传输速度,也就是说在室内、室外和行车的环境中能够分别支持至少 2Mb/s、384kb/s 以及 144kb/s 的传输速度(此数值根据网络环境会发生变化)。

2.4 应用支撑层

网络层中的感知数据管理与处理技术是实现以数据为中心的物联网的核心技术。感知数据管理与处理技术包括传感网数据的存储、查询、分析、挖掘、理解以及基于感知数据决策和行为的理论和技术。云计算平台作为海量感知数据的存储、分析平台,将是物联网应用支撑层的重要组成部分,也是应用层众多应用的基础。

在产业链中,通信网络运营商将在物联网网络层占据重要的地位。而正在高速发展的云计算平台将是物联网发展的又一助力。

2.4.1 应用支撑层功能

从技术的角度来看,应用支撑层主要提供对网络获取数据的智能处理和服务支撑平台。应用支撑层一般包括数据处理和数据分析两个部分。

数据处理的逻辑根据设备和应用的不同而不同,其产生的高质量以及融合的数据会传送给数据分析模块做进一步的数据挖掘处理。

分析模块首先把数据与设备和应用关联起来,根据当前数据和历史数据,评估和预测系统当前的状态以及风险因素。根据预警规则,分析模块把具有一定风险等级的分析结果通过业务流程及应用整合传送给控制与通知系统,如果需要对系统做优化,则可以运用仿真及优化方案,并提供决策支持,从而实现在实时感知基础上的即时优化与控制。

应用支撑层采用数据注册、发现元数据、信息资源目录、互操作元模型、分类编码、并行计算、数据挖掘、智能搜索等技术,并负责将这些信息以一种服务的方式呈现出来,具体包括面向服务的架构平台、海量数据集成服务平台、云计算服务平台等。

2.4.2 应用支撑层关键技术

1. 嵌入式技术

在早期,IEEE 给出嵌入式系统的定义是指对仪器、机器和工厂运作进行控制、监视或支持的设备,通常表现为针对特定应用、对软硬件高度定制的专用计算机系统。经过三十多年的发展,嵌入式系统保留了其专用性的特点,但又呈现出一些新的特征,如泛在、互联、融合、集成、微型化和与云计算相结合等。

同时,系统开发效率的提高开始明显落后于系统复杂度的增长。嵌入式系统中软件的比重越来越大(将达到 80%),系统的差异化将从硬件转向软件。

当前普遍认为,嵌入式系统是以应用为中心,以计算机技术为基础,并且软硬件可裁剪,适用于对功能、可靠性、成本、体积、功耗有严格要求的专用计算机系统。它一般由嵌入式微处理器、外围硬件设备、嵌入式操作系统以及用户的应用程序等 4 个部分组成,用于实现对其他设备的控制、监视或管理等功能。

目前,大多数嵌入式系统还处于单独应用的阶段,以控制器(MCU)为核心,与一些监测、伺服、指示设备配合实现一定的功能。Internet 现已成为社会重要的基础信息设施之一,是信息流通的重要渠道,嵌入式系统能够连接到 Internet 上面,可以方便、低廉地将信息传送到几乎世界上的任何一个地方。

2. 云计算

随着互联网时代信息与数据的快速增长,有大规模、海量的数据需要处理。为了节省成本和实现系统的可扩展性,云计算(Cloud Computing)的概念应运而生。云计算是一个美好的网络应用模型,由 Google 首先提出。云计算最基本的概念是通过网络将庞大的计算处理程序自动分拆成无数个较小的子程序,再交由多个服务器所组成的庞大系统,经搜索、计算分析之后将处理结果回传给用户。

通过云计算技术,网络服务提供者可以在数秒之内形成处理数以千万计甚至数以亿计的数据,达到与超级计算机具有同样强大效能的网络服务。这种服务可以是与 IT 软件、互联网相关的,也可以是任意其他的服务,它具有超大规模、虚拟化、可靠安全等独特功效。例如,Microsoft 的云计算有三个典型特点:软件+服务、平台战略和自由选择。未来的互联网世界将会是"云+端"的组合,用户可以便捷地使用各种终端设备访问云端中的数据和应用,这些设备可以是便携式计算机和手机,甚至是电视等大家熟悉的各种电子产品;同时,用户在使用各种设备访问云中服务时,得到的是完全相同的无缝体验。

物联网的发展需要"软件服务""平台服务"以及按需计算等云计算模式的支撑。可以说,云计算是物联网应用发展的基石。其原因有两个:一是云计算具有超强的数据处理和存储能力;二是由于物联网无处不在的数据采集,需要大范围的支撑平台以满足其规模需求。

云计算以如下几种方式支撑物联网的应用发展。

(1) 单中心、多终端应用模式。

在单中心、多终端应用模式中,分布范围较小的各物联网终端(传感器、摄像头或 3G 手机等)把云中心或部分云中心作为数据处理中心,终端所获得的信息和数据统一由云中心处理和存储,云中心提供统一界面给使用者操作或者查看。单中心、多终端应用目前已比较成熟,如小区及家庭的监控、对某一高速路段的监测、某些公共设施的保护等。这类应用模式的云中心可提供海量存储和统一界面、分级管理等服务,这类云计算中心一般以私有云居多。

(2) 多中心、多终端应用模式。

多中心、多终端应用模式主要用于区域跨度较大的企业和单位。例如,一个跨多地区或者多国家的企业,因其分公司或者分厂较多,要对其各公司或工厂的生产流程进行监控,对相关的产品进行质量跟踪,等等。当有些数据或者信息需要及时甚至实时地给各个终端用户共享时也可采取这种模式。例如,假若某气象预测中心探测到某地 30 分钟后将发生重大气象灾害,只需通过以云计算为支撑的物联网途径,用几十秒的时间就能将预报信息发出。这种应用模式的前提是云计算中心必须包含公共云和私有云,并且它们之间的互联没有障碍。

(3) 信息与应用分层处理、海量终端的应用模式。

这种应用模式主要是针对用户范围广,信息及数据种类多,安全性要求高等特征来实现的物联网。根据应用模式和具体场景,对各种信息、数据进行分类、分层处理,然后选择相关的途径提供给相应的终端。例如,对需要大数据量传送,但是安全性要求不高的数据,如视频数据、游戏数据等,可以采取本地云中心处理或存储的方式;对于计算要求高、数据量不大的,可以放在专门负责高端运算的云中心;而对于数据安全要求非常高的信息和数据,则可以由具有灾备中心的云中心处理。实现云计算的关键技术是虚拟化技术。通过虚拟化技术,单个服务器可以支持多个虚拟机运行多个操作系统和应用,从而提高服务器的利用率。虚拟机技术的核心是 Hypervisor(虚拟机监控程序)。Hypervisor 在虚拟机和底层硬件之间建立一个抽象层,它可以拦截操作系统对硬件的调用,为驻留在其上的操作系统提供虚拟的 CPU 和内存。

实现云计算还面临诸多挑战,现有云计算系统的部署相对分散,只能在各自内部实现虚拟机自动分配、管理和容错等,云计算系统之间的交互还没有统一标准。关于云计算系统的标准化还存在一系列亟待解决的问题。然而,云计算一经提出,便受到了产业界和学术界的广泛关注。目前,国外已经有多个云计算的科学研究项目,比较有名的是 Scientific Cloud 和 Open Nebula 项目。产业界也在投入巨资部署各自的云计算系统,参与者主要有 Google、Amazon、IBM、Microsoft 等。国内关于云计算的研究也已起步,并在计算机系统虚拟化基础理论与方法研究方面取得了阶段性成果。

3. 中间件技术

中间件是为了实现每个小的应用环境或系统的标准化以及它们之间的通信,在后台应用软件和读写器之间设置的一个通用的平台和接口。在许多物联网体系架构中,经常把中间件单独划分一层,位于感知识别层与网络传输层或网络传输层与应用支撑层之间。

在物联网中,中间件作为其软件部分,有着举足轻重的地位。物联网中间件是在物联网中采用中间件技术,以实现多个系统或多种技术之间的资源共享,最终组成一个资源丰富、功能强大的服务系统,最大限度地发挥物联网系统的作用。具体来说,物联网中间件的主要作用在于将实体对象转换为信息环境下的虚拟对象,因此数据处理是中间件最重要的功能。同时,中间件具有数据的搜集、过滤、整合与传递等特性,以便将正确的对象信息传到后端的应用系统。

从本质上看,物联网中间件是物联网应用的共性需求(感知、互联互通和智能),与已存在的各种中间件及信息处理技术,包括信息感知技术、下一代网络技术、人工智能与自动化技术的聚合与技术提升。

然而在目前阶段,一方面,受限于底层不同的网络技术和硬件平台,物联网中间件研究主要还集中在底层的感知和互联互通方面,现实目标包括屏蔽底层硬件及网络平台差异,支持物联网应用开发、运行时共享和开放互联互通,保障物联网相关系统的可靠部署与可靠管理等内容;另一方面,当前物联网应用复杂度和规模还处于初级阶段,物联网中间件支持大规模物联网应用还存在环境复杂多变、异构物理设备、远距离多样式无线通信、大规模部署、海量数据融合、复杂事件处理等诸多仍未克服的障碍

在物联网底层感知与互联互通方面,EPC 中间件相关规范、OPC 中间件相关规范已经过多年的发展,相关商业产品在业界已被广泛接受和使用。WSN 中间件以及面向开放互联的 OSGi 中间件目前已成为研究热点;在大规模物联网应用方面,面对海量数据实时处理等的需求,传统面向服务的中间件技术将难以发挥作用,而事件驱动架构、复杂事件处理 CEP 中间件则是物联网大规模应用的核心研究内容之一。

目前,IBM、Microsoft、BEA、Reva 等公司都提供物联网中间件产品,这些中间件对建立物联网的应用体系进行了尝试,为物联网将来的大规模应用提供了支撑。

2.5 应用接口层

物联网涉及面广,包含多种业务需求、运营模式、应用系统、技术标准、信息需求、产品形态均不同的应用系统。因此,必须统一规划和设计系统的业务体系结构,才能满足物联网全面实时感知、多目标业务、异构技术融合的需要。

国内外知名的运营企业纷纷开始尝试建设统一的物联网业务运营支撑平台,包括国外的 Orange、Vodafone、Telenor、AT&T 以及国内的中国移动、中国电信等。

随着物联网相关技术和业务的快速发展,前期提出的一些建设思路均在不同方面体现出局限性,无法全面满足物联网的发展需求。例如,法国 Orange 的 M2M 平台目前没有实现端到端的安全保障,没有与 BSS/OSS 进行对接。Telenor 针对每个物联网业务仍采用独

立的网络平台和业务平台,还无法实现统一管理和运营,同时缺乏对云计算能力的考虑。Vodafone 通过 MVNE(Mobile Virtual Network Enabler)封装自身能力,通过 MVNO(Mobile Virtual Network Operator)使得合作伙伴可以集中于业务的研发,但这种业务模式并不是很适合国内现状。AT&T 正准备与 Jasper Wireless 共同建立 M2M 商用平台,在实现终端厂商和运营商有机结合的同时,电信运营商的产业核心地位将被减弱。

在国内,中国移动和中国电信的平台目前仅用于满足有限的 M2M 业务支撑需求,虽然考虑逐步满足物联网的应用的接入,但规划中仍缺少对海量计算和海量存储的支持。

2.5.1 应用接口层功能

应用接口层的功能是根据物联网的业务需求,采用建模、企业体系结构、SOA 等设计方法,开展物联网业务体系结构、应用体系结构、IT 体系结构、数据体系结构、技术参考模型、业务操作视图设计等。

2.5.2 应用接口层关键技术

物联网应用的复杂性需要专业的运营实体来进行物联网的运营。

对运营商来说,不能仅满足于网络运营商的角色,只有从挖掘客户需求、拓展物联网应用入手,成为物联网平台运营商和产业链创新的枢纽,才能在物联网蓝海中挖出金矿。随着物联网的演进,运营商应从基础运营商转型为物联网产业链领导者,并最终成为智慧城市运营商。

对于企业内部的物联网应用,各领域都有长期合作的 IT 服务提供商、系统集成商,他们是行业解决方案最主要的提供者,具有丰富的系统开发与实施经验。如何与这些企业进行有效的合作和分作,从而切入行业用户的关键应用,将是电信运营商必须面对的挑战。对有志于进入物联网产业链的企业来说,物联网产业是一个包含多个细分产业的万亿级市场,同时又具备产业链内分工明晰,在全球配置资源的显著特点,因此企业需结合自身的角色定位、区位特点、产业资源等多方面因素,选择物联网产业链中的关键价值环节和有潜力的应用领域重点发展,合理构建物联网产业发展战略,才能在未来的全球物联网产业中占据主导地位,引领全国甚至全球物联网产业发展。

根据物联网的规划,物联网大致分为三步走,即初级阶段、过渡阶段、成熟阶段。

目前,处于物联网发展的初级阶段,主要围绕 M2M 的业务应用展开。各业务应用和管理平台仍处于孤立和垂直的状态,相对比较零散。

在物联网发展的过渡阶段,网络规模不断扩大,标准化的程度进一步加深,不同行业平台之间实现互联互通,从而对规模覆盖网络的依赖程度加深。

在物联网发展的成熟阶段,不同应用平台利用无所不达的网络资源进行协同处理,平台之间的整合力度和水平化程度加强,从而使得运营商充分发挥主导作用,实现物联网业务的规模化运营。

从目前来看,物联网正处于过渡阶段的前期,运营企业将应对来自不同行业的竞争、标准的制定以及商业模式的探索等几方面的挑战。

首先,运营商缺少整合运营的支撑平台,行业用户只购买 SIM 卡,运营商仅提供通道,造成运营商在市场中与竞争对手同质化竞争,与行业厂家竞争,缺乏优势,收益较低。其次,行业用户需要提供整体解决方案,但运营商目前还无法整合并主导价值链,很难全面满足用户的需求。最后,运营商缺少整合运营的支撑平台,无法对种类繁多的行业终端、个人终端提出统一规范的接入管理规范,同时难以提供端到端的管理和服务支撑,无法实现规模化发展。因此,为避免业务平台的重复建设以及加速行业信息的整合利用,业界普遍认为建设统一的物联网业务运营支撑平台成为迫切需求。

2.6　物联网发展面临的挑战

工业和信息化部电信研究院 2011 年发布的《物联网白皮书》中,指出全球范围内尚未形成实现物联网大规模应用所需的条件和市场,存在以下三方面大的制约。

一是物联网大多数领域的核心技术尚在发展中,距产业化应用有较大距离,特别是传感器网络,基本不具备大规模产业化应用的条件。

二是从物联网核心架构到各层的技术体制与产品接口大多未实现标准化,物联网行业应用的标准化也处于初级阶段,难以实现低成本的广泛应用和规模扩张。

三是技术和产业化的发展不足又导致物联网应用成本很高,从产品、技术、网络到解决方案都缺乏足够的经济性,加之物联网本身所具备的应用跨度大、需求长尾化、产业分散度高、产业链长和技术集成性高的特点,从经济成本到时间成本都难以短时间内大规模启动市场。

2.6.1　感知识别层面临的挑战

感知识别层面临的挑战主要有两个。

1. 传感器方面

传感器产业发展相对滞后。未来在物联网的发展中需要大量的二维码、RFID 电子标签、摄像头等数据采集设备。这些传感器的灵敏度、准确性、稳定性、能耗以及成本等问题成为物联网发展的瓶颈。

2. 标准化问题

不同厂商采用不同的组网技术,要求运营商在部署物联网应用时必须采用同一个厂商生产的传感器设备。目前有许多公司和组织参与了标准化的制定工作,图 2-8 显示了参与泛在网络研究的部分相关组织。

标准体系的实质就是知识产权,是打包出售知识产权的高级方式。物联网标准体系包含着专利技术,关系着国家安全、战略和产业发展的根本利益。

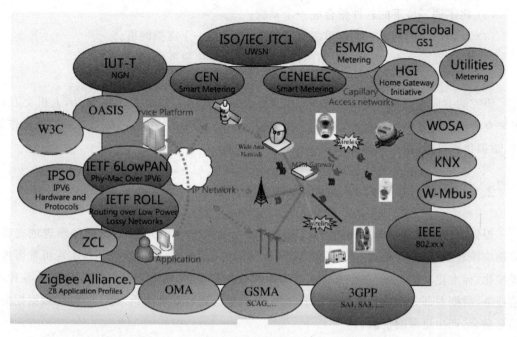

图 2-8 参与泛在网络研究的相关组织

2.6.2 网络传输层面临的挑战

澳大利亚的学者研究表明,在云计算的整体环境中,数据中心的能耗只占 9%。该报告的题目为*The Power of Wireless Cloud*,由阿尔卡特朗讯公司的贝尔实验室和墨尔本大学共同发布。该报告指出,无线接入网技术在云计算整理能源消耗中占 90%,是数据中心消耗量的 10 倍,对云计算服务的可持续性发展的最大威胁是无线接入网络,而不是数据中心。

这是因为越来越多的人通过无线网络访问云服务,而这些网络固有的能源效率比较低下,它们的贡献与消耗的云资源不相配。报告指出,网络本身,特别是电信基础设施和用户设备之间的最终链接,是整个云系统中能量消耗的巨头。预计无线连接云的能源消费总量到 2015 年将在 32~43TWh(太瓦时)之间,产生 30t 的二氧化碳,大致相当于 490 万辆汽车的碳排放量。

一方面是要解决能源的消耗,使能耗降低;而另一方面是如何有效整合传输层。物联网的信息传输管道除了电信网络,还将涉及互联网、智能交通网、智能电网以及众多的行业专网,如何以移动终端和 3G 网络为核心整合这些传输管道,将是挑战之一。

2.6.3 应用支撑层面临的挑战

应用支撑层是解决服务问题,主要解决不同软件的统一和互操作问题。面临的挑战有如下几点。

(1) 如何在大量无关软件模块中建立一个固有应用软件。

（2）将不同环境下的软件整合成一个系统。

（3）面向服务的计算松耦合组织网络服务，并建立一个虚拟网络。

（4）在互联网之上，定义一个新的协议来描述和解决服务实例。

（5）分布式智能，解决可扩展性的关键。

研究的方向主要集中在服务发现和组合、语义互操作性和语义传感 Web、人机交互技术来克服增加的复杂度，以及节能、分布式自适应软件、开放性中间件、能量有效的微操作系统、虚拟化软件、数据挖掘等数学模型和算法等方面。

2.6.4　应用接口层面临的挑战

根据运营商目前网络的现状，物联网业务运营支撑平台要从小到大、循序渐进地完善，前期应该着重从"商业模式"+"标准协议"+"平台功能"来综合考虑，主要是实现可管可控、规模化、标准化功能，然后逐步将运营商的能力叠加到平台，比如短信、彩信、导航等各种增值业务，后期对部分行业开展行业增值应用，结合信息进行处理分析，进一步进行数据挖掘、信息融合，产生更深的价值。

运营商目前的网络主要针对人与人之间的通信模式进行设计、优化，没有考虑网络在物联网阶段会遇到传感器并发连接多，但连接数据传输量少，传感器数量级增长等机器与机器之间通信的业务需求。物联网终端通信的业务模式还具有频繁状态切换、频繁位置更新（移动传感器）、在某一个特定的时间集中聚集到同一个基站等特征，这对网络的信令处理和优化机制要求更高，也对网络带宽和带宽优化有更高的要求。随着物联网的引入和发展，目前的核心网也面临着大量的终端同时激活和发起业务所带来的冲击。当用户或信令面临资源占用过度、出现拥塞的时候，目前的处理机制仍不健全，无法很好地支撑物联网业务应用。如果物联网发展迅速，而运营商网络没有有效隔离提供物联网服务的网络和提供人与人通信的网络，则物联网业务会冲击现有人与人通信的行业应用和个人应用，造成业务中断，引起投诉。

2.6.5　其他挑战

物联网比一般 IT 系统更易受侵扰，安全问题有如下几种。

（1）Skimming：在末端设备或 RFID 持卡人不知情的情况下，信息被读取。

（2）Eavesdropping：在一个通道的中间，信息被中途截取。

（3）Spoofing：伪造复制设备数据，冒名输入到系统中。

（4）Cloning：克隆末端设备，冒名顶替。

（5）Killing：损坏或盗走末端设备。

（6）Jamming：伪造数据造成设备阻塞不可用。

（7）Shielding：用机械手段屏蔽电信号让末端无法连接。

除此之外，在计费方面、地址符标志以及 IP 地址管理等方面均存在新的挑战。

2.7　物联网应用前景展望

物联网应用前景非常广阔,应用领域将遍及工业、农业、环境、医疗、交通、社会各个方面。从感知城市到感知中国、感知世界,信息网络和移动信息化将开辟人与人、人与机、机与机、物与物、人与物互联的可能性,使人们的工作生活时时联通、事事链接,从智能城市到智能社会、智慧地球。物联网的应用领域虽然广泛,但其实际应用却是针对性极强的,是一种"物物相联"的对物应用。尽管它涵盖了多个领域与行业,但在应用模式上没有实质性的区别,都是实现优化信息流和物流,提高电子商务效能,便利生产、方便生活的技术手段。

物联网的应用领域非常广阔,从日常的家庭个人到工业自动化,以至军事反恐、城建交通等方面均有应用。

在环境监控和精细农业方面:2002 年,英特尔公司率先在美国俄勒冈州建立了世界上第一个无线葡萄园,这是一个典型的精准农业、智能耕种的实例。杭州齐格科技有限公司与浙江农业科学院合作研发了远程农作管理决策服务平台,该平台利用了无线传感器技术实现对农田温室大棚温度、湿度、露点、光照等环境信息的监测。

在安全监控方面:英国的一家博物馆利用传感网设计了一个报警系统,他们将节点放在珍贵文物或艺术品的底部或背部,通过侦测灯光的亮度改变和震动情况来判断展览品的安全状态。中国科学院计算所在故宫博物院实施的文物安全监控系统也是 WSN 技术在民用安防领域中的典型应用。

在医疗监控方面:通过智能医疗设备、临床 IT 方案和实时监控系统的整合,在提高治疗水平同时降低成本。医生可以通过远程访问和监控,实时搜集病人的医疗数据,实现有效的远程病人看护和及时的医疗决策;病人在家中可以使用个人医疗设备进行无线通信,如体温、血压监控、心电图记录、脉搏测量和葡萄糖浓度的测量;通过整合无线移动设备,基于无线的语音传输设备和领先的 IT 和医疗设备包括应用,提高大量数据的传输速度;智能的处方管理,配合远程智能药品分配系统,使药品分发更加有效;卫生保健组织或卫生局也可以利用智能设备和通信渠道以及传感器技术,提高管理效率并降低成本。

例如,北京地坛医院应用物联网技术进行医疗器械和物资的实时全程跟踪。从 2009 年开始,在北京地坛医院,各科室可以使用带有 RFID 扫描头的无线 PDA 扫描领用出库的器械包,并且能够扫描查看每个器械包中器械的品种和数量等。利用这种管理方式,可以及时提醒存储中是否有消毒过期的问题、分发和使用过程中是否有错误,回收后可以逐个清点包内的各种器械的数量,这样既增加了整个过程的监控和管理,同时也能够降低发生医疗事故的可能性。

在工业监控方面:美国英特尔公司为俄勒冈的一家芯片制造厂安装了 200 台无线传感器,用来监控部分工厂设备的振动情况,并在测量结果超出规定时提供检测报告。通过对危险区域/危险源(如矿井、核电厂)进行安全监控,能有效地遏制和减少恶性事件的发生。

例如,AIRBUS 是世界上最大的商务客机制造商之一,它担负着生产全球过半以上的大型新客机(超过 100 个座位)的重任。随着其供应商在地理位置上越来越分散,AIRBUS发现它越来越难以跟踪各个部件、组件和其他资产从供应商仓库运送到其 18 个制造基地过程中的情况。为提高总体可视性,该公司创建了一个智能的感应解决方案,用于检测入站货物何时离开预设的道路。部件从供应商的仓库运抵组装线的过程中,在每个重要的接合点,读卡机都会审查这些标记。如果货物到达错误的位置或没有包含正确的部件,系统会在该问题影响正常生产之前向操作人员发送警报,促使其尽早解决问题。AIRBUS 的解决方案是制造业中规模最大的供应链解决方案,它极大地降低了部件交货错误的影响范围和严重度,也降低了纠正这些错误的相关成本。通过精确了解部件在供应链中的位置,提高了部件流动的总体效率,AIRBUS 可以减少 8% 的集装箱数量,省去了一笔数额不小的运输费用。借助其先进的供应链,AIRBUS 可以很好地应对已知的及意料之外的成本和竞争挑战。这个投资几百万美元的 RFID 项目将历时几年,帮助空中客车提高供应链和制造效率,极大地减少飞机的生产和维修成本。

在智能交通方面:当前,无论欧盟、北美还是亚太和新兴国家,几乎所有大型城市都在制订愿景和战略,并建设基于物联网技术的智慧交通系统以应对交通拥堵的挑战,提高流动性。美国交通部提出了"国家智能交通系统项目规划",预计到 2025 年全面投入使用。该系统综合运用大量传感器网络,配合 GPS、区域网络系统等资源,实现对交通车辆的优化调度,并为个体交通推荐实时的、最佳的行车路线服务。

中国科学院软件所在地下停车场基于 WSN 技术实现了细粒度的智能车位管理系统,使得停车信息能够迅速通过发布系统发送给附近的车辆,及时、准确地提供车位使用情况及停车收费等。在波士顿,为提高公交车辆运营效率和提升客户满意度,IBM 与波士顿长途汽车公司一起创建了一整套公交车辆监控、调度与优化的解决方案,基于 GPS 技术实时定位车辆位置,收集车辆运行状态,结合当前交通状况,使用预先定义的业务规则生成车辆调度推荐方案;又如在布里斯班,IBM 帮助实施了基于多车道自由流的高速公路收费方案,极大降低了路端设备对车辆通行的干扰,同时提高了事务处理的准确率与速度,有效降低了运营成本。

在物流管理方面:物流管理及控制是物联网技术最成熟的应用领域。尽管在仓储物流领域,RFID 技术还没有被普遍采纳,但基于 RFID 的传感器节点在大粒度商品物流管理中已经得到了广泛应用。例如,宁波中科万通公司与宁波港合作,实现了基于 RFID 网络的集装箱和集卡车的智能化管理,另外还使用 WSN 技术实现了封闭仓库中托盘力度的货物定位。

在智能家居方面:智能家居领域是物联网技术能够大力发展应用的地方。通过感知设备和图像系统相结合,可实现智能小区家居安全的远程监控;通过远程电子抄表系统,可减少水表、电表的抄表时间间隔,能够及时掌握用电、用水情况。基于 WSN 的智能楼宇系统能够将信息发布在互联网上,通过互联网终端可以对家庭状况实施监测。

小结

本章对物联网体系结构从感知识别层、网络传输层、应用支撑层、应用接口层分别进行了介绍。通过介绍各层的关键技术和在物联网中的功能,帮助读者更好地理解和研究物联网。在介绍每一层的同时,还对每一层技术遇到的挑战做了分析。本书的后续章节将围绕物联网的体系结构展开介绍。在本章最后,列举了物联网实施的一些实例,帮助读者更好、更具体地理解物联网。

习题

1. 物联网体系结构分为几层?每层的主要功能是什么?
2. 试举例说明物联网体系结构中每层实现该层功能的具体设备的例子。
3. 物联网各层的关键技术有哪些?
4. 谈谈你对二维条形码的理解,并举出你所见到的应用。
5. 短距离通信有哪几种方式?
6. 应用支撑层有哪些技术?
7. 物联网中间件的作用是什么?
8. 列举出你知道的物联网实现的一些应用实例。
9. 目前有哪些云计算产品或平台或服务?它们各有什么特点?
10. 试说明云计算对物联网的实现有什么促进作用。
11. 物联网面临哪些挑战?应该如何解决?谈谈你的看法。
12. 谈谈物联网的应用前景。

第3章
CHAPTER 3
感知识别层

物联网与传统网络的区别在于,前者扩大了传统网络的通信范围,不局限于人和人之间的通信,更能够进行人和物、物和物之间的通信。在物联网的具体实现中,人们如何完成对物的全面感知是急需解决的重要问题之一。本章将针对全面感知问题,对感知识别层及其相关技术展开阐述。

物联网的感知识别层相当于人类的脸面和五官,人通过视觉、听觉、嗅觉、触觉去感知外部世界,而感知识别层通过传感器、数码相机等感应设备采集外部物理世界信息,再通过RFID、条形码、蓝牙等短距离传输技术传递数据。感知识别层由数据采集子层、短距离通信技术和协同信息处理子层组成。数据采集子层通过各种类型的传感器获取物理世界中发生的物理事件和数据信息。物联网的数据主要通过传感器、RFID标签、多媒体信息采集、条形码和实时定位等技术进行采集。短距离通信技术和协同信息处理子层将采集到的数据在局部范围内进行协同处理,以提高信息的精度,降低信息冗余度,并通过具有自组织能力的短距离传感网接入广域承载网络。

感知层常见的关键技术包括检测技术和短距离无线通信技术,主要有传感器技术、RFID技术、条形码技术等。

3.1 传感器技术

3.1.1 传感器简介

传感器(Sensor/Transducer)技术是应用在自动检测和控制系统中,并对系统运行的各项指标和功能起到重要作用的一门技术。系统的自动化程度越高,对传感器的依赖性就越强。传感器技术所要解决的问题是如何准确可靠地获取控制系统中的各类信息,并结合通信技术和计算机技术完成对信息的传输和处理,最终对系统实现控制。传感器技术、通信技术和计算机技术是现代信息技术的三大基础学科,它们分别构成了自动检测控制系统的"感觉器官""中枢神经"和"大脑"。

传感器技术是研究信息技术各门学科的基础。无论哪一门学科、哪一种技术、哪一个被控制对象,没有科学地对原始数据进行检测,无论是信息转换、信息处理,还是数据显示,乃至于最终对被控制对象的控制,都将是一句空话。同样地,传感器技术也是物联网的基础技术之一,它与信息科学息息相关,在信息科学领域里,传感器被认为是生物体"五官"的工程模拟物,是自动检测和自动转换技术的总称。

如何看待传感器在信息科学中的地位呢?我们可以用人的五官和皮肤做比喻,人通过感觉器官接收外界信号,将这些信号传送给大脑,大脑把这些信号分析处理后传递给肌体。如果用机器完成这一过程,计算机相当于人的大脑,执行机构相当于人的肌体,传感器相当于人的五官和皮肤。图 3-1 显示出了传感器与人类五官的对比关系。

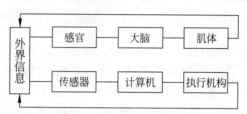

图 3-1 智能机器与人的大脑对比

一般地,可以定义传感器是一种能把特定的被测信号按一定规律转换成某种"可用信号"输出的器件或装置,以满足信息的传输、处理、记录、显示和控制等要求。这里"可用信号"是指便于处理、传输的信号,一般为电信号,如电压、电流、电阻、电容、频率等。在我们每个人的生活里都在使用着各种各样的传感器,如电视机、音响、VCD、空调遥控器等所使用的红外线传感器,电冰箱、微波炉、空调机温控所使用的温度传感器,家庭使用的煤气灶、燃气热水器报警所使用的气体传感器,家用摄像机、数码照相机、上网聊天视频所使用的光电传感器;汽车所使用的传感器就更多,如速度、压力、油量、角度线性位移传感器等。这些传感器的共同特点是利用各种物理、化学、生物效应等,实现对被测信号的测量。

我国国家标准(GB 7665—1987)对传感器(Sensor/Transducer)的定义是:"能够感受规定的被测量,并按照一定规律转换成可用输出信号的器件和装置。"

以上定义表明传感器有这样三层含义:①传感器是测量装置,能完成检测任务;②它的输入量是某一被测量,可能是物理量,也可能是化学量、生物量等;③它的输出量是某种物理量,这种量要便于传输、转换、处理、显示等,这种量可以是气、光、电量,但主要是电量;④输出和输入有对应关系,且应有一定的精确程度。

需要指出的是,国外在传感器和敏感元件的概念上也不完全统一,能完成信号感受和变换功能的器件名称较多。我国也曾出现过多种名称,如变换器、转换器、检测器、敏感元件、换能器等,这些不同的称谓是根据同一类型的器件在不同领域中的应用而得来的,它们的内涵相同或相似,所以近来已逐渐趋向统一,大都使用传感器这一名称了。

近年来,由于信息科学和半导体微电子技术的不断发展,使传感器与微处理器、微机有机地结合,传感器的概念又得到了进一步的扩充。如智能传感器,它是集信息检测和信息处理于一体的多功能传感器。与此同时,在半导体材料的基础上,运用微电子加工技术发展起各种门类的敏感元件,有固态敏感元件,如光敏元件、力敏元件、热敏元件、磁敏元件、压敏元件、气敏元件、物敏元件等。随着光通信技术的发展,近年来利用光纤的传输特性已研究开发出不少光纤传感器。

下面来看看传感器的组成结构。传感器一般由敏感元件、转换元件、转换电路三部分组成,组成框图见图3-2。敏感元件是直接感受被测量,并输出与被测量成确定关系的某一物理量的元件。转换元件以敏感元件的输出为输入,把输入转换成电路参数。上述电路参数接入转换电路,便可转换成电量输出。

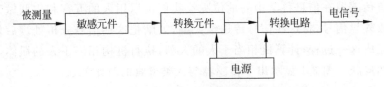

图 3-2　传感器结构框图

实际上,有些传感器很简单,仅由一个敏感元件(兼作转换元件)组成,它感受被测量时直接输出电量,如热电偶。有些传感器由敏感元件和转换元件组成,没有转换电路。有些传感器的转换元件不止一个,要经过若干次转换。图3-3是简单自感式装置的原理图。当一个简单的单线圈作为敏感元件时,机械位移输入会改变线圈产生的磁路的磁阻,从而改变自感式装置的电感。电感的变化由合适的电路进行测量,就可从表头上指示输入值。磁路的磁阻变化可以通过空气间隙的变化来获得,也可以通过改变铁芯材料的数量或类型来获得。电感传感器的敏感元件与转换元件是电感线圈,其转换原理基于电磁感应原理。它把被测量的变化转换成线圈自感系数 L(或互感系数 M)的变化(在电路中表现为感抗 XL 的变化),从而达到被测量到电参量的转换。

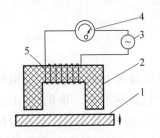

图 3-3　简单自感式装置
工作原理图

1—衔铁;2—永久磁铁;3—激励
电源;4—测量仪表;5—线圈

3.1.2　传感器的作用和分类

正如前面所说,传感器是人类五官的延伸。随着新技术革命的到来,世界开始进入信息时代。在利用信息的过程中,首先要解决的问题就是如何获取准确可靠的信息,而传感器是获取自然和生产领域中信息的主要途径与手段。在现代工业生产尤其是自动化生产过程中,要用各种传感器来监视和控制生产过程中的各个参数,使设备工作在正常状态或最佳状态,并使产品达到最好的质量。因此可以说,没有众多优良的传感器,现代化生产也就失去了基础。在基础学科研究中,传感器更具有突出的地位。现代科学技术的发展,进入了许多新领域,例如,在宏观上要观察上千光年的茫茫宇宙,微观上要观察小到纳米的粒子世界,纵向上要观察长达数十万年的天体演化,短到秒的瞬间反应。此外,还出现了对深化物质认识、开拓新能源、新材料等具有重要作用的各种极端技术的研究,如超高温、超低温、超高压、超高真空、超强磁场、超弱磁场等。显然,要获取大量人类感官无法直接获取的信息,没有相适应的传感器是不可能的。许多基础科学研究的障碍,首先就在于对象信息的获取存在困难,而一些新机理和高灵敏度的检测传感器的出现,往往会导致该领域内的突破。一些传感器的发展往往是一些边缘学科开发的先驱。传感器早已渗透到诸如工业生产、宇宙开发、海洋探测、环境保护、资源调查、医学诊断、生物工程甚至文物保护等极其广泛的领域。可以毫不夸张地说,从茫茫的太空到浩瀚的海洋,以至各种复杂的工程系统,几乎每一个现代化项目都离不开各种各样的传感器。由此可见,传感器技术在发展经济、推动社会进步方面的重要作用是十分明显的。

工业革命以来,传感器为提高和改善机器的性能发挥了巨大的作用。传感器技术大体可分为三代:第一代是结构型传感器,它利用结构参量变化来感受和转化信号;第二代是20世纪70年代发展起来的固体型传感器,这种传感器由半导体、电介质、磁性材料等固体元件构成,利用材料的某些特性制成;第三代传感器是刚刚发展起来的智能型传感器,它是微型计算机技术与检测技术相结合的产物,使传感器具有一定的人工智能。

现代传感器利用新的材料、新的集成加工工艺使传感器技术越来越成熟,除了使用半导体材料、陶瓷材料外,光纤以及超导材料的发展也为传感器的发展提供了物质基础。未来还会有更新的材料,如纳米材料,更有利于传感器的小型化。目前,现代传感器正从传统的分立式,朝着集成化、智能化、数字化、系统化、多功能化、网络化、光机电一体化、无维护化、微功耗、高精度、高可靠性、高信噪比、宽量程的方向发展。

目前,传感器涉及的领域包括现代流程工业、宇宙开发、海洋探测、军事国防、环境保护、资源调查、医学诊断、智能建筑、汽车、家用电器、生物工程、商检质检、公共安全甚至文物保护等。

正如前面所述,传感器应用范围广泛,种类繁多,其分类方法也较多。目前尚没有统一的分类方法,较为常见的主要有以下几种分类方法。

1. 按被测量分类

如被测量分别为温度、压力、位移、速度、加速度、湿度等非电量时,则相应的传感器称为温度传感器、压力传感器、位移传感器、速度传感器、加速度传感器、湿度传感器等。这种分类方法给使用者提供了方便,容易根据被测量对象选择所需要的传感器。

2. 按物理工作原理分类

1) 电学式传感器

电学式传感器是非电量电测技术中应用范围较广的一种传感器,常用的有电阻式传感器、电容式传感器、电感式传感器、磁电式传感器及电涡流式传感器等。

电阻式传感器是利用变阻器将被测非电量转换为电阻信号的原理制成。电阻式传感器一般有电位器式、触点变阻式、电阻应变片式及压阻式传感器等。电阻式传感器主要用于位移、压力、力、应变、力矩、气流流速、液位和液体流量等参数的测量。

电容式传感器是利用改变电容的几何尺寸或改变介质的性质和含量,从而使电容量发生变化的原理制成的,主要用于压力、位移、液位、厚度、水分含量等参数的测量。

电感式传感器是利用改变磁路几何尺寸、磁体位置来改变电感或互感的电感量或压磁效应原理制成的,主要用于位移、压力、力、振动、加速度等参数的测量。

磁电式传感器是利用电磁感应原理把被测非电量转换成电量制成的,主要用于流量、转速和位移等参数的测量。

电涡流式传感器是利用金属在磁场中运动切割磁力线,在金属内形成涡流的原理制成的,主要用于位移及厚度等参数的测量。

2) 磁学式传感器

磁学式传感器是利用铁磁物质的一些物理效应而制成的,主要用于位移、转矩等参数的测量。

3) 光电式传感器

光电式传感器在非电量电测及自动控制技术中占有重要的地位。它是利用光电器件的光电效应和光学原理制成的,主要用于光强、光通量、位移、浓度等参数的测量。

4) 电势型传感器

电势型传感器是利用热电效应、光电效应、霍尔效应等原理制成,主要用于温度、磁通、电流、速度、光强、热辐射等参数的测量。

5) 电荷传感器

电荷传感器是利用压电效应原理制成的,主要用于力及加速度的测量。

6) 半导体传感器

半导体传感器是利用半导体的压阻效应、内光电效应、磁电效应、半导体与气体接触产生物质变化等原理制成的,主要用于温度、湿度、压力、加速度、磁场和有害气体的测量。

7) 谐振式传感器

谐振式传感器是利用改变电或机械的固有参数来改变谐振频率的原理制成的,主要用来测量压力。

8) 电化学式传感器

电化学式传感器是以离子导电为基础制成的,根据其电特性的形成不同,电化学传感器可分为电位式传感器、电导式传感器、电量式传感器、极谱式传感器和电解式传感器等。电化学式传感器主要用于分析气体、液体或溶于液体的固体成分、液体的酸碱度、电导率及氧化还原电位等参数的测量。

3. 按构成原理分类

传感器按构成原理可分为结构型与物性型两大类。

结构型传感器是利用物理学中场的定律构成的,包括动力场的运动定律、电磁场的电磁定律等。物理学中的定律一般是以方程式给出的。对于传感器来说,这些方程式也就是许多传感器在工作时的数学模型。这类传感器的特点是传感器的性能与它的结构材料没有多大关系。以差动变压器为例,无论是使用坡莫合金或铁淀氧做铁芯,还是使用铜线或其他导线作绕组,都是作为差动变压器而工作的。

物性型传感器是利用物质定律构成的,如虎克定律、欧姆定律等。物质定律是表示物质某种客观性质的法则。这种法则大多数以物质本身的常数形式给出。这些常数的大小决定了传感器的主要性能。因此,物性型传感器的性能随材料的不同而异。例如,光电管就是物性型传感器,它利用了物质法则中的外光电效应。显然,其特性与涂覆在电极上的材料有着密切的关系。又如,所有半导体传感器以及所有利用各种环境变化而引起的金属、半导体、陶瓷、合金等性能变化的传感器都属于物性型传感器。

4. 按能量转换方式分类

根据传感器的能量转换情况,可分为能量控制型传感器和能量转换型传感器。

能量控制型传感器在信息变换过程中其能量需要外电源供给。如电阻、电感、电容等电路参量传感器都属于这一类传感器。基于应变电阻效应、磁阻效应、热阻效应、光电效应、霍尔效应等的传感器也属于此类传感器。

能量转换型传感器主要由能量变换元件构成，它不需要外电源。如基于压电效应、热电效应、光电动势效应等的传感器都属于此类传感器。

按照我国传感器分类体系表，传感器分为物理量传感器、化学量传感器以及生物量传感器三大类，下含 11 个小类：力学量传感器、热学量传感器、光学量传感器、磁学量传感器、电学量传感器、射线传感器(以上属于物理量传感器)、气体传感器、离子传感器、温度传感器(以上属于化学传感器)以及生化量传感器与生物量传感器(属生物量传感器)，各小类又按两个层次分成若干品种。

此外，还有从材料、工艺、应用角度进行分类的。这些分类方式从不同的侧面为我们提供了探索和开发传感器的技术空间。在这些传感器分类体系中，按被测量分类的方案简单、实用，在实际应用习惯上使用最多。按能量转换原理分类也是较好的分类方法，但是由于一些传感器涉及的转换原理尚在探索之中，难以给出固定的模式和框架，因而多局限于学术领域的交流。传感器种类繁多，随着材料科学、制造工艺及应用技术的发展，传感器品种将如雨后春笋大量涌现。如何将这些传感器加以科学分类，是传感器领域一个重要的课题。

3.1.3 传感器的特性参数

传感器的特性主要是指输出与输入之间的关系。当输入量为常量或变化极慢时，这一关系就称为静态特性；当输入量随时间变化时，这一关系就称为动态特性。

如图 3-4 所示，系统输出信号 $y(t)$ 与输入信号(被测量)$x(t)$ 之间的关系是传感器的基本特性。根据传感器输入信号 $x(t)$ 是否随时间变化，其基本特性分为静态特性和动态特性，它们是系统对外呈现出的外部特性，与其内部参数密切相关。不同的传感器内部参数不同，因此其基本特性也表现出不同的特点。一个高精度传感器必须具有良好的静态特性和动态特性，才能保证信号无失真地按规律转换。

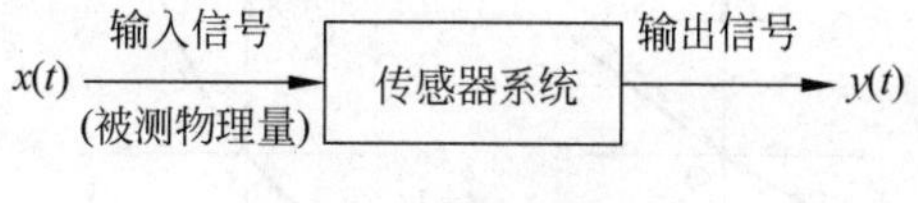

$$x(t) \xrightarrow[\text{(被测物理量)}]{\text{输入信号}} \boxed{\text{传感器系统}} \xrightarrow[]{\text{输出信号}} y(t)$$

图 3-4 传感器系统

传感器除了描述输出输入关系的特性之外，还有与使用条件、使用环境、使用要求等有关的特性。本节主要针对静态特性和动态特性进行讨论。

1. 传感器的静态特性

传感器的静态特性是指传感器转换的被测量(输入信号)数值是常量(处于稳定状态)或变化极缓慢时，传感器的输出与输入的关系。

人们总是希望传感器的输出与输入有唯一的对应关系，而且最好成线性关系。但一般情况下，输出与输入不会符合所要求的线性关系，同时由于存在着迟滞、蠕变、摩擦、间隙和松动等各种因素的影响，以及外界条件的影响，使输出输入对应关系的唯一性也不能实现。

考虑这些情况之后,传感器的输出输入作用图大致如图 3-5 所示。图中的外界影响不可忽视,影响程度取决于传感器本身,可通过传感器本身的改善来加以抑制,有时也可以对外界条件加以限制。图中的误差因素是衡量传感器静态特性的主要技术指标。

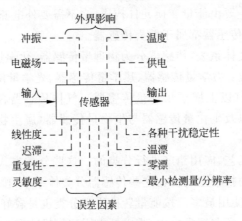

图 3-5　传感器的输出输入作用

(1) 线性度。传感器的线性度是指其输出量与输入量之间的关系曲线偏离理想直线的程度,又称为非线性误差。如不考虑迟滞、蠕变等因素,一般传感器的输出输入特性关系可用 n 次多项式表示为

$$y = a_0 + a_1 x + a_2 x^2 + a_3 x^3 + \cdots + a_n x^n \tag{3.1}$$

式中：x——输入量；

$\quad\quad y$——输出量；

$\quad\quad a_0$——零输入时的输出(也称为零位输出)；

$\quad\quad a_1$——传感器线性项系数(也称为线性灵敏度)；

$\quad\quad a_2, a_3, \cdots a_n$——非线性项系数。

传感器的线性度可分为理想线性特性、仅有偶次非线性项、仅有奇次非线性项、一般输入特性 4 种情况,如图 3-6 所示。

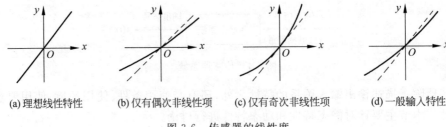

(a) 理想线性特性　　(b) 仅有偶次非线性项　　(c) 仅有奇次非线性项　　(d) 一般输入特性

图 3-6　传感器的线性度

① 理想线性特性。如图 3-6(a)所示,此时

$$a_0 = a_1 = a_2 = a_3 = \cdots = a_n$$

传感器的输入/输出特性为

$$y = a_1 x \tag{3.2}$$

直线上任意点的斜率相等,传感器的灵敏度为

$$k = a_1 = y/x \tag{3.3}$$

② 仅有偶次非线性项。如图 3-6(b)所示,此特性线性范围较窄,没有对称性,线性度较差,一般传感器设计很少采用这种特性。传感器的输入/输出特性为

$$y = a_0 + a_2 x^2 + a_4 x^4 + \cdots + a_{2n} x^{2n} \quad n = 0,1,2,\cdots \tag{3.4}$$

③ 仅有奇次非线性项。如图 3-6(c)所示,传感器特性相对于坐标原点对称,线性范围较宽,线性度好,是接近理想直线的非线性特性。传感器的输入/输出特性为

$$y = a_1 x + a_3 x^3 + \cdots + a_{2n+1} x^{2n+1} \quad n = 0,1,2,\cdots \tag{3.5}$$

④ 一般输入特性。如图 3-6(d)所示,传感器特性相对于坐标原点对称,其线性范围较宽,线性度较好,是比较接近于理想直线的非线性特性。传感器的输入/输出特性为

$$y = a_1 x + a_2 x^2 + a_3 x^3 + \cdots + a_n x^n \quad n = 0,1,2,\cdots \tag{3.6}$$

在实际使用非线性传感器时,如果非线性项的次数不高,则在输入量变化范围不大的情况下,可采用直线近似地代替实际输入输出特性曲线的某一段,使传感器的非线性特性得到线性化处理。

(2) 灵敏度。灵敏度是传感器输出量增量与被测输入量增量之比,用 k 来表示。

线性传感器的灵敏度就是拟合直线的斜率

$$k = \Delta y / \Delta x \tag{3.7}$$

非线性传感器的灵敏度不是常数,表达式为

$$k = \mathrm{d}y / \mathrm{d}x \tag{3.8}$$

灵敏度用输出/输入量之比表示。例如,某位移传感器在位移变 1mm 时,输出电压变化 300mV,则其灵敏度为 300mV/mm。有些情况下灵敏度有另一种含义,因为有许多传感器的输出电压与其电源电压有关,在同样输入量的情况下,输出电压是不同的,这时,灵敏度计算中还要考虑单位电源的作用。若电源电压为 10V,则上述位移传感器的灵敏度应为 30mV/(mm·V)。灵敏度 k 为定值是有条件的,它有时会随着工作区间的变化而改变;有时会随工作点的不同而不同。即使是利用同一变换原理的传感元件,如改变传感器元件的工作点,灵敏度 k 也会随之改变。

(3) 迟滞。迟滞特性表明传感器在正(输入量增大)反(输入量减小)行程中输出与输入曲线不重合的程度,如图 3-7 所示。迟滞大小一般由实验方法测得。迟滞误差以正、反向输出量的最大偏差与满量程输出之比的百分数表示

$$\gamma_H = \pm \frac{1}{2} \times \frac{\Delta H_{\max}}{y_{\mathrm{FS}}} \times 100\% \tag{3.9}$$

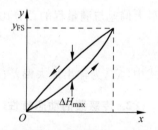

图 3-7　传感器的迟滞特性

式中:$\Delta H_{\max}$——正、反行程间输出的最大误差;

　　　y_{FS}——理论满量程输出值。

传感器材料的物理性质是产生迟滞的主要原因。例如,把应力施加于某弹性材料时,弹性材料产生形变,应力取消后,弹性材料仍不能完全恢复原状。又如,铁磁体、铁电体在外加磁场、电场作用下也均有迟滞现象。此外,传感器机械部分存在不可避免的缺陷,如摩擦、磨损、间隙、松动、积尘等也是造成迟滞现象的重要原因。

(4) 重复性。重复性是指传感器在输入量按同一方向作全量程连续多次变动时所得特性曲线间不一致的程度。各条特性曲线越靠近,说明重复性就越好。正行程的最大重复性

偏差为 ΔR_{max1} ,反行程的最大重复性偏差为 ΔR_{max2} 。重复性偏差取这两个最大偏差中的较大者为 ΔR_{max} ,再以满量程输出的百分数表示,这就是重复误差,如式(3.10)所示。

$$\gamma_R = \pm \frac{\Delta R_{max}}{y_{FS}} \times 100\% \qquad (3.10)$$

重复性是反映传感器精密程度的重要指标。同时,重复性的好坏也与许多随机因素有关,它属于随机误差,要用统计规律来确定。

(5) 精度。传感器的精度是指测量结果的可靠程度,它以给定的准确度表示重复某个读数的能力,其误差率越小,则传感器精度越高。传感器的精度表示传感器在规定条件下允许的最大绝对误差相对于传感器满量程输出的百分比,可表示为

$$A = \frac{\Delta A}{Y_{FS}} \times 100\% \qquad (3.11)$$

式中,A 为传感器的精度;ΔA 为测量范围内允许的最大绝对误差;Y_{FS} 为满量程输出。

(6) 最小检测量和分辨率。最小检测量是指传感器能确切反映被测量的最低极限量。最小检测量愈小,表示传感器检测能力越高。由于传感器的最小检测量易受噪声的影响,所以一般用相当于噪声电平若干倍的被测量为最小检测量,可表示为

$$M = CN/K \qquad (3.12)$$

式中,M 为最小检测量;C 为系数,$C=1\sim5$;N 为噪声电平;K 为传感器的灵敏度。

例如,电容式压力传感器的噪声电平 N 为 $0.2mV$,灵敏度 K 为 $0.5mV/Pa$,若取 $C=2$,则根据式(3.12)计算出最小检测量 M 为 $0.8Pa$。

数字式传感器一般用分辨率表示,即输出数字指示值最后一位数字所代表的输入量。

(7) 零点漂移。传感器无输入(或某一输入值不变)时,每隔一段时间进行读数,其输出偏离零值(或原指示值),即为零点漂移(简称零漂)。

$$零漂 = \frac{\Delta Y_0}{Y_{FS}} \times 100\% \qquad (3.13)$$

式中,ΔY_0 为最大零点偏差(或相应偏差);Y_{FS} 为满量程输出。

(8) 温漂。温漂表示温度变化时传感器输出值的偏离程度,一般用温度变化 $1℃$ 时输出最大偏差与满量程的百分比表示:

$$温漂 = \frac{\Delta_{max}}{Y_{FS}\Delta Y} \times 100\% \qquad (3.14)$$

式中,Δ_{max} 为输出最大偏差;ΔY 为温度变化范围;Y_{FS} 为满量程输出。

2. 传感器的动态特性

在实际测量中,大量被测量是随时间变化的动态信号,这就要求传感器的输出不仅能精确地反映被测量的大小,还要正确地再现被测量随时间变化的规律。传感器的动态特性是指在测量动态信号时传感器的输出反映被测量的大小和随时间变化的能力。动态特性差的传感器在测量过程中将会产生较大的动态误差。

静态特性不考虑时间变动的因素,而动态特性是反映传感器对于随时间变化的输入量的响应特性。在利用传感器测量随时间变化的参数时,除了要注意其静态指标以外,还要关心其动态性能指标。实际被测量随时间变化的形式可能是各种各样的,所以在研究动态特性时,通常根据正弦变化与阶跃变化两种标准输入来考察传感器的动态特性。传感器的动

态特性分析和动态标定都以这两种标准输入状态为依据。对于任一传感器，只要输入量是时间的函数，其输出量也应是时间的函数。

为了便于分析和处理传感器的动态特性，同样需要建立数学模型，用数学中的逻辑推理和运算方法来研究传感器的动态响应。对于线性系统的动态响应研究，最广泛使用的数学模型是普通线性常系数微分方程。只要对微分方程求解，就可得到动态性能指标。

传感器的动态性能指标有时域指标和频域指标两种。

3.1.4　智能传感器

智能传感器是一门现代化的综合技术，是当今世界正在迅速发展的高新技术，至今还没有形成规范化的定义。早期，人们简单、机械地强调在工艺上将传感器与微处理器两者紧密结合，认为"传感器的敏感元件及其信号调理电路与微处理器集成在一块芯片上就是智能传感器"；也有人对智能传感器做了这样的定义："传感器与微处理器赋予智能的结合，兼有信息检测与信息处理功能的传感器就是智能传感器"；模糊传感器也是一种智能传感器。一般认为，智能传感器是指以微处理器为核心，能够自动采集、存储外部信息，并能自动对采集的数据进行逻辑思维、判断及诊断，能够通过输入输出接口与其他智能传感器（智能系统）进行通信的传感器。智能传感器扩展了传感器的功能，使之成为具备人的某些智能的新概念传感器。

1. 智能传感器的功能

自动化领域所取得的一项最大进展就是智能传感器的发展与广泛使用，智能传感器代表了传感器的发展方向，这种智能传感器带有标准数字总线接口，能够自己管理自己，能将所检测到的信号经过变换处理后，以数字量形式通过现场总线与上位计算机或其他智能系统进行通信与信息传递。和传统的传感器相比，智能传感器具备以下一些功能。

1）复合敏感功能

智能传感器应该具有一种或多种敏感能力，如能够同时测量声、光、电、热、力、化学等多个物理或化学量，给出比较全面反映物质运动规律的信息；同时测量介质的温度、流速、压力和密度；以及测量物体某一点的三维振动加速度、速度、位移等。

2）自动采集数据并对数据进行预处理

智能传感器能够自动选择量程完成对信号的采集，并能够对采集的原始数据进行各种处理，如各种数字滤波、FFT 变换、HHT 变换等时频域处理，从而进行功能计算及逻辑判断。

3）自补偿、自校零、自校正功能

为保证测量精度，智能传感器必须具备上电自诊断、设定条件自诊断以及自动补偿功能，如能够根据外界环境的变化自动进行温度漂移补偿、非线性补偿、零位补偿、间接量计算等。同时能够利用 EEPROM 中的计量特性数据进行自校正、自校零、自标定等功能。

4）信息存储功能

智能传感器应该能够对采集的信息进行存储，并将处理的结果送给其他的智能传感器或智能系统。实现这些功能需要一定容量的存储器及通信接口。现在大多智能传感器都具有扩展的存储器及双向通信接口。

5）通信功能

利用通信网络以数字形式实现传感器测试数据的双向通信，是智能传感器的关键标志之一；利用双向通信网络，也可设置智能传感器的增益、补偿参数、内检参数，并输出测试数据。智能传感器的出现将复杂信号由集中型处理变成分散型处理，既可以保证数据处理的质量，提高抗干扰性能，同时又降低了系统的成本。它使传感器由单一功能、单一检测向多功能和多变量检测发展，使传感器由被动进行信号转换向主动控制和主动进行信息处理方向发展，并使传感器由孤立的元件向系统化、网络化发展。在技术实现上可采用标准化总线接口进行信息交换。

6）自学习功能

一定程度的人工智能是硬件与软件的结合体，可实现学习功能，更能体现仪表在控制系统中的作用。可以根据不同的测量要求，选择合适的方案，并能对信息进行综合处理，对系统状态进行预测。

2. 智能传感器的特点

与传统传感器相比，智能传感器具有如下特点。

1）精度高、测量范围宽

通过软件技术可实现高精度的信息采集，能够随时检测出被测量的变化对检测元件特性的影响，并完成各种运算，如数字滤波及补偿算法等，使输出信号更为精确，同时其量程比可达100∶1，最高达400∶1，可用一个智能传感器应付很宽的测量范围，特别适用于要求量程比大的控制场合。

2）高可靠性与高稳定性

智能传感器能够自动补偿因工作条件或环境参数变化而引起的系统特性的漂移，如环境温度变化而引起传感器输出的零点漂移，能够根据被测参数的变化自动选择量程，能够自动实时进行自检，能根据出现的紧急情况自动进行应急处理，这些都可以提高智能传感器系统的可靠性与稳定性。

3）高信噪比与高的分辨率

智能传感器具有数据存储和数据处理能力，通过软件进行各种数字滤波、小波分析及HHT等时频域分析，可以有效提高系统的信噪比与分辨率。

4）更强的自适应性

智能传感器的微处理器可以使其具备判断、推理及学习能力，从而具备根据系统所处环境及测量内容自动调整测量参数，使系统进入最佳工作状态。

5）更高的性能价格比

智能传感器采用价格便宜的微处理器及外围部件即可以实现强大的数据处理、自诊断、自动测量与控制等多项功能。

6）功能多样化

相比于传统传感器，智能传感器不但能自动监测多种参数，而且能根据测量的数据自动进行数据处理并给出结果，还能够利用组网技术构成智能检测网络。

3. 智能传感器的实现技术

智能传感器视其传感元件的不同具有不同的名称和用途,而且其硬件的组合方式也不尽相同,但其结构模块大致相似,一般由以下几个部分组成:①一个或多个敏感器件;②微处理器或微控制器;③非易失性可擦写存储器;④双向数据通信的接口;⑤模拟量输入输出接口(可选,如 A/D 转换、D/A 转换);⑥高效的电源模块。按照实现形式,智能传感器可以分为非集成化智能传感器、集成化智能传感器以及混合式智能传感器三种结构。图 3-8 为典型的智能传感器结构示意图。

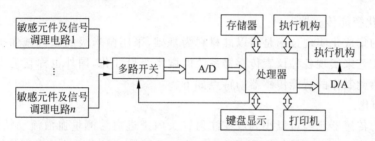

图 3-8 典型的智能传感器结构示意图

1) 非集成化智能传感器

非集成化智能传感器就是将传统的经典传感器、信号调理电路、微处理器以及相关的输入输出接口电路、存储器等进行简单组合集成而得到的测量系统,如图 3-9 所示。在这种实现方式下,传感器与微处理器可以分为两个独立部分,传感器及变送器将待测物理量转换为相应的电信号,送给信号调理电路进行滤波、放大,再经过模数转换后送到微处理器。微处理器是智能传感器的核心,不但可以对传感器测量数据进行计算、存储、处理,还可以通过反馈回路对传感器进行调节。微处理器可以根据其内存中驻留的软件实现对测量过程的各种控制、逻辑推理、数据处理等功能,使传感器获得智能,从而提高系统性能。

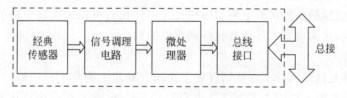

图 3-9 非集成式智能传感器结构示意图

另外,近年来发展极为迅速的模糊传感器也是一种非集成化的新型智能传感器。它是在经典数值测量的基础上,经过模糊推理和知识合成,以模拟人类自然语言符号描述的形式输出测量结果。显然,模糊传感器的核心部分就是模拟人类自然语言符号的产生及其处理。模糊传感器的"智能"在于,它可以模拟人类感知的全过程。它不仅具有智能传感器的一般优点和功能,而且具有学习推理的能力,具有适应测量环境变化的能力,并能够根据测量任务的要求进行学习推理,此外,它还具有与上级系统交换信息的能力,以及自我管理和调节的能力。简单地说,模糊传感器的作用应当与一个具有丰富经验的测量专家的作用是等同的。图 3-10 是模糊传感器的简单结构示意图。

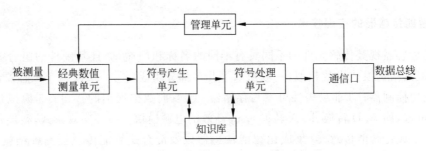

图 3-10　模糊传感器的简单结构示意图

2) 集成化智能传感器

传感器的集成化实现技术是指以硅材料为基础,采用微米级的微机械加工技术和大规模集成电路工艺来实现各种仪表传感器系统的微米级尺寸化,国外也称它为专用集成微型传感技术。由此制作的智能传感器的特点如下。

(1) 微型化。

微型压力传感器已经可以小到放在注射针头内送进血管测量血液流动情况,装在飞机或发动机叶片表面用以测量气体的流速和压力。美国最近研究成功的微型加速度计可以使火箭或飞船的制导系统质量从几千克下降至几克。

(2) 一体化。

压阻式压力传感器是最早实现一体化结构的。传统的做法是先分别由宏观机械加工金属圆膜片与圆柱状环,然后把二者粘贴形成周边固支结构的"金属杯",再在圆膜片上粘贴电阻变换器(应变片)而构成压力传感器,这就不可避免地存在蠕变、迟滞、非线性特性。采用微机械加工和集成化工艺,不仅"硅杯"一次整体成型,而且电阻变换器与硅片是完全一体化的。进而可在硅杯非受力区制作调理电路、微处理器单元甚至微执行器,从而实现不同程度的,乃至整个系统的一体化。

(3) 精度高。

比起分体结构,传感器结构一体化后,迟滞、重复性指标将大大改善,时间漂移大大减小,精度提高。后续的信号调理电路与敏感元件一体化后可以大大减小由引线长度带来的寄生参量的影响,这对电容式传感器有特别重要的意义。

(4) 多功能。

微米级敏感元件结构的实现特别有利于在同一硅片上制作不同功能的多个传感器,如霍尼韦尔公司生产的 ST-3000 型智能压力和温度变送器,就是在一块硅片上制作了感受压力、压差及温度三个参量的,具有三种功能(可测压力、压差、温度)的传感器。这样不仅增加了传感器的功能,而且可以提高传感器的稳定性与精度。

(5) 阵列式。

微米技术已经可以在 1cm 大小的硅芯片上制作含有几千个压力传感器阵列,如丰田中央研究所半导体研究室用微机械加工技术制作的集成化应变计式面阵触觉传感器,在 8mm×8mm 的硅片上制作了 1024 个敏感触点,基片四周还制作了信号处理电路,其元件总数达 16 000 个。敏感元件构成阵列后,配合相应图像处理软件,可以构成多维图像传感器。

(6) 使用方便,操作简单。

它没有外部连接元件,外接连线数量少,包括电源、通信线可以少至 4 条,因此,接线极其简便。它还可以自动进行整体自校,无须用户长时间反复多环节调节与校验。"智能"含量越高的智能传感器,它的操作使用越简便,用户只需编制简单的使用主程序。

要在一块芯片上实现智能传感器系统存在着许多棘手的难题,如直接转换型 A/D 变换器电路太复杂,制作敏感元件后留下的芯片面积有限,需要寻求其他 A/D 转换的型式;由于芯片面积的限制,以及制作敏感元件与数字电路的优化工艺的不兼容性,微处理器系统及可编程只读存储器的规模、复杂性与完善性也受到很大限制。

3) 混合式智能传感器。

根据需要将系统各个集成化环节,如敏感单元、信号调理电路、微处理器单元、数字总线接口等,以不同的组合方式集成在两块或三块芯片上,并封装在一个外壳里,如图 3-11 所示。

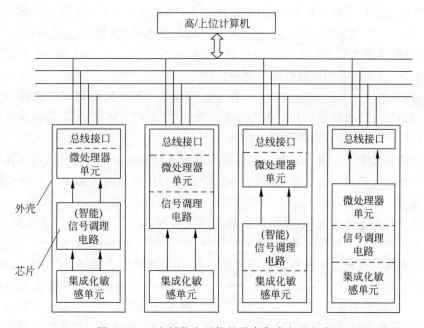

图 3-11　一个封装中可能的混合集成实现方式

集成化敏感单元包括各种敏感元件及其变换电路,信号调理电路包括多路开关、放大器、基准源、模/数转换器(ADC)等,微处理器单元包括数字存储器、I/O 接口、微处理器、数/模转换器等。

4. 智能传感器的新进展及应用发展方向

随着 MEMS(Micro-Electro-Mechanical System,微机电系统)、激光技术、高科技材料等的技术进步,传感器的研发呈现多样化的趋势,下面通过盘点这两年热门的新型传感器技术来了解新型智能传感器的发展方向。

2016 年,英国国防部公布了一种新型可穿戴传感技术,定位士兵位置和防止误伤事件。这一套徒步近战传感系统(DCCS)可以让指挥官在没有 GPS 的情况下定位士兵位置,同时提供更好的周围环境感知能力。更甚者,在 2017 年瑞士联邦材料科学与技术研究所(EMPA)研究员在 *Journal of the Royal Society Interface* 发表的一项新研究中,研究人员发布了一种光纤材料,可以快速生产,然后编织、针织或刺绣到现有的织物中,形成柔性、可穿戴的传感器,无缝集成到衣服中。该材料还能够机洗,甚至能够耐受医用级别的消毒水和洗涤剂。

2016 年,中国哈尔滨工业大学材料科学教授何晓东以及其同事在新型人造毛发传感器方面进行了创新,他们研发的新技术能够模仿人体表面的细微毛发,人类正是通过这些毛发将感觉信息传递到皮肤神经。研究人员采用 $30\mu m$ 的细线代替毛发,他们在硅脂橡胶中嵌入一排细微电线,这排电线的作用就是给人造皮肤带来外界信息。

致力于糖尿病患者健康监测的创企 Siren Care 于 2016 年研发了一款智能袜子,该袜子通过温度传感器来检测患者是否出现炎症,进而实时检测糖尿病患者健康状况。

美国研究人员于 2016 年开发出一种类似皮肤贴纸的柔性传感器,可监测心率和识别语音。该器件的潜在应用包括诊断病情、操纵机器人,以及在没有手柄的情况下玩计算机游戏等。例如,用户只需说出"上、下、左、右"就可控制吃豆人游戏,语音识别率可达 90%。据悉,这种新型传感器类似于一个小的创可贴,只有 20mm 厚,213.6mg 重,具有足够的灵活性和可伸展性,可穿戴在颈部这样的人体弯曲部位。

据报道,日本研究人员最新发明了一种廉价的像创可贴一般的集成传感器。这种创可贴集成传感器是一种可随意贴在身体上的柔性设备,能监测人体活动量、心跳次数以及紫外线强度等,可用于健康管理和物联网等领域。

美国范德堡大学的一组科学家通过对荧光素酶这种生物酶进行基因改造而发明出一种生物发光传感器。据研究人员介绍,这一新型传感器可用来追踪大脑中大型神经网络的内部互动情况。

随着智慧城市概念的提出,民用传感器领域也将迎来市场"蓝海"。2016 年,上润利用传感器技术自主研发了智慧水务系统,并计划从 2016 年到 2025 年投入 3~5 亿元,在福州供水管网中安装八万多个无线传感器等智能设备,用于城市供水漏损治理项目的实施。

不仅是智慧水务,在智慧城市的建设中,有多个领域都需要以传感器技术为基础。目前,许多城市中的桥梁建筑都已年代久远,开始出现不同程度的质量问题。江苏无锡在蓉湖大桥、开源大桥两座桥梁的桥体各处安装了百余个传感器,通过多个加速度传感器测量这座斜拉索的加速度,来获得其自振频率,从而推断拉索的健康状况。

此外,在城市的地铁建设中传感器也被广泛应用。在地铁的环境控制系统里,需要使用室内温湿度传感器、管道温湿度传感器以及 CO_2 浓度传感器,以监测车站实时的温度、湿度、空气质量。还有环境监测、可穿戴设备等领域也需要大量使用各种各样的传感器技术。

由此可见,新型传感器的发展将更加快捷迅猛,给人们的生活带来翻天覆地的变化,笔者认为其未来应用发展主要集中在以下三个领域。

(1)健康领域,主要是可穿戴设备,研究的焦点在于可穿戴设备将配备多种传感器,比如测量血压、心跳、运动频率等传感器指数可以整合提供给到用户界面,给用户带来独特的体验。

(2)物联网领域,多种移动设备和工业设备接入物联网,使得智能传感器无处不在,包括保证网络安全的重要传感器。

(3)智能手机的快速迭代和新功能的应用都让智能传感器有了更大的舞台。

3.2　自动识别技术

3.2.1　自动识别技术概述

随着人类社会步入信息时代,人们所获取和处理的信息量不断加大。传统的信息采集输入是通过人工手段完成的,不仅劳动强度大,而且数据误码率高。以计算机和通信技术为基础的自动识别技术可以对信息自动识别,并可以工作在各种环境之下,使人类得以对大量数据信息进行及时、准确的处理。自动识别技术是物联网体系的重要组成部分,可以对每个物品进行标识和识别,并可以将数据实时更新,是构造全球物品信息实时共享的重要组成部分,是物联网的基石。

自动识别技术(Auto Identification and Data Capture,AIDC)是一种高度自动化的信息或数据采集技术,对字符、影像、条形码、声音、信号等记录数据的载体进行机器自动识别,自动地获取被识别物品的相关信息,并提供给后台的计算机处理系统以完成相关后续处理。

自动识别技术是用机器识别对象的众多技术的总称,具体地讲,就是应用识别装置,通过被识别物品与识别装置之间的接近活动,自动地获取被识别物体的相关信息。自动识别技术可以在制造、物流、防伪和安全等领域中应用,可以采用光识别、磁识别、电识别或射频识别等多种识别方式,是集计算机、光、电、通信和网络技术为一体的高技术学科。本节主要介绍生物识别技术、磁条和 IC 卡识别技术和光学字符技术,后面章节再继续介绍 RFID 技术和条形码技术。

完整的自动识别计算机管理系统包括自动识别系统(Automatic Identification System,AIDS)、应用程序接口(Application Interface,API)或者中间件(Middleware)和应用系统软件(Application Software),如图 3-12 所示。其中,自动识别系统完成数据的采集和存储工作;应用系统软件对自动识别系统所采集的数据进行应用处理;而应用程序接口/中间件则提供自动识别系统和应用系统软件之间的通信接口(包括数据格式),将自动识别系统采集的数据信息转换成应用软件系统可以识别和利用的信息并进行数据传递。

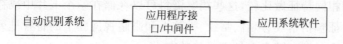

图 3-12　完整的自动识别计算机管理系统的简单模型

自动识别技术的主要特征包括:准确性,自动数据采集,彻底消除人为错误;高效性,信息交换实时进行;兼容性,自动识别技术以计算机技术为基础,可与信息管理系统无缝连接。

自动识别系统根据识别对象的特征可以分为两大类,分别是数据采集技术和特征提取技术。这两大类自动识别技术的基本功能都是完成物品的自动识别和数据的自动采集。

数据采集技术的基本特征需要被识别物体具有特定的识别特征载体(如标签等、光学字符识别例外);而特征提取技术则根据被识别物体本身的行为特征(包括静态、动态和属性特征)来完成数据的自动采集。自动识别技术的基本范畴如表 3-1 所示。

表 3-1 自动识别技术的基本范畴

数据采集技术	特征提取技术
光存储器 • 条形码(一维、二维) • 矩阵码 • 光标读写器 • 光学字符识别(OCR) 磁存储器 • 磁卡 • 非接触磁卡 • 磁光存储 • 微波 电存储器 • 触摸式存储 • RFID 射频识别(无芯片、有芯片) • 存储卡(智能卡、非接触式智能卡)	静态特征 • 视觉识别 • 能量扰动识别 动态特征 • 声音(语音) • 键盘敲击 • 其他感觉特征 属性特征 • 化学感觉特征 • 物理感觉特征 • 生物抗体病毒特征 • 联合感觉系统

3.2.2 生物识别技术

1. 生物识别技术概述

生物识别技术是指通过计算机利用人类自身生理或行为特征进行身份认定的一种技术,如指纹识别和虹膜识别技术等。据介绍,世界上某两个人指纹相同的概率极为微小,两个人的眼睛虹膜一模一样的情况也几乎没有,人的虹膜在两到三岁之后就不再发生变化,眼睛瞳孔周围的虹膜具有复杂的结构,能够成为独一无二的标识。与生活中的钥匙和密码相比,人的指纹或虹膜不易被修改、被盗或被人冒用,而且随时随地都可以使用。

生物识别技术是依靠人体的身体特征来进行身份验证的一种解决方案,由于人体特征具有不可复制的特性,这一技术的安全系数较传统意义上的身份验证机制有很大的提高。

生物识别是用来识别个人的技术,它以数字测量所选择的某些人体特征,然后与这个人的档案资料中的相同特征做比较,这些档案资料可以存储在一个卡片中或存储在数据库中。被使用的人体特征包括指纹、声音、掌纹、手腕上和眼睛视网膜上的备管排列、眼球虹膜的图像、脸部特征、签字时和在键盘上打字时的动态。

指纹扫描器和掌纹测量仪是目前最广泛应用的器材。不管使用什么样的技术,操作方法都总是通过测量人体特征来识别一个人。

生物特征识别技术适用于几乎所有需要进行安全性防范的场合,遍及诸多领域,在包括金融证券、IT、安全、公安、教育、海关等行业的许多应用系统中都具有广阔的应用前景。随着电子商务越来越广泛的应用,必须有更好的技术来实现身份认证。

所有的生物识别工作大多进行了这样 4 个步骤:原始数据获取、抽取特征、比较和匹配。生物识别系统捕捉到生物特征的样品,唯一的特征将会被提取并且被转化成数字的符号,接着,这些符号被用作那个人的特征模板,人们同识别系统交互,与存放在数据库、智能卡或条形码卡中的原有模板比较,根据匹配或不匹配来确定他或她的身份。生物识别技术在我们不断增长的电器世界和信息世界中的地位将会越来越重要。

生物特征识别技术是一门利用人的生理上的特征来识别人的科学。和传统识别方法的不同在于,生物特征识别方法依据的是我们身体所特有的东西。

生物识别有时候也叫生物特征识别,还有的时候也叫生物认证,这几个词都是一个含义,都是指通过获取和分析人体的身体或行为特征来实现人的身份的自动鉴别,这就是生物识别的基本概念。

2. 生物识别技术的分类

生物特征分为物理特征和行为特点两类。物理特征包括指纹、掌形、眼睛(视网膜和虹膜)、人体气味、脸形、皮肤毛孔、手腕/手的血管纹理和 DNA 等。行为特点包括签名、语音、行走的步态、按键的力度等。

1)基于生理特征的识别技术

(1)指纹识别。

指纹识别技术是通过取像设备读取指纹图像,然后用计算机识别软件分析指纹的全局特征和指纹的局部特征,特征点如脊、谷、终点、分叉点和分歧点等,从指纹中抽取特征值,从而非常可靠地通过指纹来确认一个人的身份。

指纹识别的优点表现在:研究历史较长,技术相对成熟;指纹图像提取设备小巧;同类产品中,指纹识别的成本较低。其缺点表现在:指纹识别是物理接触式的,具有侵犯性;指纹易磨损,手指太干或太湿都不易提取图像。

(2)虹膜识别。

虹膜识别技术是利用虹膜终身不变性和差异性的特点来识别身份的,虹膜是一种在眼睛中瞳孔内的织物状的各色环状物,每个虹膜都包含一个独一无二的基于水晶体、细丝、斑点、凹点、皱纹和条纹等特征的结构。虹膜在眼睛的内部,用外科手术很难改变其结构;由于瞳孔随光线的强弱变化,想用伪造的虹膜代替活的虹膜是不可能的。目前世界上还没有发现虹膜特征重复的案例,就是同一个人的左右眼虹膜也有很大区别。除了白内障等原因外,即使接受了角膜移植手术,虹膜也不会改变。虹膜识别技术与相应的算法结合后,可以达到十分优异的准确度,即使全人类的虹膜信息都录入到一个数据中,出现假认和假拒的可能性也相当小。

和常用的指纹识别相比,虹膜识别技术操作更简便,检验的精确度也更高。统计表明,到目前为止,虹膜识别的错误率是各种生物特征识别中最低的,并且具有很强的实用性,386以上计算机和 CCD 摄像机即可满足对硬件的需求。

(3)视网膜识别。

人体的血管纹路也是具有独特性的,人的视网膜上面血管的图样可以利用光学方法透过人眼晶体来测定。用于生物识别的血管分布在神经视网膜周围,即视网膜 4 层细胞的最远处。如果视网膜不受损伤,从三岁起就会终身不变。同虹膜识别技术一样,视网膜扫描也是最可靠、最值得信赖的生物识别技术,但它运用起来的难度较大。视网膜识别技术要求激光照射眼球的背面以获得视网膜特征的唯一性。

视网膜技术的优点:视网膜是一种极其固定的人体生物特征,因为它是"隐藏"的,故而不易磨损、老化或是受疾病影响;非接触性的;视网膜是不可见的,故而不会被伪造。缺点：视网膜技术未经过任何测试,可能有损使用者的健康,还需要进一步研究；对于消费者,视网膜技术没有吸引力；很难进一步降低它的成本。

(4) 面像识别。

面像识别技术通过对面部特征和它们之间的关系(眼睛、鼻子和嘴的位置以及它们之间的相对位置)来进行识别。用于捕捉面部图像的两项技术为标准视频和热成像技术：标准视频技术通过视频摄像头摄取面部的图像,热成像技术通过分析由面部的毛细血管的血液产生的热线来产生面部图像。与视频摄像头不同,热成像技术并不需要较好的光源,即使在黑暗情况下也可以使用。

面部识别技术的优点：非接触性。缺点：要比较高级的摄像头才可有效高速地捕摄面部图像；使用者面部的位置与周围的光环境都可能影响系统的精确性,而且面部识别也是最容易被欺骗的；另外,对于因人体面部如头发、饰物、变老以及其他的变化引起的误差可能需要通过人工智能技术来得到补偿；采集图像的设备会比其他技术昂贵得多。这些因素限制了面部识别技术的广泛运用。

(5) 掌纹识别。

掌纹与指纹一样也具有稳定性和唯一性,利用掌纹的线特征、点特征、纹理特征、几何特征等完全可以确定一个人的身份,因此掌纹识别是基于生物特征身份认证技术的重要内容。目前采用的掌纹图像主要分为脱机掌纹和在线掌纹两大类。脱机掌纹图像,是指在手掌上涂上油墨,然后在一张白纸上按印,再通过扫描仪进行扫描而得到数字化的图像。在线掌纹则是用专用的掌纹采样设备直接获取,图像质量相对比较稳定。随着网络、通信技术的发展,在线身份认证将变得更加重要。

(6) 手形识别。

手形指的是手的外部轮廓所构成的几何图形。手形识别技术中,可利用的手形几何信息包括手指不同部位的宽度、手掌宽度和厚度、手指的长度等。经过生物学家大量实验证明,人的手形在一段时期具有稳定性,且两个不同人手形是不同的,即手形作为人的生物特征具有唯一性。手形作为生物特征也具有稳定性,且手形也比较容易采集,故可以利用手形对人的身份进行识别和认证。

手形识别是速度最快的一种生物特征识别技术。它对设备的要求较低,图像处理简单,且可接受程度较高。由于手形特征不像指纹和掌纹特征那样具有高度的唯一性,因此,手形特征只用于满足中低级安全要求的认证。

(7) 红外温谱图。

人的身体各个部位都在向外散发热量,而这种散发热量的模式就是一种每人都不同的生物特征。通过红外设备可以获得反映身体各个部位的发热强度的图像,这种图像称为温谱图。拍摄温谱图的方法和拍摄普通照片的方法类似,因此,可以用人体的各个部位来进行鉴别,比如可对面部或手背静脉结构进行鉴别来区分不同的身份。

温谱图的数据采集方式决定了利用温谱图可以进行隐蔽的身份鉴定。除了用来进行身份鉴别外,温谱图的另一个应用是吸毒检测,因为人体服用某种毒品后,其温谱图会显示特定的结构。

温谱图的方法具有可接受性,因为数据的获取是非接触式的,具有非侵犯性。但是,人体的温谱值受外界环境影响很大,对于每个人来说不是完全固定的。目前,已经有温谱图身份鉴别的产品,但由于红外测温设备的价格昂贵,使得该技术不能得到广泛应用。

(8) 人耳识别。

人耳识别技术是 20 世纪 90 年代末开始兴起的一种生物特征识别技术。人耳具有独特的生理特征和观测角度的优势,使人耳识别技术具有相当的理论研究价值和实际应用前景。从生理解剖学上,人的外耳分为耳廓和外耳道。人耳识别的对象实际上是外耳裸露在外的耳廓,也就是人们习惯上所说的"耳朵"。一套完整的人耳自动识别一般包括以下几个过程:人耳图像采集、图像预处理、人耳图像的边缘检测与分割、特征提取、人耳图像的识别。目前的人耳识别技术是在特定的人耳图像库上实现的,一般通过摄像机或数码相机采集一定数量的人耳图像,建立人耳图像库。动态的人耳图像检测与获取尚未实现。

与其他生物特征识别技术相比较,人耳识别具有以下几个特点。

与人脸识别方法比较,人耳识别方法不受面部表情、化妆品和胡须变化的影响,同时保留了面部识别图像采集方便的优点,与人脸相比,整个人耳的颜色更加一致,图像尺寸更小,数据处理量也更小。

与指纹识别方法比较,耳图像的获取是非接触的,其信息获取方式容易被人接受。

与虹膜识别方法比较,耳图像采集更为方便。并且,虹膜采集装置的成本要高于耳采集装置。

(9) 味纹识别。

人的身体是一种味源,人类的气味虽然会受到饮食、情绪、环境、时间等因素的影响和干扰,其成分和含量会发生一定的变化,但作为由基因决定的那一部分气味——味纹却始终存在,而且终生不变,可以作为识别任何一个人的标记。

由于气味的性质相当稳定,如果将其密封在试管里制成气味档案,足足可以保存三年,即使是在露天空气中也能保存 18 小时。科学家告诉我们,人的味纹从手掌中可以轻易获得。首先将手掌握过的物品,用一块经过特殊处理的棉布包裹住,放进一个密封的容器,然后通入氮气,让气流慢慢地把气味分子转移到棉布上,这块棉布就成了保持人类味纹的档案。可以利用训练有素的警犬或电子鼻来识别不同的气味。

(10) 基因(DNA)识别。

DNA(脱氧核糖核酸)存在于一切有核的动(植)物中,生物的全部遗传信息都储存在DNA 分子里。DNA 识别依据的是不同的人体细胞中具有不同的 DNA 分子结构。人体内的 DNA 在整个人类范围内具有唯一性和永久性。因此,除了对双胞胎个体的鉴别可能失去它应有的功能外,这种方法具有绝对的权威性和准确性。不像指纹必须从手指上提取,DNA 模式在身体的每一个细胞和组织都一样。这种方法的准确性优于其他任何生物特征识别方法,它广泛应用于识别罪犯。它的主要问题是使用者的伦理问题和实际的可接受性,DNA 模式识别必须在实验室中进行,不能达到实时以及抗干扰,耗时长是另一个问题,这就限制了 DNA 识别技术的使用;另外,某些特殊疾病可能改变人体 DNA 的结构组成,系统无法正确地对这类人群进行识别。

生物识别技术是一种十分方便与安全的识别技术,它不需要你记住身份证号和密码,也不必随身携带各种卡片;生物测定你就是你,没有什么能比它更安全或更方便了。由于"生物识别"技术以人的现场参与不可替代性作为验证的前提和特点,且基本不受人为的验证干扰,故较之传统的钥匙、磁卡、门卫等安全验证模式具有不可比拟的安全性优势;更由于其软件、硬件设施的普及率上升、价格下降等因素,使其在金融、司法、海关、军事以及人们日常生活的各个领域中扮演着越来越重要的角色。

2)基于行为特征的生物识别技术

(1)步态识别。

步态是指人们行走时的方式,这是一种复杂的行为特征。步态识别主要提取的特征是人体每个关节的运动。尽管步态不是每个人都不相同的,但是它也提供了充足的信息来识别人的身份。步态识别输入的是一段行走的视频图像序列,因此其数据采集与面像识别类似,具有非侵犯性和可接受性。但是,由于序列图像的数据量较大,因此步态识别的计算复杂性比较高,处理起来也比较困难。尽管生物力学对步态进行了大量的研究工作,基于步态的身份鉴别的研究工作却刚刚开始。到目前为止,还没有商业化的基于步态的身份鉴别系统。

(2)按键识别。

按键识别是基于人按键时的特性。如按键的持续时间、按不同键之间的时间、出错的频率以及力度大小等而达到进行身份识别的目的。20 世纪 80 年代初期,美国国家科学基金和国家标准局研究证实,按键方式是一种可以被识别的动态特征。

(3)签名识别。

签名作为身份认证的手段已经使用几百年了,而且我们都很熟悉在银行的格式表单中签名作为我们身份的标志。将签名数字化是这样一个过程:测量图像本身以及整个签名的动作——在每个字母以及字母之间的不同的速度、顺序和压力。签名识别易被大众接受,是一种公认的身份识别技术。但事实表明,人们的签名在不同的时期和不同的精神状态下是不一样的,这就降低了签名识别系统的可靠性。

3)兼具生理特征和行为特征的声纹识别

声音识别本质上是一个模式识别问题。识别时需要被识别人讲一句或几句实验短句,对它们进行某些测量,然后计算量度矢量与存储的参考矢量之间的一个(或多个)距离函数。语音信号获取方便,并且可以通过电话进行鉴别。语音识别系统对人们在感冒时变得嘶哑的声音比较敏感;另外,同一个人的磁带录音也能欺骗语音识别系统。

由以上介绍我们能够得到用来鉴别身份的生物特征应该具有以下特点。

(1)广泛性:每个人都应该具有这种特征。

(2)唯一性:每个人拥有的特征应该各不相同。

(3)稳定性:所选择的特征应该不随时间变化而发生变化。

(4)可采集性:所选择的特征应该便于测量。

实际的应用还给基于生物特征的身份鉴别系统提出了更多的要求,如:性能要求,所选择的生物统计特征能够达到多高的识别率;对于资源的要求,识别的效率如何;可接受性,使用者在多大程度上愿意接受所选择的生物统计特征系统;安全性能,系统是否能够防止被攻击;是否具有相关的、可信的研究背景作为技术支持;提取的特征容量、特征模板是否占用较小的存储空间;价格是否为用户所接受;是否具有较高的注册和识别速度;是否具有非侵犯性等。

遗憾的是,到目前为止,还没有任何一种单项生物特征可以满足上述全部要求。基于各种不同生物特征的身份鉴别系统各有优缺点,分别适用于不同的范围。但对于不同的生物特征身份鉴别系统应有统一的评价标准。

另外,每种生物特征都有自己的适用范围。比如,有些人的指纹无法提取特征;患白内障的人虹膜会发生变化等。在对安全有严格要求的应用领域中,人们往往需要融合多种生物特征来实现高精度的系统识别。数据融合是一种通过集成多知识源的信息和不同专家的意见以产生一个决策的方法,将数据融合方法用于身份鉴别,结合多种生理和行为特征进行身份鉴别,提高鉴别系统的精度和可靠性,这无疑是身份鉴别领域发展的必然趋势。

3. 生物识别系统

生物识别系统包括"生物特征采集子系统""数据预处理子系统""生物特征匹配子系统"和"生物特征数据库子系统",以及系统识别的对象——人。

"生物特征采集子系统"是通过采集系统自动获得生物特征数据的部分,如图 3-13 所示,它对识别对象的生物体进行采样,并把采样信号转化为数字代码。它以特定的规则来表示当前采集到的生物特征,并通过某种安全的方式传送到数据预处理子系统。

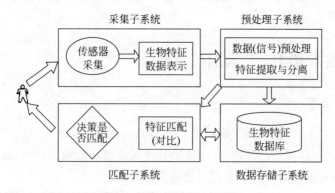

图 3-13 生物识别系统框图

"数据预处理子系统"对采集到的生物数据进行信号预处理。一般包括滤波去噪、去伪存真、信号平滑处理等。之后通过特定的数学方法,从处理过的数据信号中提取和分离出一系列具有代表性的生物特征值,形成特征值模板,存入生物特征数据库子系统中。

在"生物特征数据库子系统"中,需要建立生物特征与身份信息的关联关系,并且保证数据存储的安全和可靠。

"生物特征匹配子系统"通过模式识别算法,把待识别的生物特征与数据库子系统中的生物特征进行比对,并按照事先确定的筛选条件(阈值)决策是否匹配成功。如果匹配成功,输出库中的人员身份信息。

常见的生物识别系统有自动指纹识别系统(AFIS)、自动脸形识别系统、掌形识别系统和虹膜识别系统等。

作为生物识别系统,最为人们关注的两点是准确性和易用性。准确性是生物识别系统存在的前提。但这并不意味着如果不能达到百分之百的准确,就毫无价值。在刑警办案的许多场合,生物识别系统,如脸形识别系统充当的是一个非常有效的辅助排查手段,但不起决策作用。一般在需要监督人参与的业务系统或者是非面向公众的系统中,以及采集对象较少的情况下,采用准确度不是百分之百的生物识别系统,也不失为一个可行而正确的选择。但对于特别强调自动化、无人监督的业务系统中,以及面向公众的公共事务系统,准确性要放在首位来考虑。因此,在这种场合,准确性高的指纹识别和虹膜识别系统,相对比较受欢迎。

易用性是生物识别系统的另一个被关注点。生物识别系统离不开与人的交互。人每天都会频繁使用身份认证系统。系统操作的方便性、友好性、响应的快速性、操作结果的可获得性、可理解性,都是使用者每天感受到的事情。尤其对于公众应用来讲,单人单次操作的时间,如果在 30s 以上,会大大影响公众对该系统的看法。当然作为一个新生事物,生物识别系统正在不断朝着易用的方向迈进。在这个过程中,系统会不断适应人提出来的便利性要求,同时,也需要人去了解和适应系统的一些操作规范。就像自动售票机需规定一些操作序列一样,人们一开始是需要经过学习和适应的。

为了有效地且规范性地获得足够多的生物特征,被识别对象需要按采集子系统的提示进行操作,如在虹膜识别系统中,会要求人注视采集器特定位置多长时间,以便能获得有效的数据。在掌形识别系统中,要求手指按一定的角度分开放置。而在脸形识别系统中,则对人的注视角度和环境光线有一定的要求。在目前众多的生物识别系统中,指纹识别系统在易用性上让人更容易接受。

3.2.3 磁卡和 IC 卡识别技术

1. 磁卡识别技术

磁卡在 20 世纪 70 年代出现于银行业。当提出标准之后,磁卡变成了为顾客方便服务的有效途径。自动取款机(ATM)的运用使银行能提供更新的服务项目,在适应用户不断增长的同时,可不必要求提高雇员水平或引进昂贵的设施。

目前磁卡已广泛应用于银行、零售业、电话系统、访问控制、机票和运输费用的收取上。事实上,现有的磁卡读写设备网点是如此广泛,因而要想将其改变成另一种技术则是一个非常缓慢而又需很高费用的过程。

1) 主要功能

磁卡技术应用了物理学和磁力学的基本原理。对自动识别设备制造商来说,磁卡就是一层薄薄的由定向排列的铁性氧化粒子组成的材料(也称为涂料),用树脂胶合在一起并粘贴在诸如纸或者塑料这样的非磁性基片上。

磁卡介质为保存和修改信息提供了既便宜又灵活的方法。磁卡是由磁性材料掺以黏合剂而制成的,在干燥之前要在磁场中加以处理,使磁性材料的磁极取向更适合于进行读写。信息通过各种形式的读卡器在磁卡上写入或读出。读卡器中装有磁头,可在卡上写入或读取信息。卡上的信息采用二进制编码。

磁卡技术的优点是数据可读写,即具有现场改写数据的能力。数据存储量能满足大多数需求,便于使用,成本低廉,还具有一定的数据安全性。它能黏附于许多不同规格和形式的基材上。这些优点使之在很多领域得到了广泛应用,如信用卡、银行 ATM 卡、机票、公共汽车票、自动售货卡、会员卡、现金卡(如电话磁卡)、地铁自动取款设备等。磁卡的价格也很便宜,但是很容易磨损。磁卡不能折叠、撕裂,数据量较小。

磁卡技术是接触识读,它与条形码有三点不同:一是其数据可进行部分读写操作,二是给定面积编码容量比条形码大,三是对于物品逐一标识成本比条形码高。接触性识读最大的缺点就是灵活性太差。

2)通信

磁卡与读卡器之间的通信是通过磁场进行的。读出是通过将磁卡划过读卡器,读卡器再通过磁头拾取磁卡上磁极性的变化。在写入时,读卡器要产生一个磁场,从而能够在磁卡上一个较小的区域内有效地改变磁极性的取向,以向磁卡上写入信息,磁卡与读写装置之间交换信息的速率一般为 12 000b/s。

与磁卡有关的通信参数有下列几个:记录介质的物理特性、磁卡上磁道的定位、编码技术、译码技术和数据格式等。国际标准化组织(International Organization for Standardization, ISO)对这些参数有两个技术要求,但有许多应用并不遵守这些标准,未能完全遵守这些标准的原因是现有设备的灵活性不够或保密性要求提高等。

3)存储器

当磁卡放在一个有极性的磁场上时,在磁卡上一个指定的小区域就会感受到一个相似的磁场的作用。这一过程在抹去数据或存储新数据的过程中是重复进行的。

磁卡上的信息容易被其他磁场更改或被抹除,或由于环境的因素而造成损害。为避免这样的损坏,许多制造商、组装厂商和应用工程师往往需要开发抗磁性能更强的磁卡。磁卡的抗磁性能主要以矫顽力来衡量,矫顽力以 kA/m(1kA/m 约 12.560e)为单位。矫顽力的定义是抹去磁带上已记录的编码信息所需要的磁力。一般矫顽力低的磁卡(3000e)比矫顽力高的磁卡(30 000e)更易于被抹去信息或重新被编码。对采用的矫顽力也要有一个限度,当采用磁卡的矫顽力超过 3000～50 000e 时,一般的读写装置很难对其所记录信息进行修改。

读卡器的磁头要设计成能与磁卡进行直接的接触才能保证其可靠性。任何脏物、化工材料或污垢附着在卡上都会产生干扰,从而显著降低其阅读性能。经实践研究表明,普通磁卡的识读错误率为 0.06%。

磁卡的寿命与读卡器的质量、制卡用的材料以及磁卡和读写设备维护和运行的环境有很大的关系。在大多数情况下,在磁卡信息的完整性问题出现之前可能是遭受机械损伤。然而,实际的经验表明,大多数正常使用的磁卡在读取 200 万次以后就会坏掉而需要更换。显然,对于易于损坏的薄纸磁卡来说,这样的读取次数还要低得多。

磁卡上不需要安装电源。使用和存放磁卡的最佳环境是凉爽、干燥和清洁的地方。一般存放磁卡的温度为 −40～80℃,操作温度为 0～55℃,操作时允许的相对湿度为 5%～95%(非冷凝温度)。此时,磁场可以修改或抹除存储在磁卡上的信息,或降低磁卡的性能。任何形式的脏物和积聚物在磁卡上都会引起严重磨损或妨碍读写装置对其读出或编码。

4)系统的运作

磁卡的厚度一般符合 ISO 标准或稍薄一些。选用作磁卡的材料包括聚氯乙烯(Polyvinyl Chloride,PVC)、聚酯(Polyester,PET)、纸张或其他类似的材料。磁卡的重量取决于所选用的材料。但磁卡设计方案的选择应根据具体的应用、所预期的每张卡的价格以及预定的有效期来决定。磁卡的厚度尺寸根据所采用纸张或塑料的不同而有所变化,可以选择各种各样的读写装置,并根据应用而选择不同的尺寸。有些读写设备是完全独立的,并且在嵌入存储设备之后再安装到中央处理设备中。

标准的项目系统配置包括磁卡、读写装置及信息分析平台。由于这些部件可能具有不同的类型,因而可能有几千种不同的配置,每种类型都可具有一种特有的配置。读卡器的控制器接口则可能变化较大,最常用的接口是 RS232 和 RS424。

5) 发展趋势

预期使用磁卡的系统不会有更大的发展,但在安全性方面若有新的改进措施,则还可能会有少量的进展。由此可见,磁卡技术在许多方面已接近理论或实际的极限。例如,ISO 标准的磁卡的存储容量将近 1Kb,虽然一张卡上可以存入更多的信息,但由于配置的显著差异,将使符合 ISO 标准的读卡器不能读出磁卡上的信息。

有关的磁卡上存储信息和格式化的方法,已经有了 ISO 标准。但由于大多数实际应用并不遵守这些标准(由于现有设备的灵活性和出于提高保密性的原因),因而有可能对现行的 ISO 标准做出一些修改,以便适应市场的这些变化。

2. IC 卡识别技术

IC(Integrated Circuit,集成电路)卡是 1970 年由法国人 Roland Moreno 发明的,他第一次将可编程设置的 IC 芯片放于卡片中,使卡片具有更多功能。通常说的 IC 卡多数是指接触式 IC 卡。由于接触式 IC 卡对通用设备的需求,最终使得国际标准化组织(ISO)在 1987 年通过了收(付)费卡尺寸标准、I/O(Input/Output,输入输出)格式、物理触点在卡上的定位等方面的标准。

1) 主要功能

接触 IC 卡可包含一个微处理器使其成为真正的智能卡,或者只是简单地成为一个存储卡(作为保密信息存储器件)。通过使用微处理器在卡上进行认证和对信息访问的控制,从而使得接触 IC 卡达到更高一级的保密性。

接触式 IC 卡的两种主要形式是预付费卡(Prepaid Card)和信用/借记卡(Credit/Debit Card)。预付费卡通常其中含有少量金额,当使用时金额会减少。预付费卡的典型应用是电话卡和交通卡。信用卡通常记录交易金额,并将其转入用户账户中进行结算。信用卡一般应用于银行卡和零售收(付)费卡上。由于通常信用卡有较高的交易额,所以需要信用卡有较高的保密性。在预付卡的大多数应用中,都假定持卡人本身是收(付)费卡的拥有者,然而信用卡则几乎都要采用一种或多种组合的鉴别技术来对用户身份加以认证(例如用个人身份证的编号等)。

接触式 IC 卡和磁卡比较有以下特点:安全性高;接触式 IC 卡的存储容量大,便于应用,方便保管;接触式 IC 卡防磁、防静电,抗干扰能力强,可靠性比磁卡高,使用寿命长,一般可重复读写 10 万次以上;接触式 IC 卡的价格稍高些;由于它的触点暴露在外面,有可能因人为的原因或静电损坏。

在日常生活中,接触式 IC 卡的应用也比较广泛。人们接触得比较多的有电话 IC 卡、购电(气)卡、手机 SIM(Subscriber Identity Module,用户身份模块)卡、牡丹交通卡(一种磁卡和 IC 卡的复合卡)以及即将大面积推广的智能水表卡、智能气表卡等。

2) 通信

接触式 IC 卡内的信息是通过收(付)费卡表面的电接触点与读写装置之间进行接触而实现通信的,因而在实际操作时收(付)费卡必须插入读卡器中才能传送信息。

接触式 IC 卡收(付)费卡与读写装置之间的信息传递速度通常为 9600b/s。接触式 IC 卡的 ISO 标准通信指标(包括通信方式和规程)在 ISO 7816 第Ⅱ部分中已有说明。

大多数接触式 IC 卡,其电源是由读写器通过收(付)费卡表面的触点提供的。在有些情况下,电池也可装入收(付)费卡中。依照 ISO 的规定,IC 卡应当在(5±0.5)V 及 1~5MHz 之间的任何频率(时钟速率)下正常工作。

通常的安全防护措施是为增加保密措施而提出的,适用于所有类型的接触卡以及其他高存储容量技术,这些安全防护措施主要包括基本识别(无验证)、个人识别码(Personal Identification Numbers,PIN)验证、公共按键数据输入系统(Data Entry System,DES)、生物识别技术(如指纹、视网膜扫描和声音波纹等)。

接触式 IC 卡的保密性会受到如下因素的影响:在卡上执行验证程序的处理能力;在该项目中存储器的类型;信息传递中用的编译码方式以及对卡内部电气和存储模块的物理渗透的防护等。

可靠性的首要问题是物理接触造成的磨损及对读/写设备的损坏行为。当接触式收(付)费卡能恰当地插入读卡器中时,数据传输的准确性是很高的;而在采用非接触式 IC 卡(如射频耦合卡)时,则经常会发生干扰的问题,但这对于接触式 IC 卡来说却不是大问题。

3) 存储器

接触式 IC 卡的存储容量一般在 2000~8000B 之间,或等效于两张标准文稿纸的容量。由于现在已采用了容量较大、功耗要求较低的芯片,因而未来接触式 IC 卡的容量还要增大。

接触式 IC 卡能够在 0~40℃的温度范围内准确地工作。大多数 IC 卡可以存放或暴露在 35~80℃的温度范围内,而不会损坏或丢失数据。读卡器也可以经受住同样的存储温度,但会有更严格的工作温度范围要求。

接触式收(付)费卡工作的相对湿度(不冷凝)一般在 20％~90％之间,读卡器则可在 25％~85％的相对湿度下工作。

接触式收(付)费卡一般可承受下雨和水溅湿,而读卡器则不能在雨中工作。另外,接触式收(付)费卡放入读卡器时必须擦干。接触式收(付)费卡能够承受住一定程度的脏物、烟雾和紫外线辐射的影响。

4) 系统的运作

接触式 IC 卡系统主要由三个部分组成:收(付)费卡,读卡器,中央控制单元(Central Processing Unit,CPU)。

接触式 IC 卡有两种基本类型:存储器卡和微处理器卡。微处理器卡一般用于信用/借记场合,通常会包括一个容量达 8000B 的存储器和一个 8b 的微处理器,具有较高的保密性。

用于接触式 IC 卡的读写装置可分为 4 种类型:智能独立装置、非智能装置、手提型装置和综合性装置。智能独立型装置含有微处理器、存储器、键盘和显示器,能够在不连接中央控制单元的情况下完成所有处理功能;非智能装置通常只是简单地为中央控制单元提供一个接口,一般用 RS232 连接;手提式装置是小电池供电设备,一般只有一个键盘和一个小显示屏;综合式装置是非智能式装置,是较大、较复杂设备的一部分(如自动提款机)。中央控制单元执行的功能是协调系统通信,编辑动态信息,管理用户接口或信息显示。中央控制单元由协调一个或多个读卡器的局部设备构成,也可以是通过无线通信链路连接的远程系统。

标准配置涉及对收(付)费卡、读卡器和中央控制单元的利用。根据应用的不同,可以采用上述任何一种类型的读写装置。在一些远距离应用中,在读卡器和中央控制单元之间也可以设立正式的通信链路。在这种情况下,处理过程可能记录在读卡器和收(付)费卡中,过后再及时将汇总信息送到中央控制单元。

IC 卡的物理尺寸在 ISO 7816 第 1 部分有规定(卡的尺寸为 54mm×85.6mm×0.76mm)。卡的重量一般为 1~29g,读卡器的尺寸会因选择的类型而异。

IC 卡的标准接口在 ISO 7816 第 IV 部分已有规定,大多数读卡器和控制单元的接口涉及 RS232 接口的应用。

5) 发展趋势

目前接触式 IC 卡市场的比例是:存储器卡占 90%,微处理器卡占 10%。今后,预计硅芯片在价格和尺寸方面的进一步改进有可能改变这种比例。微处理器卡将来会凭借其较高的保密性和多功能的特点而在整个市场上占有较大的比例。

对接触式 IC 卡的寿命周期一般有两个限制因素:其一是卡的表面触点可承受的磨损程度;其二是读写卡存储器上可操作的读写次数。物理的电学接触是任何电气系统中最为麻烦的问题。虽然黄金镀层可以防止腐蚀,但会使成本加大,并易磨损。到目前为止,欧洲在接触式智能卡应用方面有比较好的经验。但是,在触点的性能和耐磨损寿命问题上,任何新系统的设计人员都要加以考虑。非接触式 IC 卡则可以避免这些潜在的问题。

ISO 7816 为接触式 IC 卡制定了合理的物理标准。然而,随着容量更高的存储器的应用和付费卡的用途多元化,其标准信息格式和存储器定位标准等还要正式制定。

3.2.4 光学字符技术

1. 光学字符识别技术概述

光学字符识别(Optical Character Recognition,OCR)是最快的输入方法之一,也是目前办公室自动化讨论的一个主要课题。OCR 的特殊功能是通过扫描把打印、印刷、手写体字符转换成数字信息,以便存储或送入其他电子办公设备。这样可以节省大量输入操作时间,是目前解决系统输入瓶颈问题的重要途径。

OCR 出现于 20 世纪 50 年代中期,是随着模式识别和人工智能的发展而产生的文字识别技术,至今已有几十年的历史。20 世纪 70 年代后期,由于 LSI(Large Scale Integration,大规模集成电路)及 CCD(Charge Coupled Device,电荷耦合器件)的出现,使其进入崭新的实用阶段,在计算机自动录入、票据识别、信函分拣和资料分析等很多方面得到广泛应用。

OCR 技术的识别原理可以简单地分为相关匹配识别、概率判定准则和句法模式识别三大类。相关匹配识别是根据字符的直观形象提取特征,用相关匹配进行识别。这种匹配既可在空间域内和时间域内进行,也可在频率域内进行。相关匹配又可细分为图形匹配法、笔画分析法、几何特征提取法等。利用文字的统计特性中的概率分布,用概率判定准则进行识别称为概率判定准则法。如利用字符可能出现的先验概率,结合一些其他条件,计算出输入字符属于某类的概率,通过概率进行判别。根据字符的结构,用有限状态文法结构,构成形式语句,用语言的文法推理来识别文字的方法就是语句模式识别法。近年来,人工神经网络和模糊数学理论的发展,对 OCR 技术起到了进一步的推动作用。

OCR 的优点是人眼可视读、可扫描;但输入速度和可靠性不如条形码,数据格式有限,通常要用接触式扫描器。对于一般文本,通常以最终识别率、识别速度、版面理解正确率和版面还原满意度 4 个方面作为 OCR 技术的评测依据;而对于表格和票据,通常以识别率或整张通过率和识别速度作为测定 OCR 技术的实用标准。

OCR 的三个重要的应用领域是:办公自动化中的文本输入;邮件自动处理;与自动获取文本过程相关的其他领域,这些领域包括零售价格识读,订单数据输入,证件、支票和文件识读,微电路及小件产品状态特征识读等。由于在识别手迹特征方面的进展,目前正在探索OCR 技术在手迹分析及签名鉴定方面的应用。

2. 光学字符识别过程

在 OCR 中有许多光电管,排成一个矩阵。当光源照射被扫描的一页文件时,文件中空白的白色部分会发射光线,使光电管产生一定的电压,而有字的黑色部分则把光线吸收掉,光电管不产生电压,这些有、无电压的组合便形成一个模拟信号图案,OCR 再把这些模拟信号图案形状转化为数字信号,即成为二进制数据的矩阵。这些矩阵存储在 RAM 中,以便和预先存储在 PROM 里的字符表进行比较。一旦比较成功,就可确定扫描的是哪个字符,然后把该字符转换成 ASCII 码存储起来。

由于识别对象不同而有不同型式的设备。用来识别字符的设备即为 OCR,它大体上可分为三类:单据标签阅读机,文件阅读机和页式阅读机。其输入速度比键盘输入快 25 倍以上,机器主要由文件传送机构、扫描检视、识别处理、控制和输出等部分组成。常用的扫描方法有光栅扫描法、笔画跟踪法、人工视网膜法等。

识别处理分为三个阶段进行工作,即预处理、特征抽取和判定等。

预处理就是将要处理的字形信号进行规格化:把需要读出字形的高度和宽度调整到标准尺寸,定出字形的中心点位置等。

特征抽取是在经过规格化调整的字形信息中,确定能表征字与字间区别的属性和特征信息。需要抽取的特征和所用的识别方法有关。若用矩阵匹配法时,字形的特征是由对字符进行光栅扫描或用相当于人工视网膜神经元摄像方法所获得的矩阵图像中的黑白点,若用笔画分析法,则其特征就是与字形线走向相似的不规则多边形。

判定处理是对扫描读出的字符进行识别确定。故应先在机器内存储每个参考字符的特征数据,然后将从需要读出的字符的字形信息中抽取的特征数据同参考字符的特征数据进行比较匹配,直到找到特征相符的参考字符,并认定需要读出的字符即为该参考字符为止。实际上是找出匹配度最大的参考字符作为识别出的字符,其识别的流程图如图 3-14所示。

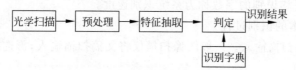

图 3-14　光学字符识别流程

3. 印刷汉字的光学字符识别

光学字符识别常用英文缩写 OCR 表示,工作时只需给计算机配上一台扫描仪及 OCR 印刷汉字识别软件,就可完成长篇文字的录入共作。

实用印刷汉字识别系统的技术指标有以下几项。

1) 系统识别的字符类总数

识别系统所识别的汉字字符集,一般可分为三级:第一级包括国标第一级汉字,有 3755 个汉字;第二级包括国标一、二级两级汉字,共有 6763 个;第三级可包括扩大的近万个汉字。识别汉字字符集的确定应根据需要和可能综合考虑。由于一级汉字的使用频度已达到 99.7%,而目前 OCR 系统识别率均不可能高于此百分比,因此,扩大字符数对识别率的增加并无效果,反而会加重对计算机内存的要求,识别速度也会显著下降。目前国内研究的系统主要以国标一级汉字为主,也可以适当增加一些较常用的二级汉字和专用汉字。实用汉字识别系统的识别字符应由汉字、标点符号、数字、英文(或其他外文)字母等各部分组成,字符总数在 4000~8000 个之间。

2) 识别的字体种类

我国汉字字体总计有 16 种以上,常用的印刷字体大致分为宋、仿宋、黑、楷 4 大字体,保证这 4 大字体的高识别率,其他变化接近字体的识别问题也就基本解决了。

3) 识别的字号

我国铅字字号约有 16 种,从特大号到 7 号字,大小比例相差约 9.3 倍。只要对不同字号汉字进行一定比例的归一化处理,原则上就可解决所有各种字号汉字的识别问题。

4) 正确识别率

识别率是系统最重要的指标,如果只有高速度而没有高的正确识别率,系统的速度最终将会由于纠错而下降。识别率分为两种,一种识别率是指被正确切分的汉字图像被正确识别的概率,称为单字识别率,另一种是识别结果相对原始文稿而言的正确识别的概率,称为系统识别率。

我国常用的印刷方式有铅印、胶印、激光印刷和点阵打印机打印等,油印已很少使用,喷墨印刷才开始使用,除了印刷方式外,印刷文稿的纸张质量将直接影响到印刷体文字的识别率。在正常条件下,实用汉字识别系统的单字识别率应达到 98%~99% 以上,系统识别率也应在 95%~96% 以上。

5) 识别速度

可分为单字识别速度和系统识别速度两种。单字识别速度可以是单位时间内从特征提取到识别结果输出所完成的字数,也可以是单位时间内计算从行切割、字切割、特征提取到识别结果输出完成的字数,这两种一般都称为单字识别速度。另一种是从文本扫描输入开始,直到识别结果输出,其中可能会有一些辅助操作(如选择识别区域、识别等)在内,这样计算出的单位时间内平均识别的字数称为系统识别速度。

6) 印刷汉字文本的识别过程

(1) 原始文稿的扫描输入。一般图像扫描仪将文稿扫描输入,再选择适当阈值二值化,得到二值的文稿图像。

(2) 文稿版面分析。将输入后整个版面原始文稿图像数据分割成一些方块,再将这些方块按版面中不同篇章中的标题、摘要、作者、正文、图像和表格等,对其属性和互连关系加以理解和标注。

(3) 字符的切割。将文字块中每一个字符切割出来,包括先将文字行图像切割出来,称为行切割,然后再将每个文字行的字符一个一个地顺序切割出来,称为字切割。

(4) 归一化处理。单个字符图像在特征提取以前,一般要进行归一化处理,包括位置归一化和大小归一化,以便对各种大小的字符都能正确识别。

(5) 特征提取。对归一化处理后的单个字符图像进行特征提取,得到每个字符图像的特征描述。

(6) 字符的单字识别。根据每一个字符的特征进行预分类,得到待识字符较少的候选字符集合,然后再从候选字符集合中将待识字符识别出来。

(7) 后处理。通常利用词组、词条和上下文关系对单字识别结果进行后处理纠错。

(8) 输出识别结果。最后识别的结果可以显示、打印或利用语音合成设备作声音读出,也可作为文件存入计算机文档系统或直接写入有关数据库中,作为可供查询的文稿文件。

4. 中文手写输入设备

用计算机录入汉字编码时需要牢记大量的词根、规则,编码方式也扰乱了人们的正常思维,因此,编码输入方式目前还局限于专业录入人员使用,非专业人员最常使用的汉字输入方式为汉语拼音方式。但是,汉语拼音并不是一种最佳的输入方式,而能实时地把人们手写的汉字笔迹识别成计算机能处理的中文输入设备可以帮助用户解决此问题。

目前已流行的中文手写输入设备有:台湾地区的中华第一笔、中自汉王笔、北大方正的如意笔、唐人笔和香港地区的易达笔等。中华第一笔最新加强版蒙恬第一笔 V3.0 以创新的文字切割技术开发出一套整句书写、一次辨认的手写系统,它不限字数及大小,可一次识别屏幕显示,可兼容国内绝大部分中文系统。

汉王联机手写汉字识别系统(即汉王笔)由手写板和笔组成,有"压力"及"电磁"两种型号,可用于 2MB 以上内存、386 以上的微机,使用时只需接在 RS232 串口上,无须插卡,也可用于笔记本。汉王笔手写板可识别 1.3 万多个简、繁、异体字,不限笔顺,可实时识别,识别率可达 98% 以上,是国内对用户使用限制最少的手写系统。

由北京大学研制的如意笔是能支持方正内码汉字系统的笔输入汉字系统。如意笔的配置与汉王笔相同,新版如意笔采用以部件为基础的汉字结构判别算法和抗笔画变形干扰的字典匹配算法,高度容忍笔画变形和连笔书写,能混合识别繁、简体汉字,识别率达 95%,符号识别性能好。

唐人笔是一种能在普通计算机屏幕上直接书写指点的光笔,具有简单、实用、直观的特点,集鼠标、数字化仪、触摸屏三位为一体。它的笔尖处配有高精度的传感器,分辨率可达 1024×768,定点快速准确。唐人笔所写即所见,非常适合 CAD/CAE、多媒体、广告创意、美术绘画、图形处理、商业自动售货等系统的开发和应用。唐人笔手写输入识别部分采用汉王笔的识别系统,汉字识别率可达 98%;输入屏可切换成五屏:手写、拼音、英数、中文符号、英文符号 5 种输入方式,可取代全部键盘操作;唐人笔还支持远程网汉字输入。

近年来,中文手写输入已为广大的计算机用户所认知,手持式个人数据处理(PDA)、电子记事簿、计算机词典等设备的出现,使联机手写汉字识别技术的应用更为广泛。目前,虽然中文手写输入技术已日趋成熟,但商品化程度还不高,存在着使用不方便、识别率不高等不足之处。

3.3　RFID 技术

3.3.1　RFID 技术的概念与特点

射频识别(Radio Frequency Identification,RFID)技术,又称电子标签、无线射频识别,是一种非接触式自动识别技术。它通过射频信号自动识别目标对象并获取相关数据,识别工作无须人工干预,可工作于各种恶劣环境;射频识别技术可识别高速运动物体并可同时识别多个标签,操作快捷方便,其识别距离可达几十米。

20 世纪 40 年代,雷达的改进和应用催生了 RFID 技术,到了 20 世纪 60 年代,RFID 技术的理论得到了发展,开始了一些应用尝试:进军商业领域,并出现了第一个商用 RFID 系统——电子商品监视设备(Electronic Article Surveillance,EAS)。随后,RFID 技术逐渐应用在电子收费系统、物体跟踪、安防等各个领域。防碰撞技术、加密技术等新技术的研制成功使得 RFID 的应用领域进一步扩大。下面仅就 RFID 系统和特点做一些概括介绍。

1. RFID 系统

最简单的 RFID 系统由电子标签和读写器组成。当带有电子标签的物品通过读写器时,标签被读写器激活并通过无线电波将标签中携带的信息传送到读写器中,读写器接收信息,完成自动采集工作,如图 3-15 所示。

图 3-15　RFID 工作原理

典型的 RFID 系统包括硬件部分和软件部分两部分。其中,硬件部分由电子标签和阅读器组成,软件部分由中间件和应用软件组成。在实际应用中,电子标签中保存有约定格式的电子数据,附在待识别物体的表面,而读写器通过天线发送出一定频率的射频信号。当标签进入磁场时产生感应电流从而获得能量,发送出自身编码等信息,被读写器读取并解码后送至主机中的 RFID 中间件。RFID 中间件对接收到的信息进行相关处理后提供高层信息给上层企业应用。

1) 电子标签

电子标签,也称应答器,是 RFID 系统真正的数据载体,它由标签芯片和标签天线构成。标签天线接收阅读器发出的射频信号,标签芯片对接收的信息进行解调、解码,并把内部保存的数据信息编码、调制,再由标签天线将已调的信息发射出去。

2）阅读器

阅读器，也称读写器，主要完成与电子标签之间的通信，与计算机之间的通信，对阅读器与电子标签之间传送的数据的编码、解码、加密、解密等，且具备防碰撞功能，能够实现同时与多个标签通信。阅读器由射频模块和基带控制模块组成。射频模块用于产生高频发射能量，激活电子标签，为无源式电子标签提供能量；对于需要发送至电子标签的数据进行调制并发射；接收并解调电子标签发射的信号。基带控制模块用于信号的编码、解码，加密、解密；与计算机应用系统通信，并执行从应用系统发来的命令；执行防碰撞算法。

3）中间件

随着 RFID 的广泛使用，不同硬件接口的 RFID 硬件设备越来越多。软件上，应用程序的规模越来越大，出现了各式各样的系统软件及用户数据库。如果每个技术细节的改变都要求衔接 RFID 系统各部分的接口改变，那么 RFID 的发展将会受到严重制约，后期维护、管理的工作量也会大大增加。RFID 中间件不仅屏蔽了 RFID 设备的多样性和复杂性，还可以支持各种标准的协议和接口，将不同操作系统或不同应用系统的应用软件集成起来。当用户改变数据库或增加 RFID 数据时，只需更改中间件的部分设置就可以使整个 RFID 系统仍然继续运行，省去了重新编写源代码的麻烦，也为用户节省了费用。

4）应用软件

应用软件是直接面向 RFID 应用的最终用户的人机交互界面。在不同的应用领域，应用软件各不相同，因此需要根据不同应用领域的不同企业专门制定，很难具有通用性。它以可视化的界面协助使用者完成对阅读器的指令操作以及对中间件的逻辑设置，逐级将 RFID 技术事件转化为使用者可以理解的业务事件。

2. RFID 特点

RFID 是自动识别技术的一个重要的分支，在众多自动识别技术中最具有竞争优势，发展最迅速。在感知识别层的 4 大感知技术中，RFID 居于首位，是物联网的核心技术之一。

RFID 技术最大的优点在于非接触，整个识别工作不需要像条形码那样，必须扫描仪"看到"条形码才能读取，它的识读距离可以从十厘米到几十米不等；并且 RFID 不再像条形码那样需要扫描，在 RFID 的标签中存储着规范可以互用的信息，通过无线数据通信网络可以将其自动采集到中央信息系统，RFID 磁条可以以任意形式附带在包装中，不需要像条形码那样占用固定空间；另一方面，RFID 不需要人工去识别标签，读卡器每 250ms 就可以从射频标签中读出位置和商品相关数据；最后，RFID 还具有识别速度快、可识别高速运动物体、抗恶劣环境、保密性强、可同时识别多个识别对象等突出特点。

由于 RFID 的种种特点，使得它适用的领域较广，包括物流跟踪、运载工具和货架识别等要求非接触数据采集和交换的场合，且对于需要频繁改变数据内容的场合尤为适用。当然，RFID 在物流领域的应用并不仅涉及 RFID 技术本身，而是一个庞大的应用系统，涉及技术、管理、硬件、软件、网络、系统安全、无线电频率等许多方面。

同样，RFID 识别也存在一些缺点，比如标签成本相对较高，而且一般不能随意扔掉等。但是制约射频识别系统发展的主要问题是不兼容的标准。射频识别系统的主要厂商提供的都是专用系统，导致不同的应用和不同的行业采用不同厂商的频率和协议标准，这种混乱和割据的状况已经制约了整个射频识别行业的增长。许多欧美组织正在着手解决这个问题，并已经取得了一些成绩。标准化必将刺激射频识别技术的大幅度发展和广泛应用。

3.3.2 RFID 技术的原理和分类

1. RFID 的系统构成

从系统的工作原理来看,RFID 系统一般都由标签、阅读器、编程器、天线几部分组成,如图 3-16 所示。

射频识别系统实际上就是阅读器与标签之间用无线电频率进行通信的无线通信系统,射频标签是信息的载体,应置于要识别的物体上或由个人携带;阅读器可以具有读或读/写功能,这取决于系统所用射频标签的性能。

1) 标签

在 RFID 系统中,信号发射机为了不同的应用目的,会以不同的形式存在,典型的形式是标签(Tag)。标签相当于条形码技术中的条形码符号,用来存储需要识别传输的信息,在实际应用中,电子标签附着在待识别物体的表面。标签一般是带有线圈、天线、存储器与控制系统的低电集成电路。典型的电子标签结构如图 3-17 所示。

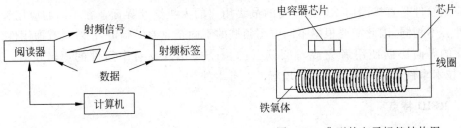

图 3-16　射频识别系统的组成　　　　图 3-17　典型的电子标签结构图

2) 阅读器

在 RFID 系统中,信号接收机一般叫作阅读器。阅读器又称为读出装置,可无接触地读取并识别电子标签中所保存的电子数据,从而达到自动识别物体的目的,进一步通过计算机及计算机网络实现对物体识别信息的采集、处理及远程传送等管理功能。阅读器的组成,如图 3-18 所示。其各部分的功能包括如下几方面。

(1) 发送通道:对载波信号进行功率放大,向应答器传送操作命令及写数据。

(2) 接收通道:接收射频标签传送至阅读器的响应及数据。

(3) 载波产生器:采用晶体振荡器,产生所需频率的载波信号,并保证载波信号的频率稳定度。

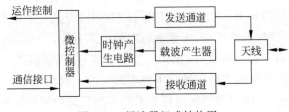

图 3-18　阅读器组成结构图

（4）时钟产生电路：通过分频器形成工作所需的各种时钟。

（5）MCU：微控制器是读写器工作的核心，完成收发控制、向应答器发命令及写数据、数据读取与处理、与高层处理应用系统的通信等工作。

（6）天线：与射频标签形成耦合交联。

3）编程器

只有可读可写的标签系统才需要编程器。编程器是向标签写入数据的装置。编程器写入数据一般来说是离线（Off-line）完成的，也就是预先在标签中写入数据，等到开始应用时直接把标签黏附在被标识项目上。也有一些 RFID 应用系统，写数据是在线（On-line）完成的，尤其是在生产环境中作为交互式便携数据文件来处理时。

4）天线

天线是标签与阅读器之间传输数据的发射、接收装置。除了系统功率、天线的形状和相对位置影响数据的发射和接收，还需要专业人员对系统的天线进行设计、安装。

RFID 系统的组成结构如图 3-19 所示。

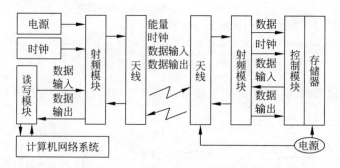

图 3-19 射频识别系统结构框图

2. RFID 的工作原理

射频技术的基本原理是电磁理论，利用无线电波对记录媒体进行读写。射频技术利用无线射频方式在阅读器和射频卡之间进行非接触双向数据传输，以达到目标识别和数据交换的目的。

射频自动识别装置发出微波查询信号时，安装在被识别物体上的电子标签将接收到的部分微波的能量转换为直流电，供电子标签内部电路工作，而将另外部分微波通过自己的微带天线反射回电子标签读出装置。由电子标签反射回的微波信号携带了电子标签内部储存的数据信息。反射回的微波信号经读出装置进行数据处理后，得到电子标签内储存的识别代码信息。射频识别的工作原理如图 3-20 所示。

目前，RFID 已经得到了广泛应用，且有国际标准 ISO 10536、ISO 14443、ISO 15693、ISO 18000 等几种。这些标准除规定了通信数据帧协议外，还着重对工作距离、频率、耦合方式等与天线物理特性相关的技术规格进行了规范。

电子标签与阅读器之间通过耦合元件实现射频信号的空间（无接触）耦合，在耦合通道内，根据时序关系，实现能量传递和数据交换。

图 3-21 是 RFID 系统前端原理图，主要完成能量耦合、数据调制等功能。发生在阅读器和电子标签之间的射频信号的耦合类型有电感耦合与电磁耦合两种形式。

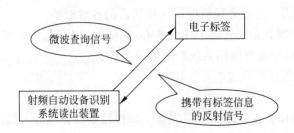

图 3-20　射频识别的工作原理

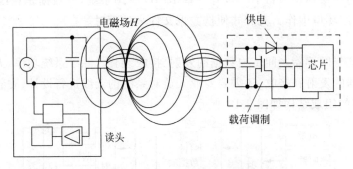

图 3-21　RFID 系统前端原理图

仅以只读方式为例,图 3-22 表示只读被动标签与阅读器系统(LF 和 UHF),图 3-23 表示只读主动标签与阅读器系统。

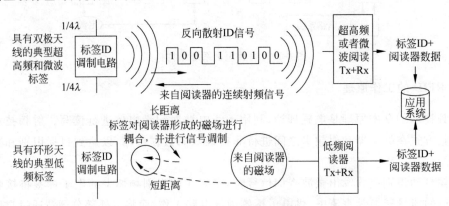

图 3-22　只读被动标签与阅读器系统

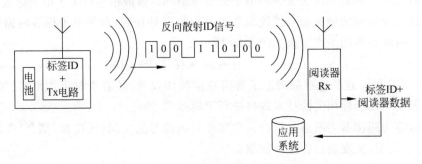

图 3-23　只读主动标签与阅读器系统

3. 分类

根据不同的分类方式,RFID 系统可以具有很多不同的分类方式,一般来讲,可以按照如下的方式进行分类(见图 3-24)。

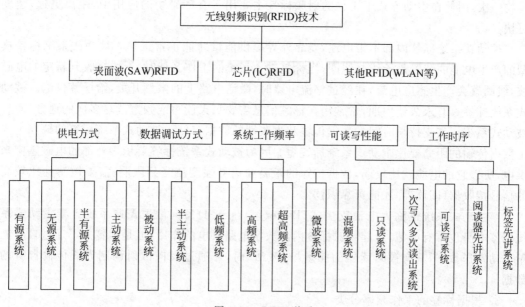

图 3-24 RFID 谱系

1) 根据标签的供电形式分类

根据标签工作所需能量的供给方式的不同,RFID 系统可分为有源、无源以及半有源系统。

有源系统的标签使用标签内部的电池来供电,主动发射信号,系统识别距离较长,可达几十米甚至上百米,但其寿命有限,并且成本较高,另外,由于标签带有电池,其体积比较大,无法制成薄卡(比如信用卡标签)。有源标签的电池寿命理论上可达 5 年或者更长,但是由于电池的质量、使用环境等因素的影响,其寿命会大幅缩减。特别是在日晒等条件下使用,还有可能会造成电池泄漏等。但有的有源标签制造成可以更换的电池,使用成本可以得到控制。

无源系统的标签不含有电池,利用阅读器发射的电磁波进行耦合来为自己提供能量,它的重量轻、体积小,寿命可以非常长,成本低廉,可以制成各种各样的薄卡或者挂扣卡。但它的识别距离受到限制,一般是几十厘米到数十米,且需要有较大的阅读器发射功率。

半有源系统标签带有电池,但是电池只起到对标签内部电路供电的作用,标签本身并不发射信号。

2) 根据标签的数据调制方式分类

根据标签的数据调制方式的不同,RFID 系统可分为主动式、被动式和半主动式系统。一般来讲,无源系统为被动式,有源系统为主动式,半有源系统为半主动式。

主动式系统用自身的射频能量主动发送数据给阅读器,调制方式可为调幅、调频或调相。主动式系统标签是单向的,也就是说,只有标签向阅读器不断传送信息,而阅读器对标签的信息只是被动地接收,就像电台和收音机的关系。被动式的射频系统,使用调制散射方式发射数据,它必须利用阅读器的载波来调制自己的信号,在门禁或交通的应用中比较适宜,因为阅读器可以确保只激活一定范围内的射频系统。在有障碍物的情况下,采用调制散射方式,阅读器的能量必须来去穿过障碍物两次。而主动式射频标签发射的信号仅穿过障碍物一次,因此在主动方式下工作的射频标签主要用于有障碍物的应用中,距离更远,速度更快。

被动式系统标签内部不带电池,要靠外界提供能量才能正常工作。被动式系统标签典型的产生电能的装置是天线与线圈,当标签进入系统的工作区域时,天线接收到特定的电磁波,线圈就会产生感应电流,在经过整流电路时,激活电路上的微型开关,给标签供电。被动式系统标签具有永久使用期,常常用在标签信息需要每天读写或频繁读写多次的地方,而且被动式系统标签支持长时间的数据传输和永久性的数据存储。被动式系统标签的缺点主要是数据传输的距离要比主动式系统标签短。因为被动式系统标签要依靠外部的电磁感应来供电,所以它的电能就比较弱,数据传输的距离和信号强度就受到限制,需要敏感性比较高的信号接收器(阅读器)才能可靠识读。

半主动式系统也称为电池支援式(Battery Assisted)反向散射调制系统。半主动式系统标签本身也带有电池,只起到对标签内部数字电路供电的作用,但是标签并不通过自身能量主动发送数据,只有被阅读器的能量场"激活"时,才通过反向散射调制方式传输自身的数据。

3) 根据标签的工作频率分类

根据标签的工作频率的不同,RFID系统可分为低频、高频、超高频、微波系统。阅读器发送无线信号时所使用的频率被称为RFID系统的工作频率,基本上可划分为低频(Low Frequency,LF;30～300kHz)、高频(High Frequency,HF;3～30MHz)、超高频(Untra Frequency,UHF;300～968MHz)微波(Micro Wave,MW;2.45～5.8GHz)。低频系统一般工作在100～300kHz,常见的工作频率有125kHz、134.2kHz;高频系统工作在10～15MHz左右,常见的高频工作频率为13.56MHz;超高频工作频率为850～960MHz,常见的工作频率为869.5MHz、915.3MHz;还有些射频识别系统工作在2.45GHz的微波段。

自从1980年以来,低频(125～135kHz)RFID技术一直用于近距离的门禁管理。由于其信噪比(Signal Noise Ratio,S/N)较低,其识读距离受到很大限制。低频系统防冲撞(Anti-collision)性能差,多标签同时识读慢。性能也容易受到其他电磁环境的影响。13.56MHz高频RFID产品可以部分地解决这些问题。

13.56MHz高频RFID系统的数据读取速度较快,而且可以实现多标签同时识读,形式多样,价格适中。但是13.56MHz高频RFID产品对可导媒介(如液体、高湿、碳介质等)的穿透性不如低频产品。

860～960MHz超高频RFID产品常常被推荐应用在供应链管理(Supply Chain Management,SCM)上,超高频产品识读距离长,能够实现高速识读和多标签同时识读。但是,超高频电磁波对于可导媒介如水等完全不能穿透,对金属的绕射性也很差。实践证明,由于高湿物品、金属物品对超高频无线电波的吸收与反射特性,超高频RFID产品对于此类物品的跟踪与识读是完全失败的。

RFID系统频谱如图3-25所示。

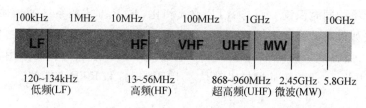

图 3-25　RFID 系统频谱简图

4）根据标签的可读写性分类

根据标签的可读写性的不同，系统可分为只读、读写和一次写入多次读出系统。

根据射频标签内部使用的存储器类型的不同分为可读写（RW）标签、一次写入多次读出（WORM）标签和只读（RO）标签。RW 标签一般比 WORM 标签和 RO 标签贵得多，如信用卡等。WORM 标签是用户可以一次性写入的标签，写入后数据不能改变，WORM 标签比 RW 标签要便宜。RO 标签存有一个唯一的号码 ID，不能修改，这样既提高了安全性，价格也最便宜。

只读系统标签内部只有只读存储器（Read Only Memory，ROM）和随机存储器（Random Access Memory，RAM）。ROM 用于存储发射器操作系统程序（Programming）和安全性要求较高的数据，它与内部的处理器或逻辑处理单元（Logical CPU Unit）一起完成内部的操作控制功能，如响应延迟时间控制、数据流控制、电源开关控制等。另外，只读系统标签的 ROM 中还存储有标签的标识信息。这些信息可以在标签制造过程中由制造商写入ROM 中，也可以在标签开始使用时，由使用者根据特定的应用目的写入特殊的编码信息。这种信息可以只简单地代表二进制中的 0 或者 1，也可以像二维条形码那样，包含复杂的相当丰富的信息。但这种信息只能是一次写入，多次读出。只读系统标签中的 RAM 用于存储标签响应和数据传输过程中临时产生的数据。另外，只读系统标签中除了 ROM 和 RAM外，一般还有缓冲存储器，用于暂时存储调制后等待天线发送的信息。

读写系统标签内部的存储器除了 ROM、RAM 和缓冲存储器之外，还有非易失可编程记忆存储器。这种存储器除了具有存储数据的功能外，还具有在适当的条件下允许多次写入数据的功能。非易失可编程记忆存储器有许多种，EEPROM（电可擦除可编程只读存储器）是比较常见的一种，这种存储器在加电的情况下，可以实现对原有数据的擦除和数据的重新写入。可写存储器的容量根据标签的种类和执行的标准存在较大的差异。

5）根据标签和阅读器之间的通信工作时序分类

根据标签和阅读器之间的通信工作时序的不同，系统可分为标签先讲和读写器先讲系统。这也就是阅读器主动唤醒标签（Reader Talk First，RTF），还是标签首先自报家门（Tag Talk First，TTF）的方式。它涉及阅读器和标签的工作次序问题，即时序。

对于无源标签来讲，一般是读写器先讲的形式；对于多标签同时识读来讲，可以是RTF 方式，也可以是 TTF 方式。值得一提的是，这里对于多标签同时识读的"同时"只是相对的概念。为了实现多标签无冲撞同时识读，对于 RTF 方式，阅读器先对一批标签发出隔离指令，使得阅读器识读范围内的多个电子标签被隔离，最后只保留一个标签处于活动状态，并与阅读器建立无冲撞的通信联系。通信结束后，发送指令使该标签进入休眠，指定一个新的标签执行无冲撞通信指令。如此往复，完成多标签同时识读。对 TTF 方式，标签在随机的时间内反复地发送自己的识别 ID，不同的标签可在不同的时间段最终被阅读器正确读取,完成多标签的同时识读。而与 RTF 方式相比,TTF 方式的系统通信协议比较简单,速度更快,但是如果技术处理不得当,TTF 也会带来一些诸如性能不够稳定、数据读取与写入误码率较高等不良后果。EPC 标准和 ISO 标准在 RFID 系统上主要采用无源系统标签和 RTF 方式,因此,一般的防冲撞技术都是基于无源标签和 RTF 方式的。

3.3.3 RFID 关键技术

RFID 关键技术主要包括产业化关键技术和应用关键技术两方面。

RFID 产业化关键技术主要包括以下几项。

(1) 标签芯片设计与制造。例如,低成本、低功耗的 RFID 芯片设计与制造技术,适合标签芯片实现的新型存储技术,防冲突算法及电路实现技术,芯片安全技术,以及标签芯片与传感器的集成技术等。

(2) 天线设计与制造。例如,标签天线匹配技术,针对不同应用对象的 RFID 标签天线结构优化技术,多标签天线优化分布技术,片上天线技术,读写器智能波束扫描天线阵技术,以及 RFID 标签天线设计仿真软件等。

(3) RFID 标签封装技术与装备。例如,基于低温热压的封装工艺,精密机构设计优化,多物理量检测与控制,高速高精运动控制,装备故障自诊断与修复,以及在线检测技术等。

(4) RFID 标签集成。例如,芯片与天线及所附着的特殊材料介质三者之间的匹配技术,标签加工过程中的一致性技术等。

(5) 读写器设计。例如,密集读写器技术,抗干扰技术,低成本小型化读写器集成技术,以及读写器安全认证技术等。

RFID 应用关键技术主要包括以下几项。

(1) RFID 应用体系架构。例如,RFID 应用系统中各种软硬件和数据的接口技术及服务技术等。

(2) RFID 系统集成与数据管理。例如,RFID 与无线通信、传感网络、信息安全、工业控制等的集成技术,RFID 应用系统中间件技术,海量 RFID 信息资源的组织、存储、管理、交换、分发、数据处理和跨平台计算技术等。

(3) RFID 公共服务体系。提供支持 RFID 社会性应用的基础服务体系的认证、注册、编码管理、多编码体系映射、编码解析、检索与跟踪等技术与服务。

(4) RFID 检测技术与规范。例如,面向不同行业应用的 RFID 标签及相关产品物理特性和性能一致性检测技术与规范,标签与读写器之间空中接口一致性检测技术与规范,以及系统解决方案综合性检测技术与规范等。

其中,最关键的技术就是天线技术、RFID 中间件技术以及 RFID 中的防碰撞技术与算法。

1. RFID 中的天线技术

天线技术对于 RFID 系统十分重要,是决定 RFID 系统性能的关键部件。RFID 天线可以分为低频、高频、超高频和微波天线,每一频段天线又分为电子标签天线和读写器天线。这两种天线按方向性可分为全向天线和定向天线等;按外形可分为线状天线和面状天线等；按结构和形式可分为环形天线、偶极天线、双偶极天线、阵列天线、八木天线、微带天线和螺旋天线等。RFID 系统可采用的天线形式多样,用以完成不同的任务。

1) RFID 天线的应用要求

(1) 电子标签天线。一般来讲,RFID 电子标签天线一般要满足如下条件。

① RFID 天线必须足够小,以致能够附着在需要的物品上。

② RFID 天线必须与电子标签有机地结合成一体,或贴在表面,或嵌入到物体内部。

③ RFID 天线的读取距离依赖于天线的方向性,一些应用需要标签具备特定的方向性,例如,有全向或半球覆盖的方向性,以满足零售商品跟踪等的需要。

④ 无论物品在什么方向,RFID 天线的极化都能与读写器的询问信号相匹配。

⑤ RFID 天线具有应用的灵活性。各种恶劣环境和干扰下都能保证标签识别的快速无误。

⑥ RFID 天线具有应用的可靠性。保证因温度、湿度、压力和在标签插入、印刷和层压处理中的存活率。

⑦ RFID 天线的频率和频带满足技术标准。

⑧ RFID 天线具有鲁棒性。

⑨ RFID 天线价格低廉。

(2) 读写器天线。

① 读写器天线既可以与读写器集成在一起,也可以采用分离式。

② 读写器天线设计要求低剖面、小型化。

③ 读写器天线设计要求多频段覆盖。

④ 对于分离式读写器,还涉及天线阵的设计问题。

2) 低频和高频 RFID 天线技术

在低频和高频频段,读写器与电子标签基本都采用线圈天线,线圈之间存在互感,使一个线圈的能量可以耦合到另一个线圈。读写器天线与电子标签天线是近场耦合,电子标签处于读写器的近区,当超出范围时,近场耦合就失去作用,开始过渡到远距离的电磁场。

(1) 低频和高频 RFID 天线可以有不同的构成方式,并可以采用不同的材料,如图 3-26 所示。它们具有如下特点:天线都采用线圈的形式,线圈可以是圆形环也可以是矩形环;天线的尺寸比芯片的尺寸大得多;有些天线的基板是柔软的,适合粘贴在各种物体表面;由天线和芯片构成的电子标签可以很小,也可以批量生产。

 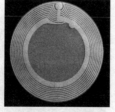 

(a) 批量生产的软基板天线　　(b) 圆形环天线　　(c) 矩形环天线

图 3-26 低频和高频 RFID 天线及芯片

(2) 低频和高频 RFID 天线的磁场。电流在周围会产生磁场,不同的电流分布,在周围会产生不同的磁感应强度。长直电流周围产生的磁场强度为

$$H = e_\varphi \frac{I}{2\pi r} \tag{3.15}$$

很多低频和高频 RFID 天线是圆环结构,采用了"短圆柱形线圈",其在周围产生的磁场为

$$H_z = \frac{INR^2}{2(R^2 + z^2)^{3/2}} \tag{3.16}$$

还有些低频和高频 RFID 天线是矩形圈结构,当被测点沿线圈轴离开线圈 z 时,矩形线圈结构在轴线产生的磁场为

$$H = \frac{INab}{4\pi \sqrt{\left(\frac{a}{2}\right)^2 + \left(\frac{b}{2}\right)^2 + z^2}} \left[\frac{1}{\left(\frac{a}{2}\right)^2 + z^2} + \frac{1}{\left(\frac{b}{2}\right)^2 + z^2} \right] \tag{3.17}$$

(3) 低频和高频 RFID 天线的最佳尺寸。线圈电线的最佳尺寸,是指线圈上的电流 I 为常数,且与天线的距离 z 为常数时,线圈尺寸与磁场的关系。以圆环形线圈为例,对式(3.16)中的磁场求导,计算出拐点,得到最大磁场与线圈尺寸的关系为

$$R = \sqrt{2} z \tag{3.18}$$

虽然增大线圈的半径 R,会在线圈的较远处 z 获得最大的磁场,但由式(3.16)可以看出,随着距离 z 的增大,会使磁场值减小,影响电子标签与读写器线圈之间的耦合强度,导致对电子标签能量的供给降低。

3) 微波 RFID 天线技术

微波 RFID 技术是目前 RFID 技术最为活跃和发展最为迅速的领域,微波 RFID 天线和低频、高频 RFID 天线相比有本质的不同。微波 RFID 采用电磁辐射的方式工作,读写器天线与电子标签天线之间距离较远,一般超过 1m,典型值为 1~10m;微波 RFID 的电子标签较小,使天线的小型化成为设计的重点;微波 RFID 天线形式多样,可以采用对称振子天线、微带天线、阵列天线和宽带天线等;微波 RFID 天线要求造价低廉,因此出现了很多天线制作的新技术。

(1) 微波 RFID 天线的结构,如图 3-27 所示。微波 RFID 天线具有如下特点:微波 RFID 天线结构多样;很多天线的基板是柔软的;天线的尺寸比芯片的尺寸大很多;很多天线和芯片构成的电子标签能在条带上批量生产;有些天线提供可扩充装置,来提供短距离和长距离的 RFID 电子标签。

(a) 批量生产的标签和天线　　　　(b) 16 元八木天线　　　　(c) 柔软基板的天线

图 3-27　低频和高频 RFID 天线及芯片

（2）微波 RFID 天线的设计。微波 RFID 天线的设计,需要考虑天线采用的材料、尺寸、作用距离,还需要考虑频带宽度、方向性和增益等电参数。微波 RFID 天线主要采用偶极子天线、微带天线、非频变天线和阵列天线。

偶极子天线即振子天线,是微波 RFID 常用的天线。为了缩短天线的尺寸,在微波 RFID 中偶极子天线常采用弯曲结构。弯曲偶极子天线纵向延伸方向至少折返一次,从而具有至少两个导体段,每个导体段分别有一个延伸轴,这些导体段借助于一个连接段相互平行且有间隔地排列,如图 3-28 所示。

为了更好地控制天线电阻,增加了一个同等宽度的载荷棒作为弯曲轮廓;弯曲轮廓的长度和载荷棒可以变更,以获得适宜的阻抗匹配。弯曲天线有几个关键参数,如载荷棒宽度、距离、间距、弯曲步幅宽度和弯曲步幅高度等,通过调整这些参数,可以改变天线的增益和阻抗,并改变电子标签的谐振、最高射程和带宽。

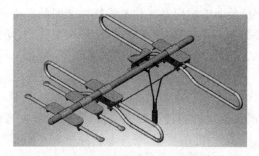

图 3-28　弯曲偶极子天线

微波 RFID 常采用微带天线。微带天线属于平面型天线,具有小型化、易集成、方向性好等优点,可以作成共形天线,易于形成圆极化,制作成本低,易于大量生产。

微带天线按结构特征分类,可以分为微带贴片天线和微带缝隙天线两大类;微带天线按形状分类,可以分为矩形、圆形和环形微带天线等;微带天线按工作原理分类,可以分成谐振型(驻波型)和非谐振型(行波型)微带天线。

阵列天线是一类由不少于两个天线单元规则或随机排列,并通过适当激励获得预定辐射特性的天线。就发射天线来说,简单的辐射源比如点源、对称振子源是常见的,阵列天线是将它们按照直线或者更复杂的形式,排成某种阵列的样子,构成阵列形式的辐射源,并通过调整阵列天线馈电电流、间距、电长度等不同参数来获取最好的辐射方向性。

目前随着通信技术的迅速发展,以及对天线诸多研究方向的提出,都促使了新型天线的诞生,其中就包括智能天线。智能天线技术利用各个用户间信号空间特征的差异,通过阵列天线技术在同一信道上接收和发射多个用户信号而不发生相互干扰,使无线电频谱的利用和信号的传输更为有效。

一般来说,若天线的相对带宽达到百分之几十,这类天线称为宽频带天线;若天线的频带宽度能够达到 10 : 1,这类天线称为非频变天线。非频变天线能在一个很宽的频率范围内保持天线的阻抗特性和方向特性基本不变或稍有变化。现在 RFID 使用的频率很多,这就要求一台读写器可以接收不同频率电子标签的信号,因此读写器发展的一个趋势是可以在不同的频率使用,这使得非频变天线成为 RFID 的一个关键技术。

非频变天线有多种形式,主要包括平面等角螺旋天线、圆锥等角螺旋天线和对数周期天线等。

4）天线仿真设计方法

在对天线粗略设计的基础上,要想得到较精确的性能参数,就需要利用现代数值计算技术和软件对天线进行仿真。天线仿真软件功能强大,大大提高了复杂天线的设计效率,天线仿真和测试相结合,可以基本满足天线设计的需要。

现在天线仿真软件的种类很多,最主要的仿真软件包括 Ansoft HFSS、CST 和 IE3D 等。

2. RFID 中间件技术

从 RFID 产业发展的角度来看,中间件是 RFID 大规模应用的关键技术,也是 RFID 产业链的高端领域。RFID 中间件是介于前端读写器硬件模块与后端应用软件之间的重要环节,是介于应用系统和系统软件之间的一类软件,通过系统软件提供基础服务,它可以连接网络上不同的应用系统,以达到资源共享、功能共享的目的。简单来说,中间件的作用就是试图通过屏蔽各种复杂的技术细节,使技术问题简单化。

1) RFID 中间件概述

(1) RFID 中间件的架构与分类。RFID 中间件采用分布式的架构,它利用高效可靠的消息传递机制进行数据交流,并基于数据通信来进行分布式系统的集成,支持多种通信协议、语言、应用程序、硬件和软件平台。RFID 中间件逻辑结构包含读写器适配层、事件管理器、应用层接口三个部分。

根据中间件在系统中所起的作用和采用的技术,可以把中间件大致分为以下几种:数据访问中间件,远程过程调用中间件,面向消息中间件,面向对象中间件,网络中间件,事件处理中间件和屏幕转换中间件。

(2) RFID 中间件的特征与作用。目前市场上出现的 RFID 中间件产品可分为非独立中间件和独立的通用中间件两大类。非独立性中间件是将 RFID 技术纳入现有的中间件产品的软件系统中,RFID 作为可选项。独立的通用中间件产品不依赖于其他软件系统,各模块都是由组件构成,根据不同的需要进行软件组合,灵活性高,能满足各种行业应用的需要。一般说来,RFID 中间件具有以下特征:独立架构,数据流,过程流,支持多种编程标准,状态监控和安全功能。

RFID 中间件是一种面向消息的中间件。其中,信息是以消息的形式,采用异步的方式从一个程序传送到另一个或多个程序,传送者不必等待回应。它的作用主要体现在以下方面:控制 RFID 读写设备按照预定的方式工作,保证不同读写设备之间配合协调;按照一定规则过滤数据,筛除绝大部分冗余数据,将真正有效的数据传送给后台信息系统;保证读写器和企业级分布式应用系统平台之间的可靠通信,为分布式环境下异构的应用程序提供可靠的数据通信服务。

2) 中间件接入技术和业务集成技术

RFID 中间件是连接读写器与应用系统的纽带,其负责将原始的 RFID 数据转换为面向业务领域的结构化数据形式,发送到企业应用系统中供其使用,同时负责多类型读写设备的即插即用,实现多设备间的协同。从中间件的体系结构上来看,它分为边缘层和业务集成层两个部分。边缘层是一种位置相对靠近 RFID 读写器的逻辑层,负责 RFID 读写设备的接入和管理,通过采用 RFID 中间件的接入技术,边缘层可实现对不同种类的读写器进行参数设置。边缘层还负责过滤和消减海量 RFID 数据、处理 RFID 复杂事件,这样可以防止大量无用数据流入系统。RFID 标签数据通过边缘层过滤和消减,以一定的格式发送到业务集成层,业务集成层是指 RFID 中间件与应用系统的衔接部分。通过采用 RFID 中间件业务集成技术,业务集成层可以将各个企业的业务流程关联在一起,形成基于 RFID 技术的业务流程自动化。RFID 设备与中间件集成架构如图 3-29 所示。

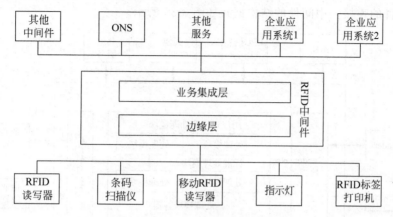

图 3-29 RFID 设备与中间件集成构架

(1) RFID 读写器设备接入技术。RFID 读写器类型千差万别,读写器开发商提供的读写设备开发包多种多样。一方面,根据 RFID 读写设备不同的硬件特征,设备连接构件与读写设备的连接方式分为网口连接、串口连接和 USB 连接。另一方面,针对不同厂商提供的不同开发包,设备连接构件与读写设备接入方式分为 jar 包开发、dll 开发以及串口命令开发。因此,与 RFID 读写器的连接需要选择不同的连接方式,采用不同的连接技术。通过屏蔽 RFID 读写设备的多样性和复杂性,能够为后台业务系统提供强大的支撑,实现各种各样读写设备快速良好地接入中间件系统,从而驱动更丰富的 RFID 应用。

通过 RFID 设备接入技术,主要实现以下功能:对 RFID 读写设备的发现和重新配置;当有新的读写设备加入网络中时,必须能够发现这些新的读写设备,给新的读写设备分配任务,并将它们加入到现有的系统中。

(2) RFID 中间件业务集成技术。RFID 业务集成是将各企业的业务流程关联在一起,实现基于 RFID 技术的业务流程自动化。通过对 RFID 消息的处理,将供应链关联、企业资源计划、客户关系管理等企业信息系统连接起来,使得各企业系统不仅能够实时、快速地获取物理信息,也能够在各企业系统业务流之间高效地协同,从而使企业的信息系统有效地集成在一起,达到改进并提高企业运作效率的目的。

RFID 中间件业务集成平台是企业间基于 RFID 技术进行业务集成的公共基础设施,是可定制、可裁剪、可配置的综合平台。通过灵活易用的平台配置,可以消除集成过程中繁杂的定制开发,为基础 RFID 业务流程的集成提供了必要的支撑环境,是整个 RFID 业务集成的核心。RFID 中间件可在多个平台层次上进行集成,RFID 中间件业务集成平台包括数据层集成、功能层集成、事件层集成、总线层集成、业务层集成和服务层集成。通过启用服务总线、事件处理网络和基于 XML 的信息传输,RFID 中间件业务集成平台为多标准、多协议 RFID 设备和异构系统平台提供一种可靠灵活的基础。RFID 中间件业务集成平台具有的灵活升级、定制裁剪、按需扩展等特性,从整体上保证了平台设计的灵活性和扩展性。

3) RFID 中间件的结构

中间件系统结构包括读写器接口(Reader Interface)、处理模块(Processing Module)以及应用接口（Application Interface）三部分。读写器接口负责前端和相关硬件的连接；处理模块主要负责读写器监控、数据过滤、数据格式转换、设备注册；应用程序接口负责后端与其他应用软件的连接。中间件的结构框架如图 3-30 所示。

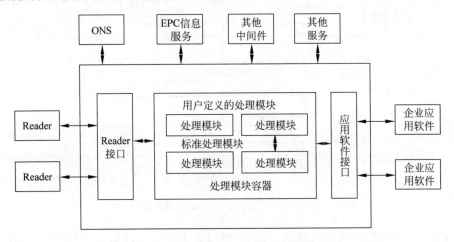

图 3-30　中间件系统结构框架

RFID 中间件处理模块的主要作用是负责数据接收、数据处理和数据转换，同时还具有对读写器的工作状态进行监控、读写器的注册、删除、群组等功能，它是 RFID 中间件的核心模块。RFID 中间件处理模块由 RFID 时间过滤系统、实时内存事件数据库和任务管理系统三部分组成。

RFID 事件过滤系统（RFID Event Management System，RFID EMS）可以与读写器应用程序进行通信，过滤读写器发送的事件流。在中间件系统中，RFID EMS 是最重要的组件，它为用户提供了集成其他应用程序的平台。RFID EMS 支持多种读写器协议，RFID EMS 读取的事件能够在满足中间件要求的基础上被过滤。RFID EMS 可以采集、缓冲、平滑和组织从读写器获得的信息，读写器每秒可以上传数百个事件，每个事件都能在处理中间件请求的基础上被恰当地缓冲、过滤和记录。

实时内存事件数据库（Real-time In-memory Event Database，RIED）是一个用来保存 RFID 边缘中间件信息的内存数据库。RFID 边缘中间件保存和组织读写器发送的事件。RFID 事件管理系统通过过滤和记录事件的框架，可以将事件保存在数据库中。但是，数据库不能在一秒内处理几百次以上的交易。实时内存事件数据库提供了与数据库一样的接口，但其性能要好得多。

任务管理系统（Task Management System，TMS）负责管理由上级中间件或企业应用程序发送到本级中间件的任务。一般情况下，任务可以等价为多任务系统中的进程，TMS 管理任务类似于操作系统管理进程。传输到 TMS 的任务可以获得中间件的所有便利条件，TMS 可以完成企业的多种操作，具有数据交互、PML 查询、删除任务进度、值班报警以及远程数据上传等功能。

4）中间件标准及产品介绍

中间件技术标准主要有 COM、CORBA、J2EE 这三个标准。目前技术比较成熟的 RFID 中间件主要是国外产品，供应商大多数仍是传统的 J2EE 中间件的供应商，包括 IBM、

BEA、Reva等公司。这些公司作为应用软件的供应商,在提供 RFID 解决方案的同时,也提供 RFID 中间件产品。微软公司作为目前的主流操作系统供应商,也按计划实施自己的 RFID 中间件计划。深圳立格公司是国内较早涉足这一领域的企业,它已经推出了富有特色的、拥有自主知识产权的中间件产品。

3. RFID 中的防碰撞技术与算法

像其他无线通信系统一样,RFID 系统也存在信号干扰问题。主要有两类信号干扰,一类被称为阅读器碰撞,它存在于多个阅读器同时发射信号来识别同一个标签的时候;另一类称为标签碰撞,它存在于多个标签同时响应一个阅读器的时候。碰撞隐藏和减慢了标签的识别过程,因此需要标签防碰撞协议和阅读器防碰撞协议来分别减少标签碰撞和阅读器的碰撞,以便于提高识别过程的性能。

由于标签是从阅读器得到能量的,标签的响应范围(也被称为识别范围)比阅读器的射频信号的传输范围(也被称为干涉范围)要小得多。此外,标签和阅读器具有不同的计算和通信能力。鉴于这种不对称性,我们不能依靠通常在无线局域网中使用的 RTS/CTS 的碰撞避免机制来解决碰撞问题。

1) RFID 系统的阅读器碰撞

(1) 阅读器碰装问题。

由于标签是由阅读器提供能量的,标签的响应区比阅读器的发送区要小得多。当一个标签在阅读器 A 的识别区内,而在阅读器 B 的干扰区内时,由于阅读器间的干扰,标签不能正确地接收来自阅读器 A 的请求命令,或者阅读器 A 不能正确接收来自标签的响应,这被称为阅读器碰撞。如图 3-31 所示,标签 T 在阅读器 A 的识别区内,而在阅读器 B 的干扰区,在这种情况下,阅读器碰撞将有可能发生。

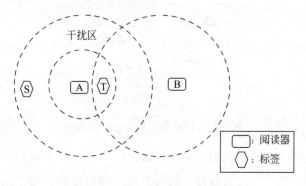

图 3-31　识别区与干扰区之间的关系

(2) 阅读器防碰撞协议。

数个碰撞协议已经被提出来解决阅读器的碰撞问题,分为三类:TDMA、FDMA 和 CSMA 协议。

基于 TDMA 的阅读器防碰撞协议的基本思想是把整个时间周期分成若干个时间间隔,并允许一个阅读器只能在它所分配的时间间隔内发送信息。在这种方式下,阅读器碰撞将可以避免。DSC 和 Colorwave 就是基于 TDMA 的两个协议。

DSC 通过提出一个阅读器图来解决阅读器的碰撞,在阅读器图中,阅读器被表示成节点,阅读器之间存在干扰则对应两节点间连接一条边。然后,给每个阅读器标记上一个色彩,来表示传输信号的一个具体时隙(时隙假设是被周期性地标记为 0,1 和最大色彩的颜色)。如果所有相邻的节点具有不同的色彩,则阅读器的碰撞就能避免。具体来说,当一个阅读器想要发送信息给标签时,它会把信息放入队列中,直到此阅读器选择的色彩可以使用为止。如果阅读器在它选择的时隙内发送信息时,发现存在着碰撞,阅读器则会重新选择一个新的色彩,并通知相邻阅读器相应地改变它们的色彩。

Colorwave 算法是一个 DCS 的扩展算法,它提出了优化需要标记的阅读器图的色彩数量的机制。如果使用的色彩减少,信号传输的效率将提高。

FDMA 协议把所有可用的频率带划分成若干个互相不干扰的信道。阅读器可以使用不同的信道来同时与标签进行通信。

HiQ 协议是一个基于 TDMA 和 FDMA 的、分级的、分布式的、在线学习的算法,来避免阅读器碰撞。设计的目标是最大化在阅读器和标签之间并发通信的信道数量,并通过学习阅读器的碰撞模式来最小化阅读器碰撞的数量,以使得有效地将每个时隙分配给阅读器。HiQ 的分级结构如图 3-32 所示,当某个阅读器需要发送信息给它的识别区域内的标签时,它必须首先从它的主 R-server 处请求资源,即频率信道和时隙。阅读器只有在主 R-server 分配于一个时隙内的具体频率信道后才能发送信息。

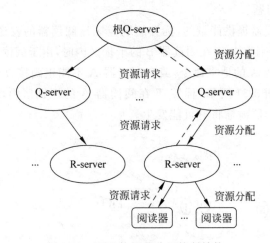

图 3-32　HiQ 协议的分级控制结构

在这样的分布式架构中,相邻阅读器可以在相同的时隙或者相同的频率信道内发送信息,从而会造成碰撞。阅读器需要检测与相邻节点之间的碰撞。每个阅读器需要报道碰撞的数量、碰撞的类型和成功读它的主 R-server 的次数。随后,R-server 能够根据反馈的报告判断哪些从阅读器间有相互干扰,并重新动态地分配资源来避免碰撞。

CSMA 协议在有线或是无线系统中,是一种用来避免碰撞的常规机制。在这个机制中,每个设备在发射信息前,都需要检查信道是否空闲。如果信道是忙的,那么设备会等待,直到信道空闲为止。

2) RFID 系统的标签碰撞

(1) 标签的碰撞问题。

为了识别在识别区内的标签,阅读器会发出一个请求信号要求标签发回它的 ID 号。当阅读器的识别区内多个标签同时响应阅读器的请求时,碰撞将会发生,从而阅读器不能正常地识别标签,这就被称为标签碰撞。如图 3-31 所示,标签 S 和标签 T 在阅读器 A 的识别区内。如果标签 S 和标签 T 响应阅读器 A 的请求后同时发射它的 ID 号,标签碰撞将会发生,阅读器 A 不能识别到标签 S 和标签 T 中的任何一个标签。

(2) 标签防碰撞协议。

标签防碰撞协议主要可以分为三类:基于 ALOHA 的、基于树的和基于计数器的协议。

ALOHA 协议是最简单的基于 ALOHA 的标签防碰撞协议。当阅读器请求标签发回它的 ID 号时,在识别区内的每个标签会自己选择一个随机的回退时间,在这个回退时间之后,把标签的 ID 号发送给阅读器。如果在标签 ID 号的发送期间没有碰撞发生,此 ID 号将会被阅读器成功地识别,被识别 ID 号的标签将停止对阅读器的响应。否则,标签会重复地选择一个随机的后退时间,发送它的 ID 号,直到 ID 号被阅读器识别为止。

基于树的标签防碰撞协议的基本思想是根据标签的 ID 号,把遇到碰撞的标签重复分裂成数个子群,直到在一个子群中,只有一个标签能够被成功地识别为止。通常情况下,基于树的协议比基于 ALOHA 的协议需要更长的识别标签的时间,但是,基于树的协议不存在标签饥饿问题。另一个不足就是它的性能会受标签 ID 号的长度和分布的影响。查询树、二进制树、EPCglobal Class0、TSA 等协议都是基于树的防碰撞协议。下面主要介绍查询树协议。

在查询树(QT)协议中,阅读器首先广播一个位字符串 S 的请求给标签。ID 号前缀与 S 匹配的标签将会把它的整个 ID 号发给阅读器。如果一次只有一个标签响应,此标签则可以成功地被识别。但是,如果有多个标签同时响应时,碰撞将会发生。此时,阅读器会再次广播一个在字符串 S 后多一位 0 或是 1 的更长的位字符串,即 S0 或者 S1。显然,具有 S 前缀的标签将会被分成 S0 和 S1 两个子群。分裂的过程将会重复发生,直到每个识别区内的标签都能被成功识别为止。查询树协议是一个与存储无关的协议,标签 ID 号的长度和分布会影响查询树协议的识别延迟。

下面将展示一个查询树的例子。假设存在 6 个标签,它们的 ID 号分别是 0010,0011,1001,1100,1101 和 1110。查询树协议的标签识别过程和相关树图如表 3-2 所示。

表 3-2　QT 协议的识别过程

步骤	请求比特串 S	响应
1	0	碰撞
2	00	碰撞
3	000	空
4	001	碰撞
5	0010	0010
6	0011	0011
7	01	空
8	1	碰撞
9	10	1001
10	11	碰撞
11	110	碰撞
12	1100	1100
13	1101	1101
14	111	1110

基于计数器的协议与基于树的协议相似,不存在标签饥饿的问题。此协议的两类基本思想是把遇到碰撞的标签分裂成多个子群,直到在一个子群中,有一个标签能够成功地被识别为止。这两类协议主要的不同是,基于树的协议是使用静态的标签 ID 号来进行确认性的分裂,而基于计数器的协议是使用动态改变的计数器来进行概率性的分裂的。由于基于计数器的协议不需要使用标签 ID 号来进行分裂,所以它具有稳定的性能,不会被标签 ID 号的分布和 ID 号的长度影响。主要的两个基于计数器的防碰撞协议有 ISO/IEC 18000-6B 和 ABS 协议,在此就不详述了,有兴趣的读者可以自己去了解。

3.4　条形码技术

3.4.1　条形码概述

条形码由一组按一定编码规则排列的条、空和数字符号组成,用以表示一定的字符、数字及符号组成的信息。条形码技术最早诞生于 Westinghouse 实验室,一位名叫 John Kermode 的发明家想对邮政单据实现自动分检,他的想法是在信封上做条形码标记,条形码中的信息是收信人的地址,如同今天的邮政编码。为此,Kermode 发明了最早的条形码标识。最早的条形码标识设计方案非常简单,即一个"条"表示数字"1",两个"条"表示数字"2",以此类推。然后,Kermode 又发明了由扫描器和译码器构成的识读设备,Kermode 的扫描器利用当时新发明的光电池来收集反射光,"空"反射回来的是强信号,"条"反射回来的是弱信号,通过这种方法,条形码符号可以直接对信件进行分检。

目前条形码的种类很多,大体可以分为一维条形码和二维条形码两种。一维条形码和二维条形码都有许多码制,条、空图案对数据不同的编码方法,构成了不同形式的码制。不同码制有其固有的特点,可以用于一种或若干种应用场合。条形码识别是对红外光或可见光进行识别,由扫描器发出的红外光或可见光照射条形码标记,深色的条吸收光,浅色的空将光反射回扫描器,扫描器将光反射信号转换成电子脉冲,再由译码器将电子脉冲转换成数据,最后传至后台。

1. 一维条形码

一维条形码有许多种码制,包括 Code25 码、Code39 码、Code93 码、Code128 码、Codabar 码、EAN-8 码、EAN-13 码、ITF25 码、Matrix 码、库德巴码、UPC-A 码和 UPC-E 码等。图 3-33 给出了几种常用一维条形码的样图。

下面就对常用的一维条形码进行简单介绍。

1) EAN 码

EAN 码是国际物品编码协会制定的一种商品用条形码,是国际通用的符号体系,是一种长度固定、无含义的条形码,所表达的信息全部为数字,主要应用于商品标识。EAN 码符号有标准版(EAN-13)和缩短版(EAN-8)两种,我国的通用商品条形码与其等效。我们日常购买的商品包装上所印的条形码一般就是 EAN 码。

(a) EAN-13码　　　　　(b) EAN-8码　　　　　(c) ITF25码

(d) Code93码　　　　　(e) 库德巴码　　　　　(f) UPC-A

图 3-33　几种常见的一维条形码

2）UPC 码

UPC 码是美国统一编码委员会制定的一种商品用条形码,主要用于美国和加拿大地区,在美国进口的商品上可以看到。

3）39 码和 128 码

39 码和 128 码为目前国内企业内部自定义码制,可以根据需要确定条形码的长度和信息,它编码的信息可以是数字,也可以包含字母,主要用于工业、图书及票证的自动化管理,目前使用极为广泛。

4）库德巴(Codabar)码

库德巴码也可表示数字和字母信息,主要用于医疗卫生、图书情报、物资等领域的自动识别。

5）93 码

93 码是一种类似于 39 码的条形码,它的密度较高,能够替代 39 码。

6）25 码

25 码应用于包装、运输以及国际航空系统的机票顺序编号等。

目前最流行的一维条形码是 EAN-13 条形码,EAN 是 European Article Number(欧洲物品编码)的缩写。

2. 二维条形码

二维条形码技术是在一维条形码无法满足实际应用需求的前提下产生的。由于受信息容量的限制,一维条形码通常是对物品的标识,而不是对物品的描述。二维条形码能够在横向和纵向两个方位同时表达信息,因此能在很小的面积内表达大量的信息。

二维条形码是用某种特定的几何图形,按一定规律在平面(二维方向)上分布的黑白相间的图形,在代码编制上巧妙地利用计算机内部逻辑基础的 0、1 比特概念,使用若干个与二进制相对应的几何形体来表示文字数值信息,通过图像输入设备或光电扫描设备自动识读以实现信息自动处理。

目前有几十种二维条形码,分为堆叠式二维条形码和矩阵式二维条形码。

堆叠式二维条形码的编码原理是建立在一维条形码的基础上,将一维条形码的高度变窄,再依需要堆成多行,其在编码设计、检查原理、识读方式等方面都继承了一维条形码的特点,但由于行数增加,对行的辨别、解码算法及软体则与一维条形码有所不同。较具代表性的堆叠式二维条形码有 PDF417、Code16K、Supercode、Code49 等。

矩阵式二维条形码是以矩阵的形式组成,在矩阵相应元素位置上,用点的出现表示二进制的"1",不出现表示二进制的"0",点的排列组合确定了矩阵码所代表的意义。其中,点可以是方点、圆点或其他形状的点。矩阵码是建立在计算机图像处理技术、组合编码原理等基础上的图形符号自动辨识的码制,已较不适合用"条形码"称之。具有代表性的矩阵式二维条形码有 DataMatrix、Maxi-Code、Vericode、Softstrip、Code1、Philips Dot Code 等。

图 3-34 给出了几种常用的二维条形码样图。

(a) DataMatrix码　　　　(b) QR码　　　　(c) Maxi-Code码

(d) PDF417码　　　　(e) Code49码　　　　(f) Code16K码

图 3-34　几种常见的二维条形码样图

二维条形码技术自 20 世纪 70 年代初问世以来,发展十分迅速,仅三十多年时间,它已广泛应用于商业流通、仓储、医疗卫生、图书情报、邮政、铁路、交通运输、生产自动化管理等多个领域。

3. 条形码的应用

目前,条形码技术是最成熟、应用领域最广泛的一种自动识别技术,现已渗透到了商业、仓储、邮电通信、交通运输、图书管理、医疗卫生、票证、工业生产过程控制、物流配送以及军事装备、工程项目等国民经济各行各业和人民日常生活中。条形码技术已发展成为一项产业,世界各国从事条形码技术及其系列产品开发研究的单位和生产厂商越来越多,条形码技术产品的技术水平越来越高,种类日渐丰富,达到近万种。

二维条形码更是依靠其庞大的信息携带量,能够把过去使用一维条形码时存储于后台数据库中的信息包含在条形码中,可以直接通过阅读条形码得到相应的信息,并且二维条形码还有错误修正技术及防伪功能,增加了数据的安全性。还可把照片、指纹编制于其中,有效地解决了证件的可机读和防伪问题。因此,可广泛应用于护照、身份证、行车证、军人证、健康证、保险卡等。

越来越发达完善的条形码技术不仅在国际范围内为商品提供了一套可靠的代码标识体系,而且为产、供、销等各个环节提供了通用的"语言",为实现商业数据的自动凭票供应和电子数据交换奠定了基础,推动了电子商务的发展。在商业智能解决方案的帮助下,企业用户可以通过充分挖掘现有的数据资源,捕获信息、分析信息、沟通信息,发现许多过去缺乏认识或未被认识的数据关系,帮助企业管理者做出更好的商业决策,使企业获得最大利润,同时也提高了企业的竞争能力。

3.4.2 条形码的识别原理

1. 一维条形码

一维条形码是由宽度不同、反射率不同的条和空按照一定的编码规则(码制)编制成的,用以表达一组数字或字母符号信息的图形标识符。常见的条形码是由反射率相差很大的黑条(简称条)和白条(简称空)组成的。

由于不同颜色的物体,其反射的可见光的波长不同,白色物体能反射各种波长的可见光,黑色物体则吸收各种波长的可见光,所以当条形码扫描器光源发出的光经光阑及凸透镜 1 后,照射到黑白相间的条形码上时,反射光经凸透镜 2 聚焦后,照射到光电转换器上,于是光电转换器接收到与白条和黑条相应的强弱不同的反射光信号,并转换成相应的电信号输出到放大整形电路。白条、黑条的宽度不同,相应的电信号持续时间长短也不同。但是,由光电转换器输出的与条形码的条和空相应的电信号一般仅 10mV 左右,不能直接使用,因而先要将光电转换器输出的电信号送放大器放大。放大后的电信号仍然是一个模拟电信号,为了避免由条形码中的疵点和污点导致错误信号,在放大电路后需加一整形电路,把模拟信号转换成数字电信号,以便计算机系统能准确判读。

整形电路的脉冲数字信号经译码器译成数字、字符信息。它通过识别起始、终止字符来判别出条形码符号的码制及扫描方向;通过测量脉冲数字电信号 0、1 的数目来判别出条和空的数目。通过测量 0、1 信号持续的时间来判别条和空的宽度。这样便得到了被辨读的条形码符号的条和空的数目及相应的宽度和所用码制,根据码制所对应的编码规则,便可将条形符号换成相应的数字、字符信息,通过接口电路送给计算机系统进行数据处理与管理,便完成了条形码辨读的全过程。

因此,为了阅读出条形码所代表的信息,需要一套条形码识别系统,它由条形码扫描器、放大整形电路、译码接口电路和计算机系统等部分组成。

条形码识读的基本工作过程:光源发光→照射到条形码符号上→光反射→光电转换器接收并进行光电转换产生模拟电信号→信号经过放大、滤波、整形,形成方波信号→译码器译码→数字信号。

为了能够正确地解译条形码,在解译条形码符号所表示的数据之前,需要先进行条形码扫描方向的判别,EAN-13 的起始字符和终止字符的编码结构都是"101",只能通过它进行码制的判别(对于多种条形码识别的时候,其他码制的条形码起始字符和终止字符都不是"101"),但是不能通过起始字符和终止字符来判别它的扫描方向。由 EAN-13 码的编码结构可知,它的右侧字符为全偶,而左侧字符的奇偶顺序由前置符决定,没有全偶的,从而可以利用此原理来确定 EAN-13 码的扫描方向。如果扫描到的前 6 个字符为全偶,即为反向扫描,否则为正向扫描。

2. 二维条形码

1) 矩阵式原理

矩阵式二维码(又称棋盘式二维码)是在一个矩形空间通过黑、白像素在矩阵中的不同分布进行编码。在矩阵元素位置上,出现方点、圆点或其他形状点表示二进制"1",不出现点表示二进制的"0",点的排列组合确定了矩阵式二维码所代表的意义。矩阵式二维码是建立在计算机图像处理技术、组合编码原理等基础上的一种新型图形符号自动识读处理码制。具有代表性的矩阵式二维码有:Code One、Maxi-Code、QR Code、DataMatrix 等。

2) 行排式原理

行排式二维码(又称:堆积式二维码或层排式二维码),其编码原理是建立在一维码基础之上,按需要堆积成两行或多行。它在编码设计、校验原理、识读方式等方面继承了一维码的一些特点,识读设备与条形码印刷与一维码技术兼容。但由于行数的增加,需要对行进行判定,其译码算法与软件也不完全相同于一维码。有代表性的行排式二维码有 Code49、Code16K、PDF417 等。其中的 Code49 是 1987 年由 David Allair 博士研制,Intermec 公司推出的第一个二维码。

3) 二维条形码识别过程

在条形码识读中被广泛使用的另一项技术是光学成像数字化技术。其基本原理是通过光学透镜成像在半导体传感器上,再通过模拟/数字转化(传统的 CCD 技术)或直接数字化(CMOS 技术)输出图像数据。CMOS 将采集到的图像数据送到嵌入式计算机系统处理。处理的内容包括图像获取、解码、纠错、译码,最后处理结果通过通信接口(如 RS-232)送往PC 等。识别过程如图 3-35 所示。

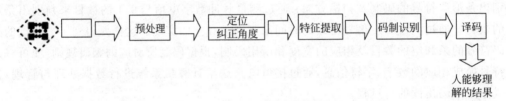

图 3-35　二维条形码识别过程

(1) 图像获取。二维条形码的获取是由光学照相或者扫描设备完成的。一般有两种方法:激光扫描器和面阵 CCD(数码相机或者其他成像设备)。

(2) 预处理。由于分辨率、光线或者其他因素的影响,原始图像可能会带有噪声等,需要通过算法处理,去掉噪声,达到突出码字图像的目标。

(3) 定位和角度纠正。原始图像大,背景复杂,处理起来速度慢;另外,条形码大小和形状不确定,因此需要进行定位。可使用线型滤波器式(3.19)~式(3.21),将条形码图像水平和垂直方向上的梯度分别累加,突出灰度变化频繁的区域,获得粗定位。

$$Gx = \frac{1}{s} \sum_{k=-s/2}^{s/2} \left| F(x+k+T/2, y) - F(x+k-T/2, y) \right| \tag{3.19}$$

$$Gy = \frac{1}{s} \sum_{k=-s/2}^{s/2} \left| F(x, y+k+T/2) - F(x, y+k-T/2) \right| \tag{3.20}$$

$$G(x,y) = \sqrt{Gx \times Gx + Gy \times Gy} \tag{3.21}$$

(4) 特征值的提取。条形码的尺寸动态变化,为了简化处理,规定提取原图中包含条形码图像,大小为 256×256 的子图作为识别对象,码字图像过大时,适当进行压缩。

（5）码制识别。通过不断学习的码制系统，用提取的特征值进行匹配，识别相应码制。

（6）译码。调用相应的解码规则，将码字图像符号换成 ASCII 码字符串。条形码的纠错译码功能也在这一步完成。

3.4.3　条形码技术的优点

1. 条形码的特点

条形码技术是电子与信息科学领域的高新技术，所涉及的技术领域较广，是多项技术相结合的产物，经过多年的长期研究和应用实践，现已发展成为较成熟的实用技术。在信息输入技术中，采用的自动识别技术种类很多。条形码作为一种图形识别技术与其他识别技术相比有如下特点。

（1）简单条形码符号制作容易，扫描操作简单易行。

（2）信息采集速度快。普通计算机的键盘录入速度是 200 字符/分钟，而利用条形码扫描录入信息的速度是键盘录入的 20 倍。

（3）采集信息量大。利用条形码扫描，一次可以采集几十位字符的信息，而且可以通过选择不同码制的条形码增加字符密度，使采集的信息量成倍增加。

（4）可靠性高。键盘录入数据，误码率为三百分之一，利用光学字符识别（OCR）技术，误码率约为万分之一。而采用条形码扫描录入方式，误码率仅有百万分之一，首读率可达 98% 以上。

（5）灵活、实用。条形码符号作为一种识别手段可以单独使用，也可以和有关设备组成识别系统实现自动化识别，还可和其他控制设备联系起来实现整个系统的自动化管理。同时，在没有自动识别设备时，也可实现手工键盘输入。

（6）自由度大。识别装置与条形码标签相对位置的自由度要比光学字符识别大得多。条形码通常只在一维方向上表示信息，而同一条形码符号上所表示的信息是连续的，这样即使是标签上的条形码符号在条的方向上有部分残缺，仍可以从正常部分识读正确的信息。

（7）设备结构简单、成本低。条形码符号识别设备结构简单，操作容易，无须专门训练。与其他自动化识别技术相比较，推广应用条形码技术所需费用较低。

（8）可扩展。目前在世界范围内得到广泛应用的 EAN 码是国际标准的商品编码系统，横向、纵向发展余地都很大，现已成为商品流通业、生产自动管理，特别是 EDI 电子数据交换和国际贸易的一个重要基础，并将发挥巨大作用。

正因为条形码技术具有众多优点，因而被广泛地应用于各行各业。特别是商品流通领域，为整个社会带来了可喜的经济效益。

二维条形码除了具有上述的优点外，同时还有以下特点。

（1）高密度编码，信息容量大。可容纳多达 1850 个大写字母或 2710 个数字或 1108 个字节或 500 多个汉字，比普通条形码信息容量约高几十倍。

（2）编码范围广。该条形码可以把图片、声音、文字、签字、指纹等可以数字化的信息进行编码，用条形码表示出来；可以表示多种语言文字；可表示图像数据。

（3）容错能力强，具有纠错功能。这使得二维条形码因穿孔、污损等引起局部损坏时，照样可以正确得到识读,损毁面积达 50%仍可恢复信息。

(4) 译码可靠性高。它比普通条形码译码错误率百万分之二要低得多,误码率不超过千万分之一。

(5) 可引入加密措施,保密性、防伪性好。

(6) 成本低,易制作,持久耐用。

(7) 条形码符号形状、尺寸大小比例可变。

(8) 二维条形码可以使用激光或 CCD 阅读器识读。

尽管似乎二维条形码的优点更多一些,但是一维条形码仍然占据了相当大的应用市场,其特性各有侧重,二者区别如表 3-3 所示。

表 3-3　一维条形码与二维条形码的区别

项目/类型	一维条形码	二维条形码
资料密度与容量	密度低,容量小	密度高,容量大
错误侦测及自我纠正能力	可以检查码进行错误侦测,但没有错误纠正能力	有错误检验及错误纠正能力,并可根据实际应用设置不同的安全等级
垂直方向的资料	不存储资料,垂直方向的高度是为了识读方便,并弥补印制缺陷或局部损坏	携带资料,对印制缺陷或局部损坏等错误可以纠正并恢复
主要用途	主要用于对物品的标识	用于对物品的描述
资料库与网络依赖性	多数场合须依赖资料库及通信网络的存在	可不依赖资料库及通信网络的存在而单独应用
识读设备	可用线扫描器识读,如光笔、线型 CCD、激光扫描枪	对于堆叠式可用线型扫描器多次扫描,或可用图像扫描仪识读,矩阵式则仅能用图像扫描仪识读

2. 条形码的功能

条形码是用来收集有关任何人、地或物的资料的自动识别技术中的主要部分。

条形码的应用是无限的。它被用来做物品检索、存货控制、时间和出勤记录、生产过程的监视、质量控制、进出分类、订单的输入、资料的检索、对警戒地区的进入控制、送货与收货、仓库、路线管理、柜台售货,并可以作为照顾病人的帮手,检索药物的应用,还可给病人开账单。

条形码本身不是一个系统,它是一个极端有效率的识别工具,可以为先进的管理体制的资讯要求提供准确、及时的支持。条形码的使用普遍地提高了准确性和工作效率,降低了成本,改善了业务运作。

利用条形码技术经营管理后,消费者可以从中受益。

(1) 可以缩短顾客排队时间;

(2) 准确性高,不用担心数字往计算机里输入时出错;

(3) 商店的经营成本降低,从而使商品价格也随之下降。

3.4.4　条形码的结构

1. 条形码的基本术语

条形码由两侧静区、起始字符、数据字符、校验字符和终止字符组成,如图 3-36 和图 3-37 所示。

| 静区 | 起始字符 | 数据字符 | 校验字符 | 终止字符 | 静区 |

图 3-36　条形码的组成

图 3-37　条形码的组成结构

条形码的基本术语有以下几种。

(1) 起始字符。条形码符号的第一位字符,标志一个条形码符号的开始。阅读器确认此字符存后开始处理扫描脉冲。

(2) 数据字符。位于起始字符后面的字符,标志一个条形码符号的值,其结构异于起始字符,可允许进行双向扫描。

(3) 校验字符。校验字符代表一种算术运算的结果,阅读器在对条形码进行解码时,对读入的各字符进行规定的运算,如运算结果与校验字符相同,则判定此次阅读有效,否则不予读入。

(4) 终止字符。终止字符是条形码符号的最后一位字符,标志一个条形码符号的结束,阅读器确认此字符后停止处理。

(5) 静区。静区位于条形码符号的两侧,无任何符号及信息的白色区域,提示条形码阅读器准备扫描。

(6) 符号。符号由静区和一组条形码字符组合而成,表示一个完整数据,即一个物品的条形码。

(7) 元素。元素用来表示条形码的条和空。

(8) 字符。字符是用来表示一个数字或字母或符号的一组条形码元素。

(9) 条和空。条和空是条形码符号中深色和浅色的元素。

(10) 条形码逻辑值。条形码逻辑值是条形码元素表示的逻辑值,用二进制数表示。

(11) 条形码字符集。条形码字符集是某种条形码规则中给定的可标志的数据范围,一般有纯数字集、数字加字母及符号集等。

(12) 对比度(PCS)。对比度表示条形码符号中条的反射率 R_L 与空的反射率 R_D 的关系。可用公式表示如下:

$$PCS = (R_{L} - R_{D})/R_{L} \times 100\%$$

2. 一维条形码的结构

目前,国际广泛使用的条形码种类有 EAN、UPC 码(商品条形码,用于在世界范围内唯一标志一种商品。在超市中最常见的就是 EAN 和 UPC 条形码)、Code39 码(可表示数字和字母,在管理领域应用最广)、ITF25 码(在物流管理中应用较多)、Codebar 码(可表示数字和字母信息,主要用于医疗卫生、图书情报、物资等领域的自动识别)。其中,EAN 码是当今世界上广为使用的商品条形码,已成为电子数据交换(EDI)的基础;UPC 码主要为美国和加拿大使用;在各类条形码应用系统中,Code39 码因其可采用数字与字母共同组成的方式而在各行业内部管理上被广泛使用;在血库、图书馆和照相馆的业务中,Codebar 码也被广泛使用;ISBN 码、ISSN 用于图书和期刊。

1) 39 条形码

39 码是 Intermec 公司于 1975 年推出的一种条形码,它由数字、英文字母以及"-"、"."、"/"、"+"、"%"、"$"、" "(空格)和"*"等共 44 个符号组成,其中,"*"仅作为起始符和终止符,如图 3-38 所示。

图 3-38 39 码

39 码仅有两种元素宽度,分别为宽元素和窄元素。宽元素的宽度为窄元素的 1～3 倍,一般多选用 2 倍、2.5 倍或 3 倍,宽元素二进制逻辑值为"1",窄元素二进制逻辑值为"0"。

39 码的每一个条形码字符由 9 个元素组成,其中有 3 个宽元素,其余是窄元素,因此称为 39 码。三个宽元素中有两个宽条、一个宽空,6 个窄元素中有三个窄条、三个窄空。39 码可将 ASCII 码的 128 个字符全部编码。

39 码具有编码规则简单、误码率低、所能表示字符个数多等特点,因此在各个领域有着极为广泛的应用。我国也制定了相应的国家标准(GB 12906—1991)。

2) ENA 条形码

EAN 码有两种版本,即标准版和缩短版。标准版表示 13 位数字,又称为 EAN-13 码,缩短版表示 8 位数字,又称为 EAN-8 码。两种条形码的最后一位为校验位,由前面的 12 位或 7 位数字计算得出。两种版本的编码方式可参考国家标准 GB 12094—1998。

EAN 码由前缀码、厂商识别码、商品项目代码和校验码组成。前缀码是国际 EAN 组织标志各会员组织的代码,我国为 690、691 和 692;厂商代码是 EAN 编码组织在 EAN 分配的前缀码的基础上分配给厂商的代码;商品项目代码由厂商自行编码;校验码是为了校验代码的正确性。在编制商品项目代码时,厂商必须遵守商品编码的基本原则:对同一商品项目的商品必须编制相同的商品项目代码,对不同的商品项目必须编制不同的商品项目代码,保证商品项目与其标志代码一一对应,即一个商品项目只有一个代码,一个代码只标志一个商品项目。

例如,光明特浓鲜奶的条形码为 6901209312953,其中,690 代表我国 EAN 组织,1209 代表上海光明乳业有限公司,31295 是 950mL 盒装特浓鲜奶的商品代码。这样的编码方式保证了在全球范围内 6901209312953 唯一对应一种商品。

ENA 条形码采用 4 种元素宽度,即每个条或空可以由 1、2、3 或 4 倍的元素宽度组成。

条形码左面的第一个前缀数字不用条形码表示,EAN-13 条形码的前 6 位采用左手符规则,后 6 位采用右手符规则。

EAN-13 条形码从空白区开始共 113(95+18)个模块,每个模块长 0.33mm,条形码符号总宽度为 113×0.33mm=37.29mm,如图 3-39 所示。

图 3-39 ENA-13 条形码的构成

EAN-13 条形码的起始符与终止符相同,均为两个细条(101),中间分隔符为 01010,我国的 EAN-13 条形码国别代码已开通使用的有 690~692。当前缀码为"690""691"时,第 4~7 位数字为厂商代码,第 8~12 位数字为商品项目代码,第 13 位数字为校验符;当前缀码为"692"时,第 4~8 位数字为厂商代码,第 9~12 位数字为商品项目代码,第 13 位数字为校验码,如图 3-40 所示。

国家代码 (3位)	厂商代码 (4位)	产品代码 (5位)	校验码 (1位)

图 3-40 ENA-13 条形码结构组成

另外,图书和期刊作为特殊的商品也采用了 EAN-13 表示 ISBN 和 ISSN。前缀 977 被用于期刊号 ISSN,图书号 ISBN 用 978 为前缀,我国被分配使用 7 开头的 ISBN 号,因此我国出版社出版的图书上的条形码全部为 9787 开头。

ENA-8 条形码是 ENA-13 条形码的缩短码,ENA-8 条形码由 8 位数字组成,前两位为国别码,后 5 位为产品码,最后一位是校验码。EAN-8 条形码从空白区开始共 81(67+14)个模块,每个模块长 0.33mm,条形码符号总宽度为 81×0.33mm=26.73mm,如图 3-41 所示。

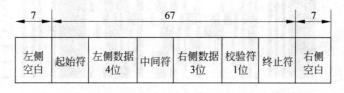

图 3-41 ENA-8 条形码构成

3) UPC 条形码

1973 年,美国开始在商业领域应用 UPC 条形码,字符集为数字 0~9。目前,UPC 条形码主要在美国与加拿大使用。UPC 条形码共有 UPC-A、UPC-B、UPC-C、UPC-D、UPC-E 等 5 种版本,其中,UPC-B 是 UPC-A 的压缩码,UPC-A 及 UPC-B 与 ENA-13 及 ENA-8 兼容。UPC-A 条形码由 11 位数字字符和一个系统字符共 12 位数据组成,其中,第 1 位是国别码,代表商品的国家和地区;第 2~6 位是厂商码,代表商品的生产厂商;第 7~11 位是产品码,是商品的代码;最后 1 位是检验码,作为扫描成功的依据。UPC-A 条形码的构成如

图 3-42 所示。

图 3-42　UPC-A 条形码的构成

UPC-A 条形码被中间符分为左右两个部分,两侧编码的规则是不同的,左侧为奇,右侧为偶,与 ENA 的编码规则也不同。UPC-A 条形码从空白区开始,由 113(95+18)个模块组成,每个模块长 0.33mm,条形码符号共长 113×0.33mm=37.29mm。

3. 二维条形码的结构

目前,二维条形码主要有 PDF417 码、Code49 码、Code16K 码、DataMatrix 码、Maxi-Code 码等,主要分为堆积或层排式和棋盘或矩阵式两大类。

1) PDF417 二维条形码

PDF417 条形码是一种多层、可变长度的符号,具有大容量及错误纠正功能。PDF417 条形码可由线扫描器、光栅激光扫描器或图像激光扫描器扫描。一个 PDF417 条形码的符号可用于表示多于 1100 字节、1800 个 ASCII 字符或 2700 个数字的数据,具体数目取决于组合模式。PDF417 条形码符号由多层堆积而成,其层数为 3～90。每层包括:左空白区、起始符、左层指示符、数据符、右层指示符、终止符及空白区,每层高度至少为 3X,X 是模块宽,是符号最重要的尺寸之一,在一个 PDF417 符号中,X 的值是固定不变的,如图 3-43 所示。由于其层数与每层的符号字符是可变的,故可根据实际印刷空间作成不同尺寸(纵横比)的符号。

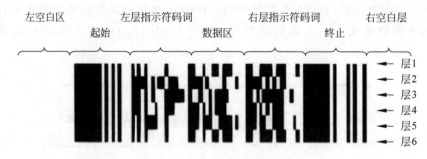

图 3-43　PDF417 条形码的构成

PDF417 条形码的符号字符以(17,4,6)的方式组合,即每个符号字符由 4 个条及 4 个空组成,每个条或每个空由 1～6 个模块组成,其模块总数为 17。PDF417 条形码的符号字符集分成三个不同的"簇",每簇可表示 929 个 PDF417 符号字符的值(或称为码词)。由于每个相邻层的符号字符都取自于不同的簇,因此在识读 PDF417 条形码符号时,译码器便可穿过不同层的扫描数据,每一层的扫描线不必落在一层之内。

通过向数据信息中添加错误纠正码词,PDF417 条形码支持错误纠正。每个 PDF417 条形码的符号至少需要两个错误纠正码词用于错误校验,最多可向数据信息中添加 512 个码词用于错误纠正。从数学上讲,这种方法在译码安全性方面要比单一的校验字符高出多个数量级。

每一个 PDF417 条形码至少应有两个错误纠正码词。错误纠正码词提供了错误检查及纠正功能。PDF417 条形码可根据实际需要设置不同的安全等级(0～8 级)。错误纠正码词则是由数据码词通过一个错误纠正多项式计算而得。

不同安全等级所需要的错误纠正码词个数如下。

安全等级:　　　　　0　1　2　　3　　4　　5　　6　　7　　8
错误纠正码词个数:　2　4　8　16　32　64　128　256　512

PDF417 条形码为一种多模式条形码,共有三种组合模式。可通过模式转换与模式锁定字符在三种组合模式之间进行转换,从而实现对信息的有效组合。PDF417 二维条形码是一种堆叠式二维条形码,目前应用最为广泛。PDF417 条形码是由美国 Symbol 公司发明的,PDF(Portable Data File)的意思是"便携数据文件"。组成条形码的每一个条形码字符由 4 个条和 4 个空共 17 个模块构成,故称为 PDF417 条形码。

2) MaxiCode 条形码

MaxiCode 条形码符号由 884 个六边形模块构成,如图 3-44 所示。这些模块共排成 33 层,每层最多由 30 个模块组成。由三条圆形暗带及相间的三条明带组成的定位图形位于符号的中央,用于扫描定位,6 个由三个模块组成的定位信息均匀分布在定位图形的四周。整个符号的四周由一定尺寸的空白区包围。每个 MaxiCode 条形码符号字符共由 6 个方形模块组成。

一个 MaxiCode 符号共由 144 个符号字符组成,这些符号字符由主信息和辅助信息两部分组成,符号字符的次序安排由以下规则决定:主信息中的符号字符(1～144)以环定位图形放置。

图 3-44　MaxiCode 条形码结构

辅助信息中符号字符(21～144)为自上而下,第一层自左向右,第二层自右向左,第三层自左向右,以此类推。

MaxiCode 二维条形码信息表示的方法为:先将数据流转换成码词(值为 0～63)流,然后将码词对应的符号字符在各种模式之间进行转换,以便有效地表示数据。

MaxiCode 二维条形码错误纠正提供两种错误纠正等级,用于不同要求的错误检测及纠正。

MaxiCode 二维条形码数据结构具有 7 种数据模式(0～6),用于在一个符号中定义数据及纠正错误。

3) QR 码

每个 QR 码符号由名义上的正方形模块构成,组成一个正方形阵列,它由编码区域和包括寻像图形、分隔符、定位图形和校正图形在内的功能图形组成。功能图形不能用于数据编码。符号的四周由空白区包围。图 3-45 为 QR 码版本 7 符号的结构图。

QR 码符号共有 40 种规格,分别为版本 1、版本 2……版本 40。版本 1 的规格为 21 模块×21 模块,版本 2 为 25 模块×25 模块,以此类推,每一版本符号比前一版本每边增加 4 个模块,直到版本 40,规格为 177 模块×177 模块。

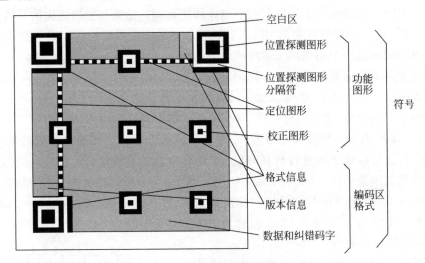

图 3-45　QR 码符号的结构

(1) 寻像图像。寻像图形包括三个相同的位置探测图形,分别位于符号的左上角、右上角和左下角。每个位置探测图形可以看作是由三个重叠的同心的正方形组成,它们分别为 7×7 个深色模块、5×5 个浅模块和 3×3 个深色模块。如图 3-46 所示,位置探测图形的模块宽度比为 1:1:3:1:1。符号中其他地方遇到类似图形的可能性极小,因此可以在视场中迅速地识别可能的 QR 码符号。识别组成寻像图形的三个位置探测图形,可以明确地确定视场中符号的位置和方向。

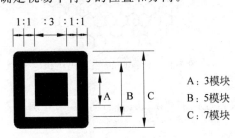

图 3-46　位置探测图形的结构

(2) 分隔符。在每个位置探测图形和编码区域之间有宽度为一个模块的分隔符。

(3) 定位图形。水平和垂直定位图形分别为一个模块宽的一行和一列,由深色浅色模块交替组成,其开始和结尾都是深色模块。水平定位图形位于上部的两个位置探测图形之间,符号的第 6 行。垂直定位图形位于左侧的两个位置探测图形之间,符号的第 6 列。它们的作用是确定符号的密度和版本,提供决定模块坐标的基准位置。

(4) 校正图形。每个校正图形可看作是三个重叠的同心正方形,由 5×5 个的深色模块,3×3 个的浅色模块以及位于中心的一个深色模块组成。校正图形的数量视符号的版本号而定,在模式 2 的符号中,版本 2 以上(含版本 2)的符号均有校正图形。

(5) 编码区域。编码区域包括表示数据码字、纠错码字、版本信息和格式信息的符号字符。

(6) 空白区。空白区为环绕在符号四周的 4 个模块宽的区域,其反射率应与浅色模块相同。

小结

本章主要介绍了感知识别层的几种自动识别技术,每种识别技术各有优缺点,在生产生活中的不同领域发挥着积极的作用。其中,传感器技术是物联网的基础技术之一,RFID 技术其前景最为看好,而条形码技术在生活中使用的最为广泛。

下面把应用最广泛的条形码技术与其他自动识别技术做个简单比较。

条形码、OCR(光学字符识别)都是与印刷相关的自动识别技术。OCR 的优点是人可读、机可扫描,但输入速度和可靠性不如条形码,数据格式有限,通常要用接触式扫描器。

磁条技术是接触识读,它与条形码有三点不同:一个是其数据可做部分读写操作,另一个是给定面积编码容量比条形码大,还有就是对于物品逐一标识成本比条形码高,而且接触性识读最大的缺点就是灵活性太差。

射频识别和条形码一样是非接触性识别技术,由于无线电波能“扫描”数据,所以 RFID 标签可作成隐形的,有些 RFID 识别技术可读数千米外的标签,RFID 标签可作成可读写的。RFID 识别的缺点是标签成本相当高,而且一般不能随意扔掉,而多数条形码扫描寿命结束时可扔掉。

条形码技术之所以能在商品、工业、邮电业、医疗卫生、物资管理、安全检查、餐旅业、证卡管理、军事工程、办公室自动化等领域中得到广泛应用,主要是由于其具有以下特点。

(1) 高速键盘,输入 12 位数字需 6s,而用条形码扫描器输入则只要 0.2s。

(2) 准确,条形码的正确识读率达 99.99%~99.999%。

(3) 成本低,条形码标签成本低,识读设备价格便宜。

(4) 灵活,根据顾客或业务的需求,容易开发出新产品;扫描景深大;识读方式多。有手动式、固定式、半固定式;输入输出设备种类多,操作简单。

(5) 可扩展,目前在世界范围内得到广泛应用的 EAN 码是国际标准的商品编码系统,横向、纵向发展余地都很大,现已成为商品流通业、生产自动管理,特别是 EDI 电子数据交换和国际贸易的一个重要基础,并将发挥巨大作用。

当然,由于几种自动识别技术各有特点,在实际应用时,应具体情况具体分析,综合比较,全面考虑。常用的自动识别技术的属性比较如表 3-4 所示。

表 3-4 常用自动识别技术的属性比较

系统参数	条形码	光学字符	生物识别	磁卡	接触式 IC 卡	射频识别
信息载体	纸、塑料薄膜、金属表面	物质表面	—	磁性物质(磁卡)	EEPROM	EEPROM
典型的字节长度	1~100	1~100	—	16~64K	16~64K	16~64K
机器识别效果	好	好	费时间	好	好	好
读取方式	CCD/激光束扫描	光电转换	机器识别	电磁转换	电擦写	无线通信
读写性能	读	读	读	读/写	读/写	读/写
人工识别性	受约束	简单	不可	不可	不可	不可

续表

系统参数	条形码	光学字符	生物识别	磁卡	接触式 IC 卡	射频识别
国际标准	有	无	无	有	有	有
识别速度	低	低	很低	低	低	很快
识别距离	0～50cm	<1cm	直接接触	直接接触	直接接触	0～5m
通信速度	低	低	较低	快	快	很快
使用寿命	一次性	较短	—	短	长	很长
多标签同时识别	不能	不能	不能	不能	不能	能
信息量	小	小	大	较小	大	大
方向位置影响	很小	很小	—	单向	单向	没有影响
保密性	无	无	好	一般	好	好
智能化	无	无	—	无	有	好
环境适应性	不好	不好	—	一般	一般	很好
受光遮盖影响程度	全部失效	全部失效	可能	—	—	没有影响
成本	最低	一般	较高	低	较高	较高

习题

1. 何为传感器？传感器一般由哪几部分组成？

2. 请说出如图 3-47 所示传感器的敏感元件、转换元件。

3. 简述传感器的分类。

4. 自动识别技术的主要特征有哪些？

5. 在生物识别技术中，用来鉴别身份的生物特征应该具有哪些特点？

6. 简述生物识别技术的分类。

7. 简述磁卡识别技术和 IC 卡识别技术的主要特点。

8. 简述 OCR 技术的主要特点和应用领域。

9. 请概括出 OCR 识别处理的主要过程。

10. 论述为什么说 RFID 技术是物联网感知层的关键技术之一。

11. 简述条形码的识别原理。

12. 简述条形码的结构。

13. 比较 RFID 技术和条形码技术的优缺点。

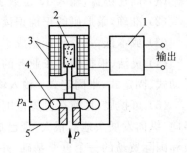

图 3-47   气体压力传感器
工作原理图

1—测量电路；2—磁芯；3—电感线圈；
4—膜盒；5—壳体

第4章
CHAPTER 4

网络传输层

网络传输层的主要作用是把感知识别层感知到的数据接入互联网,供上层服务使用。物联网的核心网络是互联网和下一代网络,而各种无线网络则提供随时随地的网络接入服务,是物联网的边缘部分。物联网网络传输层主要关注各种无线网络和移动通信网络及其主要网络协议。

无线网络既包括用户建立远距离无线连接的全球语音和数据网络,也包括为近距离无线连接进行优化的红外线技术及射频技术,与有线网络的用途十分类似,最大的不同在于传输媒介的不同。

无线网络可以分为无线个人网(Wireless Personal Area Network,WPAN)、无线局域网(Wireless Local Area Network,WLAN)和无线城域网(Wireless Metropolitan Area Network,WMAN),这些网络标准是由 IEEE 的 802 委员会和欧洲电信标准协会(European Telecommunications Standards Institute,ETSI)制定的。

移动通信网是使在任何地点的多个用户都能在移动中进行信息互相传递的网络,它经历了三代的发展:模拟语音(1G),数字语音(2G),数字语音和数据(3G)。

4.1 无线个人区域网

无线个人区域网(Wireless Personal Area Network,WPAN)是在 10m 距离范围内将属于个人使用的计算机、手机、信息家电产品等设备用无线技术连接起来,自组成网络,不需要使用接入点 AP。WPAN 可以是一个人使用,也可以是若干人共同使用,它实际上是低功率、小范围、低速率和低价格的电缆替代技术。WPAN 的 IEEE 标准是由 802.15 工作组制定的,IEEE 802.15 工作组主要研究 WPAN 的物理层(PHY)和介质访问控制层(MAC)的标准化工作,其目标是为在个人区域网互相通信的无线通信设备提供通信标准。用于无线个人区域网通信的技术很多,其中,ZigBee、蓝牙、UWB 等满足低功耗、低成本、低速率的无线通信技术成为物联网的重要通信技术。

4.1.1 ZigBee 简介

ZigBee 的命名来源于蜂群在采蜜过程中使用的通信方式,蜜蜂通过跳 Z 形的舞蹈来通知其伙伴所发现的食物源的位置、距离和方向等信息,因此就把 ZigBee 技术作为新一代无线通信技术的名称。ZigBee 技术主要用于固定、便携或移动设备等终端之间的短距离互联,其通信距离在 10~80m 之间,传输数据速率低,并且成本低廉。ZigBee 标准是在 IEEE 802.15.4 标准基础上发展而来的,IEEE 802.15.4 是 IEEE 确定低速无线个人局域网的标准,这个标准定义了物理层(Physical Layer,PHY)和媒体接入控制层(Media Access Control Layer,MAC),ZigBee 联盟则对网络层(Network Layer)协议和应用层(Application Layer)进行了标准化。

4.1.2 ZigBee 协议体系

ZigBee 协议体系包含 IEEE 802.15.4 标准定义的物理层、MAC 层及 ZigBee 联盟定义的网络层和应用层,其体系结构如图 4-1 所示。

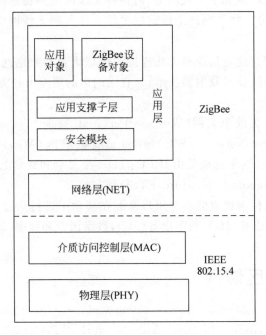

图 4-1 ZigBee 体系结构

1. 物理层

物理层定义了无线信道和 MAC 层之间的接口,负责电磁波收发器的管理、频道选择、能量和信号侦听及利用。IEEE 802.15.4 协议定义了 868MHz/915MHz 和 2.4GHz 两个物理层,使用三种数据传输频率,分别是 868.0~868.6MHz,主要为欧洲采用,单信道,采用 BPSK 的调制方式,支持 20kb/s 的无线数据传输速率;902~928MHz,北美采用,10 个信道,支持扩展到 30 个,采用 BPSK 的调制方式,支持 40kb/s 的无线数据传输速率;2.4~2.4835GHz,世界范围内通用,16 个信道,采用 O-QPSK 的调制方式,支持 250kb/s 的无线数据传输速率。这三个频率的传输距离都在 0~70m 之间,最早的物理层传输采用的是直接序列扩频(Direct Sequence Spread Spectrum,DSSS),现在发展到可以使用调频、调相等多种不同的技术。

802.15.4 标准具有低速率、低功耗和短距离传输等特点,它定义了 14 个物理层基本参数,非常适宜支持存储能力和计算能力有限的简单器件。表 4-1 给出了 IEEE 802.15.4 标准定义的两个物理层 2.4GHz 和 868/915MHz 的主要参数。

表 4-1　IEEE 802.15.4 标准频段和参数

频率/MHz		扩 频 参 数		数 据 参 数			
		码片速率/(kchip/s)	调制方式	比特速率/(kb/s)	符号速率/(ksymbol/s)	符号阶数	信道数
868/915	868~868.8	300	BPSK	20	20	二进制	1
	902~928	600	BPSK	40	40	二进制	10
2400	2400~2483.5	2000	O-QPSK	250	62.5	十六进制	16

2. 介质访问控制层(MAC 层)

介质访问控制层定义何时节点应该如何来使用物理层的信道资源,如何分配使用信道资源以及什么时候释放资源等。MAC 层的主要功能是完成个人区域网的建立和分离、为 PAN 协调器发出网络标识信号、同步时序信号、保证设备的安全、为信道访问提供 CSMA/CA 机制和保证两个对等的 MAC 实体之间的可靠连接等。

IEEE 802.15.4 标准定义了 14 个物理层基本参数和 35 个介质接入控制层基本参数,总共为 49 个。还定义了两种器件:全功能器件(Full-Function Device,FFD)和简化功能器件(Reduced-Function Device,RFD)。全功能器件必须支持所有的 49 个基本参数,全功能器件可以与网络中的任何一种设备进行通信,可以作为协调者的角色控制所有关联的简化功能器件的同步,在同步的基础上可以进行数据的收发和其他网络活动;简化功能器件在最小配置时只要求它支持 38 个基本参数,只能和与其关联的全功能器件通信。

1)MAC 层帧结构

MAC 层帧被称为 MAC 协议数据单元(MPDU),其长度不超过 127B,IEEE 802.15.4 标准在 MAC 子层定义了 4 种不同形式的帧,即信标帧、数据帧、命令帧和确认帧。MAC 层的通用帧结构如图 4-2 所示。

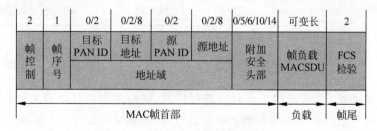

图 4-2　MAC 层的通用帧结构

IEEE 802.15.4 LR-WPAN 标准中允许使用超帧结构,在超帧结构中,网络协调器在预先规定的时间间隙内发送超帧信标,超帧被分成 16 个相等的时隙,与超帧的持续时间无关。超帧结构中的第一个时隙为信标帧,如果协调器不希望使用超帧结构,可以关掉信标帧的传输,若任何两个设备希望在两个信标之间的竞争期(Contention Access Period,CAP)通信,则使用 CSMA/CA 协议同其他设备进行竞争。

若在某些具体应用中要求网络具有低延迟或满足一定的数据带宽,则可以通过采用超帧中的部分时隙来完成,这部分时隙称为保障时隙(Guaranteed Time Slot,GTS)。在超帧结构中,竞争访问期(CAP)之后是免竞争时期(Contention-Free Period,CFP),它由最多 7 个 GTS 构成。在超帧结构中,若要为网络中的设备提供竞争接入的机会,则必须保证有足够的 CAP 空间,任何设备的信息传输必须在下一个 GTS 开始前或者 CFP 结束前完成,图 4-3 和图 4-4 分别是无 GTS 的超帧结构和带有 GTS 的超帧结构。

图 4-3　无 GTS 的超帧结构　　　　　图 4-4　带有 GTS 的超帧结构

(1) 信标帧:主要用于使各从设备与协调器进行同步、识别 PAN 和描述超帧结构。在信标网络中,协调器通过向网络中的所有从设备发送信标帧,以保证这些设备之间的同步,从而使得网络运行成本最低,其帧结构如图 4-5 所示。

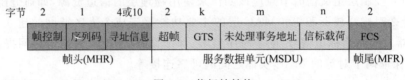

图 4-5　信标帧结构

帧头(MHR)、服务数据单元(MSDU)和帧尾(MFR)共同构成 MAC 层协议数据单元(MPDU),当 MPDU 传输到物理层时,它便成了物理层服务数据单元。

(2) 数据帧:应用层产生的数据在 ZigBee 设备之间传输时,经过逐层数据处理后发送给 MAC 层,形成 MAC 层服务数据单元,MAC 层为服务数据单元封装上帧头和帧尾,构造成完整的 MAC 数据帧,其帧结构如图 4-6 所示。

(3) 确认帧:是接收设备在收到发送方设备发送的正确帧信息后返回给发送设备的一个确认,确认帧可以保证设备之间通信的可靠性,其帧结构如图 4-7 所示。

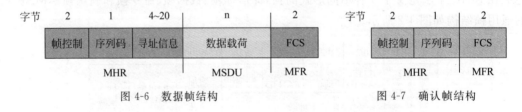

图 4-6　数据帧结构　　　　　　　　　图 4-7　确认帧结构

(4) 命令帧:为了对设备的工作状态进行控制,同网络中的其他设备进行通信,ZigBee 网络的 MAC 层将根据命令类型生成相应的命令帧,其帧结构如图 4-8 所示。

图 4-8　命令帧结构

2）使能方式

IEEE 802.15.4 网络可以工作在信标使能方式或非信标使能方式,在信标使能方式中,网络协调器通过定期广播信标的方式使得相关设备达到同步,在信标使能方式中使用超帧结构;在非信标使能方式中,网络协调器不定期广播信标,在设备请求信标时向它单播信标。

3）数据传输

由于 ZigBee 网络中节点是由电池供电的简单器件,在有些应用中更换电池成为不可能或没必要,这使得 MAC 层数据传输具有低功耗的特点,IEEE 802.15.4 的数据传输过程中引入了几种延长器件电池寿命或节省功耗的机制,多数机制通过信标使能的方式来限制器件或协调器之间收发机的开通时间,或在无数据传输时让器件处于休眠状态。

在 IEEE 802.15.4 中,有三种不同的数据转移:从器件到协调器,从协调器到器件,在对等网络中从一方到另一方。为了突出低功耗的特点,把数据传输分为以下三种方式。

（1）直接数据传输:适用以上所有三种数据转移。依据使用非信标使能方式还是信标使能方式,采用无槽载波检测多址与碰撞避免（CSMA-CA）或开槽 CSMA-CA 的数据传输方法。

（2）间接数据传输:仅适用于从协调器到器件的数据转移。在这种方式中,数据帧由协调器保存在事务处理列表中,等待相应的器件来提取。通过检查来自协调器的信标帧,器件就能发现在事务处理列表中是否挂有一个属于它的数据分组。有时,在非信标使能方式中也可能发生间接数据传输。在数据提取过程中,也使用无槽 CSMA-CA 或开槽 CSMA-CA。

（3）有保证时隙（GTS）数据传输:仅适用于器件与其协调器之间的数据转移,既可以从器件到协调器,也可以从协调器到器件,在 GTS 数据传输中不需要 CSMA-CA。

4）自配置

802.15.4 在媒体接入控制层中加入了关联和分离功能,以达到支持自配置的目的。自配置不仅能自动建立起一个星状网,而且允许创建自配置的对等网。在关联过程中可以实现各种配置,例如,为个人域网选择信道和识别符（ID）,为器件指配 16 位短地址,设定电池寿命延长选项等。

3. 网络层

网络层（NWK）位于 MAC 层与应用层（APL）之间,主要负责新建网络、加入网络、退出网络和网络报文的路由传输等功能,通过正确操作 MAC 层提供的功能来向应用层提供合适的服务接口。

1）网络层提供的服务

为了实现与应用层的通信,网络层定义了两个服务实体:数据服务实体（NLDE）和管理服务实体（NLME）。

数据服务实体:通过服务实体服务访问点（NLDE-SAP）来提供数据传输服务,它提供的服务有两项,一是在应用支持子层 PDU 基础上添加适当的协议头产生网络协议数据单元（NPDU）;二是根据路由拓扑,把网络数据协议单元发送到通信链路的目的地址设备或通信链路的下一跳。

管理服务实体：通过管理服务实体访问点(NLME-SAP)来提供管理服务，它提供的服务包括配置新设备、创建新网络、路由发现、接收控制等。

2) 网络层设备

根据设备的通信能力，将ZigBee网络中的无线设备主要分为两种：全功能设备(FFD)和精简功能设备(RFD)。其中，FFD之间及FFD和RFD之间可以互相通信，RFD只能与FFD通信，而不能与其他RFD通信。RFD在网络结构中一般用作通信终端，负责将采集到的数据传输给它的网络协调器，而本身不具备数据转发、路由发现和路由维护等功能，它传输的数据量较少，对传输资源和通信资源占用不多，需要的存储容量也小，因而成本比较低。FFD则需要功能较强的MCU，在网络结构中可以充当协调器和网络路由器，当然也可以充当终端节点。

在一个ZigBee网络中，至少有一个FFD充当整个网络的协调器，即PAN协调器，它具有强大的功能，是整个网络的主要控制者，它除了直接参与应用外，还负责建立新的网络、发送网络信标、管理网络中的节点、链路状态信息、分组转发及存储网络信息等。普通的FFD也可以充当协调点，但要受PAN协调器的控制。ZigBee中每个节点协调器最多可以连接255个节点，一个ZigBee网络最多可以容纳65 535个节点。

3) 网络层拓扑

ZigBee网络层拓扑有星状网、网状网和混合网三种结构，如图4-9所示。图4-9(a)是由一个PAN协调点和一个或多个终端节点组成的星状网，其中的PAN协调点负责发起建立和管理整个网络，必须是FFD，而其他节点分布在PAN协调点的覆盖范围内，直接与PAN协调点通信，一般为RFD。ZigBee网络中的任何FFD都有可能成为星状网络的中心，在网络拓扑形成过程中，由上层协议确定网络中的PAN协议点，其他所有设备只能与中心设备PAN协议点进行通信。

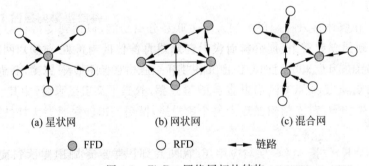

| (a) 星状网 | (b) 网状网 | (c) 混合网 |

● FFD　　○ RFD　　↔ 链路

图 4-9　ZigBee 网络层拓扑结构

图4-9(b)是由若干个FFD连接在一起形成的Mesh网，也称为对等网，网络中的每个节点都可以与它通信范围内的其他节点直接通信，不需要其他设备的转发。网状网在拓扑形成过程中，需要一个FFD节点发起建立网络的消息，发起消息的节点称为PAN协调点。Mesh网支持Ad Hoc网络，数据可以通过多跳的方式在网络中传输。Mesh网具有冗余路径，为数据包的传输提供多条路径，若网络中的某条路径出现故障时，数据包可以选择另外的路径进行传输，所以Mesh网具有自适应能力，是一种高可靠性网络。

图4-9(c)是由Mesh网和星状网混合而成的网络，可以通过FFD扩展而成，混合网中的主器件以对等方式连接，各子网则以星状网连接。网络中的数据以多级跳的方式进行传

输：终端节点采集的数据先传到同一子网中的 PAN 协调点，再通过网关节点传到上一层网络的 PAN 协调点，通过多级传输最后到达网络中心节点。

4. 应用层

应用层向终端用户提供接口，ZigBee 协议栈在应用层主要包含三个组件：第一个组件是 ZigBee 协议对象，负责定义每个设备的功能和角色；第二个组件是应用对象，每个应用对象对应了一个不同的应用层服务；第三个组件是应用支持子层，它通过把底层的服务和控制接口提供给整个应用层，把应用层以下的部分和应用层连接起来，是应用层的基本组件。这三个组件构成了应用层的服务框架，其中，应用支持子层为应用对象各种服务的实现提供服务和接口，在设备对象的管理下来完成。每个节点可以有很多应用对象和 ZigBee 设备对象，每个对象对应了设备或节点上的一个标号，或称终端号，这些终端号类似于 TCP 通信中的一个端口号。这样，每个应用对象就可以相对独立地运行而不互相干扰。

应用层通过提供绑定表的功能解决节点或设备功能不足的问题。由于节点存储空间有限，节点本身很难存储足够多的信息，若某个节点可能将多个服务的数据发给不同的节点，处理不同的对象，则可以通过绑定表功能将这些信息保存到一个功能相对强大的协调器上，节点先将要发送的信息传输到协调器，再由协调器把信息发送到目的节点。此外，应用层还提供了安全功能，保护连接的建立和密钥的传输。

4.1.3　ZigBee 网络系统

1. ZigBee 网络系统的构建

图 4-10 是一个星状的 ZigBee 网络系统，在该系统中，由 ZigBee 协调点创建 ZigBee 网络，ZigBee 终端节点查找并加入空中存在的 ZigBee 网络。加入到 ZigBee 网络的终端节点将自己的物理地址发给 ZigBee 协调点，协调点把收到的节点的物理地址信息通过串口发送给与之相连的计算机，计算机保存收到的物理地址。计算机通过串口发送相应节点的物理地址和指令给协调器，协调器将信息发给相应的节点从而获取某个终端节点的数据。

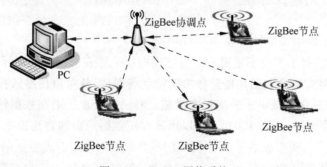

图 4-10　ZigBee 网络系统

2. ZigBee 网络的特点

ZigBee 网络具有低速率、低功耗、低价格等特点，其无线设备工作在公共频道，在

2.4GHz 时传输速率为 250kb/s,在 915MHz 时传输速率为 40kb/s,ZigBee 的传输距离为 10～75m。Zigbee 网络的特点主要体现在以下几方面。

1) 低功耗

ZigBee 设备的发射输出为 0～3.6dBm,是低功耗设备,具有能量检测和链路质量指示能力,根据检测结果,设备可以自动调整发射功率,而且采用了休眠机制,ZigBee 终端仅需要两节普通的五号电池就可以工作 6 个月到两年。

2) 低成本

ZigBee 协议简单,所需的存储空间小,对通信控制器的要求较低,按预测分析,以 8051 的 8 位微控制器预测,FFD 需要 32KB 代码,而 RFD 只需要 4KB 代码,ZigBee 协议不需要专利费,这些都大大地降低了 ZigBee 设备的成本。

3) 低速率

ZigBee 的工作速率为 20～250kb/s,提供 250kb/s(2.4GHz)、40kb/s(915MHz)和 20kb/s(868MHz)的原始数据吞吐量,满足低速率传输数据的应用需求。

4) 短时延

ZigBee 的响应速度较快,设备搜索时延为 30ms,从睡眠转入工作状态只需要 15ms,活动设备信道接入时延为 15ms。这样的短时延一方面节省了能量消耗,另一方面使得 ZigBee 对时延敏感场合非常适宜。

5) 近距离

ZigBee 节点的传输距离为 10～75m,在不增加 RF 发射功率的情况下,可以有效地覆盖普通的家庭和办公场所。

6) 高可靠性

由于 ZigBee 采用了碰撞避免机制,同时为需要固定带宽的通信业务预留了专用时隙,从而避免了发送数据时的竞争和冲突,MAC 层采用完全确认的数据传输机制,每个发送的数据包都必须等待接收方的确认信息,保证了节点之间传输信息的高可靠性。

7) 大容量

一个 ZigBee 的网络最多可以包括 255 个节点,其中一个是主设备,其余是从设备,若通过网络协调器,采用星状、网状和混合型等拓扑结构,整个网络最多可以支持超过 64 000 个节点。

8) 高安全性

ZigBee 提供了数据完整性检验和鉴权功能,在数据传输中提供了三级安全性,第一级实际是无安全方式,对于安全不重要或上层已经提供足够安全保护的某种应用,器件可以选择第一级安全级别来传输数据;对于第二级安全级别,器件可以用接入控制清单来防止非法器件获取数据,在这一级中不采用加密措施;第三级安全级别在数据转移中采用属于高级加密标准的对称密码(AES-128),这可以用来保护数据净荷和防止攻击者冒充合法器件,以保障安全性。

9) 免执照频段

ZigBee 采用直接扩频在工业科学医疗(ISM)频段,分为 2.4GHz(全球)、915MHz(美国)和 868MHz(欧洲)频段,均为免执照频段。

4.1.4　ZigBee 技术的应用

随着 ZigBee 规范的进一步完善,基于 ZigBee 技术的产品越来越多地应用到短距离的无线网络中,这些无线网络应用包括工业领域、农业领域、医学领域、智能家居、智能交通等方面。比较典型的应用领域如下。

1. 工业领域

利用传感器和 ZigBee 网络收集各种信息,并将信息传输到系统中进行分析处理和挖掘,为掌握整个工厂的信息提供有力支撑,也为决策系统提供了决策的依据。例如,危险化学成分的检测、火警的感知与预警、高速旋转机器的检测、照明系统的感测、生产机台的流程控制等,都可以通过 ZigBee 网络提供相关信息,以达到工业与环境控制的目的。韩国研发的基于 ZigBee 技术的自动抄表系统可以自动读取电表、水表和天然气表的值,从而为企业减少人力和财力的开支。

2. 农业领域

ZigBee 技术的发展使得智慧农业和精细农业成为一种趋势,采用传感器节点可以感知土壤湿度、氮浓度、PH 值、温度、空气湿度和气压等信息,也可以监测农作物生长情况,通过 ZigBee 网络收集、传输并分析这些信息,使得农技人员能及时准确地发现和解决问题,为农作物产量的提高提供了帮助。

3. 医学领域

借助基于 ZigBee 技术的传感器网络,可以准确而实时地监测病人的血压、体温、脉搏和心跳,也可以追踪药品的存放分发和使用等,为医生对病人的诊断和护理提供帮助。

4. 智能家居

ZigBee 模块可以安装在家里的各类电器、遥控器、儿童玩具、厨房器械、水表、电表、天然气表和管道及点灯开关等家居设备上,从而可以智能地调节房间的照明、温度和窗帘的开关,也可以用于火灾检测与报警及门禁安防系统。ZigBee 网络可以通过终端设备收集家庭各类信息,传送到中央控制设备,使得家居生活自动化、网络化和智能化。

5. 智能交通

将传感器节点安装在城市交通工具上,通过 ZigBee 网络可以实现对城市交通工具的控制与管理。例如,可以根据城市公交车辆的实时状态合理对公交车进行调度,在公交车站通过电子显示器向候车者提供车辆的实时运行信息,方便人们出行。

4.1.5　蓝牙技术

1. 蓝牙技术简介

蓝牙(Bluetooth)系统是 1994 年爱立信公司推出的支持短距离通信的无线电技术,工作在全球通用的 2.4GHz ISM（工业、科学、医学）频段，其标准是 IEEE 802.15.1，数据率为720kb/s，通信范围在 10m 左右。使用蓝牙技术可以在移动电话、PDA、无线耳机、便携式计算机及相关外设等众多设备之间进行无线通信，并能有效地简化移动通信终端之间的通信，也能简化设备与互联网之间的通信，使得数据传输更加迅速高效。

蓝牙技术联盟 Bluetooth SIG（Bluetooth Special Interest Group）是一家贸易协会，由电信、计算机、汽车制造、工业自动化和网络行业的领先厂商组成。该小组致力于推动蓝牙无线技术的发展，为短距离连接移动设备制定低成本的无线规范，并将其推向市场。图 4-11 为蓝牙标志。

图 4-11 蓝牙标志

蓝牙系统自 1994 年推出起到 2010 年止共有 6 个版本，分别是 V1.1、V1.2、V2.0、V2.1、V3.0 和 V4.0。若以通信距离来分，又可以从这些版本中分出 ClassA 和 ClassB 两个版本。其中，ClassA 是用在大功率/远距离的蓝牙产品上，但因成本高和耗电量大，不适合作个人通信产品之用（手机/蓝牙耳机/蓝牙 Dongle 等），故多用在部分商业特殊用途上，通信距离在 80～100m。ClassB 是最流行的制式，通信距离在 8～30m，视产品的设计而定，多用于手机内/蓝牙耳机/蓝牙 Dongle 的个人通信产品上，耗电量和体积较小，方便携带。

V1.1 为最早期版本，传输率为 748～810kb/s，因是早期设计，容易受到同频率产品干扰影响通信质量。V1.2 同样是只有 748～810kb/s 的传输率，但加上了（改善 Software）抗干扰跳频功能。无论 V1.1/1.2 版本的蓝牙产品，本身基本可以支持 Stereo 音效的传输要求，但只能够以"单工"方式工作，加上音带频率响应不太足够，并不算是最好的 Stereo 传输工具。

V2.0 是 V1.2 的改良提升版，传输率为 1.8Mb/s～2.1Mb/s，可以有"双工"的工作方式。即一面作语音通信，同时也可以传输档案/高质量图片。2.0 版本当然也支持 Stereo 运作。

蓝牙技术联盟 Bluetooth SIG 于 2009 年 4 月 21 日正式颁布了新一代标准规范"Bluetooth Core Specification Version 3.0 High Speed"，蓝牙 V3.0 的核心是"Generic Alternate MAC/PHY"（AMP），这是一种全新的交替射频技术，允许蓝牙协议栈针对任一任务动态地选择正确射频。作为新规范版本，V3.0 通过集成"802.11 PAL"（协议适应层），其数据传输率提高到了大约 24Mb/s，是蓝牙 2.0 的 8 倍，可以轻松用于录像机至高清电视、PC 至 PMP、UMPC 至打印机之间的资料传输。通过蓝牙 V3.0 高速传送大量数据会消耗更多能量，但由于引入了增强电源控制（EPC）机制，再辅以 802.11，实际空闲功耗会明显降低，蓝牙设备的待机耗电问题有望得到初步解决。此外，新的规范还具备通用测试方法（GTM）和单向广播无连接数据（UCD）两项技术，并且包括一组 HCI 指令以获取密钥长度。

2010 年 7 月 7 日，蓝牙技术联盟宣布正式采用以低能耗技术为代表优势的蓝牙核心规格 V4.0。蓝牙 4.0 包括三个子规范，即传统蓝牙技术、高速蓝牙和新的蓝牙低功耗技术。其改进之处主要体现在电池持续时间、节能和设备种类三个方面。V4.0 拥有低成本、跨厂商互操作性、3ms 低延迟、100m 以上超长距离、AES-128 加密等诸多特色，此外，其有效传输距离也有所提升。3.0 版本的蓝牙的有效传输距离为 10m,而蓝牙 4.0 的有效传输距离可达到 100m。蓝牙 V4.0 实际是一个三位一体的蓝牙技术,它将三种规格合而为一,分别是传统蓝牙、低功耗蓝牙和高速蓝牙技术,这三个规格可以组合或者单独使用。

2. 蓝牙协议体系结构

蓝牙技术标准为 IEEE 802.15,通信协议采用分层体系结构,根据通信协议,各种蓝牙设备可以通过人工或自动查询发现其他蓝牙设备,从而构成微微网或扩大网。蓝牙协议栈的体系结构可以分为底层协议、中间协议和高端应用协议三部分,如图 4-12 所示。

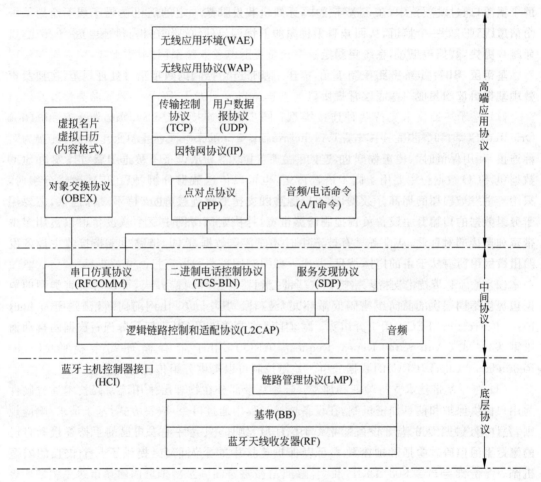

图 4-12　蓝牙协议体系结构

1) 底层协议

蓝牙底层模块是蓝牙技术的核心模块,所有嵌入蓝牙技术的设备都必须包括底层模块,底层模块主要由蓝牙天线收发器射频(Radio Frequency,RF)、基带(Base Band,BB)、链路管理层(Link Manager Protocol,LMP)和蓝牙主机控制器接口(Host Controller Interface,HCI)组成,底层协议包括无线层协议、基带协议和链路管理层协议,这些协议由相应的蓝牙模块实现。

天线收发器 RF:蓝牙天线收发器采用射频技术,属于微带天线,以无线 LAN 的 IEEE

802.11 标准技术为基础,其功能是无线连接层通过 2.4GHz 无须申请的 ISM 频段实现数据流的过滤和传输。它主要定义了对工作在此频段的蓝牙接收机应该满足的要求。蓝牙空中接口建立在天线电平为 0dB 的基础上,遵循美国联邦通信委员会有关电平为 0dB 的 ISM 频段的标准。如果全球电平达到 100mW 以上,可以使用扩频技术来增加一些补充业务。通过起始频率为 2.420GHz,终止频率为 2.480GHz,间隔为 1MHz 的 79 个跳频频点实现频谱扩展功能。

蓝牙技术通过把频段分成若干个跳频信道,并采用快速确认的方式来确保链路的稳定。蓝牙无线天线工作在 2.4GHz ISM 免费开放频段,使用其中某个频段可能会遇到不可预测的干扰源,通过跳频技术,在一次连接中,无线电收发器按一定的随机伪码序列不断地从一个信道跳到另外一个信道,从而减少干扰源的干扰。与其他工作在相同频段的系统相比,蓝牙跳频更快,数据包更短,系统更稳定。

基带层(BB):也称链路控制单元,描述了基带链路控制的数字信号处理规范,主要负责处理基带协议和其他一些底层常规协议。

(1) 蓝牙基带技术支持两种连接类型:同步面向连接链路(Synchronous Connection Oriented,SCO)和异步无连接链路(Asynchronous Connection Less,ACL)。SCO 连接为对称连接,利用保留时隙传送数据包,连接建立后,主设备和从设备不被选中就可以发送 SCO 数据包,SCO 数据包主要用于同步语音传送,也可以传送数据分组,但在传输数据分组时,只用于重发被损坏的那部分数据。ACL 链路既支持对称连接,也支持不对称连接,主要用于分组数据的传输。主设备负责控制链路带宽,并决定微微网中每个从设备可以占用多少带宽和连接的对称性,从设备只有被选中时才能传送数据,ACL 链路也支持接收主设备发给微微网中所有从设备的广播消息。

(2) 蓝牙基带技术支持差错控制:基带控制器有三种纠错方式,可以对所有类型的数据包提供不同层次的前向纠错码或循环冗余检验。其中,1/3 比例前向纠错码(Frequency Error Correction,FEC),用于分组头;2/3 比例前向纠错码,用于部分分组;数据的自动请求重发方式(Automatic Repeat-Request,ARQ),用于带有循环冗余检验(Cyclic Redundancy Check,CRC)的数据分组。差错控制可以提供分组传输的可靠性。

(3) 蓝牙基带技术支持验证和加密:蓝牙基带部分在物理层采用流密码技术通过硬件为用户提供保护和信息加密机制,在设备连接过程中通过口令/应答方式,基于请求/响应规则,允许用户为个人的蓝牙设备建立一个信任域,例如,只允许主人自己的手持终端和自己的笔记本通信等。验证和加密技术可以保护连接中的个人信息,提供了一个较强的安全机制。

链路管理层 LMP:负责两个或多个设备链路的建立和拆除及链路的安全和控制,如鉴权和加密,控制和协商基带包的大小等。链路管理器能够发现其他蓝牙设备的链路管理器,并通过链路管理协议建立连接通信,链路管理器提供的服务项目包括:发送和接收数据、设备号请求、链路地址查询、建立连接、验证、协商并建立连接方式、确定分组类型、设置保持方式及休眠方式。它为上层软件模块提供了不同的访问入口。

蓝牙主机控制器接口 HCI:是蓝牙协议中软硬件之间的接口,由基带控制器、连接控制器、控制和事件寄存器等组成。它提供了一个调用下层 BB、LM 状态和控制寄存器等硬件的统一命令,上下两个模块接口之间的消息和数据的传递必须通过 HCI 的解释才能进行。

2）中间协议层

中间协议层建立在主机控制接口 HCI 之上，它为高层应用协议在蓝牙逻辑链路上工作提供服务，为应用层提供各种不同的标准接口。中间协议层包括逻辑链路控制和适应协议（Logical Link Control and Adaptation Protocol，L2CAP）、服务发现协议（Service Discovery Protocol，SDP）、串口仿真协议（Radio Frequency Communications Protocol，RFCOMM）和二进制电话控制协议 TCS-BIN（Telephony Control Protocol，TCS）。

逻辑链路控制和适应协议 L2CAP：它是基带的上层协议，当业务数据不经过 LMP 时，L2CAP 为上层提供服务，完成数据的拆装、服务质量和协议复用等功能，它允许高层协议和应用接收或发送长达 64 000B 的 L2CAP 数据包，是其他上层协议实现的基础。L2CAP 只支持基带面向无连接的异步传输，不支持面向连接的同步传输。L2CAP 采用了多路技术、分割和重组技术、组提取技术，主要提供协议复用、分段和重组、认证服务质量、组管理等功能。

服务发现协议 SDP：是所有应用模型的基础，为上层应用程序提供一种机制来查询网络中可用的服务及其特性，并在查询后建立两个或多个蓝牙设备间的连接。任何一个蓝牙应用模型的实现都是利用某些服务的结果，在蓝牙无线通信系统中，建立在蓝牙链路上的任何两个或多个设备随时都有可能开始通信，仅静态设置是不够的。蓝牙服务发现协议就确定了这些业务位置的动态方式，可以动态地查询到设备信息和服务类型，从而建立起一条对应所需要服务的通信信道。SDP 支持三种查询方式：按业务类别查询、按业务属性查询和业务浏览。

二进制电话控制协议 TCS-BIN：包括电话控制规范二进制协议 TCS-BIN 和一套电话控制命令 AT-commands，其中，TCS-BIN 定义了在蓝牙设备间建立语音和数据呼叫所需的呼叫控制信令；AT-commands 则是一套可在多使用模式下用于控制移动电话和调制解调器的命令。TCS 层不仅支持电话功能（包括呼叫控制和分组管理），同样可以用来建立数据呼叫，呼叫的内容在 L2CAP 上以标准数据包形式运载。

串口仿真协议 RFCOMM：串口仿真协议在蓝牙协议栈中位于 L2CAP 协议层和应用层协议层之间，基于 ETSI 标准 TS0710，在 L2CAP 协议层之上实现了仿真 9 针 RS232 串口的功能，可实现设备间的串行通信，从而对现有使用串行线接口的应用提供了支持。

音频协议：可以在一个或多个蓝牙设备之间传递音频数据，该接口与基带直接相连，是通过在基带上直接传输 SCO 分组实现的，目前蓝牙 SIG 并没有以规范的形式给出此部分。虽然严格意义上来讲它并不是蓝牙协议规范的一部分，但也可以视为蓝牙协议体系中的一个直接面向应用的层次。

3）高端应用协议

高端应用协议由选用协议层组成，选用协议包括点对点协议（Point to Point Protocol，PPP），因特网协议（Internet Protocol，IP），传输控制协议（Transmission Control Protocol，TCP），用户数据包协议（User Datagram Protocol，UDP），无线应用协议（Wireless Application Protocol，WAP），无线应用环境（Wireless Application Environment，WAE），对象交换协议（Object Exchange Protocol，OBEX）等。

点对点协议 PPP：由封装、链路控制协议和网络控制协议组成，定义了串行点到点链路应当如何传输数据，主要用于 LAN 接入、拨号网络及传真等应用规范。

因特网协议 IP：是网络层的协议，为互联网主机提供无连接的通信服务，是计算机网络相互连接进行通信的协议。在因特网中，它是能使连接到网上的所有计算机网络实现相互通信的一套规约，规定了计算机在因特网上进行通信时应当遵守的规则。

传输控制协议 TCP：是运输层协议，它面向连接，提供可靠传输，为点到点之间提供一条全双工的逻辑信道，只支持一对一通信，不提供广播或多播服务，可以提供流量控制和拥塞控制。

用户数据包协议 UDP：跟 TCP 一样，也是运输层协议，它不面向连接，不提供可靠传输，支持一对一、一对多、多对一、多对多通信，不提供流量控制和拥塞控制。

无线应用协议 WAP：其目的是要在数字蜂窝电话和其他小型无线设备上实现因特网业务，它支持移动电话浏览网页、收取电子邮件和其他基于因特网的协议。

无线应用环境 WAE：它提供用于 WAP 电话和个人数字助理 PDA 所需的各种应用软件。

对象交换协议 OBEX：它支持设备间的数据交换，采用客户/服务器模式提供与超文本传输协议 HTTP 相同的基本功能，该协议作为一个开放标准还定义了可用于交换的电子商务卡、个人日程表、消息和便条格式。

3. 蓝牙工作原理

蓝牙技术的实质内容就是为固定设备或移动设备之间的通信环境建立通用的无线电空中接口，将通信技术与计算机技术进一步结合起来，使各种设备在无线连接的情况下可以近距离地互相通信，实现数据共享。例如，蓝牙技术可以支持移动电话、PDA、无线耳机、笔记本、相关外设等众多设备之间进行无线信息交换。

蓝牙的基本原理是蓝牙设备依靠专用的蓝牙芯片使设备在短距离范围内发送无线信号来寻找另外一个蓝牙设备，一旦找到，互相之间便开始通信，交换数据。

蓝牙核心系统包括射频收发器、基带及协议堆栈，该系统可以提供设备连接服务，并支持在这些设备之间交换各类数据。蓝牙采用分散式网络结构以及快跳频和短包技术，支持点对点及点对多点通信，工作在全球通用的 2.4GHz ISM（即工业、科学、医学）频段。其数据速率为 1Mb/s。采用时分双工传输方案实现全双工传输。

蓝牙使用 TDM 方式和扩频跳频 FHSS 技术组成不用基站的皮可网，也叫微微网，表示这种无线网络的覆盖面积非常小。每一个皮可网有一个主设备（Master）和最多 7 个工作的从设备（Slave）。通过共享主设备或从设备，可以把多个皮可网链接起来，形成一个范围更大的扩散网。图 4-13 是皮可网，图 4-14 为扩散网。

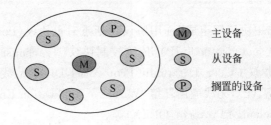

Ⓜ	主设备
Ⓢ	从设备
Ⓟ	搁置的设备

图 4-13　皮可网

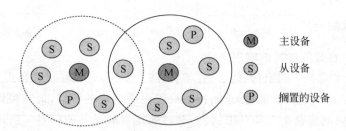

图 4-14　扩散网

　　皮可网内设备的主从关系是在蓝牙链路的建立过程中确定的,链路建立的发起者定义为主设备(一个皮可网只有一个主设备),其他响应者为从设备(一个皮可网最多可以有 7 个从设备),皮可网内跳频时钟的同步由主设备决定,从设备在主设备向其发送查询信息后才能向主设备发送数据,从设备互相之间不能直接通信,只能跟主设备通信。扩散网是由多个独立的非同步的皮可网通过共享主设备或从设备而组成的,图 4-14 就是两个皮可网通过共享从设备而形成的扩散网,它靠调频顺序识别每个皮可网,同一个皮可网所有用户都与这个调频顺序同步。一个分布式网络中,在带有 10 全负载的独立的皮可网的情况下,全双工数据率超过 6Mb/s。皮可网中除了主设备和从设备外,还有类设备是不工作的,这类设备称为搁置的设备,如图 4-13 和图 4-14 中标有 P 的小圆圈表示的就是搁置的设备,一个皮可网最多可以有 255 个搁置的设备。

4. 蓝牙的技术特点

1) 全球可用

蓝牙技术在 2.4 GHz 波段运行,该波段是一种无须申请许可证的工业、科技、医学(ISM)无线电波段,蓝牙技术使用者除了必须向手机提供商注册使用 GSM 或 CDMA,负担设备费用外,不需要为使用蓝牙技术再支付任何费用。蓝牙无线技术规格供全球的成员公司免费使用,许多行业的制造商都积极地在其产品中实施此技术,以减少使用零乱的电线,实现无缝连接、流传输立体声,传输数据或进行语音通信。

2) 应用范围广

使用蓝牙技术的用户从消费者、工业市场到企业。集成该技术的产品从手机、汽车到医疗设备。低功耗,小体积以及低成本的芯片解决方案使得蓝牙技术甚至可以应用于极微小的设备中,可以说蓝牙技术得到了空前广泛的应用。

3) 易于使用

蓝牙技术不要求固定的基础设施,易于安装和设置,是一项即时技术。新用户使用也不费力,只需拥有蓝牙品牌产品,检查可用的配置文件,将其连接至使用同一配置文件的另一蓝牙设备即可。后续的 PIN 码流程就如同在 ATM 机器上操作一样简单。外出时,可以随身带上自己的个人局域网(PAN),甚至可以与其他网络连接。

4) 全球通用的规格

自 1999 年发布蓝牙规格以来,总共有超过 4000 家公司成为蓝牙特别兴趣小组(SIG)的成员,可以说蓝牙无线技术是当今市场上支持范围最广泛,功能最丰富且安全的无线标准。全球范围内的资格认证程序可以测试成员的产品是否符合标准。

5. 蓝牙技术的应用

1) 蓝牙技术在智能家居的应用

通过蓝牙技术将家中的鼠标、键盘、打印机、膝上型计算机、耳机和扬声器等在PC环境中构成皮可网,从而实现无线通信,这不但解决了电缆缠绕的苦恼,而且可以通过在移动设备和家用PC之间同步联系人和日历信息,随时随地存取最新的信息。通过蓝牙技术也可以用一部手机或汽车钥匙将家中所有家电的遥控器搞定,另外,随身携带的PDA通过蓝牙技术与家庭设备自动通信,可以为你自动打开门锁,开灯,并将室内的空调或暖气调到预定的温度。

蓝牙设备不仅可以使居家办公更加轻松,还能使家庭娱乐更加便利:用户可以在30英尺以内无线控制存储在PC或Apple iPod上的音频文件。蓝牙技术还可以用在适配器中,允许人们从相机、手机、膝上型计算机向电视发送照片以与朋友共享。

蓝牙技术在智能家居的应用为物联网在智能家居的应用打下了很好的基础。

2) 蓝牙技术在智能办公的应用

在办公室使用蓝牙技术,可以将计算机、键盘、鼠标和PDA无线连接,解决办公室电线、网线杂乱无序的问题,PDA可与计算机同步以共享日历和联系人列表,外围设备可直接与计算机通信,员工可通过蓝牙耳机在整个办公室内行走时接听电话,所有这些都无须电线连接。蓝牙技术的用途不仅限于解决办公室环境的杂乱情况。启用蓝牙设备能够创建自己的即时网络,让用户能够共享演示稿或其他文件,不受兼容性或电子邮件访问的限制。利用蓝牙设备能方便地召开小组会议,通过无线网络与其他办公室进行对话,并将干擦白板上的构思传送到计算机。

市场上有许多产品都支持通过蓝牙连接从一个设备向另一个设备无线传输文件。类似eBeam Projection之类的产品支持以无线方式将会议记录保存在计算机上,而其他一些设备则支持多方参与献计献策,这些都可以帮助用户轻松开展会议、提高效率并增进创造性协作。

3) 蓝牙技术在智能车载的应用

许多汽车的车载多媒体信息系统都支持蓝牙接入功能,比如凯迪拉克XTS豪华轿车上所搭载的CUE移动互联体验系统的蓝牙接入功能,最多可支持10组蓝牙配对,包括智能手机、平板电脑和多媒体播放器等。车主可以通过蓝牙配对,将这些便携设备中的信息与CUE系统实现共享。比如,可以读取手机中的通讯录,通过CUE系统的人声识别功能直接进行语音拨叫;可以读取手机或多媒体播放器中的音乐文件,通过CUE系统在车内音响中播放,并在CUE系统的显示屏上显示曲目名、歌词和专辑封面图像等。图4-15为凯迪拉克XTS的CUE系统,可支持10组蓝牙配对。

4) 蓝牙技术在智能停车场的应用

智能停车场可以利用蓝牙技术完成远距离(现有技术在3~15m范围内)非接触性刷

图4-15 凯迪拉克XTS的CUE系统

卡的停车场管理系统。蓝牙远距离停车场管理系统,是对于车辆便捷管理最理想的工具,具有省时省力节能、收费、计时准确可靠、保密防伪性好、灵敏度高、使用寿命长、用户不停车刷卡进出门、功能强大等优点。

司机把蓝牙卡放在车挡风玻璃边,调好角度,车辆距离蓝牙读头 3～30m 内,激活蓝牙读卡器,读写器读取该卡的特征和有关信息,若有效,给停车场控制器传达指令,停车场控制器给道闸开关量信号,道闸升起,车辆感应器检测到车辆通过后,栏杆自动落下;若卡片无效或已过有效期,则道闸不起杆。当车辆在感应线圈下时,自动道闸杆永不落下。

5）蓝牙技术在娱乐方面的应用

使用内置了蓝牙技术的游戏设备,游戏玩家利用蓝牙技术可以在任何地方轻松地与朋友展开游戏竞技而不会受到电线或网线的制约,玩家能够轻松地发现对方,甚至可以匿名查找,然后开始令人愉快的游戏。

蓝牙无线技术可以使用无线耳机很方便地享受 MP3 播放器的音乐,无论使用者是在跑步机上,还是在驾驶汽车或是在公园游玩。发送照片到打印机或朋友的手机也非常简单。很多商店提供打印站服务,让消费者能够通过蓝牙连接打印拍照手机上的照片。

娱乐不再局限于设备的线长范围内。不管是骑自行车、徒步旅行、滑雪还是旅行,蓝牙技术都扩大了业余活动的活动范围,带来真正的无线体验。

4.1.6　超宽带技术

超宽带(Ultra Wide Band,UWB)技术是一种无载波通信技术,利用纳秒至微微秒级的非正弦波窄脉冲传输数据。有人称它为无线电领域的一次革命性进展,认为它将成为未来短距离无线通信的主流技术。它可以作为物联网的基础通信技术之一,实现不同设备之间的互相通信。

1. 超宽带 UWB 技术简介

超宽带 UWB 数据传输技术,又称脉冲无线电(Impulse Radio,IR)技术,出现于 1960年,当时主要研究受时域脉冲响应控制的微波网络的瞬态动作。通过 Harmuth、Ross 和Robbins 等先行公司的研究,UWB 技术在 20 世纪 70 年代获得了重要的发展,其中多数集中在雷达系统应用中,包括探地雷达系统。到 20 世纪 80 年代后期,该技术开始被称为"无载波"无线电,或脉冲无线电。美国国防部在 1989 年首次使用了"超带宽"这一术语。为了研究 UWB 在民用领域使用的可行性,自 1998 年起,美国联邦通信委员会(FCC)对超宽带无线设备对原有窄带无线通信系统的干扰及其相互共容的问题开始广泛征求业界意见,在有美国军方和航空界等众多不同意见的情况下,FCC 仍开放了 UWB 技术在短距离无线通信领域的应用许可。2002 年,FCC 发布了 UWB 无线设备的初步规定,对 UWB 进行了定义,正式将 3.1～10.6GHz 频带作为室内通信用途的 UWB 开放,这标志着 UWB 开始用于民用无线通信。在随后几年,一些国家和地区如日本、新加坡和欧盟等的无线电管理部门颁布了类似的法令,这充分说明此项技术所具有的广阔应用前景和巨大的市场诱惑力。

UWB 是一种无载波扩谱通信技术,具体定义为相对带宽(信号带宽与中心频率的比)大于 25% 的信号或是带宽超过 1.5GHz 的信号。实际上,UWB 信号是一种持续时间极短、带宽很宽的短时脉冲,也就是说 UWB 不使用载波而是使用脉冲信号进行信息传输。所谓脉冲,就是指产生和消失时间极其短暂的瞬间电流。而 UWB 方面,其产生和消失时间仅为数百微秒至数纳秒以下。1ms 是 1/1000s,1μs 是 1/1000ms,1ns 相当于 1/100μs。由于在 1ns 的时间里光也只能传播约 30cm 的距离,可见这种脉冲非常短。

UWB 中使用的超短基带脉冲宽度一般为 0.1~20ns,脉冲间隔为 2~5000ns,精度可控,频谱为 50MHz~10GHz,频带大于 100%中心频率,典型点空比 0.1%。

2. UWB 基本原理

UWB 最基本的工作原理是发送和接收脉冲间隔严格受控的高斯单周期超短时脉冲(采用纳秒至微微秒级的非正弦波窄脉冲传输数据),一个信息比特可映射为数百个这样的脉冲,超短时单周期脉冲决定了信号的带宽很宽,通过对具有很陡上升和下降时间的冲击脉冲进行直接调制。脉冲采用脉位调制(Pulse Position Modulation,PPM)或二进制移相键控(Binary Phase Shift Keying,BPSK)调制。接收机直接用一级前端交叉相关器就把脉冲序列转换成基带信号,省去了传统通信设备中的中频级,极大地降低了设备复杂性。

UWB 系统采用相关接收技术,关键部件称为相关器(Correlator)。相关器用准备好的模板波形乘以接收到的射频信号,再积分就得到一个直流输出电压。相乘和积分只发生在脉冲持续时间内,间歇期则没有。处理过程一般在不到 1ns 的时间内完成。相关器实质上是改进了的延迟探测器,模板波形匹配时,相关器的输出结果量度了接收到的单周期脉冲和模板波形的相对时间位置差。

UWB 开发了一个新无线信道,它具有 GHz 级容量和最高空间容量。基于 CDMA 的 UWB 脉冲无线收发机在发送端时钟发生器产生一定重复周期的脉冲序列,用户要传输的信息和表示该用户地址的伪随机码分别或合成后对上述周期脉冲序列进行一定方式的调制,调制后的脉冲序列驱动脉冲产生电路,形成一定脉冲形状和规律的脉冲序列,然后放大到所需功率,再耦合到 UWB 天线发射出去。在接收端,UWB 天线接收的信号经低噪声放大器放大后,送到相关器的一个输入端,相关器的另外一个输入端加入一个本地产生的与发送端同步的经用户伪随机码调制的脉冲序列,接收端信号和本地同步的伪随机码调制的脉冲序列一起经过相关器中的相乘、积分和取样保持运算,产生一个对用户地址信息经过分离的信号,其中仅含用户传输信息以及其他干扰,然后对该信号进行解调运算。

3. UWB 无线通信系统的关键技术

UWB 无线通信系统的关键技术包括脉冲信号的产生、信号的调制和信号的接收等。

1)脉冲信号的产生

UWB 技术中如何产生脉冲宽度为纳秒(ns)级的信号很重要,是使用 UWB 技术的前提条件。激励信号的波形为具有陡峭前沿的单个短脉冲和激励信号从直流到微波波段是单个无载波窄脉冲信号的两个突出的特点,目前产生脉冲源的方法有两类:一是利用光导开关导通瞬间的陡峭上升沿获得脉冲信号的光电方法;二是对半导体 PN 结反向加电,使其达到雪崩状态,并在导通的瞬间取陡峭的上升沿作为脉冲信号的电子方法。

2)信号的调制

调制方式是指信号以何种方式承载信息,它不但决定着通信系统的有效性和可靠性,同时也影响信号的频谱结构、接收机复杂度。适用于 UWB 的主要脉冲调制技术有：脉位调制(PPM)，脉幅调制(PAM)和波形调制(PWSK)。

（1）脉位调制。

脉位调制(PPM)是一种利用脉冲位置承载数据信息的调制方式。在脉位调制方式中，一个脉冲重复周期内脉冲可能出现的位置为两个或 M 个，脉冲位置与符号状态一一对应。按照采用的离散数据符号状态数可以分为二进制 PPM(2PPM)和多进制 PPM(MPPM)。根据相邻脉位之间距离与脉冲宽度之间关系，又可分为重叠的 PPM 和正交 PPM(OPPM)。在部分重叠的 PPM 中，为保证系统传输可靠性，通常选择相邻脉位互为脉冲自相关函数的负峰值点，从而使相邻符号的欧氏距离最大化。在 OPPM 中，通常以脉冲宽度为间隔确定脉位，接收机利用相关器在相应位置进行相关检测。实际应用中，由于 UWB 系统的复杂度和功率限制，常采用 2PPM 或 2OPPM 调制。

（2）脉幅调制。

脉幅调制(PAM)是数字通信系统最为常用的调制方式之一。UWB 系统常用的 PAM 有开关键控(OOK)和二进制相移键控(BPSK)两种方式，其中，开关键控可以采用非相干检测降低接收机复杂度，二进制相移键控采用相干检测可以更好地保证传输的可靠性。

（3）波形调制。

波形调制(PWSK)是结合 Hermite 脉冲等多正交波形提出的调制方式，在这种调制方式中，采用 M 个互相正交的等能量脉冲波形携带数据信息，每个脉冲波形与一个 M 进制数据符号对应。在接收端，利用 M 个并行的相关器进行信号接收，利用最大似然检测完成数据恢复。

3）信号的接收

相关检测和能量检测是目前对 UWB 信号接收的两种方式，由于 UWB 信号具有低功率谱的特点，因此目前主要采用相关检测方案。

相关接收机主要由接收天线、低噪声宽带放大器、滤波器、相关器(乘法器和积分器)、数字基带信号处理器、可编程延时线和标准时钟组成。超宽带天线接收的信号，经过低噪声宽带放大器放大，送到相关器的一个输入端，相关器的另一个输入端加入由可编程延时线产生的脉冲序列，经相乘、积分和取样、解调，得到产生图像所需要的波形数据。

4. UWB 技术的应用

UWB 技术多年来一直是美国军方使用的作战技术之一。UWB 具有巨大的数据传输速率优势，同时受发射功率的限制，在短距离范围内提供高速无线数据传输将是 UWB 的重要应用领域，如当前 WLAN 和 WPAN 的各种应用。此外，通过降低数据率提高应用范围，具有对信道衰落不敏感、发射信号功率谱密度低、安全性高、系统复杂度低、能提供数厘米的定位精度等优点，UWB 也适用于短距离数字化的音视频无线链接、短距离宽带高速无线接入等相关民用领域。总的说来，UWB 的用途很多，主要分为军用和民用两个方面。

1）军用方面

在军用方面主要用于如下领域，如 UWB 雷达、UWB L PI/ D 无线内通系统(预警机、舰船等)、战术手持和网络的 PL I/ D 电台、警戒雷达、UAV/UGV 数据链、探测地雷、检测地下埋藏的军事目标或以叶簇伪装的物体。

精确地理定位是 UWB 技术一个介于雷达和通信之间的重要应用,例如,使用 UWB 技术能够提供三维地理定位信息的设备。该系统由无线 UWB 塔标和无线 UWB 移动漫游器组成。其基本原理是通过无线 UWB 漫游器和无线 UWB 塔标间的包突发传送而完成航程时间测量,再经往返(或循环)时间的测量值的对比和分析,得到目标的精确定位。此系统使用的是 2.5ns 宽的 UWB 脉冲信号,其峰值功率为 4W,工作频带范围为 1.3~1.7GHz,相对带宽为 27%,符合 FCC 对 UWB 信号的定义。如果使用小型全向垂直极化天线或小型圆极化天线,其视距通信范围可超过 2km。在建筑物内部,由于墙壁和障碍物对信号的衰减作用,系统通信距离被限制在约 100m 以内。UWB 地理定位系统最初的开发和应用是在军事领域,其目的是战士在城市环境条件下能够以 0.3m 的分辨率来测定自身所在的位置,其主要商业用途之一为路旁信息服务系统。它能够提供突发且高达 100Mb/s 的信息服务,其信息内容包括路况信息、建筑物信息、天气预报和行驶建议,还可以用作紧急援助事件的通信。

2)民用方面

在民用方面,自从 2002 年 2 月 14 日 FCC 批准将 UWB 用于民用产品以来,UWB 的民用主要包括以下三个方面:地质勘探及可穿透障碍物的传感器,汽车防冲撞传感器等,家电设备及便携设备之间的无线数据通信。

UWB 技术可以很好地应用于家庭数字娱乐中心。人们可以使用 UWB 技术将各种家电产品比如 PC、DVD、DVR、数码相机、数码摄像机、HDTV、PDA、数字机顶盒、MD、MP3、智能家电等和 Internet 都连接在一起,这样就可以在任何地方使用它们。例如,人们储存的视频数据可以在 PC、DVD、TV、PDA 等设备上共享观看,可以自由地同 Internet 交互信息,可以遥控自己的 PC,让它控制人们的信息家电,让它们有条不紊地工作,也可以通过 Internet 联机,用无线手柄结合音像设备营造出逼真的虚拟游戏空间。

4.2 无线局域网

无线局域网络是相当便利的数据传输系统,它是利用射频技术实现数据传输的局域网络,用户利用简单的存取架构通过无线局域网可以达到"信息随身化、便利走天下"的理想境界。这就给许多需要发送数据但又不能坐在办公室的工作人员提供了方便。无线网络正在日渐普及,越来越多的办公室楼、机场和其他公共场合配备了无线局域网,针对无线局域网有一个标准,称为 IEEE 802.11,大多数无线数据传输系统都实现了该标准。

4.2.1 无线局域网的分类

无线局域网可分为两大类。第一类是基于 IEEE 802.11 协议的有固定基础设施的,这里的固定基础设施是指预先建立起来的、能够覆盖一定地理范围的一批固定基站。第二类是无固定基础设施的,这类网络又叫自组网络。

1. IEEE 802.11

1997 年,IEEE 制定出无线局域网的协议标准 802.11 系列标准,这是个相当复杂的标准,它使用星状拓扑,其中心叫作接入点(Access Point,AP),在 MAC 层使用 CSMA/CA 协议。基本服务集(Basic Service Set,BSS)是 802.11 标准规定的无线局域网的最小构件,一个基本服务集 BSS 包括一个基站和若干个移动站,所有的站在本 BSS 以内都可以直接通信,但在和本 BSS 以外的站通信时都必须通过本 BSS 的基站。

一个基本服务集可以是孤立的,也可通过接入点 AP 连接到一个分配系统(Distribution System,DS),然后再连接到另一个基本服务集,从而构成一个扩展服务集(Extended Service Set,ESS)。扩展服务集 ESS 对上层的表现就像一个基本服务集一样,可以通过叫作 Portal(门户)的设备为无线用户提供到 802.x 局域网的接入,也可以通过路由器到因特网。图 4-16 是 IEEE 802.11 的基本服务集 BSS 和扩展服务集 ESS。

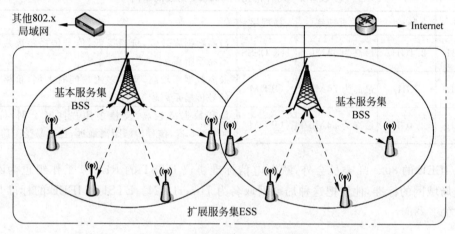

图 4-16　IEEE 802.11 的基本服务集 BSS 和扩展服务集 ESS

2. 移动自组网络

另一类无线局域网是无固定基础设施的无线局域网,它仅依靠移动站自身而不需要固定基站就能组成网络,也叫自组网络。这种自组网络是由一些处于平等状态的移动站之间互相通信组成的临时网络,没有上述基本服务集中的接入点 AP,移动站既可以接收和发送消息,也可以存储转发消息,也就是说,这些节点具有路由器的功能。图 4-17 示意由处于平等状态的节点构成的自组网络。

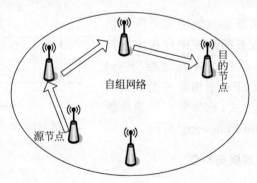

图 4-17　自组网络示意图

4.2.2　IEEE 802.11 局域网的物理层

根据物理层的不同工作频段、数据率和调制方法等,IEEE 802.11 无线局域网可以分为不同的类型,IEEE 802.11b 是目前最流行的无线局域网,另外两种产品 IEEE 802.11a 和 IEEE 802.11g 也广泛存在。以上三种标准都使用共同的媒体接入控制协议,都可以用于有固定基础设施的或者无固定基础设施的无线局域网。表 4-2 是这三种无线局域网的简单比较。

表 4-2　几种常用的 802.11 无线局域网

标准	频段	数据速率	物理层	优　缺　点
802.11b	2.4GHz	最高为 11Mb/s	HR-DSSS	最高数据率较低,价格最低,信号传播距离最远,且不易受阻碍
802.11a	5GHz	最高为 54Mb/s	OFDM	最高数据率较高,支持多用户同时上网,价格最高,信号传播距离较短,且易受阻碍
802.11g	2.4GHz	最高为 54Mb/s	OFDM	最高数据率较高,支持多用户同时上网,价格比 802.11b 贵,信号传播距离最远,且不易受阻碍

除 IEEE 的 802.11 委员会外,欧洲电信标准协议 ETST 的 RES10 工作组也为欧洲制定无线局域网的标准,他们把这种局域网取名为 HiperLAN。ETSI 和 IEEE 的标准是可以互操作的。

4.2.3　IEEE 802.11 局域网的 CSMA/CA 基本工作原理

1. 802.11 的层次模型结构

无线局域网以微波、激光与红外等无线载波作为传输介质,代替传统局域网中的铜轴电缆、双绞线与光纤,实现移动节点的物理层和数据链路层功能。802.11 的层次结构模型如图 4-18 所示。其中,物理层定义了红外、跳频扩频与直接序列扩频的数据传输标准;MAC 层的主要功能是对无线环境的访问控制,提供多个接入点的漫游支持,同时提供数据验证与保密服务。

MAC 层支持无争用服务与争用服务两种访问方式。其中,无争用服务的系统中存在中心控制节点,中心控制节点具有点协调功能(Point Coordination Function,PCF),争用服务类似于以太网随机争用访问控制方式,称为分布协调功能(Distributed Coordination Function,DCF)。

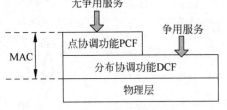

图 4-18　802.11 层次模型结构

2. 802.11 的 MAC 层服务类型

在争用服务中,有线局域网采用 CSMA/CD 冲突检测方法,无线局域网的碰撞检测部分不同于有线局域网,不能采用 802.3 标准中的 CSMA/CD 协议,这主要是因为在无线局域网的适配器上,接收信号的强度往往会远小于发送信号的强度,若要实现碰撞检测,那么在硬件上需要的花费就会过大;另外在无线局域网中,并非所有的站点都能听见对方,而"所有站点都能够听见对方"正是实现 CSMA/CD 协议必须具备的基础。所以,无线局域网的 MAC 层采用 CSMA/CA 冲突避免方法。

冲突避免(Collision Avoidance,CA)要求每个发送节点在发送帧之前先侦听信道,如果信道空闲,节点可以发送帧,发送节点在发送完一帧之后,必须再等待一个短的时间间隙,检查接收节点是否发回帧的确认(ACK)。如果接收到确认,则说明此次发送没有出现冲突,发送成功。如果在规定的时间内没有接收到确认,表明出现冲突,发送失败,重发该帧,直到规定的最大重发次数。其中,等待的时间间隙叫作帧间间隙(Inter Frame Space,IFS)。帧间间隙的长短取决于帧类型,高优先级帧的 IFS 短,因此可以优先获得发送权。图 4-19 给出了 802.11 节点发送数据帧的过程。

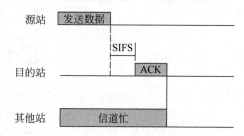

图 4-19　802.11 节点发送数据帧的过程

3. 帧间间隔的类型

常用的帧间间隔可以分为短帧间间隔、点协调功能帧间间隔与分布式协调功能帧间间隔。

(1) 短帧间间隔(Short IFS,SIFS):SIFS 是最短的帧间间隔,用来分割属于一次对话的各帧,如 ACK 帧。在这段时间内,一个站应当能够从发送方式切换到接收方式。它的值与物理层相关,例如,红外线(IR)的 SIFS 值为 $7\mu s$,直接序列扩频(DSSS)的 SIFS 值为 $10\mu s$,跳频扩频(FHSS)的 SIFS 值为 $28\mu s$。

(2) 点协调功能帧间间隔(Point IFS,PIFS):是为了在开始使用 PCF 方式时(在 PCF 方式下使用,没有争用)优先获得接入媒体中,PIFS 的长度等于 SIFS 值加一个时隙时间长度。时隙的长度是这样确定的:在一个基本服务集 BSS 内,当某个站在一个时隙开始时接入到信道时,那么在下一个时隙开始时,其他站就能检测出信道已转为忙态。

(3) 分布协调功能帧间间隙(Distributed IFS):是最长的 IFS,在 DCF 方式中用来发送数据帧和管理帧,DIFS 的长度比 PIFS 再多一个时隙长度。

4. CSMA/CA 冲突避免的基本工作原理

802.11 的物理层执行信道载波侦听功能,当确定信道空闲时,源站在等待 DIFS 时间之后,信道仍然空闲则发送一帧。发送结束后,源站点等待接收 ACK 帧,目的站在收到正确的数据帧的 SIFS 时间之后,向源站发送 ACK 帧,源站在规定时间内接收到 ACK 帧,说明没有发生冲突,该帧发送成功,图 4-20 为 CSMA/CA 协议工作原理图。

为了进一步减少冲突的发生,802.11 的 MAC 层采用虚拟载波侦听(Virtual Carrier Sense,VCS)机制。802.11 的 MAC 层在帧格式中的第二个字段设置一个 2 字节的"持续时间"。该字段让源站把它要占用信道的时间(包括目的站发回确认帧所需的时间)写入到所发送的数据帧中,以便使其他所有站在这一段时间都不要发送数据。"虚拟载波监听"的意

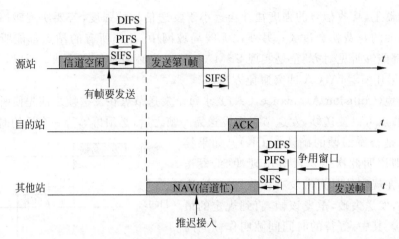

图 4-20　CSMA/CA 协议工作原理图

思是其他各站并没有监听信道,而是由于这些站知道了源站正在占用信道才不发送数据。这种效果好像是其他站都监听到了信道。

当站点检测到正在信道中传送的帧中的"持续时间"字段时,就调整自己的网络分配向量(Network Allocation Vector,NAV)。NAV 指出了信道处于忙状态的持续时间。信道处于忙状态就表示:或者是由于物理层的载波监听检测到信道忙,或者是由于 MAC 层的虚拟载波监听机制指出了信道忙。

802.11 的 CSMA/CA 协议中,争用信道的情况比较复杂,因为有关站点有执行退避算法。不同于 802.3 协议,802.11 采用的二进制指数退避算法中的第 i 次退避是在时隙 $\{0,1,\cdots,2^{2+i}-1\}$ 中随机选择一个。例如,第 1 次退避要推迟发送的时间是在时隙 $\{0,1,\cdots,7\}$ 中(共 8 个时隙)随机选择一个,而第 2 次退避是在时隙 $\{0,1,\cdots,15\}$(共 16 个时隙)随机选择一个。当时隙编号达到 255 时就不再增加了。

当一个节点使用退避算法进入争用窗口时,它将启动一个退避定时器,按二进制指数退避算法随机选择退避时间片的值。当退避定时器的时间为 0 时,节点开始发送。如果此时信道已转入忙,则节点将退避定时器复位后,重新进入退避争用状态,直到成功发送。

4.2.4　Wi-Fi 技术

使用 802.11 系列协议的局域网又称为 Wi-Fi(Wireless-Fidelity,无线保真度),Wi-Fi 是一种短距离无线传输技术,通过 Wi-Fi 可以将个人计算机、手持设备(如 PDA、手机)等终端以无线方式互相连接。

1. Wi-Fi 简介

Wi-Fi 是一个无线网络通信技术的品牌,由 Wi-Fi 联盟(Wi-Fi Alliance)所持有,目的是改善基于 IEEE 802.11 标准的无线网络产品之间的互通性。现在人们一般会把 Wi-Fi 及 IEEE 802.11 混为一谈,甚至把 Wi-Fi 等同于无线局域网。图 4-21 为 Wi-Fi 的标志。

图 4-21　Wi-Fi 标志

1997—1999 年,IEEE 802.11 定义了 802.11a、802.11b 和 802.11g 等一系列无线局域网标准。1999 年,为了解决符合 802.11 标准的产品的生产和设备兼容性问题,工业界成立了 Wi-Fi 联盟,它在无线局域网范畴内进行"无线相容性认证",实质上是一种商业认证,同时也是一种无线联网技术,以前通过网线连接计算机,而 2010 年则是通过无线电波来联网;常见的就是一个无线路由器,那么在这个无线路由器的电波覆盖的有效范围都可以采用 Wi-Fi 连接方式进行联网,如果无线路由器连接了一条 ADSL 线路或者别的上网线路,则又被称为"热点"。

2009 年 9 月,IEEE 802.11n 成为无线局域网的正式标准,IEEE 802.11n 平台的速度比 IEEE 802.11g 快 7 倍,比以太网快 3 倍,具有更大的覆盖范围和更大的带宽,这使得越来越多的产品开始采用 IEEE 802.11n 技术。IEEE 802.11n 是第一个能够同时承载高清视频、音频和数据流的无线多媒体分发技术,并可以提供并发双频操作,为宽带多媒体应用提供更多的信息容量。IEEE 802.11n 支持多个并发用户和设备,它的超强功能可保证服务质量,消费者可以从家庭中的任何地方通过无线设备访问他们拥有的数字电影、电视片、音乐和照片库,因此,市场向 IEEE 802.11n 转变的趋势越来越明显,有越来越多的制造商在 HDTV、机顶盒和媒体适配器中增加 IEEE 802.11n 技术。

2. Wi-Fi 工作原理

Wi-Fi 通过无线介质传输信号,一个 Wi-Fi 网络包括站点、基本服务单元、分配系统、接入点、扩展服务单元及门户等基本构件,这些基本构件在 Wi-Fi 网络中所起的作用和在普通无线局域网中所起的作用是一样的,这里就不再重复。

Wi-Fi 是由无线访问点 AP 和无线网卡组成的网络,一般架设无线网络的基本配置就是无线网卡及一台 AP。一个接入点(Access Point,AP)和一个或一个以上的客户就可以构成 Wi-Fi,AP 通过信号台将 SSID(Service Set Identifier)封装成信标帧 Beacons,每 100ms 广播一次,信标帧很短,传输速率是 1Mb/s。Wi-Fi 规定的最低传输速率是 1Mb/s,这样在 AP 范围之内的所有的 Wi-Fi 客户端都能接收到 AP 广播的信标帧,从而决定是否和某个 SSID 的 AP 建立连接,若一个客户端同时接收到了几个 AP 发过来的信标帧,客户端可以选择设定与哪个 SSID 的 AP 建立连接。

无线网卡及一台 AP 是一般架设无线网络的基本配备,无线网络配合有线网络来分享网络资源,架设费用和复杂程度远远低于有线网络。AP 主要在媒体存取控制层 MAC 中扮演无线工作站及有线局域网的桥梁。无线工作站可以快速地通过 AP 与网络相连。图 4-22 为一个 Wi-Fi 网络的示意图。

3. Wi-Fi 技术的特点

Wi-Fi 网络建成后,用户可以在有无线信号覆盖区域的任何位置接入网络,使用户能真正现实随时、随地地接入宽带网络。此外,Wi-Fi 还具有以下特点。

1) 更宽的带宽

Wi-Fi 使用 802.11n 标准,将数据速率提高了一个等级,可以适应不同的功能和设备,所有 802.11n 无线收发装置支持两个空间数据流,发送和接收数据可以使用两个或三个天线组合,苹果最新的 Wi-Fi iPod Touch 就含有一颗博通(Broadcom)的无线芯片,支持

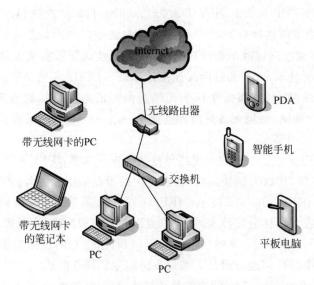

图 4-22　Wi-Fi 网络示意图

802.11n 标准。很快将会有芯片支持三个和四个数据流，数据速率可以分别达到 450Mb/s 和 600Mb/s。2009 年年初，Quantenna 通信表示它已经研制成功 4×4 芯片，可以承载高清数字电视信号流。

2）更强的射频信号

802.11n 中更多可选的性能特性将会出现在无线芯片中，无线客户端和无线访问点利用这些芯片可以使射频（RF）信号更具弹性、稳定和可靠。无线芯片制造商 Atheros 公司的 CTO William McFarland 说："新的 11n 物理层技术将使 Wi-Fi 功能更强大，在给定范围内数据传输速率更高，传输距离更长。"这些性能特性包括：低密度奇偶校验码，提高纠错能力；发射波束形成，它使用来自 Wi-Fi 客户端的反馈，让一个访问点集中处理客户端的射频信号；空间时分组编码（STBC），它利用多重天线提高信号可靠性。

3）Wi-Fi 功耗更低

802.11n 在功耗和管理方面进行了重大创新，不仅能够延长 Wi-Fi 智能手机的电池寿命，还可以嵌入到其他设备中，如医疗监控设备、楼宇控制系统、实时定位跟踪标签和消费电子产品，可以不断地监测和收集数据，可基于用户的身份和位置进行个性化。网络世界（Network World）博主 Craig Mathias 写到"其他现代射频技术不能做到的，现在 Wi-Fi 都能做到了"。

4）改进的安全性

互联网最具破坏性的影响是通过盗窃身份证明、拒绝服务攻击、侵犯隐私、刺探以及缺乏相应的信任手段对用户造成的伤害，移动网络使这一情况变得更糟，如果用户信任当前打开的 Wi-Fi 连接，有可能使他们遭受毁灭性的风险。IEEE 已经批准了 802.11w 标准，它保护无线管理帧，使无线链路更好地工作。Trapeze Networks 公司首席分析师 Matthew Gast 说："Wi-Fi 客户端现在可以接收和采用'落地网络'信息，在此之前这个信息可能是由攻破访问点的黑客利用 MAC 地址伪造的，802.11w 标准切断了这种攻击"。

5）与非 Wi-Fi 网络的协作

如果你是 T-Mobile Wi-Fi 用户，但你现在处于另一个运营商提供的热点范围内，那你是不能使用 Wi-Fi 的。在未来，你的 Wi-Fi 设备能够查询到"外网（其他运营商的无线网络）"服务，并可以安全地接入，你的用户身份将和你一起漫游，使你能够使用各种不同的 Wi-Fi 服务。

4. Wi-Fi 技术的应用

由于 Wi-Fi 的频段在世界范围内是无需任何电信运营执照的，因此 WLAN 无线设备提供了一个世界范围内可以使用的，费用极其低廉且数据带宽极高的无线空中接口。用户可以在 Wi-Fi 覆盖区域内快速浏览网页，随时随地接听拨打电话。而其他一些基于 WLAN 的宽带数据应用，如流媒体、网络游戏等功能更是值得用户期待。有了 Wi-Fi 功能我们打长途电话（包括国际长途）、浏览网页、收发电子邮件、音乐下载、数码照片传递等，再无须担心速度慢和花费高的问题。Wi-Fi 无线保真技术与蓝牙技术一样，同属于在办公室和家庭中使用的短距离无线技术。

Wi-Fi 在掌上设备上应用越来越广泛，而智能手机就是其中一份子。与早前应用于手机上的蓝牙技术不同，Wi-Fi 具有更大的覆盖范围和更高的传输速率，因此 Wi-Fi 手机成为 2010 年移动通信业界的时尚潮流。

2010 年以来，Wi-Fi 的覆盖范围在国内的应用越来越广泛了，高级宾馆、豪华住宅区、飞机场以及咖啡厅之类的区域都有 Wi-Fi 接口。当我们去旅游、办公时，就可以在这些场所使用我们的掌上设备尽情网上冲浪了。厂商只要在机场、车站、咖啡店、图书馆等人员较密集的地方设置"热点"，并通过高速线路将因特网接入上述场所。这样，由于"热点"所发射出的电波可以达到距接入点半径数十米至一百米的地方，用户只要将支持 Wi-Fi 的笔记本或 PDA 或手机或 PSP 或 iPod Touch 等拿到该区域内，即可高速接入因特网。在家也可以买无线路由器设置局域网，然后就可以痛快地无线上网了。

4.3 无线城域网

作为局域网接入方式的一种补充，802.11 无线局域网在个人计算机无线接入中发挥重要作用，它的重点是解决局域网范围的移动节点通信问题，而在城域网中如何应用无线通信技术来解决城市范围内建筑物之间的数据通信问题，为此，IEEE 802 委员会成立了一个工作组 IEEE 802.16，专门研究宽带无线城域网标准问题。802.16 标准的全称是"固定带宽无线访问系统空间接口"（Air Interface for Fixed Broadband Wireless Access System），也称为无线城域网（Wireless MAN，WMAN）或无线本地环路标准。表 4-3 简单地描述了 802.16 协议的发展。

对于城市区域的一些大楼、分散社区来说，架设电缆与铺设光纤的费用往往要大于架设无线通信设备的费用，这时可以在市区范围的高楼之间利用无线通信手段解决局域网、固定或移动的个人用户计算机接入互联网的问题。图 4-23 给出了 802.16 无线城域网服务范围的示意图。

表 4-3　802.16 协议对比

协　　议	公布时间	描　　述
802.16	2001	使用 10～63GHz 频段进行视线无线宽带传输
802.16c	2002	使用 10～63GHz 频段进行非视线无线宽带传输
802.16a	2003	定义了 2～11GHz 介质访问层和物理层使用标准
802.16d	2004	是 802.16a 的升级版并兼容多个不同标准
802.16e	2005	支持移动无线宽带接入系统
802.16—2009	2009	支持固定和移动无线宽带接入系统的空中接口
802.16j	2009	多跳接力构架
802.16m	2009	支持移动 100Mb/s 宽带,固定 1Gb/s 宽带的高级空中接口

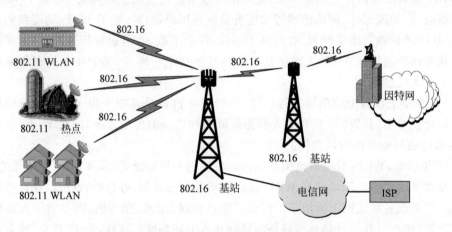

图 4-23　802.16 无线城域网服务范围示意图

802.16 标准的主要目标是制定工作在 2～66GHz 频段的无线接入系统的物理层与 MAC 层规范,802.16 是一个点对多点的视距条件下的标准,用于大数据量的传输。现在无线城域网共有两个正式标准,一个是 802.16d,它是 2004 年 6 月通过的 802.16 的修订版本,是固定宽带无线接入空中接口标准(2～66GHz 频段);另一个是 802.16e,它是 2005 年 12 月通过的 802.16 的增强版本,是支持移动性的宽带无线接入空中接口标准(2～6GHz 频段),它向下兼容 802.16d。

与 IEEE 802.16 标准工作组对应的论坛组织为 WiMAX,该组织成立于 2001 年 4 月。WiMAX(Worldwide Interoperability for Microwave Access)是"全球微波接入的互操作性"的意思,现在已有超过 150 家著名 IT 行业的厂商参加了这个论坛,该论坛致力于 IEEE 802.16 标准的推广与应用。无线接入技术以投资少、建网周期短、提供业务快等优势,已经引起产业界的高度重视。

WiMAX 技术旨在为无线广域网用户提供高速的无线数据传输服务,其视线覆盖范围可以达到 112.6km,非视线覆盖范围可以达到 40km,带宽可以达到 70Mb/s。在 WiMAX 架构中,大量的无线网络用户和与上层网络相连的 WiMAX 基站建立关联,从而获取上层网络的服务。从图 4-23 中可以看出,WiMAX 的基站多为高耸的传输塔,这样可以尽量做到视线传输,而 WiMAX 的无线网络用户相对于 Wi-Fi 中的笔记本、PDA 或上网本,更多可能是建筑物中 Wi-Fi 接入点,汽车、火车等高速移动交通工具上的无线终端设备。

　　基站和用户之间的连接、基站和上层网络之间的连接是 WiMAX 网络构架中数据传输连接的两个重要组成部分。

　　(1) 基站和用户之间的连接：基站用视线或非视线点对多点连接为用户提供服务，这段连接被称为最后一千米。由于建筑物的阻挡，基站与用户之间多使用非视线通信。多数 802.16 协议采用时分双工或频分双工支持全双工传输并提供服务质量，即基站可以根据用户的需要分配由用户到基站的上行传输和由基站到用户的下行传输信道各自的带宽。

　　(2) 基站和上层网络之间的连接：基站通过光纤、电缆、微波连接等其他高速的点对点连接与上层网络相连，这段连接被称为回程。回程需要的是高速、稳定的连接。

　　WiMAX 使用了两个频块范围，一个是 10～66GHz 毫米波频段，它可提供分配的频宽较大，因此有较大的数据载荷能力，适用于数据高速传输，但由于波长较短，适合视线传输，可作为回程连接的载波。一个是 2～11GHz 厘米波频段，它相对毫米波波长较长，受障碍物的干扰较小，适合作非视线传输的载波，因此多用于基站和用户之间的点到多点数据传输。

　　WiMAX 介质访问控制包含全双工信道传输、点到多点传输的可扩展性以及对 QoS 的支持等特征。其中，全双工信道传输利用 WiMAX 频段较宽的特点提供更高效的宽带服务；可扩展性是指单个 WiMAX 基站应当可以为众多用户同时提供服务，由此来保证 WiMAX 的成本效率；QoS 是针对不同用户的不同需求提供更优质的数据流服务，例如，一个用户此时可能正在进行实时视频通话，而另一位用户只是在浏览网页，那么 WiMAX 将更多信道带宽分配给第一位用户使用，从而保证了两位用户都能享受到高质量的服务。

　　WiMAX 能向固定、携带和游离的用户提供宽带无线连接，还可以用于连接 Wi-Fi 接入点与互联网，由此提供校园网、企业网服务。WiMAX 覆盖范围可达到数十千米，可使用非视线传输支持众多用户和基站之间的"最后一千米"连接，每个基站可提供数十甚至上百兆比特/秒的带宽，这一带宽足以取代传统的 T1 型和 DSL 型有线连接为数百上千的企业或家庭提供互联网接入业务，对物联网互联网络进行了延伸。

4.4　无线传感器网络

　　无线传感器网络(Wireless Sensor Network，WSN)是在传感器技术、微机电系统、现代网络和无线通信技术等的推动下产生和发展的一种新兴网络，它由大量的低成本、低功耗的微型传感器通过近距离无线通信自组织形成，传感器节点密集地部署在被监测区域的内部或附近，其目的是多个传感器节点协作地感知、采集和处理网络覆盖区域中感知对象的信息，并发布给用户或观察者。

4.4.1　传感器网络体系结构

1. 传感器网络结构

传感器网络系统通常包含传感器节点、汇聚节点和管理节点，其结构如图 4-24 所示。

大量传感器节点随机部署在监测区域内部或附近,能够通过自组织方式构成网络。传感器节点监测的数据沿着其他传感器节点逐跳进行传输,在传输过程中监测数据可能被多个节点处理,经过多跳后,路由到汇聚节点,最后通过互联网到达管理节点。用户通过管理节点对传感器网络进行配置和管理,发布监测任务以及收集监测数据。

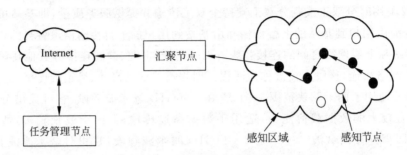

图 4-24　传感器网络结构

传感器节点的处理能力、存储能力、通信能力有限,它一般为一个微型的嵌入式系统,通过电池供电,所以其能量也有限。在传感器网络中,每个传感器节点既是网络节点的终端又是网络的路由器,除了进行本地信息收集和数据处理外,还要对其他节点转发来的数据进行存储、管理和融合,同时与其他节点协作完成一些特定任务。

汇聚节点的处理能力、存储能力和通信能力相对较强,是传感器网络与外部网络(如Internet 等)相连接的桥梁,在汇聚节点处实现两种协议栈之间的通信协议转换,同时发布管理节点的监测任务,并把收集的数据转发到外部网络上。汇聚节点可以是一个具有增强功能的传感器节点,有足够的能量供给和更多的内存与计算资源,也可以是没有监测功能仅带有无线通信接口的特殊网关设备。

2. 传感器节点结构

图 4-25 是现代微型传感器,传感器节点由传感器模块、处理模块、无线通信模块和能量供应模块 4 部分组成,如图 4-26 所示。传感器模块负责监测区域内信息的采集和数据转换;处理器模块负责控制整个传感器节点的操作,存储和处理本身采集的数据以及其他节点发来的数据;无线通信模块负责与其他传感器节点进行无线通信,交换控制消息和收发采集数据;能量供应模块为传感器节点提供运行所需的能量,通常采用微型电池。

图 4-25　现代微型传感器

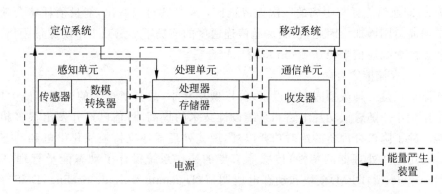

图 4-26 微型传感器结构

传感器节点在实现各种网络协议和应用系统时,存在以下实现约束。

1)电源能量有限

传感器节点体积小,通常由能量十分有限的电池供电。在监测区域,传感器节点数量多,成本低廉,分布区域广,部署环境复杂,有些地区无人值守,所以给传感器节点补充能量成为问题。如何高效使用能量来最大化网络生命周期是传感器网络面临的首要挑战。

传感器模块、处理器模块和无线通信模块是传感器节点消耗能量的三个模块,图 4-27 为传感器节点能量消耗情况,可知处理器和传感器模块的功耗较低,绝大部分能量消耗在无线通信模块上,传输 1b 信息 100m 距离需要的能量大约相当于执行 3000 条计算指令消耗的能量,所以传感器节点传输信息时比执行计算时更消耗能量。

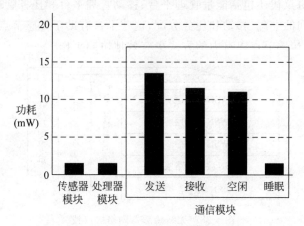

图 4-27 传感器节点能量消耗情况

无线通信模块存在发送、接收、空闲和睡眠 4 种状态。无线通信模块在空闲状态一直监听无线信道的使用情况,检查是否有数据发送给自己,而在睡眠状态则关闭通信模块。从图中可见,无线通信模块在发送状态的能量消耗最大,在空闲状态和接收状态的能量消耗彼此接近,且略小于发送状态的能耗,而在睡眠状态的能耗最少。

2)通信能力有限

无线通信的能量消耗与通信距离的关系为:$E = kd^n$。其中,参数 n 满足关系 $2 \leqslant n \leqslant 4$。影响 n 取值的因素很多,例如障碍物的多少、干扰的大小、天线的质量等。考虑诸多因素,通

常取 n 为 3,即通信能耗与距离的三次方成正比。从公式可以看出,能量消耗将会随着通信距离的增加而急剧增加。因此,在满足通信连通度的前提下尽量减少单跳通信距离。通常,传感器节点的无线通信半径在 100m 以内比较合适。

3)计算和存储能力有限

传感器节点是一种微型嵌入式设备,价格低功耗小,故其所携带的处理器能力比较弱,存储容量比较小。随着低功耗电路和系统设计技术的提高,目前已经开发出很多超低功耗微处理器。除了降低处理器的绝对功耗以外,现代处理器还支持模块化供电和动态频率调节功能。利用这些处理器的特性,传感器节点的操作系统设计了动态能量管理(Dynamic Power Management,DPM)模块和动态电压调节(Dynamic Voltage Scaling,DVS)模块,可以更有效地利用节点的各种资源。

动态能量管理是当节点周围没有感兴趣的事件发生时,部分模块处于空闲状态,把这些组件关掉或者调到更低能耗的睡眠状态。动态电压调节是当计算负载较低时,通过降低微处理器的工作电压和频率来降低处理能力,从而节约微处理器的能耗,例如,StrongARM处理器支持电压频率调节。

3. 传感器网络协议栈

传感器网络的协议栈如图 4-28 所示,整个协议栈将信息传输与功耗感知相结合,将数据处理融入网络协议,从而可以通过无线媒体高效地交互网络的功耗状态,充分发挥节点协作的效果。该协议栈与互联网协议栈的 5 层协议相对应,包括物理层、数据链路层、网络层、传输层和应用层。协议栈还包括能量管理平台、移动管理平台和任务管理平台,三个管理平台监测传感节点之间的电源、移动和任务分配,这些平台有助于传感节点调整传感任务并降低总的功耗,使每个传感节点以有力的方式更有效地协同工作。

图 4-28　无线传感器网络协议栈

传输层协助维护传感器网络的数据流;网络层管理由传输层所提供的数据的路由选择;由于环境有干扰并且传感器节点又具有可移动性,因此 MAC 协议必须具有能源意识并能减少与邻近节点广播的冲突;物理层实现对简单突发式调制、传输及接收技术的需求。

4.4.2　传感器网络的特征

无线传感器网络与无线自组网有很多相似之处,但也有很大的区别。传感器网络节点数目更为庞大(上千甚至上万),节点分布更为密集;节点会因环境影响和能量耗尽而产生故障,网络拓扑结构也会因环境干扰和节点故障而经常发生变化。传感器网络集监测、控制以及无线通信于一体,通常,大多数传感器节点是固定不动的,并且,传感器节点具有的能量、处理能力、存储能力和通信能力等都十分有限。传统无线网络的首要设计目标是提供高质量和高效带宽利用,其次才考虑节约能源;而无线传感器网络的首要设计目标是能源的高效使用,这些区别决定了无线传感器网络具有自己的特点。

1. 大规模网络

这里的大规模是指以下两方面:一是成千上万的传感器节点部署在很大的监测区域内,如在原始大森林采用传感器网络进行森林防火和环境监测,需要部署大量的传感器节点;二是在一个面积不是很大的空间,传感器节点部署很密集。

传感器网络的大规模性有如下优点:大量节点能够增大覆盖的监测区域,减少洞穴或者盲区;通过不同空间俯角获得的信息具有更大的信噪比;通过分布式处理大量的采集信息能够提高监测的精确度,降低对单个节点传感器的精度要求;大量冗余节点的存在,使得系统具有很强的容错性能。

2. 自组织、动态性网络

传感器网络中没有基础设施作为网络骨干,节点之间通过自组织的方式进行通信。随机部署的传感器节点分布在监测区域广阔的环境中,或者是放置在无人值守或者危险的区域,节点位置不能预先精确设定,互相的邻居关系也不能预先知道,这就要求传感器节点具有自组织的能力,能够自动进行配置和管理,通过拓扑控制机制和网络协议自动形成转发监测数据的多跳无线网络系统。

网络的拓扑结构会动态地变化。传感器节点可能因为能量耗尽或环境原因在使用过程中失效,也会有些节点补充到网络中来弥补失效节点或是增加监测精度,或者是传感器网络的传感器、感知对象和观察者的移动性等因素影响网络的拓扑结构,传感器网络的自组织性要能够适应这种网络拓扑结构的动态变化。

3. 以数据为中心的网络

以地址为中心的互联网中,网络设备用网络中唯一的 IP 地址标识,资源定位和信息传输依赖于终端、路由器、服务器等网络设备的 IP 地址。而传感器网络的核心是感知数据不是网络硬件。观察者感兴趣的是传感器产生的数据,而不是传感器本身。例如,观察者不会提出这样的查询:"从 A 节点到 B 节点的连接是如何实现的",而是会提出如下的查询:"网络覆盖区域中哪些地区出现毒气"。在传感器网络中,传感器节点不需要地址之类的标识,观察者查询"地址为 27 的传感器的温度是多少",他们感兴趣的查询是"某个地理位置的温度是多少"。可见,传感器网络是一种以数据为中心的网络。

4. 可靠的网络

传感器网络中,节点往往采用通过飞机撒播或发射炮弹到指定区域的随机部署方式,经常工作在露天环境中,遭受太阳的曝晒或风吹雨淋,有时还会遭到无关人员或者动物的破坏,这就要求传感器节点非常坚固,不易损坏,能适应各种恶劣环境。同时,传感器网络有时工作在恶劣环境或是无人值守的区域,并且节点的数目巨大,使网络的维护十分困难甚至不可维护。传感器网络的通信保密性和安全性也很重要,要防止监测数据被盗取和获取伪造的监测数据,因此,传感器网络的软硬件必须具有鲁棒性和容错性。

5. 应用相关的网络

传感器网络监测感知区域,获取感知区域的信息量。感知区域的监测对象各不相同,因此所要求的传感器网络的网络模型、软件系统和硬件平台也各不相同。传感器网络中没有一个统一的通信协议可以适应所有的传感器网络,针对不同的应用,设计出更适合该应用的网络系统才能更高效地解决问题,这也是传感器网络不同于传统网络的一个特征。

4.4.3 传感器网络的应用

传感器网络能够广泛应用于军事、环境监测和预报、健康护理、智能家居、建筑物状态监控、复杂机械监控、城市交通、空间探索、大型车间和仓库管理,以及机场、大型工业园区的安全监测等领域。

1. 军事应用

传感器网络在军事方面有很多应用,包括侦察敌情、监控兵力、判断生物化学攻击、友军兵力、装备、弹药调配监视等方面,还可以进行射击点和弹道定位。

传感器网络已经成为军事系统必不可少的一部分,受到军事发达国家的普遍重视,各国均投入了大量的人力和财力进行研究。美国 DARPA 很早就启动了 SensIT(Sensor Information Technology)计划,其目的是将多种类型的传感器、可重编程的通用处理器和无线通信技术组合,建立一个廉价的无处不在的网络系统,用以监测光学、声学、振动、磁场、湿度、污染、毒物、压力、温度、加速度等物理量。

2. 环境监测和预报

传感器网络可用于监视农作物灌溉情况、土壤空气情况、畜牧和家禽的环境状况和大面积的地表监测等,还可以通过跟踪鸟类、小型动物和昆虫进行种群复杂度的研究等。如 Berkley 等单位在美国缅因州的大鸭岛对海燕栖息地的生态环境监测;在肯尼亚 Mpala 研究中心对大规模野生动物(野马,斑马,狮子等)栖息地进行考察的 ZebraNet 项目;对挪威的 Briksdalsbreen 的冰河观测来了解地球气候的 GLACSWEB 项目;畜牧的虚拟篱笆项目;在英格兰近海的海底测量网络,测量压力、温度、传导率、水流、浊度等;在美国俄勒冈州进行的葡萄园监控;哈佛大学与北卡罗莱纳大学的合作项目,通过无线传感器网络收集震动和次声波信息并加以分析,进行火山爆发的监测。

传感器网络也可以应用于环境的预测预报中,系统 ALERT 中有数种传感器用来监测雨量、河水水位和土壤水分,并依此预测山洪暴发的可能性,利用无线传感器网络能帮助人们准确、及时地预报森林火灾。

3. 灾难救援

受地震、水灾或者其他灾难打击后,固定的通信网络(如有线通信网络)可能被全部摧毁或者无法正常工作。无线传感器网络不依赖任何固定网络设施,能快速布设,是抢险救灾场合的最佳通信设施,例如,雪崩事故拯救就是传感器网络在灾难救援中的应用。

4. 智能家居

在家电和家具中嵌入传感器节点,通过无线网络与 Internet 连接在一起,为人们提供更加舒适方便和更具人性化的智能家居环境,例如家具装配、智能玩具等。

5. 医疗护理

传感器网络在医疗系统和健康护理方面的应用包括监测人体的各种生理数据,跟踪和监控医院内医生和患者的行为,医院的医药管理等。人工视网膜是一项生物医学的应用项目。在 SSIM(Smart Sensors and Integrated Microsytems)计划中,替代视网膜的芯片由 100 个微型的传感器组成,并置入人眼,目的是使失明者或者视力极差者能够恢复到一个可以接受的视力水平。

4.4.4　传感器网络的研究进展

1. 国外基础理论研究进展

无线传感器网络的研究起步于 20 世纪 90 年代末期,从 21 世纪开始,传感器网络引起了学术界、军界和工业界的极大关注,美国和欧洲相继启动了许多关于无线传感器网络的研究计划。特别是美国通过国家自然基金委、国防部等多渠道投入巨资支持传感器网络技术的理论研究。

美国国防部和各军事部门较早开始了无线传感器网络的研究,设立了一系列军事无线传感器网络研究项目。美国陆军早在 2001 年就提出了"灵巧传感器网络通信"计划,近期又确立了"无人值守地面传感器群"和"战场环境侦察与监视系统"项目,美国海军也确立了"传感器组网系统"研究项目。2002 年 5 月,美国 Sandia 国家实验室与美国能源部合作,共同研究能够尽早发现以地铁、车站等场所为目标的生化武器袭击,并及时采取防范对策的系统,该研究属于美国能源部恐怖对策项目的重要一环。

1995 年,美国交通部提出了"国家智能交通系统项目规划"。2002 年 10 月 24 日,美国英特尔公司发布了"基于微型传感器网络的新型计算发展规划"。今后,英特尔将致力于微型传感器网络在预防医学、环境监测、森林灭火乃至海底板块调查、行星探测等领域的应用。2002 年,加州大学伯克利分校计算机系 Intel 实验室和大西洋学院联合开展了一个名为"in-situ"的利用传感器网络监控海岛生态环境的项目。

美国自然科学基金委员会在 2003 年制定了无线传感器网络研究计划,投资三千四百万美元支持相关基础理论的研究,美国相当多的大学都有研究小组在从事无线传感器网络的研究,比如美国的加州大学伯克利分校、麻省理工学院、康奈尔大学、加州大学洛杉矶分校等。

加州大学伯克利分校从以下几方面进行了研究：①应用网络连通性重构传感器位置的方法；②基于相关性的 Sensor 数据编码模式；③用稀疏传感器网络重构跟踪移动对象路线的方法；④传感器网络上随时间变化的连续流可视化方法；⑤允许系统级优化时有效通信机制的一般化解；⑥传感器网络上的数据分布式存储的地理 Hash 表方法；⑦确定传感器网络中节点位置的分布式算法；⑧传感器操作系统 TinyOS；⑨感知数据库系统 TINYDB。

加州大学洛杉矶分校在传感器网络的研究方面也取得了不错的成绩：①开发了一个无线传感器网络和一个无线传感器网络模拟环境；②提出了低级通信不依赖于网络拓扑结构的分布式技术；③支持多应用传感器网络中命名数据和网内数据处理的软件结构；④变换初始感知为高级数据流的层次系统结构；⑤传感器网络的时间同步的解决方法；⑥自组织传感器网络的设计问题和解决方法、新的多路径模式等。

南加州大学对传感器网络监视结构和聚集函数计算进行了研究；康奈尔大学在传感器网络数据查询处理方面做出了较大的贡献，他们研制了一个测试传感器网络数据查询技术性能的 COUGAR 系统；斯坦福大学研究了传感器网络中的事件跟踪、传感器资源管理的对偶空间方法；麻省理工学院对超低能源无线传感器系统的方法学和技术问题进行了研究。

在欧洲，德国、芬兰、意大利、法国、英国等国家的研究机构也加入到了无线传感器网络的研究当中。日本、加拿大、澳大利亚、韩国等国家也在积极地进行无线传感器网络的相关研究。

2. 国内基础理论研究现状

国内的很多院校和科研机构也对无线传感器网络进行了研究，这些院校和科研机构包括中国科学院软件所、计算所、沈阳自动化所、电子所、自动化所，以及国防科技大学、清华大学、哈尔滨工业大学、北京邮电大学、西北工业大学、武汉大学等院校。

中国科学院上海微系统研究所于 2001 年左右开始进行了微型传感器系统平台的研究，国家自然科学基金委员会在 2003 年、2004 年都设立了无线传感器网络相关研究课题。2004 年 3 月，中国科学院和香港科技大学成立了联合实验室，开展项目名称为 BLOSSOMS 的无线传感器网络研究工作，其研究目标涵盖了无线传感器网络的各个层次。武汉大学和香港城市大学也共同成立了实验室进行无线传感器网络相关技术的研究。2006 年 9 月，由倪明选教授主持的无线传感网络的基础理论及关键技术研究项目被国家列为"973"项目。

4.5   无线移动通信网络

我国的移动通信产业发展迅速，截至 2010 年 4 月，我国移动电话用户已经达到 7.9 亿，同时，第三代移动通信网(3G)也同样保持快速的发展势头，截至 2009 年年底，我国 3G 用户总数为 1325 万，而到了 2010 年第一季度结束，这个数字达到了 1900 万，其中中国移动 TD-SCDMA 用户数为 770 万，中国电信 CDMA2000 用户数为 557 万，中国联通 W-CDMA 用户数达到 550.5 万。基站的建设也随之快速跟进，截至 2010 年 3 月底，三大运营商已累计建成 36.7 万个基站。

无线移动通信可以让人们摆脱电缆的束缚更加灵活方便地沟通。无线移动通信网络将在物联网时代发挥更大的作用,物联网系统由感知识别层、中间传输网络层以及应用平台构成,如果将信息终端比如传感器、RFID 以及各种智能信息设备局限在固定网络中,那么无所不在的感知识别将无法实现,而移动通信,特别是 3G,将成为"全面、随时、随地"传输信息的有效平台,3G 以其高速、实时、高覆盖率、多元化的特点,对多媒体数据信息的高效处理,为物物相连,并实现与互联网的整合创造了条件。

4.5.1 无线移动通信简介

1. 移动通信的发展历史

处于移动状态的对象之间进行的通信称为移动通信,移动通信的双方至少有一方在移动中进行信息传输和交换,其中包括移动台与固定台之间的通信、移动台与移动台之间的通信、移动台通过基站与有线用户之间的通信等。

移动通信能克服通信终端位置对用户的限制,能快速和及时地传递信息。移动通信只有一百多年的发展历史。1897 年,意大利物理学家马可尼在陆地和一艘拖船之间用无线电教学了消息传输,这标志着移动通信的开端。20 世纪 80 年代,随着模拟蜂窝技术的引进,移动通信技术向前迈进了一大步,移动通信的发展经历了三代:第一代移动通信系统——模拟语音时代,第二代移动通信系统——数字语音时代和第三代移动通信系统——数字语音和数据。

1) 第一代移动通信系统(1G)

第一代移动通信系统是发展于 20 世纪 20 年代到 20 世纪 40 年代的模拟语音阶段。1928 年,美国普渡大学的学生发明了超外差式无线电接收机,美国底特律警察局利用这种无线接收机建立了车载无线电系统,这是世界上第一个无线通信系统,它工作在短波的几个频段上,工作频率为 2MHz,20 世纪 40 年代提高到 30～40MHz。1946 年,贝尔系统根据美国联邦通信委员会(Federal Communications Committee,FCC)的计划,在圣·路易斯建立起第一个可用于汽车的电话系统,该系统使用一个大功率的发射器放在较高的地理位置上,从而可以利用单工信道在其覆盖地区接收和发送信号。西德、法国和英国则在 20 世纪 50 年代完成了公用移动电话系统的研制,实现了专用电话网到公用移动网的过渡。

20 世纪 60 年代,美国开始安装使用中小容量的改进移动电话系统(Improved Mobile Telephone System,IMTS)。IMTS 将一个大功率的发射器部署在一座小山顶上,它有两个频率分别用于接收和发送,可以实现双工通信。IMTS 支持 23 个信道,频率范围为 150～450MHz,随着移动用户数量的增加,23 个信道不能保证用户即时交流,而且相邻的系统必须相距数百千米才能避免大功率发射器带来的信号干扰,这种在一个大区域中只用一个基站覆盖的设计被称为大区制。IMTS 的特点是基站覆盖面积大,发射功率大,可用频率带宽有限,系统容量小,100km 范围内每个频率只能有一个电话呼叫,适用于专用网或小城市的公共网。

为了解决民用移动用户数量的增长和业务范围的扩大与大区制容量饱和的问题,1982

年,美国贝尔实验室发明了高级移动电话系统(Advanced Mobile Phone System,AMPS),并提出了"蜂窝单元"的概念,它将地理区域分成许多蜂窝单元,每个蜂窝单元只能使用一组设定好的频率,相邻的单元使用不同的频率,不相邻的单元可以使用相同的频率。AMPS系统可以允许有 100 个 10km 的蜂窝单元,可以保证每个频率上有 10～15 个电话呼叫,这样可以有效避免冲突,同时又可让同一频率多次使用,充分利用了有限的无线资源。

美国贝尔实验室提出了在移动通信发展史上具有里程碑意义的小区制、蜂窝组网的理论,为移动通信技术的发展和新一代多功能通信设备的产生奠定了基础。

2) 第二代移动通信系统(2G)

第二代移动通信系统是目前在全球范围内广泛使用的数字语音系统,它不仅能进行传统的语音通信,收发短信和各种多媒体短信,还可以支持一些无线应用协议。全球移动通信系统(Global System for Mobile Communications,GSM)和码分多址数字无线技术(Code Division Multiple Access,CDMA)是目前流行的数字移动电话系统。第二代移动通信系统中采用数字技术,利用蜂窝组网原理,多址方式由频分多址转向时分多址和码分多址,双工技术仍采用频分双工。下面介绍 GSM 和 CDMA 两种典型的数字移动电话系统。

(1) GSM 系统。

1982 年,欧洲许多国家都拥有自己国内的电话系统,例如北欧多国联盟的北欧移动电话(Nordic Mobile Telephone,NMT)和英国的全接入通信系统(Total Access Communication System,TACS),为了统一欧洲的移动电话网络标准而研发出了 GSM。GSM 系统属于蜂窝网络的一种,运行在多个不同的无线电频率上,用户需要连接到它的搜索范围内最近的蜂窝单元区域。GSM 利用时分复用技术将一对频率分成许多时槽供多个用户在不同时间共享,还利用频分复用技术使得每一部移动电话在一个频率上发送数据的同时可以在另外一个高出 50MHz 的频率上接收数据。

根据蜂窝的大小,可以将 GSM 蜂窝网络分为宏蜂窝、微蜂窝、微微蜂窝和伞蜂窝 4 种。天线高度和传播环境等因素决定了蜂窝半径大小,实际可以使用的最大的蜂窝半径可以达到 35km。宏蜂窝的覆盖面积最广,通常会将基站建在较高的位置,比如山顶或者楼顶上;微蜂窝的基站高度则普遍低于平均建筑高度,一般适用于市区内;而微微蜂窝则主要是应用于室内较为集中的地方,通常在几十米的范围以内;伞蜂窝的主要用途就是填补蜂窝间的信号空白区域,减少信号盲区。

一个 GSM 系统拥有 124 对单工信道,每对单工信道有 200kHz 的频宽,GSM 的用户可以拥有较高的数据传输率。我国自从 1992 年在嘉兴建立和开通了第一个 GSM 演示系统,并于 1993 年 9 月正式开放业务以来,全国各地的移动通信系统中大多采用 GSM 系统,使得 GSM 系统成为目前我国最成熟和市场占有量最大的一种数字蜂窝系统。

(2) CDMA 系统。

CDMA 是美国高通公司提出的标准,是与 GSM 并列的第二大通信系统,同时也是第三代移动系统的基础。1989 年,高通公司在首次 CDMA 的实验中验证了 CDMA 在蜂窝移动通信网络中的应用容量在理论上可以达到 AMPS 容量的 20 倍,这使得 CDMA 成为全球的热门课题。国际标准 IS-95 具体描述了 CDMA 的技术构架,基于 IS-95 的 CDMAone 技术自 1995 年 10 月商用实践以来,迅速覆盖美国、韩国、日本、欧洲和南美洲的一些主要市场,取得了巨大的成功。

CDMA 移动通信网是由蜂窝组网、扩频、多址接入以及频率复用等几种技术结合而成，含有频域、时域和码域等三维信号处理的一种协作，因此它具有抗干扰性好、抗多径衰落、保密安全性高、容量和质量之间可做权衡取舍，同频率可在多个小区内重复使用等特点。CDMA 利用编码技术可以同时区分并分离多个同时传输的信号，从根本上保证了时间和频段等资源的高效利用率。与 FDMA 和 TDMA 相比，CDMA 不会从时间和频率上限制用户，它允许用户可以在任何时刻、任何频段发送信号，且它也不用再将整个频段分为数据传输率更小的窄带，对于冲突的信号，CDMA 并不选择丢弃，相反，它假设多个信号可以线性叠加，并可以从混合信号中提取期望的数据信号，同时拒绝所有的噪声信号。

3）第三代移动通信系统（3G）

第三代移动通信系统是数字语音与数据系统，是能将国际互联网等多媒体通信与无线通信业务结合的新一代移动通信系统，它除了能正常、随时地进行语音交流、接收短信或电子邮件，还能快速地处理图像、视频、音乐等多媒体信息，还能同时享用各种流媒体业务、电话会议及电子商务等信息，能够保证更快的速度以及更全面的业务内容，如移动办公、视频流、文件传输、网页浏览、移动定位和集团虚拟网等。

1985 年，国际电信联盟 ITU 第一次提出了第三代移动通信的概念，当时称为未来公众陆地移动通信系统（Future Public Land Mobile Telecommunication System，FPLMTS），1996 年改名为国际移动通信 IMT-2000（International Mobile Telecommunication，2000）。在最初 3G 发展的时候，人们意识到这是一个庞大复杂的过程，许多运营商担心从 2G 直接跳到 3G 存在一定的市场风险，因为无论是从技术实现本身还是标准的制定等方面都充满了争论，于是出现了一个称为 2.5G 的领域，包括高速电路交换数据（High Speed Circuit Switching Data，HSCSD）、通用分组无线服务（General Packet Radio Service，GPRS）和增强型数据速率 GSM 演进技术（Enhanced Data Rate for GSM Evolution，EDGE）等。

HSCSD 是 GSM 网络的升级版本，能够透过多重时分并行传输，速度比 GSM 网络快 5 倍，相当于固定电话网通信中调制解调器的速度，完全符合 3G 的技术要求。HSCSD 主要是利用其独特的编码方式和多重时隙来提高数据传输量，加上能够动态提供不同的纠错方式，避免像传统的 GSM 系统一样将大量数据量花销在纠错码上。

GPRS 俗称 2.5G，是基于现有的 GSM 网络来实现的，在现有的 GSM 网络中增加了网关支持节点和服务支持节点，利用 GSM 网络中未使用的 TDMA 信道，GRPS 的传输速度可以达到 114kb/s。GPRS 和以往连续在频段传输的方式不同，是以包的形式来传输，GPRS 中的网关支持节点具有移动路由器管理功能，它可以连接各种类型的数据网络，并可以连接到 GPRS 寄存器。GPRS 采用分组交换的传输模式，这使得原来采用电路交换模式的 GSM 传输方式发生了根本性的改变，采用 GPSR，用户可以上网和通话同时进行。

EDGE 是 GPRS 到 3G 之间的过渡产物，号称 2.75G，其底层架构标准和 GSM 一样，仍然使用 GSM 载波宽带和时隙结构，却可以支持每波特有更多数据位，有效地提高了 GPRS 信道编码效率，传输速度可以达到 384kb/s，完全满足网络会议等无线多媒体应用的宽带要求，EDGE 在性能、功能和技术上都比 GPRS 更加适合于 3G 的应用发展。另外，EDGE 技术主张充分利用现有的 GSM 资源，对于网络营运商来说，部署 EDGE 只需要利用现有的无线网络设备就可以了。

1999 年 10 月 25 日到 11 月 5 日在芬兰赫尔辛基召开 ITU TG8/1 的第 18 次会议最终

通过了 IMT-2000 无线接口技术规范建议,制定了第三代移动通信标准。标准中基于 CDMA 的有三个,基于 TDMA 的有三个,基于 FDMA 的有一个。事实上,3G 必须拥有高带宽,其每秒传输速度至少应达到 0.5~1Mb/s 以上,传统的窄带 TDMA 技术是远远不能满足的,CDMA 的编码方式才是现行的 3G 通信标准的基础。以 CDMA 为核心技术而开发的三个标准分别是 IMT-DS,对应于 W-CDMA;IMT-MC,对应于 CDMA2000;IMT-TD,对应于 TD-SCDMA 和 UTRA-TDD。

1999 年 3 月,芬兰成为第一个发放 3G 牌照的国家,全球最早开展 3G 业务的是日本运营商,NTT DoCoMo 和 KDDI 分别于 2001 年和 2002 年开通了各自的 3G 服务;2002 年开始 3G 运营的还有韩国运营商 SKT 和 KTF,2003 年全球范围内大面积部署 3G 网络。2009 年 1 月 7 日,我国工业和信息化部向中国移动、中国电信、中国联通分别发放了全业务牌照,包括基础电信业务牌照和 3G 牌照。其中,中国移动获得 TD-SCDMA 牌照,中国联通和中国电信分别获得 WCDMA 和 CDMA2000 牌照,至此,中国电信业务正式进入 3G 时代。

2. 移动通信网络的一般体系结构和功能

移动通信系统一般由移动交换系统(Mobile Switching System,MSS)、基站控制器(Base Station Controller,BSC)、基站(Base Station,BS)和移动台(Mobile Station,MS)组成。移动通信系统基本组成如图 4-29 所示。

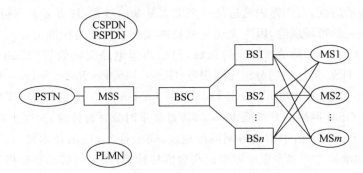

图 4-29　移动通信系统基本组成

其中,移动台 MS 是移动的通信终端,例如手机、寻呼机、无绳电话等。基站 BS 是与移动台联系的一个固定收发机,它接收移动台的无线信号,每个基站负责与一个特定区域内的所有移动台进行通信。基站和移动交换中心之间通过微波或电缆、光缆等有线信道交换信息,移动交换中心再与公共电话网进行连接。公共陆地移动通信网(Public Land Mobile Network,PLMN)则由多个移动通信系统通过数字传输线路互联而成。每个移动通信系统连接当地的固定电话网 PSTN、电路交换公共数据网 CSPTN、分组交换公共数据网 PSPDN 等,与固定网用户进行通话或数据通信。

4.5.2　3G 通信技术标准

国际电联正式公布的第三代移动通信标准中,众多 3G 都利用了 CDMA 相关技术,CDMA 系统以其频率规则简单、频率复用系数高、系统容量大、抗多径能力强、软容量、软切换等特点显示出巨大的发展潜力。我国采用的三种 3G 标准分别是 TD-SCDMA、W-CDMA 和 CDMA2000,下面对这三种标准进行讨论。

1. TD-SCDMA

时分-同步码分多址(Time Division-Synchronous Code Division Multiple Access,TD-SCDMA)是信息产业部电信科学技术研究院在国家主管部门的支持下,根据多年的研究而提出的具有一定特色的 3G 通信标准,是中国百年通信史上第一个具有完全自主知识产权的国际通信标准,在我国通信发展史上具有里程碑的意义。

TD-SCDMA 融合了空分多址(Space Division Multiple Access,SDMA)、同步 CDMA 和软件无线电等当今国际领先技术,可以对频率和不同业务灵活搭配,高效率利用有效资源,加上有 TDMA 和 FDMA 的技术支持,使得抗干扰能力强,系统容量大。

TD-SCDMA 采用了智能天线、联合检测、同步 CDMA、接力切换及自适应功率控制等诸多先进技术,现分述如下。

(1) 智能天线。TD-SCDMA 系统利用时分双工 TDD 使上、下射频信道完全对称,以便基站使用智能天线。智能天线系统由一组天线及相连的收/发信机和先进的数字信号处理算法构成,能有效产生多波束赋形,每个波束指向一个特定终端,并能自动跟踪移动终端。在接收端,通过空间选择型分集,可大大提高接收灵敏度,减少不同位置同信道用户的干扰,有效合并多径分量,抵消多径衰落,提高上行容量。在发送端,智能空间选择性波束成形传送,降低输出功率要求,减少同信道干扰,提高下行容量。

(2) 联合检测。联合检测技术也叫多用户干扰抑制技术,是消除和减轻多用户干扰的主要技术。CDMA 系统是干扰受限系统,干扰包括多径干扰,小区内多用户干扰和小区间干扰,这些干扰破坏各个信道的正交性,降低 CDMA 系统的频谱利用率,过去传统的 Rake 接收机技术把小区内的多用户干扰当成噪声处理,而没有利用该干扰不同于噪声干扰的独特性,而联合检测技术则把所有用户的信号都当成有用信号处理,可以充分利用用户信号的用户码、幅度、定时、延时等信息,从而大幅度降低多径多址干扰。

(3) 同步 CDMA。在 TD-SCDMA 系统中,上行链路和下行链路一样,都采用正交码扩频,移动台动态调整发往基站的时间,使上行信号达到基站时保持同步,保证了上行行道信号不相关,降低了码间干扰。这样,系统的容量由于码间干扰的降低大大提高,同时基站接收机的复杂度也大为降低。

(4) 接力切换。切换就是完成移动台到基站的空中接口转换及基站到网入口和网入口到交换中心的相应转移,切换发生在通信终端在跨越蜂窝结构中不同的小区时。由于智能天线大致可以定位用户的方位和距离,因此 TD-SCDMA 系统的基站和基站控制器可采用接力切换方式,根据用户的测量上报信息,判断终端用户是否需要切换。如果进入切换区,就可以通过基站控制器通知另一基站做好切换准备,达到接力切换的目的。接力切换可以提高切换成功率,降低切换时对临近基站信道资源的占用。基站控制器实时获得移动终端的位置信息,并告知移动终端周围同频率基站信息,移动终端同时与两个基站建立联系,切换由基站控制器判定发起,使移动终端由一个小区切换至另一个小区。TD-SCDMA 系统既支持频率内切换,也支持频率间切换,具有较高的准确度和较短的切换时间,它可动态分配整个网络的容量,也可以实现不同系统间的切换。

（5）自适应功率。蜂窝系统中,由于移动台在小区内的位置是随机分布并且是经常变化的,同一部移动台可能有时处于小区边缘,有时又靠近基站。如果移动台的发射功率按照最大通信距离设计,则当移动台靠近基站时,必然有过量而有害的功率辐射,TD-SCDMA根据通信距离不同,适时地调整发射机的所需功率,实际通信所需接收信号的强度只要能保证信号电平与干扰电平的比值达到规定的门限值就可以了。TD-SCDMA 系统中由于存在多址干扰,若不加限制地增大信号功率就会增大移动台之间的互相干扰,多余的功率辐射必然降低系统的通信容量,所以,TD-SCDMA 在反相链路和下行链路上都进行了功率控制。

2. W-CDMA

宽带码分多址(Wideband Code Division Multiple Access,W-CDMA)最早由爱立信公司提出,是一种由 3GPP 具体制定的基于 GSM MAP 核心网。最初 W-CDMA 的设计是为了能和现有的 GSM 网络协同合作,即两者的蜂窝系统是可以互相融合的,客户并不会因为穿越两个系统的蜂窝单元而丢失当前的呼叫。日本最大的移动电话营运公司 NTT DoCoMo 于 2001 年 5 月推出第一个商用 W-CDMA 第三代移动通信网,也是世界上第一个 3G 移动电话服务。NTT DoCoMo 公司将它的第三代移动电话服务命名为 FOMA (Freedom Of Mobile Multimedia Access),同年 10 月,FOMA 全面商用,3G 正式亮相,世界上首个第三代商用移动网络诞生。目前,W-CDMA 有 Release 99、Release 4、Release 5、Release 6 等版本,中国联通采用的就是 W-CDMA 通信标准。

W-CDMA 技术主要将信息扩展成 3.84MHz 的带宽后,在 5MHz 带宽内进行传输。上行技术参数主要基于欧洲 FM2 方案,下行技术参数则基于日本的 ARIB W-CDMA 的方案。W-CDMA 技术包括 FDD 与 TDD 两种工作方式,前者工作在覆盖面积较大的范围内,其主要特点是可以在分离的两个对称频率信道上进行接收和传送工作,而后者侧重于业务繁重的小范围内。

W-CDMA 支持高速数据传输,完全支持 3G 所要求的慢速移动时 384kb/s,室内走动时 2Mb/s,还支持可变速传输。W-CDMA 定义了三条可利用的公共控制信道及两条专用信道。和 TD-SCDMA 只支持同步基站不同,W-CDMA 可以同时支持异步和同步的基站运行方式,且动态调控多种速率的传输,对多媒体的业务可通过改变扩频比和多码并行传送的方式来实现;上、下行快速、高效的功率控制极大减少了系统的多址干扰,不仅提高了系统容量,同时也大幅度降低了传输功率;对于 GSM/GPRS 网络的兼容可支持软切换和硬切换,切换方式包括三种,即扇区间软切换、小区间软切换和载频间硬切换。

随着用户对多业务需求的不断提高,WCDMA 标准在不同的版本中引入很多新业务,使业务向多样化、个性化方面发展,代表性的有虚拟归属环境概念、引入基于 IP 的多媒体业务及其他形式多样的补充业务等。W-CDMA 系统的整体演进方向为网络结构向 IP 化发展,业务向多样化、多媒体化和个性化方向发展,无线接口向高速传输分组数据发展,小区结构向多层次、多制式重复覆盖方向发展,用户终端向支持多制式、多频段方向发展。

3. CDMA2000

CDMA2000 是美国高通公司为了结合新的高速无线接入技术,更好地提供无线互联业务而提出来的,由标准组织 3GPP2 制定。CDMA2000 是 IS-95 的一种扩展,并且与 IS-95 向后完全兼容,同 W-CDMA 一样,CDMA2000 也使用了一段 5MHz 的带宽,但不能与 GSM 协同工作。

CDMA2000 的技术演进路线如图 4-30 所示,从图中可以看出,从 CDMA 过渡到 3G 的途径有两条:一条是经由 CDMA2000 1X 先过渡到 EV-DO,然后再过渡到 EV-DV;另外一条就是从 CDMA2000 1X 直接过渡到 EV-DV。后向兼容性是 CDMA 标准的重要优势之一,从 IS-95 到 CDMA 2000 1X、CDMA 2000 1X EV-DO 及 CDMA 2000 1X EV-DV,都是后向兼容的,只要部署了 CDMA 网络,就可以较低的代价平滑地向下一代演进。

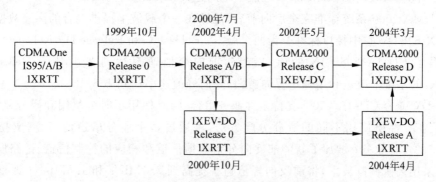

图 4-30　CDMA 2000 技术演进线路图

在一系列标准中,CDMA 2000 1X 在核心网部分引入了分组交换,可支持移动 IP 业务。目前,CDMA 2000 1X Release 0 版本技术已经非常成熟,在全球多个国家和地区成功商用。CDMA 2000 1X EV 是在 CDMA2000 1X 基础上进一步提高速率的增强体制,它从 2000 年开始分为 1X EV-DO 和 1X EV-DV 两个方向。其中,1X EV-DO 技术主要对数据业务进行了增强,即在网络容量和业务级别方面进行了优化,该技术有助于提升无线数据业务的利润空间,已经在韩国、美国和日本等国家有了规模商用;1X EV-DV 技术对数据业务和语音业务同时进行了增强,集 CDMA 2000 1X 和 CDMA 2000 1X EV-DO 两者的优势于一身,可以在 1.25MHz 带宽内同时提供语音业务和高达 3.1Mb/s 的分组数据速率。

1X EV-DORelease 0 标准是为了解决 CDMA 2000 1X 应用于多媒体业务时存在空中接口瓶颈而发布的,该标准根据无线数据业务的非对称性,优化了数据业务的传输能力,前向最高传输速率提高到 2.4Mb/s。

1X EV-DORelease 0 对于前向链路,在给定的某一瞬间,某一用户将得到 1X EV-DO 载波的全部功率,1X EV-DO 载波总是以全功率发射;1X EV-DO Release 0 根据前向射频链路的传输质量,移动终端可以要求 9 种数据速率,最低为 38.4kb/s,最高为 2457.6kb/s,网络不决定前向链路的速率,而是由移动终端根据测得的 C/I 值请求最佳的数据速率;1X EV-DO Release 0 根据数据速率的不同,一个数据包在一个或多个时隙中发送,并允许在成功解调一个数据包后提前终止发送该数据包的剩余时隙,提高系统吞吐量;移动终端根据前向 RAB 信道指示,增加或降低传输速率,数据承载能力与 1X 系统相同,峰值速率为 153.6kb/s;对无线信道状况比较好的用户,基站给予的前向业务速率比较大,前向调度算法决定下一个时隙给哪个用户使用,调度程序向某一用户分配时隙的原则是,移动终端请求的速率与其平均吞吐量之比为最高,在保证系统综合性能最大的同时,所有用户都能获得适当的服务。

以上是 1X EV-DO Release 0 的技术特点,不过因为它只提高数据业务性能,所以有些不足之处,具体表现在:①反向业务能力还维持在 CDMA 2000 1X 系统的水平上,峰值速率只有 153.6kb/s,难以适应对称性较强的业务需求,例如可视电话等;②对 QoS 的支持考虑不够,不能满足业务多样性要求,比如,对于以可视电话为代表的实时业务,无法提供足够的 QoS 保证机制;③存在数据与语音业务的并发问题。

为了解决 1X EV-DO Release 0 性能不足问题,3GPP2 制定了 1X EV-DV 方案,1X EV-DV 与 CDMA 2000 系统标准完全后向兼容,能够在一个载波上提供混合的高速数据和语音业务。1X EV-DV 空中接口标准分为两个版本:Release C 和 Release D。Release C 主要改进和增强了 CDMA 2000 1X 的前向链路,前向峰值速率达到 3.1Mb/s,Release D 在 Release C 的基础上改进和增强了反向链路,反向峰值速率达到 1.8Mb/s。

EV-DV 兼容 CDMA 2000,支持多种业务组合,同时使用了时分复用和码分复用,根据所支持的业务性质使用不同的资源分配方法,可通过多个业务信道的组合,支持不同的 QoS 要求的多种业务;增加了新的前反向分组数据信道和相应的控制信道、链路质量指示信道等,采用高阶调制技术,将前反向峰值速率提高到 3.1Mb/s 和 1.8Mb/s;改变调制和编码格式,使它在系统限制范围内与信道条件相适应,而信道条件则可以通过发送反馈来估计;结合使用纠错编码和 ARQ 技术,有效增加无线链路的数据吞吐量,减少重传时延,将物理层的 HARQ 技术和 AMC 结合起来,可以使数据传输更加适应无线链路的变化,改善数据链路的性能;支持公共速率控制、专用速率控制等不同的调度模式,并且由 MAC 层向基站传输 MS 的相关信息和请求,使得反向链路从申请到发送的调整时延减少,保证了系统的 QoS 性能和对时延敏感型业务的支持能力。

以上是 EV-DV 的技术特点,Release D 完善和增强了 EV-DV 的性能,CDMA 2000 EV-DO 也在同一时期对 Release 0 的不足做了改进,制定了目前中国电信正在使用的 Release A 版本。

Release A 的分组数据信道采用了和 EV-DV Release D 相同的复用和调制方式,支持的前反向峰值速率也达到 3.1Mb/s 和 1.8Mb/s。同时,增强了 QoS 支持,前向链路增加了对小数据包的支持,有利于对时延敏感的小包的传输,RLP 层改进了对单用户多流程的支持,反向链路采用子分组发送,公共速率控制的调度机制,这些改进有效地减少了时延,保障了 EV-DO 的 QoS。Release A 还完善了 1X/DO 双模操作,在网络层对结构做了改动,使得 EV-DO 系统可以接收 1X 系统发送的寻呼消息、短消息等电路域消息。

EV-DORelease A 与 EV-DV Release D 在数据速率支持方面完全相同,并且都对实时业务的支持有相应的解决方案,但 EV-DV 在对语音和高速数据并发业务的支持、对同一载波语音和数据业务的配置比例支持、与 1X 反向兼容等方面比 EV-DO 更具优势,当然技术也更复杂,实现难度更大。随着 CDMA 2000 1X EV 技术标准的不断完善,特别是核心网完全 IP 化以后,EV-DV 和 EV-DO 的业务支持能力将会趋于统一。

小结

　　本章主要介绍了物联网网络传输层涉及的技术,它们分别是无线个人区域网、无线局域网、无线城域网、无线传感器网络及无线移动通信网络。介绍了这些网络的特点、关键技术、主要协议及主要的技术标准,为物联网在不同场合的使用提供了网路层的支持。

习题

　　1. 简述 ZigBee 联盟。

　　2. 简述 ZigBee 协议栈结构及其特点。

　　3. 简述 ZigBee 网络的组建过程。

　　4. 蓝牙技术有哪些特点?

　　5. 蓝牙协议体系中有哪些协议?

　　6. 蓝牙的应用有哪些?

　　7. UWB 技术有哪些应用?

　　8. 简述 UWB 技术的发展历程。

　　9. UWB 有哪些主要的技术特点?

　　10. 简述无线局域网的分类。

　　11. 无线局域网都由哪几部分组成? 无线局域网中的固定基础设施对网络的性能有何影响?

　　12. 无线局域网的 MAC 协议有哪些特点?

　　13. 无线传感器网络有何特点?

　　14. 无线传感器网络应用领域有哪些?

　　15. 无线传感器网络的体系结构如何?

　　16. 无线传感器网络与现有无线网络的区别有哪些?

　　17. 无线城域网 WMAN 的主要特点是什么? 现在已经有了什么标准?

　　18. 无线城域网的协议标准是什么? 致力于推广应用该标准的组织是什么?

　　19. 无线局域网的协议标准是什么? 致力于推广应用该标准的组织是什么?

　　20. 简述移动通信技术的发展阶段。

　　21. 什么是 3G? 它的主要技术标准有哪些?

　　22. 无线传感器网络是否属于无基础设施的无线网络? 为什么?

第 5 章
CHAPTER 5

应用支撑层

应用支撑层,位于感知识别层和网络传输层之上,应用接口层之下,是物联网智慧的源泉。信息技术把人类引上了互联网的奇幻之路,相应的应用层出不穷。近年来,各国政府和工业界正处于一场技术变革当中,这场变革,德国称之为"工业4.0",美国称之为"工业互联网",我国政府则提出"工业4.0""从中国制造到中国智造"。

通常,人们把物联网应用冠以"智能"的名称,如智能家居、智能电网、智能交通、智能物流等,其中的"智慧",就来自这一层。感知识别层生成的大量信息,经过网络传输层传输汇聚到应用支撑层,如果不能有效地整合、利用,就会望着"数据的海洋"一筹莫展。应用支撑层解决物联网中的数据本身(数据库系统)、如何存储(海量存储技术)、如何检索(搜索引擎)、如何使用(大数据挖掘)等问题。

5.1 数据库系统

数据库技术和系统已经成为信息基础设施的核心技术和重要基础。

数据库系统的研究和开发从20世纪60年代中期开始到现在,经历三代演变,取得了十分辉煌的成就,造就了三位图灵奖得主,发展了以数据建模和数据库管理系统(Database Management System,DBMS)核心技术为主,内容丰富的一门学科,并且,带动了一个巨大的数百亿美元的软件产业。

今天,随着计算机系统硬件技术的进步和互联网技术的发展,数据库系统所管理的数据和应用环境发生了很大变化,表现为数据种类越来越多、数据越来越复杂、数据量剧增、应用领域越来越广泛。数据管理无处不需、无处不在,为数据库技术不断带来新的需求、新的挑战和发展机遇。

5.1.1 数据库技术发展史

数据库技术从诞生到现在不到半个世纪的时间里,具备了坚实的理论基础、成熟的商业产品、广泛的应用领域,吸引了越来越多研究者的加入。

数据库的诞生、发展给计算机信息管理带来了一场巨大的革命。几十年来,国内外已经开发建设了成千上万个数据库,已成为企业、部门乃至个人日常工作、生产、生活的基础设施。随着应用的扩展与深入,数据库的数量、规模越来越大,数据库的研究领域已经大大地拓广、深化了。50 年间,数据库领域的学者获得了三次计算机图灵奖——C. W. Bachman(网状数据库之父)、E. F. Codd(关系数据库之父)和 J. Gray(数据库技术和事务处理专家)(如图 5-1 所示),更加充分地说明了数据库是一个充满活力和创新精神的领域。

图 5-1　网状数据库之父 C. W. Bachman、关系数据库之父 E. F. Codd 和事务处理专家 J. Gray

1. 网状数据库和层次数据库

初期,数据处理软件只有文件管理这种形式,数据文件和应用程序一一对应,造成数据冗余、数据不一致性、数据依赖等问题。后来,文件管理系统(File Management System,FMS)作为应用程序和数据文件之间的接口,使得应用程序通过 FMS 和若干文件打交道,一定程度上增加了数据处理的灵活性。但是,这种方式仍以分散、互相独立的数据文件为基础,数据冗余、数据不一致性、处理效率低等问题不可避免。针对上述问题,各国学者、计算机公司、计算机用户以及计算机学术团体纷纷展开研究,为改革数据处理系统进行探索和实验,目标主要是突破文件系统分散管理的弱点,实现对数据的集中控制、统一管理。结果,出现了一种全新而高效的管理技术:数据库技术。

数据库系统的萌芽,出现于 20 世纪 60 年代。

当时,计算机开始广泛应用于数据管理,这对数据的共享提出了越来越高的要求。传统的文件系统,已经不能满足人们的需要,这样,能统一管理和共享数据的 DBMS 应运而生。DBMS 是一种操纵和管理数据库的大型软件,用于建立、使用、维护数据库,对数据库进行统一的管理、控制,以保证数据库的安全性、完整性。数据模型,是数据库系统的核心和基础。各种 DBMS 软件,都是基于某种数据模型的。所以,可以按照数据模型的特点,将传统数据库系统分成网状数据库(Network Database)、层次数据库(Hierarchical Database)、关系数据库(Relational Database)三类。

1961 年,Bachman 成功地开发出世界上第一个网状 DBMS,也是第一个数据库管理系统集成数据存储(Integrated Data Store,IDS),奠定了网状数据库的基础,并在当时得到了广泛的发行和应用。网状数据库模型对于层次、非层次结构的事物都能比较自然地模拟,在关系数据库出现之前,网状 DBMS 比层次 DBMS 用得普遍。数据库发展史上,网状数据库占有重要地位。

层次型 DBMS,紧随网状数据库而出现,如图 5-2 所示。最著名最典型的系统是 IBM

公司在 1968 年开发的 IMS(Information Management System)。这一种适合其主机的层次数据库,为保证阿波罗飞船 1969 年顺利登月做出了贡献,这也是 IBM 公司研制的最早的大型数据库系统程序产品。

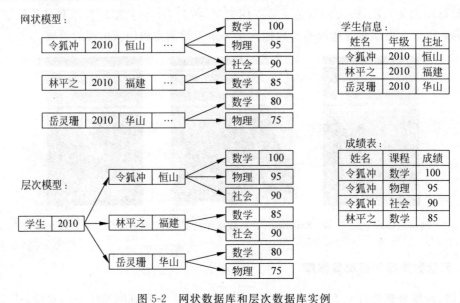

图 5-2　网状数据库和层次数据库实例

2. 关系数据库和结构化查询语言

网状数据库和层次数据库,已经很好地解决了数据的集中、共享问题,但是,在数据独立性和抽象级别上仍有很大欠缺。

1970 年,IBM 的研究员 E. F. Codd 在《ACM 通信》杂志上发表了一篇名为《大型共享数据库的关系模型》的论文,提出了关系模型的概念,奠定了关系模型的理论基础。这篇论文,被人们普遍认为是数据库系统历史上具有划时代意义的里程碑。Codd 的心愿是为数据库建立一个优美的数据模型。后来,他又陆续发表多篇文章,论述了范式理论和衡量关系系统的 12 条标准,并用数学理论奠定了关系数据库的基础。

如图 5-3 所示,关系模型有严格的数学基础,抽象级别比较高,简单清晰,便于理解、使用。但是,当时也有人认为,关系模型只是理想化的数据模型,用来实现 DBMS 是不现实的,尤其担心关系数据库的性能难以接受。更有人视其为当时正在进行中的网状数据库规范化工作的严重威胁。为了促进问题理解,1974 年,ACM 牵头组织了一次研讨会,会上开展了一场分别以 Codd 和 Bachman 为首的支持和反对关系数据库的两派辩论。这次著名的辩论推动了关系数据库的发展,使其最终成为现代数据库产品的主流。

1970 年,关系模型建立之后,IBM 公司在 San Jose 实验室增加了更多的研究人员研究该项目,这个项目就是著名的 System R。其目标是论证一个全功能关系 DBMS 的可行性。项目结束于 1979 年,完成了第一个实现 SQL 的 DBMS。

1973 年,加州大学伯克利分校的 Michael Stonebraker 和 Eugene Wong 利用 System R 已发布的信息来开发自己的关系数据库系统 Ingres。他们开发的 Ingres 项目,最后被 Oracle 公司(全球最大的数据库软件公司,总部位于美国加州的红木滩)、Ingres 公司以及硅

Students

SSN	Name	Major	GPA
1234	Jeff	CS	3.2
2345	Mary	Math	3.0
3456	Bob	CS	2.7
4567	Wang	EE	2.9

Departments

Name	Location	Chairperson
CS	N18EB	Aggarwal
EE	Q4EB	Sackman
Math	LN2200	Hanson
Biology	210S3	Smith

Courses

Name	Course#	CreditHours	Dept
database	CS432	4	CS
database	CS532	4	CS
Dis. Math	Math314	4	Math
Lin. Alg.	Math304	4	Math

CS

Course#	SSN	Grade	Instructor
CS432	1234	A	Chin
CS532	2345	B	Chin
Math314	3456	A	Hanson
Math304	3456	B	Brown

图 5-3　关系数据库和 IBM 的 System R

谷的其他厂商商品化。后来,System R 和 Ingres 系统双双获得 ACM 的 1988 年"软件系统奖"。1976 年,Honeywell(霍尼韦尔)公司开发了第一个商用关系数据库系统 Multics Relational Data Store(MRDS)。关系型数据库系统以关系代数为坚实的理论基础,经过几十年的发展和实际应用,技术越来越成熟、完善,代表产品有 Oracle、IBM 公司的 DB2 和 Informix、微软公司的 SQL Server、Sybase、开放源码的 MySQL、加州大学伯克利分校的 PostgreSQL 等,如图 5-4 所示。

图 5-4　关系数据库代表产品 Oracle、IBM DB2 和 SQL Server

1974 年,IBM 的 Ray Boyce 和 Don Chamberlin 将 Codd 关系数据库的 12 条准则的数学定义以简单的关键字语法表现出来,里程碑式地提出了结构化查询语言(Structured Query Language,SQL)。

SQL 是一种数据库查询和程序设计语言,用于存取数据以及查询、更新、管理关系数据库系统,同时,也是数据库脚本文件的扩展名。SQL 是高级的非过程化编程语言,允许用户在高层数据结构上工作。不要求用户指定对数据的存放方法,也不需要用户了解具体的数据存放方式,所以,具有完全不同底层结构的不同数据库系统,可以使用相同的结构化查询语言作为数据输入与管理的接口。SQL 语句可以嵌套,具有极大的灵活性和强大的功能。

1976 年,IBM 的 E. F. Codd 又发表了一篇里程碑式的论文《R 系统:数据库关系理论》,介绍了关系数据库理论和查询语言 SQL。随后,Oracle 公司的创始人 Larry Ellison 非常仔细地阅读了该文章,敏锐意识到在这个研究基础上可以开发商用软件系统,而当时大多数人认为关系数据库不会有商业价值。几个月后,Ellison 等人就开发了 Oracle 1.0。今天,Oracle 数据库的最新版本为 11g,几乎所有的世界 500 强企业都在使用 Oracle 的数据库。

3. 面向对象数据库

随着信息技术和市场的发展,人们发现,关系型数据库系统虽然技术很成熟,但其局限性也是显而易见的:它能很好地处理所谓的"表格型数据",却对技术界出现的越来越多的复杂类型的数据无能为力。20 世纪 90 年代以后,技术界一直在研究和寻求新型数据库系统。但在什么是新型数据库系统的发展方向的问题上,产业界一度相当困惑。受当时技术风潮影响,相当一段时间内,人们把大量的精力花在研究面向对象的数据库系统(Object Oriented Database)上,如图 5-5 所示。

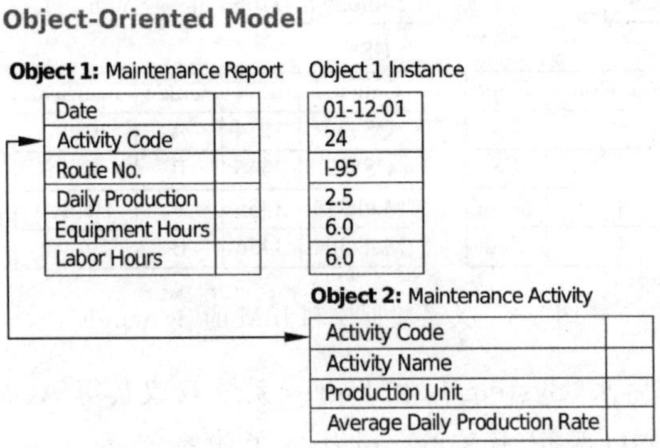

Object-Oriented Model

Object 1: Maintenance Report　　Object 1 Instance

Date	01-12-01
Activity Code	24
Route No.	I-95
Daily Production	2.5
Equipment Hours	6.0
Labor Hours	6.0

Object 2: Maintenance Activity

Activity Code	
Activity Name	
Production Unit	
Average Daily Production Rate	

图 5-5　面向对象数据模型

面向对象是一种认识方法学,也是一种新的程序设计方法学。把面向对象的方法和数据库技术结合起来,可以使数据库系统的分析、设计,最大程度地与人们对客观世界的认识相一致。面向对象数据库系统,是为了满足新的数据库应用需要,而产生的新一代数据库系统。

但是,多年发展表明,面向对象的关系型数据库系统产品的市场发展情况并不理想。理论上的完美性,并没有带来市场的热烈反应。不成功的主要原因在于,这种数据库产品的主要设计思想,企图用新型数据库系统来取代现有的数据库系统。对于许多已经运用数据库系统多年并积累了大量工作数据的客户来说,尤其是大客户,是无法承受新、旧数据间的转换而带来的巨大工作量及巨额开支的。另外,面向对象的关系型数据库系统使查询语言变得极其复杂,使得无论是数据库的开发商家,还是应用客户,都视其复杂的应用技术为畏途。

4. 决策支持系统和数据仓库

20 世纪 60 年代后期,出现了一种新型数据库软件——决策支持系统(Decision Support System,DSS),目的是让管理者在决策过程中更有效地利用数据信息。

DSS 是辅助决策者通过数据、模型、知识,以人机交互方式进行半结构化、非结构化决策的计算机应用系统。它是管理信息系统向更高一级发展而产生的先进信息管理系统,为决策者提供分析问题、建立模型、模拟决策过程和方案的环境,调用各种信息资源和分析工具,帮助决策者提高决策水平和质量。

顺应数据库技术的发展,数据仓库(Data Warehouse)随之出现,它是 DSS 和联机分析应用数据源的结构化数据环境。数据仓库,研究和解决的是从数据库中获取信息的问题。

数据仓库的特征,在于面向主题、集成性、稳定性和时变性。数据仓库由数据仓库之父W. H. Inmon 于 1990 年提出,其主要功能是将组织透过信息系统的联机交易处理经年累月所累积的大量资料,透过数据仓库理论所特有的资料储存架构,做系统的分析整理,以利各种分析方法,如联机分析处理(On-Line Analytical Processing,OLAP)、数据挖掘(Data

Mining,DM)的进行,进而支持如 DSS、主管资讯系统的创建,帮助决策者能快速有效地从大量资料中,分析出有价值的信息,以利决策拟定及快速回应外在环境变动,帮助建构商业智能。

综上,数据库技术的演化如图 5-6 所示,数据挖掘,是信息技术自然演化的结果。该演化过程见证了数据库业界开发的这些功能:数据收集和数据库创建、数据管理(包括数据存储和检索,数据库事务处理),以及数据分析和理解(涉及数据仓库和数据挖掘)。

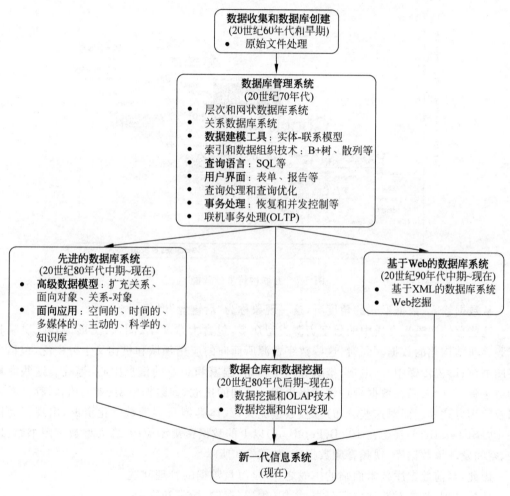

图 5-6 数据库技术的演化

5.1.2 数据管理和后键盘时代

新知识经济时代,创造了前所未有的机遇,但是,知识和信息爆炸同时也带来了十分严峻的挑战。

1999 年,图灵奖获得者 Jim Gray 预测,"从现在起,每 18 个月内全球新增信息量等于计算机有史以来存储量之和。"

人类生产的数据和信息,特别是数字化数据和信息增长如此迅猛,原因之一就在于,随着互联网的广泛应用,金融机构、医疗机构、科研机构、电信邮政部门和各种企业越来越依赖网络和计算机来处理、交换和传输关键业务数据,如图 5-7 所示。此外,另一个重要原因在于,信息领域技术的飞速进步,使进入计算机的数据发生了巨大变化,主要表现在,通过键盘输入的数据所处的统治地位,已经让位于通过其他设备输入的多种数据。例如,扫描的图像,各种装置和设备直接采集的数字化的照片、电视节目、电影、音乐、报纸、书籍、杂志,等等。

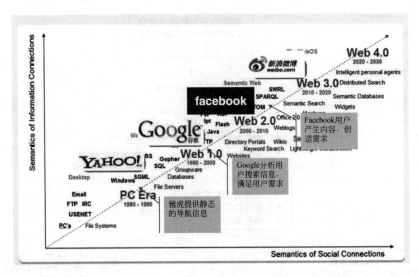

图 5-7　互联网越来越智能

从数据输入、数据形式的角度看,这一现象称为"后键盘"时代。

这些存储在磁光介质中的数字资源类型众多,包含大量文本、图像、图形、动画、视频和音频等非结构化的数据。同时,这些数字资源所面向的应用领域和机构又十分广泛,包括数字图书馆、影视传媒中心(电视、报纸等)、博物馆、国家和企业的信息中心,等等。这些海量的数字资源,给人们在数据管理领域提出了一系列的挑战,如数据模型、查询语言、存储系统以及使用方式等。面对这些分布广泛、数量庞大、载体类型众多的数字化资源,出现了规模在 10^{12} B(TeraByte)甚至在 10^{15} B(PetaByte)以上的数据密集型应用,像大型数字图书馆、地理、空间及环境数据库、视频音频数据库,如图 5-8 所示。

因此,当前数据库技术面临的挑战之一,是海量数据的管理问题。

数据管理,是指对数据进行分类、组织、编码、存储、检索和维护。

数据管理技术的起源,可以追溯到 20 世纪 50 年代中期。那时计算机刚刚出现,主要用于科学计算,由于硬件种类匮乏,软件几乎是空白,因此,数据的管理工作完全由人工方式完成,数据不保存、不共享,也不具有独立性。这些,成为计算机诞生初期数据管理的主要特点。到了 20 世纪 60 年代中期,随着磁盘、磁鼓等直接存取类型的存储设备出现,计算机不仅用于科学计算,还可用于数据管理,其主要特点是数据以"文件"形式长期保存,数据有了逻辑结构与物理结构的区别,但此时数据有冗余、不一致,数据间联系弱。进入 20 世纪 60 年代后期,数据管理技术进入数据库系统阶段。数据库系统克服了文件系统的缺陷,提供对数据更高级、更有效的管理。这个阶段的程序和数据间的联系,是通过 DBMS 来实现的,主要特点是采用数据模型表示复杂的数据结构,有较高的数据独立性,并提供数据控制功能。

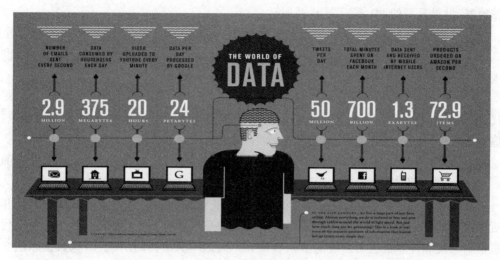

图 5-8　海量的数据

数据库作为目前最成熟、应用最广泛的数据管理技术,对人类社会各方面的发展起到了巨大的推动作用,但是,现代数据的三个典型特点,使得传统关系数据库在应用上显得捉襟见肘、疲于应付。数据库的研究者和制造商们已经看到这些事实变化,正在不断地丰富、完善现有数据库的功能和性能,不断地修补着这架越来越难以驾驭的马车。

(1)海量:全球的数据量正以指数趋势迅猛增长,据保守估计,目前全球每年至少产生15 亿 TB 的新数据。

(2)共享:互联网和通信设备的普及,使得人们能够享受他人提供数据所带来的好处,因此,数据库之间也建立起越来越密切的联系。

(3)多样化:现在,数据已不再是关系模型下纯粹的结构化文本数据,图片、音频、视频乃至非结构化的文档,都涌入到应用中。

其实,上面三个特点只是数据发展的表面现象。那么,对于这些变化,是否需要另辟蹊径,寻求一种新的数据管理技术,在根本上进行大胆的变革? 答案不言而喻,因为我们将面临着前所未有的变革和需求。

1. 全球化和个人主导模式

如图 5-9 所示,著名的《纽约时报》专栏作家托马斯·弗里德曼(Thomas L. Friedman)

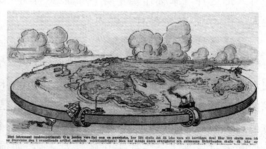

图 5-9　Friedman 和《世界是平的》

在畅销书《世界是平的》中,写了这样两段话:

"我想,全球划分为三个主要纪元。全球化1.0,自1492年持续到大约1800年。全球化2.0,大概从1800年持续至2000年,中间曾经被大萧条及两次大战打断。2000年,世界进入了一个新纪元:全球化3.0。世界从小缩成微小,竞赛场也铲平了。"

"在'1.0'时代,推动全球化的力量来自国家;在'2.0'时代,推动力来自企业;在'3.0'时代,推动力则来自个人。个人的力量大增,不但能直接进行全球合作,也能参与全球竞逐,利器即是软件,是各式各样的计算机程序,加上全球光纤网络的问世,使天涯若比邻。"

按照该书作者的观点,可以得出一个推论,进入21世纪,随着个人计算机和互联网的普及,个人影响力的提升,使得整个世界逐渐由企业主导的模式向个人主导的模式演变。

过去的三十多年里,数据库技术主要服务于企业计算。人们为企业的数据库管理开发了近乎完美的数据库管理系统。作为当前最成熟的系统软件之一,数据库已经成为现代计算机信息系统和计算机应用系统的基础和核心。数据库从最初的层次、网状数据库演变到了今天的关系数据库。大家熟悉的Oracle、DB2和SQL Server等产品已经广泛应用于各行各业。在众人眼里,一切似乎都是如此完美,所有的数据管理问题都能得到答案,然而,事实并非如此。

进入21世纪,我们忽然发现,那些管理着世界上最大、最丰富的数据集合,而且主要为公众服务的谷歌、MSN、雅虎、Facebook等应用,均没有使用传统数据库管理系统,而是另辟蹊径,去寻找能更好地满足个人数据管理需要的方法。

不可否认,过去的几十年中,传统的数据库技术为推动企业数据管理发展做出了无法替代的贡献,而且还将继续发挥其应有的作用。但是,在全球化推动力正在由企业转变到个人的当代,可以断定,新的数据管理技术,将由服务于企业的管理过渡到满足个人的管理需求上。

那么,数据管理技术将在服务于人的管理中起到什么样的核心作用?

那么,如何解决计算性能和计算成本在不断改善,而人类可用的时间和精力却恒定不变这一矛盾?

摩尔定律的一个广义的解读是:计算机的性能随着时间呈指数级增长,同时,计算的成本则会随时间呈指数级下降。该定律随着计算机领域的飞速发展得到了确凿的证明,CPU的速度、内存和硬盘的容量在迅速地增长,相对应地,是价格却一路下降。这个发展趋势的必然结果,就是计算和通信会越来越普及,由此会造成数据量以令人难以想象的速度急剧膨胀。有人把这种现象称作是全球性的数据爆炸,如图5-10所示。也就是说,加速到来的信息让人应接不暇,丝毫没有减轻人们的负担。

据保守估计,目前全球每年至少将产生几十亿TB的新数据。但是,在数据管理中,却有一样东西是基本维持不变的,那就是人的注意力和人能够用在计算方面的时间。每个人总的寿命以及每一天用在工作中的时间,在近千年中几乎没有太大的改变。于是,数据管理技术的研究者和数据管理系统的使用者,发现自己正处于一对看起来很难调解的矛盾之中:一方面,是汹涌而来的海量数据;另一方面,则是个人有限的时间和精力。这块巨石已经压得人们喘不过气来了。怎样去化解这对矛盾,如何使我们在这场人与数据的大战中占得先机,已经成为数据管理研究和应用领域的关键问题。

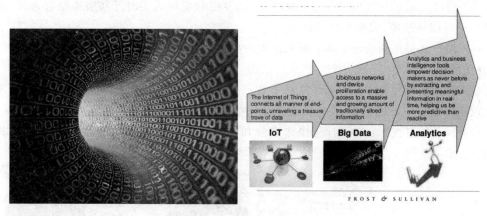

图 5-10　数据洪水和全球性的数据爆炸

2. 谷歌公司和未来计算

过去,计算机研究领域的人们,一直把速度作为计算的核心,孜孜不倦地追求提高计算机的速度、效率,如高性能计算机。正如几十年前,我们一直抱怨天气预报、机器翻译的质量不好,其实是计算机的性能不够好。然而,事实却是,计算机的运行速度到现在已经提升了上百万倍甚至上亿倍,可是机器翻译并没有像预料的那样取得具体的突破性进展,天气预报也一样,还是不够准确。

1998 年,斯坦福大学的博士生 Larry Page 和 Sergey Brin 在车库里创建了谷歌公司。2001 年,谷歌已经索引了近三十亿个网页。2004 年,谷歌发布 Gmail,提供闻所未闻的 1GB 免费邮箱,众人还以为这是个愚人节玩笑。紧接着,谷歌又发布了 Google Map 和被称为"上帝之眼"的 Google Earth。

目前,google.com 是全世界访问量最高的站点。谷歌在全球部署了两百万台服务器,每天处理数以亿计的搜索请求和用户生成的约 24PB 数据,而且这些数据还在不断迅速增长。同时,谷歌的安卓智能手机操作系统,已经拥有超过 40% 的美国智能手机用户,而苹果仅以 8.9% 的市场份额排名第 4。社交服务 Google＋推出不到半月,用户数量就突破 1000 万,其增长速度罕见。数辆谷歌无人驾驶汽车,已经安全行驶了至少 22.5 万千米,没有发生过任何意外。谷歌机器翻译服务能够实现六十多种语言中任意两种语言间的互译。

是什么技术造就了这家让人惊叹的公司？是什么样的平台在支撑这些让人匪夷所思的应用？全世界的人,都很好奇。

这些,都离不开谷歌的云计算和数据中心管理,如图 5-11 所示。下面是数据中心资源管理的基本要求,这些建议来自于 IT 和服务行业中许多数据中心的设计、操作经验。

(1) 使普通用户满意：数据中心的设计,应该至少为广大用户提供 30 年的优质服务。

(2) 可控的信息流：信息流应该可以流水线化,持续的服务和高可用性,是主要目标。

(3) 多用户管理：系统必须能够支持数据中心的所有功能,包括流量、数据库更新和服务器维护。

(4) 适应数据库增长的可扩展性：随着负载增加,系统也随之扩充,存储、处理、I/O、电源和冷却子系统等,也应具有可扩展性。

（5）虚拟化基础设施的可靠性：故障切换、容错和虚拟机实时迁移应该结合起来，使得关键应用可以从故障、灾难中尽快恢复。

（6）用户和提供商的低成本：减低建构在数据中心之上的云系统的用户和提供商的成本，包括操作成本。

（7）安全防范和数据保护：必须部署数据隐私和安全防范机制，来保护数据中心不受网络攻击和系统中断的影响，在用户误用或网络攻击中，还能保持数据的一致性。

（8）绿色信息技术：在设计与操作当前和未来数据中心时，非常需要节约能耗与提升效能。

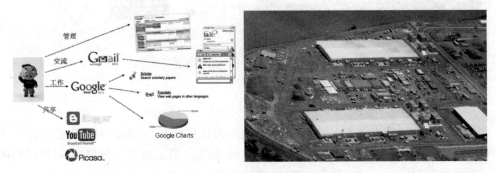

图 5-11　改变人们生活的谷歌及其在俄勒冈州数据中心鸟瞰图

谷歌制胜的法宝，是采用了其多年积累的海量数据。

这说明了计算的核心已不再是速度，而是数据。未来的世界将承载在数据之上。但是，如果我们没有合适的数据管理技术来使用这些海量而嘈杂的数据，那么这些对我们，反而会是一场灾难。究竟什么样的数据管理技术可以帮助我们驾驭这些数据？这非常值得人们去研究。

不难看出，未来先进计算的核心是数据，而数据管理的主体不再是企业，而是围绕个人。

最大限度地提高稀缺的个人时间和精力的利用效率，将是我们面临的新的科学问题。早在 2005 年，Web 2.0 的主要倡导者 Tim O'Reilly 在经典文章《什么是 Web 2.0》中就强调过"数据是新的 Intel Inside"，也就是说，就像 PC 时代 Intel 芯片是核心一样，数据，是新一代计算的核心，如图 5-12 所示。

2007 年，谷歌研究表明，很多情况下海量的数据比好的搜索算法还要重要。而谷歌的竞争对手近来也在抱怨，彼此的差距，主要在用户搜索数据的积累上。谷歌的很多产品，比如翻译和语音输入，同样得益于海量语料库的支持。2009 年，谷歌的研究总监 Peter Norvig 等人发表了 *The Unreasonable Effectiveness of Data* 一文，得出一个结论：简单的模型加上海量的数据比精巧的模型加上少量的数据更有效。正因为此，谷歌首席经济学家 Hal Varian 才会坚称，数据科学家将是未来十年最具吸引力的职位。他认为，管理者甚至中小学生，都应该具备对数据进行处理、从中提取洞察、理解和表达的能力。

Facebook，更是众所周知的数据驱动无处不在的公司。2006 年，为了找出 Facebook 在某些学校不受欢迎的原因，公司从华尔街聘请了数据科学家 Jeff Hammerbacher（Facebook 创始人 Mark Zuckerberg 在哈佛的好友，现在为 Cloudera 的联合创始人、产品副总裁兼首席科学家）。Hammerbacher 和几位同事组成了最早的数据团队，不知不觉中，自行研发了

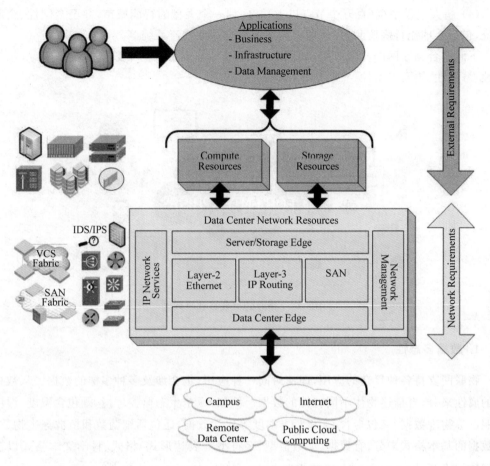

图 5-12　数据中心体系结构

一个商业智能系统,成为 Facebook 日后产品成功的重要基础。

5.1.3　物联网中数据的特点

将物联网所连接的物体或实体,统一看作物理节点,按照连接的物理节点的多少,可将物联网划分成以下 4 种类型。

(1) 小规模系统(100 个节点左右)。例如,一套智能住宅内,相互连接的照明、空调、炊具等家用电器和设备;一套身体传感器网络内,连接在一起的心电监护仪、血压监护仪、呼吸监护仪、体温监护仪和位置监护仪等。

(2) 中规模系统(上万个节点左右)。例如一栋智能建筑,建筑物内的各种照明、消防和防盗系统;一个生态环境监控区域内的空气质量监测仪、水质监测仪,以及被观察的植物和动物状态等。

(3) 大规模系统(上百万个节点左右)。例如一个城市的智能交通系统,涉及交通控制系统、公路监测系统、桥梁监测系统、隧道监测系统,以及铁路和民航系统等;智能电网系统,包括发电系统、输电系统、配电系统和最终用电设备。

　　(4) 超大规模系统(百万个节点以上)。例如一个大型的智能城市,甚至全国性、全球性系统,包括全球流行病监测网、地球观测系统和全球性物流系统等。

　　下面结合物联网的实际应用(如图 5-13 所示),分析物联网中数据的主要特点,包括多态性、海量性、语义丰富性、实时性、可靠性等新问题。

图 5-13　企业的大数据和物联网

1. 数据多态性

　　物联网支持各种复杂的应用,即使对同一种应用,也会涉及多种多样的数据。从数据本身的属性来分,有描述物体不同特性的数据。例如,一个生态监控环境,既包含温度、湿度和光照度等物理数据,又包括含 O_2 和 CO_2 浓度等化学数据,还包括细菌数和植被等生物数据。从数据的基本格式来分,有数据(如数值型、字符型等表达形式)格式、科学文本格式以及可扩展标记语言(Extensible Markup Language,XML)格式等。从数据的结构来分,有结构化数据(如标准的数据记录)和非结构化数据(如视频、音频等多媒体数据)。从数据的语义来分,有采集的底层原始数据,也有经过聚合后的高层概括性数据。

　　数据多态性必定导致数据的异构性:①描述同一个实体的数据具有不同的格式,例如,名字是全称还是缩写,取值的单位和精度不同;②数据本身不一致,例如,由于观测仪器不同,对于同样的观测目标也会得到不同的观测值。同时,描述实体的数据,可能是不断变化的,具有显著的动态性。物联网中,经常发生设备的加入、删除、移动等情况,因此,由设备采集或者设备间进行交互的数据,也处于不断变化之中。语义上的歧义、数据测量的误差以及数据的动态变化,进一步导致了部分数据存在不确定性。

2. 海量性

　　物联网是由数十亿或数万亿个无线识别的物体彼此连接和整合而成的动态网络,这些数量庞大的智能设备进行实时数据采集和彼此之间信息交互,产生了巨大的数据量。因此,需要存储、处理的数据非常巨大。例如,在一个物联网支持的超市物流系统中,如果需要跟踪 1000 万件物品的位置、状态等信息,假设每天读取 10 次,每次 100 个字节,那么,一天的数据量为 10GB,一年的数据量为 3.65TB。如果考虑一个大型的智能交通或生态监测等实时监控系统,那么每天需要处理的数据量可达到 TB 级,一年或多年的历史数据,将达到 PB

量级。

另外,物联网中物体的状态数据,通常以流(Stream)的形式实时产生,有些情况中,甚至是高速产生的,如应急处理中的实时监控系统。这种系统,会源源不断地产生大量的实时监测数据,由于数据难以全部保存下来,所以需要在计算机内存中立即进行过滤、处理。

3. 语义丰富性

物联网所支持的应用,涉及从底层的设备到高层的控制、决策系统,包含大量显式、隐含的应用语义。对于米集到的各种原始数据,需要经过数据集成和语义融合,以获得具有高层语义的信息。例如,为了判断一名患者是否有脑溢血前兆,除了要采集心电信号、血压值和呼吸状态等实时信息,还要结合病历信息等,进行综合信息处理。通常,物联网中的物体具有时空性,因此数据中必须包含时空信息。例如,智能交通系统,必须知道每辆车的行驶时间、行驶地点等时空信息,以预测车辆的运行轨迹和交通流量的变化。

物联网中连接的实体,还具有大量的背景知识。例如,一件由 RFID 标识的商品,虽然电子标签只记录了该商品的唯一标识字,但是,该商品的制造商、产地、品名、型号和价格等大量的元信息,都已经保存在后台数据库中。

4. 查询实时性和可靠性

大多数物联网系统的建立,为了支持实时应用,如实时观测、实时监控、实时控制、实时预测,以及时了解物理世界的现况,对物体和环境进行必要的控制和干预。因此,查询处理必须满足实时要求,保证在限定的时间内给出查询结果。另外,由于物联网的复杂性,系统中存在许多不可知因素,更需要保证查询处理的可靠性。对可能出现的错误或系统故障,应具有容错能力,保证查询结果的正确性和可靠性。

5.1.4　物联网中主要数据管理问题

物联网是一种典型的复杂信息系统,涉及数据管理的各个方面,主要包括数据质量控制、数据融合与数据集成、数据查询和优化、复杂事件处理、数据存储、访问控制和数据隐私保护,如图 5-14 所示。

1. 数据质量控制

物联网数据处理的目的,是把网络上逻辑层的数据与物理层的设备分离,使用户和应用程序只需关心高层的逻辑数据结构,而无须关心物理层的实现细节。这些应用所对应的数据,必须正确、全面,即是高质量的数据。然而,物联网中常用的传感设备,包括 RFID 阅读器以及传感器网络等普适设备,由于其自身的局限和电磁环境的影响,采集到的数据中,往往存在差错。例如,普通 RFID 阅读设备中,会有 30% 以上存在重读、漏读等现象。而传感器网络中,由于节点电量不足、节点间冲突以及噪声等因素,经常会发生节点故障和数据错误。另外,为了解决物联网源数据的多态性,需要进行数据融合、数据集成,即在异构数据之间进行交互和转换,由于实现方法的不同,也严重影响到集成数据的质量。

物联网的数据质量,可以用准确度、置信度、完整性三个指标衡量。

图 5-14　物联网数据管理需求

2. 数据融合与数据集成

为了满足上层应用的需求,首先,需要对物联网前端的边缘设备采集到的源数据,进行数据融合处理,形成有意义的逻辑数据,然后,再对高层的逻辑数据进行数据集成。

物联网数据空间内数据对象的多态性,表现在多类型、异构和无统一模式:①需要有一个统一的数据模型,将这些数据以统一的方式表示出来。这个模型,应该能够描述常见的字符串和数值型数据,也应该能描述图像、视频、音频和信号等多媒体数据,还应能够描述数据对象之间复杂的逻辑关系。②以统一模型为基础,需要研究如何将各种异构数据映射和转换到统一的数据框架中,对于描述同一个对象的各种数据,这里既要解决结构上的冲突,又要解决语义上的冲突。例如,一辆智能汽车上,装有多种传感器,为了进行故障报警,各个传感器采集的数据需要按照时间集成到一起,甚至还需要与环境数据,如海拔高度、气压、风速、路面情况进行数据集成。在进行数据集成时,要考虑传感数据的不确定性和动态性,尽可能地反映真实情况。③物联网中的数据源是分布、自治、独立的。在数据集成过程中,有时需要自动地发现相关的数据源。例如,智能城市中,当发生一起刑事案件时,为了搜集相关的证据,就需要搜索物联网,查找在事发现场中有关证据的所有传感数据,进行数据集成。④数据溯源问题。为了保证集成数据的可靠性,尽可能地消除不确定性,必要时,应该记录数据的来源,可以从当前数据回溯到源数据。⑤数据演化问题。由于物体不断变化,它的属性值也会发生变化,这对于数据的一致性、版本和模式更新等会产生影响,从而改变集成数据的结果。

3. 数据查询

物联网中,根据不同的数据源和不同的产生时刻,数据对于应用具有不同的意义,意味着不同事件的产生。在应用中,需要通过数据查询,获得物理节点的状态信息或者相关事件信息,来制定系统反应规则或事件处理措施。

按照查询频率物联网中的数据,可分为:

（1）连续查询。例如，生态环境检测中，需要定期地查询气温、湿度和污染物含量等数据。

（2）快照查询。当有特别需求时，比如海上紧急救援时，用户临时向系统发出查询关于出事海域的当前气象状况数据。

按照查询和响应之间的关系，可分为：

（1）主动查询。比如，医疗监护应用中，当传感器检测到患者身体的相关指标超出预警值时，就主动向健康监护系统发出警报。或者，患者身上的传感器，周期性地向健康监护系统报告各种身体指标数据。

（2）被动查询。当保健医生向患者身体传感器发出查询时，才返回查询结果。

按照特殊的应用需求，可分为：

（1）历史数据查询。例如，在航空应用中，可以查询飞机上的每个零件的使用情况和因老化或损坏而更新的情况。

（2）轨迹追踪查询。如供应链中物品的配送路径。再如，当可降解的芯片植入患者人体后，可查询芯片的移动路径和移动范围等情况，对芯片进行跟踪和观察。

（3）偏好查询。如最近邻查询：在车辆出现故障时，通过紧急呼叫，查询最近的汽车修理厂等。

除了上述传统的查询需求之外，物联网还带来很多跨领域的查询，主要有：

（1）与情景语义相结合的查询。在跨越不同领域的情景感知服务环境中，查询需要能连接不同的领域，感知情景语义信息，对语义信息进行组合和处理，以感知情境或推理出某个事件是否发生。

（2）与万维网相结合的查询。例如，在突发事件应急处理应用中，对一个突发事件，查询网络上采集到的新闻，搜索到所对应的多媒体画面，再在物联网上搜索返回结果的多媒体设备，以进行深入的跟踪和监控。

4. 复杂事件处理

典型的物联网应用中，上层系统负责监测各个物体的状态和行为，并控制其按照既定的程序做出智能反应并完成相应行为。物体的行为，通常以事件形式表示。例如，底层传感设备将信息以简单事件形式向上传送，事件处理系统整合这些信息生成复合事件，决策系统根据复合事件做出决策，以命令的形式向下传送，底层设备接收到这些命令后再执行相应操作，完成规定任务。事件处理，是一种高级形式的复杂查询，与传统的事件处理相比，除了要求事件检测准确、处理及时外，物联网中的事件处理还具有如下特点。

（1）情境相关性。对一些事件做出判断时，通常需要结合事件发生的具体条件和背景，包括事件发生的空间、时间和对象等相关信息。例如，医疗监护应用中，对患者的监控指标有体温、心率和强度、血压、呼吸频率、血液指标、尿液指标、运动状态等。对于心脏病人要着重考虑其心率、血压、运动状态等指标；对于糖尿病人则要监控其尿糖、血糖等指标。将这些相关指标融合在一起，可以推断出病人的身体状况是否处于正常状态。情境相关性，要求将与某特定目的相关的数据进行逻辑分组，并加入数据之间的语义联系。

（2）动态反馈和交互性。实时监控应用中，人们要针对检测到的事件，触发系统的相应动作。触发的动作，将作为新的输入对系统的状态产生影响，因此，需要继续对系统的状态进行监控。在物联网事件处理中,人们更关心物理节点与观察之间的交互性,使得高层规范和推理机制方便地整合更多的底层细节信息。不仅要考虑系统中事件状态的变迁,更要考虑物理世界和计算机系统的交互作用,通过系统的动态反馈,达到对复杂事件处理功能。例如,医疗监护应用中,系统监测到若干指标参数,如果根据模式匹配规则,并不能完全检测到既定的复合事件,那么,为了保证检测的准确性,系统需要反馈更多的指示,要求身体传感器提供更多的数据。

(3) 分布式因果关系。物联网中,事件通常相互依赖,单个事件可能并没有实际意义。在事件空间上,因果顺序可以反映分离事件之间的逻辑关系。利用事件发生的时间顺序,建立全局状态和局部状态的联系。利用语义上的因果顺序,反映事件依赖关系或者因果关系。这样,一旦给定物理节点行为的合理假设,就能推断出发生过的历史事件,或者预测将来会发生的事件。

5. 数据存储和数据压缩

物联网的数据,来自于连接在网络中的各种物理节点,这些物理节点上的数字芯片,都具有计算、通信和数据存储功能。数据以分布式方式进行存储,然而大多数物理节点的计算能力、存储能力和通信能力有限,物联网的数据存储,对传统的分布式数据库技术提出了很大的挑战。

(1) 存储架构问题。存储结构应采用分布、分级、层次等多种原则。通常,物联网中的物理节点,拥有局部存储器。对于按照某种应用领域构建起来的局域物联网,可以建立中间层数据存储中心。在多个对等的局域物联网之间,数据存储中心可以互相通信、同步数据信息或者完成数据交换,以支持更高一层的应用,形成层次存储架构。在这种层次架构中,在网络的边缘实行分布式和分散的信息处理,即在数据生成的地方就近处理。而物理节点的存储器,应维护有效的缓存,让用户能够及时查找和访问数据,满足应用的实时性要求。

(2) 海量数据存储问题。物联网中的数据,代表数以亿计的物体。实际应用中存在许多实时更新,以及千变万化的更新策略。这种海量数据的存储,将给我们带来巨大的难题。必要时,可采取数据压缩策略,包括压缩存储、减少冗余数据和无用数据等。例如,在 RFID 的数据采集中,有些数据采样频繁但并没有实质性变化,对于应用没有任何帮助,就不需要存储。

(3) 数据一致性同步问题。物联网中的很多物体,并没有永久的网络连接,有些物体甚至没有内在的网络连接,只是依靠本地的环境支持连接。例如,带有 RFID 标签的物体,依赖 RFID 阅读器与其通信。远程信息系统中,通过监视物体的数字替身,或者展示其虚拟代理,以便远程用户可以查询和更新物体的状态,或启动相应的动作。因此,物联网存储架构,需要提供有效的缓存和双向的最新信息同步,以支持缺乏永久可靠的网络连接的应用场景。例如,航空应用中,维修工使用手持设备,检查飞机零件的历史信息;机组人员使用手持设备迅速检查所有必需的安全设备(救生衣、氧气面罩、灭火器等)的存在和位置是否正确。这时,检查者可从手持设备上,看到每个零件的完整的维护历史信息或每个安全设备的当前状况信息。为了提高性能,需要在手持设备中预先缓存有关零件或设备的信息,也可用于暂时记录任何数据更新,如状态变化等。当手持装置位于网络连接范围内时,再实现同步更新。

(4) 数据共享问题。如果物理节点的数据存储能力有限,还可以考虑相关设备之间的数据存储共享策略。这时,需要设计分组关系,确定哪些物体可以控制其他物体共享的数据。

（5）能量有效性问题。与查询处理等其他数据管理技术相同,能量有效性,仍然是数据存储策略当中需要考虑的重要因素之一,需要提供合适的数据存储方法以节约能源。

6. 数据访问控制和数据隐私保护

物联网将每一个"物体"连接到全球互联网上。事实上,大多数物体是敏感的或私有的,需要得到有效保护。

在访问控制方面,物联网与传统的安全数据库一样,需要有效的安全模型和认证机制,来防止非法的数据操作和数据窃取。但是,物联网涉及大量的底层物理设备,如何实现有效的访问控制,也是一个难点。

在数据隐私方面,大量数据直接来自传感器和 RFID 标签设备,因此必须防止个人隐私和敏感物体被未经授权地识别和跟踪。这些设备采集的数据,容易暴露地点、时间以及个人身份。由于物联网的开放性,如何保护海量传感数据的隐私性,成为一个棘手的问题。因为这些海量数据很容易获取,如果结合互联网检索信息,使用复杂的推理技术,就可推演出本属于隐私的信息。物联网的物体异构性、移动性,增加了隐私保护的复杂性。另外,在数据隐私保护方面,还涉及隐私保护框架、属于不同拥有者的物体共同产生的数据的所有权等法律问题。

物联网若要在实际应用中发挥作用,离不开数据管理技术的支持。由于物联网的复杂性、未知性,给数据管理技术提出了巨大的挑战。同时,物联网数据管理技术的开发和应用,也将使数据库技术有一个新的飞跃。

5.2　海量信息存储技术

5.2.1　存储系统的发展概况

计算与存储,是计算机的两大主题。

自第一台计算机诞生开始,计算速度一直是人们关注的主题,存储容量十几年前才开始关注,互联网兴起后计算机发展如虎添翼,很快由计算浪潮掀起网络浪潮,并拓展延伸至当今的存储浪潮。前后不过 30 年光景,速度之快令人惊叹。计算机科学技术与网络通信技术的突飞猛进,迫使并带动滞后的存储技术飞速发展,尤其是,近年来科技、社会领域,如智能电网、智能交通、智能物流、智能绿色建筑、环境监测等物联网综合应用和海量存储的要求,更有力地推动了存储体系结构、集群存储技术、存储设备 I/O 优化、存储系统数据共享等问题的探索和研究,人们不得不费尽心机应对信息爆炸的局面,从多方面、多途径、多层次来考虑解决存储容量和速度问题。

信息是需要传递的。信息的传递,分为"跨空间传递"和"跨时间传递"两种。

我们把信息的跨空间传递称为通信、传输,如打长途电话是信息跨越空间传递的;相反,把信息的跨时间传递称为记忆、存储,如读《全唐诗》是信息跨越时间传递。信息传递的一般形态是时空结合的(时空二维),如书籍、Web、电子邮件,单独的通信和存储,则是两个极端情况。相应地,通信,是信息在时空二维传递的空间维;存储,是信息在时空二维传递的时间维。两者都是信息传递不可缺少的环节。网络环境下,每 18 个月产生的数据量等于有史以来数据量的总和。调查估计,20 世纪中叶前,数据增长 150 年翻一番,20 世纪 50～60 年代,10 年翻一番,至 1992 年,5 年翻一番,预计 2020 年会 73 天翻一番。存储市场为何发展如此之快,变得如此重要呢? 对此,IBM、EMC、Sun 和 Veritas 等 IT 企业给出了以下三条理由。

(1) 数据呈爆炸式增长。我们所处的时代,是一个知识爆炸、信息爆炸的时代。随着 Internet 及各种新的应用如电子商务、电子政务等的发展,信息量不断增加,使得数据存储的需求急剧增长。调查显示,全球每年存储设备(对应于不同的应用环境)增长 1～10 倍,成为计算机硬件系统购买成本中比例最大的部分。网络时代的数据太多,需要海量存储系统。

(2) 数据极端重要。数据就是业务,就是生命线。例如,对银行来说,数据是最大的资产,关系到它的命脉。服务器坏了可以进行更换,数据丢失则是无可挽回的灾难。

(3) 网络需求快速增加。媒体资源需要转换成数字形式后才能通过网络共享,这些数字资源不仅占用了大量存储空间,也增加了管理费用(每 TB 存储的管理成本,是购置成本的 7～10 倍)。应用成本,已经成为新的存储瓶颈,解决这一问题的最好办法,就是把存储系统从服务器中独立出来,建立新的网络存储系统和使用模式。

如图 5-15 所示,目前,存储系统大致可以分成三种类型:直接依附存储系统(Directed Accessed Storage,DAS)、附网存储系统(Net-attached Storage,NAS)和存储区域网络(Storage Area Network,SAN)。

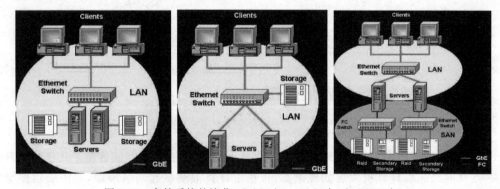

图 5-15　存储系统的演化:DAS(左)、NAS(中)和 SAN(右)

1. 直接依附存储系统 DAS

直接依附存储系统(Directed Accessed Storage,DAS),是服务器的一部分,输入/输出由服务器控制,维护与操作系统、文件系统和服务程序紧密相关。当前,绝大多数存储系统都属于这种类型。

DAS 是几十年来一直沿用至今最重要的存储方法,由于广为使用和不断更新,目前,在一些地区和部门出于经济、地理、方便的原因,仍然是多数服务器采用的方式。磁盘,是价廉方便、容易管理、安全可靠的传输数据和存储数据的载体。单个磁盘容量,已由 MB 升至

TB,吞吐率由几十兆到几百兆。磁盘一直占据存储设备市场的主流地位。历史上,曾经出现过多种技术相互竞争,总是后来居上,后者淘汰前者,磁盘因性能、容量、价格和使用方便的优势,至今还未有匹敌者胜出。随着技术的进步,磁盘性能不断改善,磁盘功能也在不断升级,特别是,20 世纪 80 年代后期的廉价磁盘冗余阵列(Redundant Array of Inexpensive Disk,RAID)技术的强力支撑,使以计算为中心的时代得到了长期的、稳定的、健康的持续发展,为后续互联网浪潮和存储浪潮开辟了广阔的应用前景。

DAS 经专用通信电缆,通过接口将存储设备直接和服务器连接,当服务器接到用户读写访问请求时,向存储器发送 I/O 指令,存储设备根据不同指令进行不同的操作,将要读取的数据直接返回,或将要写入的数据存入存储设备。显然,这种数据传送方法,因为没有其他额外通信开销或数据转换,传输速度最快,吞吐率最高。这里的存储设备,一是磁盘驱动器,包括集成驱动电子线路(Integrated Drive Electronics,IDE)、小型计算机系统接口(Small Computer System Interface,SCSI)、并行高技术附件(Parallel Advanced Technology Attachment,PATA)、串行高技术附件(Serial Advanced Technology Attachment,SATA)、串行附属小型计算机系统接口(Serial Attached SCSI,SAS)等,可与符合协议规范的相应硬盘配套;二是 RAID,由 Berkeley 基于 20 世纪并行 I/O 思想,结合分带(Striping)和交叉存取(Interleaving)存储技术而提出,其原理是,利用数组方式来作磁盘组,配合数据分散排列的设计,提升数据的安全性。磁盘阵列是由很多价格较便宜的磁盘,组合成一个容量巨大的磁盘组,利用个别磁盘提供数据所产生加成效果,来提升整个磁盘系统效能。利用这项技术,将数据切割成许多区段,分别存放在各个硬盘上。磁盘阵列还能利用同位检查的观念,在数组中任一硬盘故障时,仍可读出数据,数据重构时,将数据经计算后重新置入新硬盘中。

以磁盘和磁盘阵列为载体的 DAS 方法,因为是以服务器为中心的存储架构,自身不带有存储操作系统,存储依附于服务器,控制流和数据流都必须经过服务器,CPU 要同时运行程序并管理磁盘,负担重、效率低、容易形成瓶颈和单点故障,尽管有技术成熟、成本较低、部署简便、块数据传输的优势,但还是摆脱不了结构上的缺陷,需加以改进。面对新形势下的数据剧增,需要不断和其他技术融合,来弥补无法实现有效的多机数据共享、电缆电气性能的传输距离受限、可扩展性非常差,以及分散的 DAS 无法进行有效的管理等不足。

2. 附网存储系统 NAS

没有网络的时代,无法实现异地存取,数据不能共享,形成了数据孤岛。互联网兴起后,随着网络技术的进步,开辟了相互沟通的渠道,各种网络存储技术相继研发问世。20 世纪 90 年代,DAS 正面临严重挑战,为了解决当时数据传输中的服务器瓶颈,数据不能跨平台共享,数据传输距离受限,不能在运行中增、减设备的缺陷,出现了将磁盘组成独立的存储设备,从服务器中分离出来,通过局域网直接和用户与服务器相连,减轻服务器负担的设计思想。由此,NAS 应运而生。

附网存储系统(Net-attached Storage,NAS),备有专用数据服务器,该服务器不承担应用服务,也称瘦服务器。NAS 结构中,数据的处理与存储分离开来,存储设备独立地存在于网络中,为其他网络节点提供服务。采用通用数据传输协议如网络文件系统(Network File System,NFS)或公用互联网文件系统(Common Internet File System,CIFS),用户可以非常方便地在 NAS 上存取文件、共享数据。NAS 独立于各个主机,可以安装在网络上的任何地方。但是,当数据存储发展到一定规模,数据服务、数据管理形成了网络的双重负担,NAS 的缺陷就显现出来:如文件服务器没有高可用配置,会出现单点故障;通过通用数据传输协议实现的访问方式会使数据变得不安全;备份操作需要占用大量的网络带宽等。

作为专用的网络文件存储和文件备份设备,NAS 具有专用操作系统,高效的文件管理工具,带一个或多个磁盘驱动器的大容量磁盘,为网络客户提供网络、存储 I/O。NAS 可以单独挂网,拥有唯一的 IP 地址,通过网络接口提供用户充足的存储空间,为用户实现多文件系统和跨平台的文件 I/O 服务。相对文件服务器而言,除了数据存储功能,还有快速数据访问、易管理、配置简单的优势,一时间得到了广泛的应用。但是,NAS 也存在不足,毕竟没有脱离 C/S 体系的基本结构,当用户访问请求十分频繁时,服务器将会出现存储瓶颈。

总之,NAS 以文件服务为中心,将服务器与存储设备分离,数据集中存放管理,服务器仅起控制管理的作用,客户端经网络直接和存储设备相连,易扩展、易管理、可跨平台使用、利于数据共享,有性价比优势,仍然有着广泛的用途。

3. 存储区域网络 SAN

互联网的飞速发展,使得原有存储设备、通信设施都无法满足通信带宽、容量和远距离数据传送的要求,我们必须改变存储体系结构,采用新的通信方法。利用光导纤维传输的频带宽、通信容量大、传输距离远、线路损耗低的潜质,诞生了一种以光纤为传输介质的现代通信方式。正是技术的进步,使得基于光纤通道的 SAN 能从技术层面解决上述存储瓶颈问题。

存储区域网络(Storage Area Network,SAN),是一种专注于信息存储、访问、管理的高速网络,它是 SCSI 技术与网络技术相结合的产物。由于采用高速光纤连接服务器和存储系统,SAN 能够获得较高的传输速率。与 NAS 提供文件级的服务不同,SAN 向用户提供块数据级的服务。它将数据的存储、处理分离开来,彻底改变了主机与存储设备之间的主/从关系。在 SAN 中,所有的存储设备和数据均采用集中方式进行管理,整个系统具有伸缩性,可通过存储集群方式提高可用度。SAN 结构具有很多优点,如灵活的扩展性、非常高的数传率等,但是由于互操作性差、构建费用高昂且需要专业人员管理,其应用受到一定的限制。

和 SCSI 一样的光纤通道(Fibre Channel,FC),最初并不是为硬盘设计开发的接口技术,而是专门为网络系统设计的,但随着存储系统对速度的需求,才逐渐应用到硬盘系统中。FC 硬盘为提高多硬盘存储系统的速度和灵活性出现,大大提高了多硬盘系统的通信速度。FC 的主要特性有:热插拔性、高速带宽、远程连接、连接设备数量大等。

SAN 的用户通过局域网与服务器相连,存储器通过 FC 交换机与服务器相连,与传统的网络存储模式不同,服务器的 CPU 不需要花时间去处理数据存储问题,也没有必要去占用网络带宽备份数据。它的主要任务,是响应处理用户的访问请求,负责系统的监督管理工作,维护系统的正常稳定运行。SAN 采用的是集中式存储策略,而非分散式存储策略。FC 交换机将各级存储器连接组合为一个集中式的存储设备,再与服务器连接,由 SAN 取代服务器实施对整个存储过程的控制和管理。各存储设备之间的相互通信、数据备份都由 FC 交换机处理,并在存储网段进行,不会占用用户与服务器间的通信带宽,不存在通信阻塞,从而提高了服务器的吞吐能力。另外,SAN 以 FC 技术为基础,FC 可以提供高达 1Gb/s 的传输速率和长达 10km 的传输距离,使 SAN 具有良好的网络性能。

可见,SAN 以数据为中心,将网络存储设备与服务器分离,存储设备单独组网集中管理,形成可伸缩性的网络结构,数据集中管理,由 FC 交换机负责路由选择、流量控制、差错处理以及节点端口管理等功能,提供内部任意节点之间多路可选择的数据交换,实现块数据高速、高带宽、远距离数据传输,由于系统易扩展、易管理、可靠和安全,目前多用于需要处理并保存超大容量数据、数据安全十分重要的部门。

综上,从 DAS 到 NAS 到 SAN,存储系统的性能已获得很大提高,然而,NAS 和 SAN 仍有难以克服的缺陷。随着存储系统的规模逐渐扩大,人们迫切需要一种新的方法米改善存储系统的管理问题。虚拟存储,正是在这种情况下产生的,可以对现有的各种存储设备和存储子系统进行整合,对存储管理进行优化,为解决现时的存储需求提供了新的途径。

5.2.2　海量数字资源管理

1. 海量数据应用的特点

新知识经济时代,创造了前所未有的机遇,但同时,知识和信息爆炸也给我们带来了十分严峻的挑战。

美国加州大学伯克利分校 Peter Lyman 和 Hal Varian 的最新报告表明,每年世界生产的信息量都在千亿亿字节以上,即世界上每人平均生产的信息量大约为 800MB。2002 年,全世界生产的纸质、胶片、磁介质、光介质资料共计 5EB(ExaBytes),其中,92% 存储在磁(如硬盘)和光介质中,7% 存储在胶片上,而传统的印刷性资料仅占 0.01%。按照图灵奖获得者 Jim Gray 在 1999 年的预测,"从现在起,每 18 个月内全球新增信息量等于计算机有史以来存储量之和。"

存储在磁光介质中的数字资源类型众多,数字资源所面向的应用领域和机构又十分广泛。这些海量数字资源,给人们在数据管理领域提出了一系列的挑战,如数据模型、查询语言、存储系统以及使用方式等,呈现出明显的多学科交叉的特征,涉及数据库、多媒体、人机交互、全文检索、海量存储系统等众多领域。在迎接这一挑战的过程中,逐渐形成了一个研究分支:海量数字资源管理技术。相应地,数据密集型应用普遍存在如下特点。

(1) 数据的表现形式多样化。与同一主题相关的数据会包含在文字、照片、视频等多种媒体里,信息的访问会涉及对于这些数据及它们之间关系的存取。传统的数据模型,很难表达这些数字化资源的数据。

(2) 数据以多媒体为主,数据量庞大。所保存的数据容量比传统数据库高两三个数量级。这些数据经常会随着时间的推移要进行在线归档保存处理,这是传统的数据库所忽略的。

(3) 元数据的标准和规范变得十分重要。除了对象数据以外,元数据(如描述性、结构性和管理性元数据)标准的制定非常重要。关系数据库里,除了描述关系的元数据以外,数据本身是没有元数据的,因而,数字资源的元数据的管理与访问需要特殊处理。

(4) 生产和使用的过程分离,对数据的读操作远远多于写操作。大量的数据密集型应用的生产和使用是分离的,如电子图书、图像、视频、音频等,而且在使用中极少更新,基本上是只读式的共享,从而避免了传统的数据管理系统中主要的问题之一,即处理数据更新问题。

(5) 数据分布十分广泛。元数据和对象数据的管理,具有全球、全国范围的跨库、跨地区的性质,对数据的交换、存储和管理提出了巨大的挑战,因而,必须遵守一定的标准和规范。

(6) 数据需要长期归档保存。长期保存意味着两个重要的要求:一是对字节流进行长期的维护;二是归档数据的内容不受时间和技术改变的影响,具有连续的可访问性。

2. 关键问题

据摩根斯坦利等权威机构预测,互联网中联网计算机的数量,将增长到十亿级;联网移动终端的数量,将增长到百亿级。

普遍认为,物联网终端的规模将是互联网的数十倍,2020 年,物联网终端的规模,很可能达到千亿量级,2030 年,有可能达到万亿量级。这些终端所产生的数据量,也是海量的,数据规模将从今天的数百 EB 增长到数百 ZB。海量数据的存储、传输与及时处理,将面临前所未有的挑战。海量的数字资源,为我们在数据管理领域的研究和开发提出了以下迫切需要解决的关键问题。

(1) 体系结构。传统的数据库管理系统是面向并发的、短时间的、更新频繁的商务数据处理,事务管理、并发控制是系统的核心。这种体系结构不适应新的要求,海量的数字资源需要新的、适合大规模的数字资源管理的通用框架。

(2) 数据模型。传统的数据模型理论,仅适用于结构化的信息,而无法适合类型各异、关系复杂的半结构和非结构的数字资源,因此,需要研究和提出新的数据模型。海量信息的特征之一,是形态多样性,包括文本、图形、图像、视频和音频等,因此各类信息的结构和语义特征各不相同,信息之间语义关系复杂,需要研究抽象数据类型描述理论,为广泛的信息形态提供开放的、易扩展的信息结构抽象和语义操作描述的模型框架。

(3) 分布、并行和协作环境下的海量信息管理的事务模型及处理方法。主要包括:①海量信息管理的事务模型;②分布、并行和协作环境下的事务管理技术;③面向大量查询、极少修改的应用环境的灵活的事务处理方法等。

(4) 海量信息存储问题。目前,越来越多的大规模应用系统,需要在线存取大量数据,如大型数字图书馆、电信通话记录数据库、地理、空间及环境数据库和视频音频数据库等。传统的以 SCSI 相连的存储器,已经难以胜任海量数字资源的有效存储、在线迁移和持久性归档等问题。因此,研究多级存储结构和基于 SAN 的海量信息存储体系,已是大势所趋。

(5) 海量信息的科学组织和互操作问题。面对如此众多的媒体类型,建立共享和交换的信息源数据组织模型,以及基于元数据和数字对象的相关国际标准和规范,显得尤为重要,必须以元数据规范和标准为基础,建立科学的数字资源分类和组织体系。

(6) 数字资源的查询问题。传统关系数据库系统领域中的查询,都是在给定的数据模式下,通过一定的查询语言如 SQL 来表达用户的查询,而在海量数字资源的查询和检索中,需要提供关键字检索、全文检索、相似性查询和基于内容的多媒体检索等机制。

3. 物联网对软件技术带来的挑战

物联网系统中,大量的传感器节点不断地向数据中心传递所采集的数据,从而形成了海量的异构数据流。数据中心不仅需要理解这些数据,而且需要及时地分析处理这些数据,从而实现有效的感知和控制。不难看出,物联网的以下特点,对软件技术形成了巨大的挑战。

1) 传感器节点及采样数据的异构性

物联网系统中包含形形色色的传感器,如交通类传感器、水文类传感器、地质类传感器、气象类传感器、生物医学类传感器等。其中,每一类传感器又包括诸多具体用途的传感器,如交通类传感器,包括全球定位系统(Global Positioning System,GPS)传感器、RFID 传感器、车牌识别传感器、电子照相身份识别传感器、交通流量传感器(红外、线圈、光学、视频传感器)、路况传感器、车况传感器等。这些传感器不仅结构和功能不同,而且所采集的数据也是异构的。这种异构性,大大增加了软件开发和数据处理的难度。

2) 物联网数据的时效性

物联网数据所反映的,都是在数据采集时刻传感器的状态。例如,机场油库温度传感器的采样值,只在规定的时间范围(如 1min)内有效,一旦超出该时间范围,传感器的采样值也就不再有效。此外,由于传感器数据反映的,是被监控目标的物理状态,系统反应速度过慢超过规定的时间范围就可能导致灾难性的后果,这就要求物联网系统必须具有快速反应的能力。

3) 物联网数据的时空敏感性

与普通互联网节点不同,物联网节点普遍存在着空间和时间属性,即每个节点都有地理位置,每个数据采样值都有时间属性,而且许多节点的地理位置还是随时间连续变化和移动的。例如,在智能交通系统中,车辆安装了高精度 GPS,在交通网络中动态地移动;候鸟跟踪系统,通过 GPS 所跟踪的鸟群位置与迁徙路线也是随时间动态变化的;即使是位置固定的传感器,如车库传感器采集的空闲车位数,也是一个与时间和空间相关的值。由此可见,对物联网节点空间和时间属性的智能化管理,至关重要。

4) 物联网的高度安全性与隐私性

安全与隐私保护,是信息技术领域的一个永恒的主题,而物联网将安全与隐私的要求提升到了一个新的高度。由于物联网中接入了大量的隐私敏感设备,如摄像头、录音设备、位置跟踪设备、指纹采集器、医疗传感器等,保护不当可能导致大量隐私信息被窃取并被非法使用。此外,物的接入也带来了诸多新的问题,如基于物理量的隐蔽信道问题及隐私泄露问题,通过家庭的电流变化可以推断家庭的活动规律等私密信息。

5.2.3　海量存储的技术措施

1. 分布式文件系统

要解决数据存储的成本、可靠性与可用性、性能等问题,将数据分布存储几乎可以说是唯一的选择。

采用分布式存储后,可以利用多台廉价的服务器来替代昂贵的专用硬件,从而获得巨大的成本优势。而对于可靠性来说,将一份数据多份存储是解决数据可靠性最好的办法,而为了解决可用性问题,甚至需要将一份数据存储到不同的互联网数据中心(Internet Data Center,IDC),甚至不同的省市。数据分布存储后,由于能够同时发挥大量硬盘的 I/O 性能优势,所以访问性能也将获得极大的提高,如图 5-16 所示。

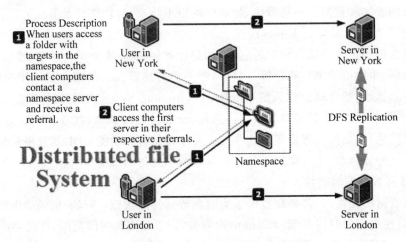

图 5-16　分布式文件系统

　　然而,当海量存储涉及成千上万个分布式存储节点时,如何有效地管理这些存储节点,并非易事。

　　由于海量存储几乎不可能容忍停机,如何动态地对系统进行扩容,也成为非常复杂的问题。由于数据被存储多份,数据出现不一致的可能性,大大增加。这些难点,都是分布式文件系统需要解决的问题。谷歌文件系统(Google File System,GFS)是其中的代表。GFS 与以往文件系统的不同点有:①采用分布式的多台廉价服务器,替代专用的存储设备;②存储部件故障,不再被当作异常,而是将其作为常见的情况加以处理,如存储系统中的少部分服务器、硬盘、交换机出现故障,都不会影响存储系统的正常运作;③存储的文件可以非常巨大;④大部分文件的更新,通过添加新数据完成,尽量不对已存在的数据进行修改操作;⑤针对读多写少的应用进行了优化,这符合大多数互联网业务的特征。GFS 的实现满足低成本、高可靠性、高可用性的特征,并且在性能方面可做到随存储规模的增加而增大,使得 GFS 成为谷歌内部海量数据存储的良好工具。

　　2004 年,正当开源搜索引擎 Nutch 和开源全文检索包 Lucene 之父 Doug Cutting 为平台的可靠性和性能深受困扰时,看到了谷歌发表的 GFS 和 MapReduce 论文,然后,他花了两年时间将其实现,使平台的能力得到大幅提升。2006 年,Doug Cutting 加入雅虎,并将这部分工作单列形成 Hadoop 项目组。而 Hadoop 的名称,并不是一个正式的英文单词,而来源于 Doug Cutting 的小儿子对所玩的小象玩具牙牙学语的称呼。

　　谷歌只是在论文中描述了 HDFS(Hadoop 分布式文件系统)的原理,并没有对外开放其具体实现。而将这种分布式文件系统真正普及化的产品,是开源项目 Hadoop 中包含的 HDFS 文件系统。HDFS 的出现,使得分布式文件系统能够真正得到普及。除了 HDFS 外,国内外一些大型互联网公司,也在公司内部开发使用了自主研发的分布式文体系统,自主研发的主要好处,在于可以根据自己的业务特征进行针对性的优化。

2. NoSQL 技术

　　伴随云计算概念的兴起,尤其在传统的关系数据库面临各种压力、挑战的情况下,

NoSQL 数据库应运而生,如图 5-17 所示。

图 5-17　NoSQL 系统

顾名思义,NoSQL 数据库,打破了传统的关系数据库的范式约束。

由于传统的关系数据库在应付高并发读写、海量数据的高效存储和访问,以及对数据库的高可扩展性和高可用性的需求时显得力不从心,暴露出许多难以克服的问题,因此,引发了 NoSQL 运动。拥护者认为,关系数据库的许多主要特性面对当前的挑战不但无用武之地,反倒掣肘系统的功能、性能,比如数据库事务的一致性需求、读/写实时性的需求以及复杂的 SQL 查询,特别是多表关联查询等。因此,各种 NoSQL 数据库放弃了关系数据库强大的 SQL 查询语言和事务一致性及范式的约束,采用 Key-Value 数据格式存储,以满足极高的并发读写性能,或者采用面向文档的方式,保证系统满足海量数据存储的同时具备良好的查询性能;或者针对可扩展性展开的可伸缩数据库,以增强其弹性的扩展能力。

并不是所有的用户数据都适合用文件的形式存储,这也是分布式文件系统不能解决所有大规模云端数据存储的重要原因。

例如,在微博应用中,需要一次性查询到一个用户对应的多条博文。如果使用文件存储,那么每次需要打开多个文件并定位到对应内容的代价会很高。而如果使用传统的关系型数据库进行存储,则一方面性能不够理想,另一方面又很难利用分布式系统提供的好处。因此,NoSQL 系统舍弃了一些 SQL 标准中的功能,取而代之的,是一些简单灵活的功能,使得分布式存储变得更加容易。同时,NoSQL 的构建思想,就是尽量简化数据操作,让操作的执行效率可预估,这也使得分布式的 NoSQL 系统有着非常好的性能。分布式的 NoSQL 数据库代表产品,有谷歌的 BigTable 和亚马逊的 Dynamo,此外,还有一些利用 NoSQL 数据库的产品,虽然其本身对分布式支持并不是特别完善,但可以通过应用层逻辑来实现分布式存储,如 MongoDB 和 Redis 等。

尽管 NoSQL 技术有种种好处,不过从实际使用上看,目前还存在一些薄弱环节,一方面,是数据的统计分析没有传统关系型数据库简单,另一方面,NoSQL 数据库的运维管理工具的成熟度相比主流关系型数据库,也还有所欠缺,这些也是 NoSQL 技术后续需要持续完善的方向。

NoSQL 数据库从满足应用需求的角度来说,渴求找到一种集一致性、可用性和高容错性于一身的数据存储及管理方案,以应对日益高涨的数据管理需求。然而,加州大学伯克利分校的 Eric Brewer 教授(如图 5-18 所示)所提出的著名的 CAP 理论指出,一致性(Consistency,C)、可用性(Availability,A)和分区容错性(Tolerance of network Partition,P),三者不可兼得,必须要有所取舍。关注一致性,就需要处理因系统不可用而导致的写操作失败的情况;关注系统可用性,就需要做好读出的数据并不一定是最新值的准备。传统数据库保证了强一致性(ACID 指在数据库管理系统中事务所具有的 4 个特性:原子性

(Atomicity)、一致性(Consistency)、隔离性(Isolation)、持久性(Durability))和高可用性(侧重 CA),所以,分布式数据库的集群实现非常困难,其扩展性受到了一定程度的限制。

近年来不断发展壮大的 NoSQL 数据库,尤其是关键值(Key-Value)数据库,就是通过牺牲强一致性,采用 BASE 模型,用最终一致性的思想来设计系统,使系统达到高可扩展性和高可用性(侧重 AP)。但是,对于 CAP 理论也有一些不同的声音,加州大学伯克利分校的另一位数据库大师 Michael Stonebraker(如图 5-18 所示)提出,为了分区容错性而牺牲一致性,是不可取的。事实上,数据库系统最大的优势,就在于对一致性的保证,如果放弃了一致性,也许 NoSQL 比数据库更有优势。

图 5-18　加州大学伯克利分校的埃里克·布鲁尔和迈克尔·斯通布雷克

3. 分布式存储系统算法

在分布式存储系统中,涉及的核心算法主要有:①数据哈希算法。通过哈希算法,决定数据应该在哪个节点存储。传统的哈希算法虽然可以做到数据的均匀分布,但一旦需要系统扩容,或者在现有系统摘除一个节点,则整个系统的数据需要进行迁移,涉及的工作量非常巨大,而一致性哈希算法很好地解决了这个问题。②数据容错算法。当数据存储多份时,如果遇到节点无法读取或写入成功,一种方案是把故障节点摘除,但从实际经验来看,分布式系统中节点无法访问,经常是网络瞬间故障导致,这种方案往往引起频繁的节点摘除操作,甚至导致大量数据不一致。另外一种方案,允许少数节点的读取或写入失败,但在读取时通过综合读取多个节点信息进行校验纠正。亚马逊在 Dynamo 中使用的 QuorumNRW 算法,就是这类方案的一个代表。③一致性算法。在分布式系统中,如何实现关键状态的一致性是较为困难的环节。例如,有三个控制节点要自动同步更新一个信息,由于网络故障,其中两个节点同步更新成功了,另外一个节点更新失败了,这种数据不一致,会带来严重的数据错误。一致性算法,就是为了尽可能地把发生这种故障的可能性降低,Paxos 是一致性算法中一个典型的代表。

5.2.4　物联网与云计算

计算范型和思维模式,每隔 15 年左右就会发生一次变革。

互联网引发的变革,始于 1995 年。至今二十多年过去了,物联网(Internet of Things)的迅猛发展及其背后蕴含的智能信息服务空间(Cyberspace,Internet of Services)或许正暗示着下一个变革的到来。

物联网系统,更像是一个事件驱动的体系结构,传感设备通过移动网络、互联网、处理云连接到各种应用中。如图 5-19 所示,这是一个三层体系结构,顶层是由应用驱动形成的。物联网应用空间很大,底层是各种类型的传感设备,有 RFID 标签、ZigBee 或者其他类型的传感器,以及 CPS 道路映射导航仪。传感设备,借助 RFID 网络、传感器网络和 GPS 的本地或者全局网络实现互连。这些传感设备收集到的信号和信息,通过中间云计算平台提交给应用。

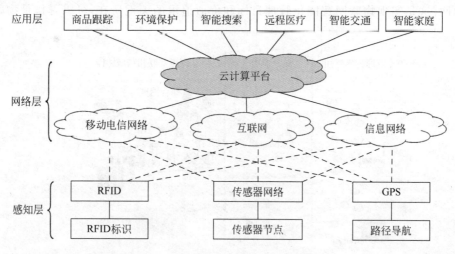

图 5-19　物联网体系结构和云计算平台

用于信号处理的云构建在移动网络、骨干互联网和各种信息网络之上,处在体系结构的中间层。物联网中,感知事件的含义,并不符合一种确定模型或者语法模型,而是使用了面向服务的体系结构(Service-Oriented Architecture,SOA)模型。大量的传感器和过滤器用于原始数据的收集,各种计算和存储云、网格用于处理数据,并把数据转化为信息和知识形式。感应获得的消息综合,形成一个智能应用的决策系统。中间层,也可以看作是语义网或语义网格。

1. 物联网前端和后端

每当人们谈及互联网,想到的不只是物理设备构成的网,还有一个巨大的信息系统,物联网的情况也与之类似。物联网多被看作是互联网通过各种信息感应、探测、识别、定位、跟踪、监控等手段和设备向物理世界的延伸。这只是人类社会对物理世界实现感、知、控的第一个环节。基于互联网计算的涌现智能以及对物理世界的反馈和控制是另外两个环节。我们把第一个环节称为物联网前端,把后两个环节称为物联网后端。

实时感应、高度并发、自主协同、涌现效应等特征对物联网后端提出了新的挑战,需要有针对性地讨论物联网特定的应用集成、体系结构、标准规范等问题,特别是大量高并发事件驱动的应用自动关联和智能协作问题。在互联网计算领域,将软件的实现与运维和用法相关部分(服务)剥离,并纳入到互联网级基础设施中(云计算的本质所在),大势所趋。服务,已成为构建应用和进行业务演算的基石。针对物联网需求特征的优化策略、优化方法、涌现智能也将更多地以服务组合的形式体现,出现物联网服务新形态。

物联网可以看作是互联网通过传感网络向物理世界的延伸,其最终目标是实现对物理

世界的智能化管理。在逻辑上,物联网包括如图5-20所示的三个层次,其中:

(1)物理世界感知,是物联网的基础,它基于传感技术和网络通信技术,实现对物理世界的探测、识别、定位、跟踪、监控,可以看作是物联网的前端。

(2)大量独立建设的单一物联网应用,是物联网建设的起点与基本元素,该类应用,往往局限于对单一物品的感应与智能管理,每个物联网应用都是物联网上的一个逻辑节点。

(3)通过对众多单一物联网应用的深度互联、跨域协作,物联网可以形成一个多层嵌套的网中网,这是实现物联网智能化管理目标和价值追求的关键所在,可以看作是物联网的后端。

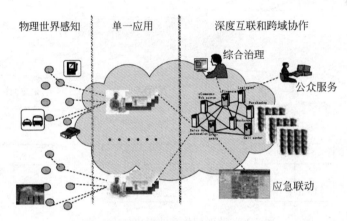

图 5-20　物联网的三个层次

综上所述,实时感应、高度并发、自主协同、涌现效应等特征要求从新的角度审视物联网后端信息基础设施,对当前互联网计算(包括云计算、服务计算、网格等)提出了新的挑战,需要有针对性地研究物联网特定的应用集成问题、体系结构、标准规范,特别是大量高并发事件驱动的应用自动关联和智能协作问题。

2. 云的广泛互联和信息物理系统

不能简单地设想和推断,云计算应对物联网"后端"需求。

云计算按照服务类型,大致可以分为三类:将基础设施作为服务(Infrastructure as a Service,IaaS)、将平台作为服务(Platform as a Service,PaaS)和将软件作为服务(Software as a Service,SaaS)。

事实上,信息技术的发展,正在不断效仿人类社会的发展模式。计算机领域的很多思想和方法,都直接受到人类社会的影响,例如,面向对象的编程思想、客户/服务器的体系结构等。近年来,社会基础设施的运作模式,得到了信息技术领域人士的广泛关注。人类社会中,与基础设施相关的社会分工专业化、生产经营集约化有利于降低成本、提高效益,是各行各业的发展规律。可以将人类社会基础设施概括为三个核心元素:客户(Client)、服务(Service)和基础设施(Infrastructure)。例如,有关电力、交通、水利的运作是由发电厂、公路和水利系统等基础设施实现的,采用"即需即取"的商业模式,通过电力输送线路、电源插座、水管、电表、水表等一系列的服务工具,来提供给客户(广大公众)使用。效用计算(Utility Computing)、网格和云都是对人类社会基础设施的某种程度上的效仿。

"云"的发展,大体分为以下三个阶段。

第一阶段,网格从科学领域需求出发,云计算从互联网特定的大规模数据处理需求出发,Web 2.0 从用户参与的角度出发,尽管各自的应用领域、视角和侧重不同,但都取得了明显的进步,出现了一些令人鼓舞的典型应用;第二阶段,技术体系将互相渗透,会出现统一运营的行业云、第三方运营中心等;第三阶段,也是互联网计算的愿景:客户通过基于标准的服务交互方式,以极低的成本按需从基础设施获取高质量的计算、存储、数据、平台、应用等服务,客户无须关心服务是由哪朵云提供的。

人类基础设施的发展,经过上百年还未完善,可以断定,物联网后端的发展完善也是一个长远的事情。因此,人们不能把云计算的愿景当作现实。同时,需要充分考虑到物联网上的信息具有多元、多源、多级过滤和分析、动态变化、数据量巨大等特点。

物联网、互联网和云计算的关系,如图 5-21 所示。物联网与云计算作为当前的热点,得到极大的关注。然而,现有的云计算技术,还不能满足具有实时感应、高度并发、自主协同和涌现效应特征的物联网后端的需求。为此,需要在云、服务计算、网格和 Web 2.0 等基础上,针对大量高并发事件驱动的应用自动关联和智能协作问题,对物联网后端信息处理基础设施的整体架构进行设计优化。不过,在具体过程中,还要避免过早建立过于庞大和理想化的体系。此外,还要重视杀手铜应用和价值牵引的作用。

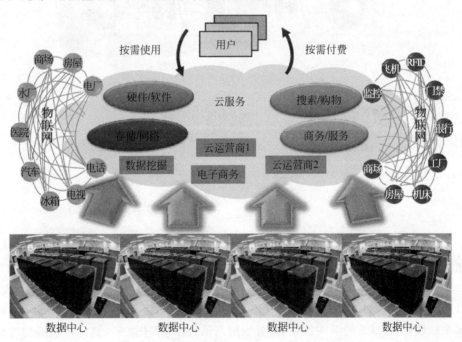

图 5-21 物联网＋互联网＋云计算

计算机变得越来越普及,计算机设备已应用在电视遥控器、智能手机、电梯、自动扶梯、雨刮器、办公室/家里的温度调节器,以及十字路口的交通信号灯中。这些设备在日常生活中非常普遍,以至于我们甚至不认为它们是计算机。这些设备称为嵌入式系统(Embedded System),完成一个或者多个特定的功能。嵌入式系统是一种专用的计算机系统,作为装置、设备的一部分。通常,嵌入式系统是一个控制程序存储在 ROM 中的嵌入式处理器控制板。事实上,所有带有数字接口的设备,如手表、微波炉、录像机、汽车等,都使用嵌入式系统,有些嵌入式系统还包含操作系统,但大多数嵌入式系统都是由单个程序实现整个控制逻辑。

随着智能手机、GPS 导航、平板电脑的出现,嵌入式系统发展成为新的智能系统,称为信息物理系统(Cyber-Physical System,CPS)。

CPS 把计算机过程和物理世界结合起来,形成一个交互式智能嵌入式系统,如图 5-22 所示。CPS 在很多领域也得到应用,包括汽车、航空航天、卫生医疗、机器人、制造业、战场训练、消费类电器等。一个完整的 CPS,包括嵌入式计算机、网络监测器和对物理过程的智能控制,而人参与到反馈环中。在物理世界中,CPS 必须实时处理人机交互。图 5-23 给出了典型的 CPS 抽象体系结构。

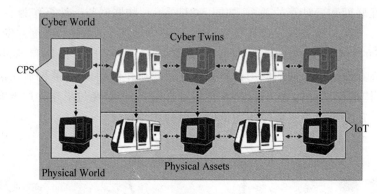

图 5-22　物联网和 CPS

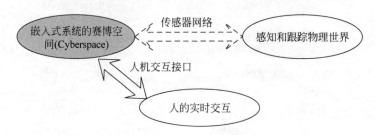

图 5-23　CPS 中三个组成部分交互式智能工作

图中的三个组成部分,相互之间频繁交互,传感器网络、人机交互接口,是三个部分连接的桥梁。在一个 CPS 中,赛博空间(Cyperspace)和物理世界相互融合,其中,嵌入式计算、真实世界数据、实时响应具有同等重要性。这种新的融合,需要新的认识、技术来处理。为了在多个领域扩展 CPS 的潜在作用,需要发展新的技术,其中之一,就是在正确的时候人的干预,比如在开车时,人的干预要避免和系统的冲突。

5.2.5　谷歌数据中心

谷歌公司有一套专属的云计算平台,这个平台,先是为谷歌最重要的搜索应用提供服务,现在已经扩展到其他应用程序。谷歌的云计算基础架构模式,包括 4 个相互独立又紧密结合在一起的系统: Google File System(分布式文件系统),针对谷歌应用程序的特点提出的 MapReduce 编程模式,分布式的锁机制 Chubby,以及谷歌开发的模型简化的大规模分布式数据库 BigTable。

1. 谷歌文件系统 GFS

除了性能,可伸缩性、可靠性以及可用性以外,谷歌文件系统(Google File System,GFS)的设计,还受到谷歌应用负载和技术环境的影响,体现在 4 个方面:①充分考虑到大量节点的失效问题,需要通过软件将容错以及自动恢复功能集成在系统中;②构造特殊的文件系统参数,文件通常大小以 GB 计,并包含大量小文件;③充分考虑应用的特性,增加文件追加操作,优化顺序读写速度;④文件系统的某些具体操作不再透明,需要应用程序的协助完成。

图 5-24 给出了 GFS 的系统架构。

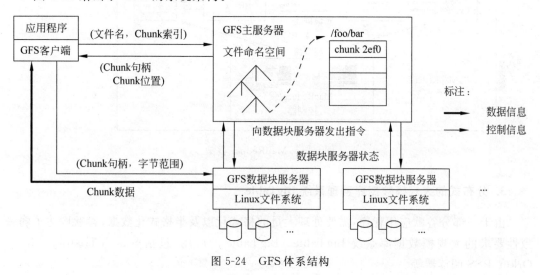

图 5-24　GFS 体系结构

如图 5-24 所示,一个 GFS 集群,包含一个主服务器和多个块服务器,被多个客户端访问。大文件被分割成固定尺寸的块,块服务器,把块作为 Linux 文件保存在本地硬盘上,并根据指定的块句柄和字节范围来读写块数据。为了保证可靠性,每个块被默认保存三个备份。主服务器,管理文件系统所有的元数据,包括名字空间、访问控制、文件到块的映射、块物理位置等相关信息。通过服务器端和客户端的联合设计,GFS 对应用支持达到性能与可用性最优。GFS 是为谷歌应用程序本身而设计的,在内部部署了许多 GFS 集群。有的集群,拥有超过 1000 个存储节点,超过 300TB 的硬盘空间,被不同机器上的数百个客户端连续不断地频繁访问着。

2. MapReduce 分布式编程环境

谷歌构造了 MapReduce 编程规范,来简化分布式系统的编程。

应用程序编写人员只需将精力放在应用程序本身,而关于集群的处理问题,包括可靠性和可扩展性,则交由平台来处理。

MapReduce 通过 Map(映射)和 Reduce(化简)这样两个简单的概念来构成运算基本单元,用户只需提供自己的 Map 函数以及 Reduce 函数即可并行处理海量数据。

在 Map 函数中,用户的程序将文本中所有出现的单词都按照出现计数 1(以 Key-Value 对的形式)发射到 MapReduce 给出的一个中间临时空间中。通过 MapReduce 中间处理过程,将所有相同的单词产生的中间结果分配到同样一个 Reduce 函数中。而每一个 Reduce 函数,则只需把计数累加在一起即可获得最后结果。

图 5-25 给出了 MapReduce 执行过程,分为 Map 和 Reduce 两个阶段,都使用了集群中的所有节点。在两个阶段之间,还有一个中间的分类阶段,即将包含相同 Key 的中间结果交给同一个 Reduce 函数去执行。

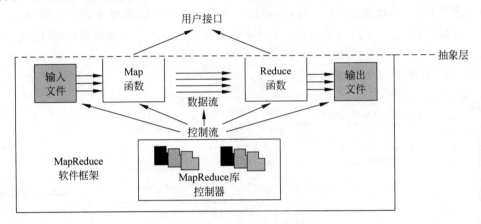

图 5-25　MapReduce 框架

3. 分布式的大规模数据库管理系统 BigTable

由于一部分谷歌应用程序,需要处理大量的格式化以及半格式化数据,谷歌构建了弱一致性要求的大规模数据库系统 BigTable。BigTable 的应用,包括 Search History、Maps、Orkut、RSS 阅读器等。

图 5-26 给出了在 BigTable 模型中给出的数据模型。数据模型,包括行列以及相应的时间戳,所有的数据都存放在表格单元中。BigTable 的内容,按照行来划分,多个行组成一个小表,保存到某一个服务器节点中。这个小表,称为 Tablet。

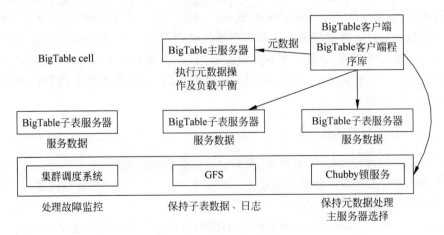

图 5-26　BigTable 基本架构

与前述系统类似,BigTable 也是客户端和服务器端的联合设计,使得性能能够最大程度地符合应用的需求。BigTable 系统,依赖于集群系统的底层结构,一个是分布式的集群任务调度器,一个是前述的谷歌文件系统,还有一个分布式的锁服务 Chubby。

Chubby 是一个非常鲁棒的粗粒度锁,BigTable 使用 Chubby 来保存根数据表格的指针,即用户可以首先从 Chubby 锁服务器中获得根表的位置,进而对数据进行访问。BigTable 使用一台服务器作为主服务器,用来保存、操作元数据。主服务器除了管理元数据之外,还负责对 Tablet 服务器(即一般意义上的数据服务器)进行远程管理与负载调配。客户端通过编程接口与主服务器进行元数据通信,与 Tablet 服务器进行数据通信。

以上是谷歌内部云计算基础平台的三个主要部分。谷歌还构建了其他云计算组件,包括一个领域描述语言以及分布式锁服务机制等。谷歌内部构建集群的方法,使用了大量的 x86 服务器集群来构建整个计算的硬件基础设施。Sawzall,是一种建立在 MapReduce 基础上的领域语言,专门用于大规模的信息处理。Chubby,是一个高可用、分布式数据锁服务。当有机器失效时,Chubby 使用 Paxos 算法来保证备份的一致性。Chubby 的小型分布式文件系统的每一个单元都可以用来提供锁服务。

5.3　搜索引擎技术

搜索引擎,指根据一定的策略、运用特定的计算机程序从互联网上搜集信息,在对信息进行组织和处理后,为用户提供检索服务,将用户检索相关的信息展示给用户的系统。

因特网上的信息浩瀚万千,而且毫无秩序,所有的信息像汪洋上的一个个小岛,网页链接是这些小岛之间纵横交错的桥梁。而搜索引擎,则为用户绘制了一幅一目了然的信息地图,供用户随时查阅。值得国人骄傲的是,中国在搜索引擎技术上处于世界领先地位。全世界只有 4 个国家拥有搜索引擎关键技术,另外三个国家是美国、俄罗斯和韩国。目前,中国已有超过 4 亿网民,通过搜索引擎可以找到自己所需要的信息,通过搜索营销可以找到客户和联盟伙伴。

5.3.1　搜索引擎概述

1. 搜索引擎发展史

1990 年,蒙特利尔大学学生 Alan Emtage 开发了 Archie,当时,Archie 主要支持以文件名查找文件的系统。该程序依靠脚本自动搜索网络上的文件,随后,对其进行索引存储来提供服务,这也就是现在搜索引擎的雏形。当年,HTTP、URL、WWW、HTML 等网络技术有了很大发展。1991 年,Gopher 作为一个 Internet 上使用的分布型的文件搜集获取网络协议,由明尼苏达大学的 Paul Linder 和 Mark McCahill 发明。

1993 年,6 个 Stanford 大学生利用分析字词关系,对互联网上的信息进行检索,这样就诞生了 Excite。同年,Matthew Gray 开发了万维网 Wanderer 的爬虫程序,当时是为了计算互联网上的主机数量,后来改进成可以检索网站域名。

1994 年,EINet Galaxy(Tradewave Galaxy)推出,它是第一个既可搜索又可浏览的分类目录,除了网站搜索还支持 Gopher 和 Telnet 搜索。1994 年 4 月,Stanford 大学的两名博士生杨致远和 David Filo,共同创办了雅虎。雅虎只是人工建立目录形式,不能算是真正的搜索引擎,其储存的 URL 所包含的信息很少,只是由于人工分类搜索结果比较准确,也正是如此,投入的维护资源更为庞大。真正能够支持全文检索的搜索引擎,应该算是同年 Washington 大学的 WebCrawler。卡内基·梅隆大学(Carnegie Mellon University)的 Lycos,是 1994 年搜索引擎的又一重要产品,它第一个推出搜索结果中显示网页文件摘要,同时,拥有多于其他搜索引擎的数据量。Infoseek 作为重要搜索引擎之一,也在 1994 年问世。

1995 年,元搜索诞生,第一个元搜索的作者,是 Washington 大学硕士生 Eric Selberg 和 Oren Etzioni 的 Metacrawler。AltaVista,作为第一个支持自然语言搜索的搜索引擎,是第一个实现高级搜索语法的搜索引擎(如 AND、OR、NOT 等)。用户可以用 AltaVista 搜索 Newsgroops(新闻组)的内容并从互联网上获得文章,还可以搜索图片名称中的文字、搜索 Titles、搜索 Java Applets、搜索 ActiveX Objects。AltaVista 也声称是第一个支持用户自己向网页索引库提交或删除 URL 的搜索引擎,并能在 24 小时内上线。AltaVista 最有趣的新功能之一,是搜索有链接指向某个 URL 的所有网站。

1995 年 9 月 26 日,加州伯克利分校助教 Eric Brewer、博士生 Paul Gauthier,创立了 Inktomi。1996 年 5 月 20 日,Inktomi 公司成立,强大的 HotBot 出现在世人面前。声称每天能抓取索引一千万页以上,所以远超过其他搜索引擎的新内容。HotBot 也大量运用 Cookie 储存用户的个人搜索喜好设置。Inktomi 网络搜索提供和付费登录合作伙伴,包括 Amazon. com、eBay、HotBot、MSN、Overture、WalMart. com、LookSmart、Excite、HotBot 等,之后 Inktomi 被雅虎收购,不过仍然向雅虎提供搜索结果。

1997 年,挪威科技大学 Fast 网页搜索面世,可利用 ODP 自动分类,支持 Flash 和 PDF 搜索,支持多语言搜索,还提供新闻搜索、图像搜索、视频、MP3 和 FTP 搜索,拥有极其强大的高级搜索功能。

1998 年,谷歌成立,谷歌在 Pagerank、动态摘要、网页快照、DailyRefresh、多文档格式支持、地图股票词典寻人等集成搜索、多语言支持、用户界面等功能上进行了革新。Teoma 起源于 1998 年 Rutgers 大学的一个项目推出。台湾中正大学 GAIS 实验室,推出第一个中文搜索引擎 Openfind。DirectHit 开发目录项目 Open Directory Project 成立。2000 年,中文搜索引擎百度创立。2004 年,雅虎公司推出 Yisou,搜狐公司推出搜狗。

2. 三代搜索引擎

搜索引擎已逐渐成为网民使用最多的互联网服务,取代了门户网站,成为真正意义上的互联网入口。

据中国互联网络信息中心(CNNIC)统计,2013 年,我国的搜索引擎用户规模已达 4.51 亿,年增长率为 10.7%,在网民中的渗透率为 80.0%,是网民获取信息的重要工具,搜索引擎服务的核心地位,日益凸显。谷歌、百度凭借在搜索引擎上的成功而产生的对计算机、互联网产业界的巨大影响力,可见一斑。

作为互联网上的一种服务,搜索引擎具备以下功能:接受用户的查询,实时地把互联网上与该查询最相关网页的链接提供给用户。互联网上最大量的内容资源，是 HTML 网页，其他形式的内容还包括图像、PDF 或 DOC 等格式的文档以及音视频文件等。为了满足用户对各种信息形式的搜索需求，搜索引擎提供的常用服务，有网页搜索、图像搜索、MP3 搜索和视频搜索等。搜索引擎服务商不仅提供针对计算机用户的搜索服务，也支持多种移动设备的搜索请求，如手机、平板电脑、个人数字助理（PDA）等。另外，针对个人计算机用户对自己计算机内所存储文档的查询需求，搜索引擎公司还推出了硬盘搜索这样的软件产品。总之，信息形式与内容的多样性和用户搜索需求的多样性，会衍生出越来越多的专门的搜索引擎。搜索引擎的国内外厂商，如图 5-27 所示。

图 5-27　搜索引擎国内外厂商

实用搜索引擎的服务质量和技术，可以从"准、全、新、快"4 个方面来衡量。

搜索引擎在这 4 个方面的表现，决定了技术是否过关和是否先进，也决定着是否受用户欢迎，是否被广泛使用。

（1）准（准确性）：搜索结果，应该与用户查询词高度相关，具有较高的点击率。如果搜索结果中经常含有作弊网页，对用户体验会是很大的伤害。

（2）全（全面性）：搜索结果，应该尽可能是整个互联网中最相关的结果，这就要求搜索引擎索引库的覆盖率要足够大。

（3）新（时效性）：搜索引擎索引库，要尽可能地反映当前互联网的现状。互联网上新出现的网页，需要及时地抓取、收录，已经失效的网页，也要及时地从索引库中删除。无论是搜不到新近出现的相关网页，还是单击一个结果链接后发现是一个已经不存在的死链，对网民的搜索体验都是很大的伤害。

（4）"快"（搜索服务的快速性）：互联网搜索已成为网民日常思维活动的一部分，搜索引擎应该在亚秒时间内返回搜索结果，对搜索结果长时间的等待，也将损害用户体验。以这些标准为基础，第三方机构可以对多个搜索引擎进行对比评估。

搜索引擎发展至今，共经历了以下三个阶段。

（1）第一代搜索引擎：搜索引擎的发展，是伴随着互联网的发展而发展。互联网上的第一代搜索引擎，出现于 1994 年前后，以 Infoseek、Alta Vista 和雅虎为代表，搜索结果的好坏，通常用反馈结果的数量来衡量，或者说是"求全"。然而，研究表明，当时的搜索引擎，并没有想象中那么优秀，1999 年 8 月，全球 11 个主要的搜索引擎中，每个搜索引擎仅能搜索到互联网上全部页面的 16%，甚至更低。造成这种情况的原因，主要是这些搜索引擎的处理能力和网络带宽等方面的限制。第一代搜索引擎的特征，是基于人工分类目录搜索。目录式搜索是以人工方式或半自动方式建立起来的目录导航,目录的用户界面是分级结构,首页提供了几个分类入口,把信息放在目录下,逐级向下查询,用它可以找到需要的信息。因为是手工输入,所以算不上是真正的搜索引擎,只是按目录分类链接而已。

(2) 第二代搜索引擎:20 世纪末、21 世纪初,第二代搜索引擎出现在互联网上,主要特点是提高了查准率,或者说"求精"。当时,传统的搜索引擎如 Lycos 等,主要使用网页中的关键词进行搜索,而第二代搜索引擎,则使用了一种叫作"超链分析"的技术。超链分析,就是通过分析链接网站的多少来评价被链接的网站质量,这保证了用户在百度搜索时,越受用户欢迎的内容排名越靠前。百度总裁李彦宏,就是超链分析专利的唯一持有人。目前,该技术已为世界各大搜索引擎普遍采用。随后,谷歌借鉴了"超链分析"技术并发明了PageRank,其核心思想是,根据页面链接关系,计算页面本身的重要性。这两个技术的发明,极大地推动了互联网搜索引擎的发展。第二代搜索引擎的主要特征,是运用"符号计算",基于关键(字)词搜索,以及以关键词组合为基础的全文搜索和模糊搜索。

(3) 第三代搜索引擎技术:第二代搜索引擎在技术和商业上都获得了巨大成功,然而,商业竞争和信息环境的变化仍在推动着它们不断创新和发展。以开放平台为载体,以语义搜索、推荐搜索、社区搜索为基本特征的第三代搜索引擎技术,近年来得到蓬勃发展。人们在日常工作、生活中的交流,使用自然语言而非关键词,因为关键词表达的意思和意图不完整不准确,反映在关键词搜索结果上的缺陷更是淋漓尽致。这就赋予第三代搜索引擎的主要特征是基于自然语言智能搜索,即从基于关键词层面搜索提升到基于自然语言和人工智能的知识层面搜索,使搜索过程由原来的关键词匹配提升为内容概念相互关联的匹配,从而解决仅表达形式匹配所带来的种种缺陷,实现基于自然语言的智能搜索。第三代搜索引擎的搜索方式,基于自然语言搜索,用户想要什么信息,就快速准确搜出什么信息,用户不必再拘泥于关键词、标题、作者、时间、分类等传统搜索方法。

在世界范围,无论就规模影响,还是就技术产业而言,互联网都在飞速发展,在中国,更能深切地感受到这一点。据 2013 年中国互联网络信息中心(CNNIC)统计,搜索引擎的使用率,自 2010 年后保持在 80% 左右水平,稳居互联网第二应用之位。同时,搜索引擎已进入稳定发展阶段,搜索用户市场逐渐从单一用户规模增长向用户体验提升发展。

3. 搜索引擎类型

搜索引擎的技术基础,是全文检索技术,从 20 世纪 60 年代,国外对全文检索技术就开始有研究。全文检索,通常指文本全文检索,包括信息的存储、组织、表现、查询、存取等方面,其核心为文本信息的索引和检索,一般用于企事业单位。随着互联网信息的发展,搜索引擎在全文检索技术上逐渐发展起来,并得到广泛的应用。搜索引擎与全文检索形成了以下三个不同的类型。

(1) 全文检索搜索引擎。全文搜索引擎是名副其实的搜索引擎,国外具代表性的有谷歌、雅虎、AllTheweb 等,国内著名的有百度、中搜。它们都是通过从互联网上提取的各个网站的信息(以网页文字为主)而建立的数据库,检索与用户查询条件匹配的相关记录,然后,按一定的排列顺序将结果返回给用户,也是目前常规意义上的搜索引擎。

(2) 目录搜索引擎。目录索引虽然有搜索功能,但严格意义上,算不上是真正的搜索引擎,仅仅是按目录分类的网站链接列表而已。用户完全可以不用进行关键词查询,仅靠分类目录也可找到需要的信息。国外比较著名的目录索引搜索引擎，有雅虎 Open Directory Project（DMOZ）、LookSmart 等。国内的搜狐、新浪、网易搜索，也都具有这一类功能。

（3）元搜索引擎。元搜索引擎在接受用户查询请求时，同时在其他多个引擎上进行搜索，并将结果返回给用户。著名的元搜索引擎有 Dogpile、Vivisimo 等，国内元搜索引擎中具代表性的，有搜星搜索引擎、优客搜索。在搜索结果排列方面，有的直接按来源引擎排列搜索结果，如 Dogpile；有的则按自定的规则将结果重新排列组合，如 Vivisimo。其他的像新浪、网易、A9 等搜索引擎，都是调用其他全文检索搜索引擎，或者在其搜索结果的基础上做了二次开发。

5.3.2 搜索引擎的系统架构

搜索服务看似简单，其背后过程却很复杂，提供此服务的是庞大的计算机集群。从用户在搜索框输入查询，到得到搜索引擎的返回结果，所需时间在亚秒以内。

为了完成线上的搜索服务，线下还要对检索库进行抓取、处理、建索引。

就技术而言，搜索引擎是一个综合性的计算机技术应用工程。如图 5-22 所示，一个互联网搜索引擎系统，主要由数据抓取、内容检索、链接结构分析、内容检索 4 个子系统组成。搜索引擎所采用的核心技术涉及计算机科学技术的许多前沿领域，如信息检索、高性能分布式网络计算、数据挖掘、自然语言处理、机器学习、超大规模数据分布式存储和处理、用户行为分析以及人机界面技术。近年来，工业界和学术界对搜索引擎技术的研究十分活跃，热门研究课题包括网页抓取、内容索引、查询检索、超链分析、相关性评估、作弊网页识别、网页文本挖掘、信息检索中的语言模型、命名实体识别、基于社区的搜索引擎等。

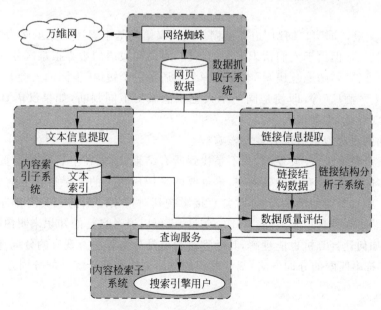

图 5-28 搜索引擎框架结构

搜索引擎的工作原理，大致可以分为如下三个步骤。

（1）利用蜘蛛系统程序，自动访问互联网，并沿着任何网页中的所有 URL 爬到其他网页,重复这过程,并把爬过的所有网页收集回来。

(2) 由分析索引系统程序对收集回来的网页进行分析,提取相关网页信息,根据一定的相关度算法进行大量复杂计算,得到每一个网页针对页面内容中及超链中每一个关键词的相关度(或重要性),然后用这些相关信息建立网页索引数据库。

(3) 当用户输入关键词搜索后,由搜索系统程序从网页索引数据库中找到符合该关键词的所有相关网页。相关度数值排序,相关度越高,排名越靠前。最后,由页面生成系统,将搜索结果的链接地址和页面内容摘要等内容组织起来返回给用户。

1. 分词技术

中文分词,指的是将一个汉字序列切分成一个一个单独的词。

分词,就是将连续的字序列按照一定的规范重新组合成词序列的过程。我们知道,在英文的行文中,单词之间是以空格作为自然分界符的,而中文只是字、句、段能通过明显的分界符来简单划界,唯独词没有一个形式上的分界符,虽然英文也同样存在短语的划分问题,不过在词这一层上,中文比英文要复杂得多、困难得多。

之所以存在中文分词技术,是由于中文在基本文法上有其特殊性,具体表现在以下两方面。

(1) 作为以英文为代表的拉丁语系语言,英文以空格作为天然的分隔符,而中文由于继承自古代汉语的传统,词语之间没有分隔。古代汉语中除了连绵词和人名地名等,词通常就是单个汉字,所以当时没有分词书写的必要。而在现代汉语中,双字或多字词居多,一个字不再等同于一个词。例如英语"Knowledge is power",可自然分割为 Knowledge/ is/ power 三个词。而汉语里"知识就是力量",由于没有词语之间的分隔符,书写时无法切分成知识/就是/力量。

(2) 在中文里,"词"和"词组"边界模糊。现代汉语的基本表达单元虽然为"词",且以双字或者多字词居多,但由于人们认识水平的不同,对词和短语的边界很难区分。例如,"对随地吐痰者给予处罚","随地吐痰者"本身是一个词还是一个短语,不同的人会有不同的标准,同样对于"海上""酒厂"等,即使是同一个人也可能做出不同判断,如果汉语真的要分词书写,必然会出现混乱,难度很大。

中文分词到底对搜索引擎有多大影响?

对于搜索引擎来说,最重要的,并不是找到所有结果,因为在上百亿的网页中找到所有结果没有太多的意义,没有人能看得完,最重要的是把最相关的结果排在最前面,这也称为相关度排序。中文分词的准确与否,常常直接影响到对搜索结果的相关度排序。中文分词技术,属于自然语言处理技术范畴,对于一句话,人可以通过自己的知识来明白哪些是词,哪些不是词,但如何让计算机也能理解,其处理过程就是分词算法。现有的分词算法可分为三大类:基于字符串匹配的分词方法、基于理解的分词方法和基于统计的分词方法。

2. 网络蜘蛛

"蜘蛛"程序出现时,现代意义上的搜索引擎,才初露端倪。

蜘蛛,实际上是一种计算机"机器人"(Computer Robot),计算机"机器人"是指某个能以人类无法达到的速度不间断地执行某项任务的软件程序。由于专门用于检索信息的"机器人"程序就像蜘蛛一样在网络间爬来爬去,反反复复,不知疲倦,所以,搜索引擎的"机器人"程序就被称为"蜘蛛"程序。

网络蜘蛛即 Web Spider,这是一个很形象的名字。如图 5-29 所示,把互联网比喻成一个蜘蛛网,那么,Spider 就是在网上爬来爬去的蜘蛛。网络蜘蛛通过网页的链接地址来寻找网页,从网站某一个页面(通常首页)开始,读取网页的内容,找到在网页中的其他链接地址,然后,通过这些链接地址寻找下一个网页。这样一直循环下去,直到把这个网站所有的网页都抓取完为止。如果把整个互联网当成一个网站,那么网络蜘蛛就可以用这个原理把互联网上所有的网页都抓取下来。

图 5-29　互联网与网络蜘蛛

对于搜索引擎来说,要抓取互联网上所有的网页,几乎是不可能的。从目前公布的数据来看,容量最大的搜索引擎也不过是抓取了整个网页数量的百分之四十左右。其中的原因,一方面,是抓取技术的瓶颈,无法遍历所有的网页,有许多网页无法从其他网页的链接中找到;另一个原因,在于存储技术、处理技术的问题,如果按照每个页面的平均大小为 20KB 计算(包含图片),100 亿网页的容量是 100×2000GB,即使能够存储,下载也存在问题(一台机器每秒下载按照 20KB 计算,需要 340 台机器不停地下载一年时间,才能把所有网页下载完毕)。同时,由于数据量太大,在提供搜索时也会有效率方面的影响。因此,许多搜索引擎的网络蜘蛛,只是抓取那些重要的网页,而在抓取的时候,评价重要性主要的依据,是某个网页的链接深度。

网络蜘蛛在访问网站网页的时候,经常会遇到加密数据和网页权限的问题,有些网页需要会员权限才能访问。当然,网站的所有者可以通过协议让网络蜘蛛不去抓取,但对于一些出售报告的网站,希望搜索引擎能搜索到他们的报告,但又不能完全免费地让搜索者查看,这样,就需要给网络蜘蛛提供相应的用户名和密码。网络蜘蛛可以通过所给的权限,对这些网页进行网页抓取,从而提供搜索。当搜索者单击查看该网页的时候,同样需要搜索者提供相应的权限验证。网络蜘蛛需要抓取网页,不同于一般的访问,如果控制不好,则会引起网站服务器负担过重。淘宝网曾因为雅虎搜索引擎的网络蜘蛛抓取其数据,引起淘宝网服务器的不稳定。网站是否就无法和网络蜘蛛交流呢? 其实不然,有多种方法可以让网站和网络蜘蛛进行交流。一方面,让网站管理员了解网络蜘蛛都来自哪儿、做了些什么;另一方面,也告诉网络蜘蛛哪些网页不应该抓取,哪些网页应该更新。

每个网络蜘蛛都有自己的名字,在抓取网页的时候,都会向网站表明自己的身份。网络蜘蛛在抓取网页的时候会发送一个请求,这个请求中就有一个字段为 User-Agent,用于标识此网络蜘蛛的身份。例如,谷歌网络蜘蛛的标识为 GoogleBot,百度网络蜘蛛的标识为 BaiDuSpider,雅虎网络蜘蛛的标识为 Inktomi Slurp。如果在网站上有访问日志记录,网站管理员就能知道,哪些搜索引擎的网络蜘蛛来过,什么时候来的,以及读了多少数据等。如果网站管理员发现某个蜘蛛就通过其标识来和其所有者联系。

网络蜘蛛进入一个网站,一般会访问一个特殊的文本文件 Robots.txt,这个文件一般放在网站服务器的根目录下,如 http://www.blogchina.com/robots.txt。网站管理员可以通过 robots.txt 来定义哪些目录网络蜘蛛不能访问,或者哪些目录对于某些特定的网络蜘蛛不能访问。例如,有些网站的可执行文件目录和临时文件目录不希望被搜索引擎搜索到,那么网站管理员就可以把这些目录定义为拒绝访问目录。Robots.txt 语法很简单,例如,如果对目录没有任何限制,可以用以下语句来描述:

User - Agent: * Disallow:

当然,Robots.txt 只是一个协议,如果网络蜘蛛的设计者不遵循这个协议,网站管理员也无法阻止网络蜘蛛对于某些页面的访问,但一般的网络蜘蛛都会遵循这些协议,而且网站管理员还可以通过其他方式来拒绝网络蜘蛛对某些网页的抓取。网络蜘蛛在下载网页的时候,会去识别网页的 HTML 代码,在其代码的部分,会有 META 标识。通过这些标识,可以告诉网络蜘蛛本网页是否需要被抓取,还可以告诉网络蜘蛛本网页中的链接是否需要被继续跟踪。

现在,一般的网站都希望搜索引擎能更全面地抓取自己网站的网页,因为这样可以让更多的访问者能通过搜索引擎找到此网站。为了让本网站的网页更全面地被抓取到,网站管理员可以建立一个网站地图,即 Site Map。许多网络蜘蛛,会把 sitemap.htm 文件作为一个网站网页爬取的入口,网站管理员可以把网站内部所有网页的链接放在这个文件里面,那么网络蜘蛛可以很方便地把整个网站抓取下来,避免遗漏某些网页,也会减小对网站服务器的负担。

3. 排序技术

成功搜索引擎的排序技术,原理上差不多,都需要链接分析。

超链分析和 PageRank 都属于链接分析。

PageRank,2001 年 9 月授予美国专利,专利人是谷歌创始人之一 Larry Page。

可见,PageRank 里的 Page,不是指网页,而是指创始人名字,即这个等级方法是以佩奇来命名的。它是谷歌排名运算法则(排名公式)的一部分,是谷歌用于用来标识网页的等级/重要性的一种方法,是谷歌用来衡量一个网站的好坏的重要标准之一。在糅合了诸如 Title 标识和 Keywords 标识等所有其他因素之后,谷歌通过 PageRank 来调整结果,使那些更具"等级/重要性"的网页在搜索结果中令网站排名获得提升,从而提高搜索结果的相关性、质量。其级别从 0 到 10 级,10 级为满分。PR 值越高,说明该网页越受欢迎(越重要)。例如,一个 PR 值为 1 的网站,表明这个网站不太具有流行度,而 PR 值为 7～10,则表明这个网站非常受欢迎(或者说极其重要)。一般地,PR 值达到 4,就算是一个不错的网站了。谷歌把自己网站的 PR 值定到 10,这说明谷歌这个网站是非常受欢迎的,也可以说这个网站非常重要。

PageRank 的原理,类似于科技论文中的引用机制:谁的论文被引用次数多,谁就是权威。说得更白话一点儿,张三在谈话中提到了莫言,李四在谈话中也提到莫言,王五在谈话中还提到莫言,这就说明莫言一定是很有名的人。在互联网上,链接就相当于"引用",在 B 网页中链接了 A,相当于 B 在谈话时提到了 A,如果在 C、D、E、F 中都链接了 A,那么说明 A 网页是最重要的,A 网页的 PageRank 值也就最高。计算 PageRank 值有一个简单的公式:

网页 A 级别 ＝(1－系数)＋系数

$$\times\left(\frac{\text{网页 1 级别}}{\text{网页 1 链出个数}}+\frac{\text{网页 2 级别}}{\text{网页 2 链出个数}}+\cdots+\frac{\text{网页 N 级别}}{\text{网页 N 链出个数}}\right)$$

其中:系数为一个大于 0,小于 1 的数。一般设置为 0.85。网页 1、网页 2 至网页 N 表示所有链接指向 A 的网页。由以上公式可以看出以下三点。

(1) 链接指向 A 的网页越多,A 的级别越高。即,A 的级别和指向 A 的网页个数成正比,在公式中表示,N 越大,A 的级别越高。

(2) 链接指向 A 的网页,其网页级别越高,A 的级别也越高。即,A 的级别和指向 A 的网页自己的网页级别成正比,在公式中表示,网页 N 级别越高,A 的级别也越高。

(3) 链接指向 A 的网页,其链出的个数越多,A 的级别越低。即,A 的级别和指向 A 的网页自己的网页链出个数成反比,在公式中现实,网页 N 链出个数越多,A 的级别越低。

每个网页都有一个 PageRank 值,这样就形成一个巨大的方程组,对这个方程组求解,就能得到每个网页的 PageRank 值。

互联网上有上百亿个网页,那么,这个方程组就有上百亿个未知数,这个方程虽然有解,但计算毕竟太复杂,不可能把这所有的页面放在一起去求解。总之,PageRank 有效地利用了互联网所拥有的庞大链接构造的特性。从网页 A 导向网页 B 的链接,用谷歌创始人的话讲,是页面 A 对页面 B 的支持投票,谷歌根据这个投票数来判断页面的重要性,但谷歌除了看投票数(链接数)以外,对投票者(链接的页面)也进行分析。重要性高的页面所投的票的评价会更高,因为接受这个投票页面会被理解为重要的物品。每个网页都会有 PageRank 值,如果大家想知道自己网站的网页 PageRank 值是多少,最简单的办法,就是下载一个谷歌的免费工具栏,每当打开一个网页,都可以很清楚地看见此网页的 PageRank 值。当然这个值是一个大概数字。除了用 PageRank 衡量网页的重要程度以外,还有其他上百种因素来参与排序。

HillTop,同样是一项搜索引擎结果排序的专利,是谷歌的一个工程师 Bharat 在 2001 年获得的专利。谷歌的排序规则经常在变化,但变化最大的一次,也就是基于 HillTop 算法进行了优化。

其实,HillTop 算法的指导思想和 PageRank 的是一致的,都是通过网页被链接的数量和质量来确定搜索结果的排序权重。但 HillTop 认为,只计算来自具有相同主题的相关文档链接对于搜索者的价值会更大,即主题相关网页之间的链接对于权重计算的贡献比主题不相关的链接价值要更高。如果网站是介绍"服装"的,有 10 个链接都是从"服装"相关的网站链接过来,那么,这 10 个链接比另外 10 个从"电器"相关网站链接过来的贡献要大。Bharat 称,这种对主题有影响的文档为"专家"文档,从这些专家文档页面到目标文档的链接决定了被链接网页"权重得分"的主要部分。

"锚文本"名字听起来难以理解,实际上,锚文本就是链接文本。链接源头文字,是一张网页中被画线强调出的一段文字,用来指明链向别的网页的说明。单击这段文字,浏览器就调出这段文字后的目标,也就是另外一张网页。链接源头文字的写作,需要和指向页的内容相关,为访问者言简意赅地引见指向页。链接源头文字的编写对网站 PR 值的提高具有重要作用。

锚文本可以作为锚文本所在页面的内容的评估。正常地讲,页面中增加的链接都会和页面本身的内容有一定的关系。服装的行业网站上会增加一些同行网站的链接或者一些做服装的知名企业的链接,锚文本能作为对所指向页面的评估。锚文本能精确地描述所指向页面的内容,个人网站上增加谷歌的链接,锚文本为"搜索引擎"。这样,通过锚文本本身就能知道,谷歌是搜索引擎。

锚文本对搜索引擎起的作用还表现为可以收集一些搜索引擎不能索引的文件。例如,网站上增加了一张奥黛丽·赫本的照片,格式为 jpg,搜索引擎目前很难索引(一般只处理文本)。若这张照片链接的锚文本为"奥黛丽·赫本的照片",那么,搜索引擎就能识别这张图片是奥黛丽·赫本的照片,以后访问者搜索"奥黛丽·赫本"时,这张图片就能被搜索到。由此可见,在网页设计中选择合适的锚文本,会让所在网页和所指向网页的重要程度有所提升。

每个网页都有版式,包括标题、字体、标签,等等。搜索引擎利用这些版式来识别搜索词与页面内容的相关程度。以静态的 HTML 格式的网页为例,搜索引擎通过网络蜘蛛把网页抓取下来后,需要提取里面的正文内容,过滤其他 HTML 代码。在提取内容的时候,搜索引擎就可以记录所有版式信息,包括:哪些词是在标题中出现,哪些词是在正文中出现,哪些词的字体比其他的字体大,哪些词加粗过,哪些词是用 Keyword 标识过的,等等。这样在搜索结果中就可以根据这些信息来确定所搜索的结果和搜索词的相关程度。例如搜索"邓小平",假如有两个结果,一篇文章标题是《邓小平的一生》,另一篇文章的标题是《毛泽东的一生》但内容有提到邓小平,这时搜索引擎会认为前者比较重要,因为"邓小平"在标题里出现了。因此,合理地利用网页的页面版式,会提升网页在搜索结果页的排序位置。

应该说收费排名并不属于排序技术(收费排名也包括竞价排名),而是一种搜索引擎的赢利模式。收费排名已经最直接地影响到了搜索引擎的排序,在此也略做说明。用户可以购买某个关键词的排名,只要向搜索引擎公司交纳一定的费用,就可以让用户的网站排在搜索结果的前几位,按照不同关键词、不同位置、时间长短来定义价格。价格从几千元到几十万元不等。

收费排名,一方面给搜索引擎公司带来收益,一方面给企业带来访问量,另外,对访问者也有一定好处。因为访问者想找"西服",企业想卖"西服",于是出钱让访问者能找到他,这样,买家和卖家能马上见面。但收费排名给访问者带来更多的却是不真实,结果排序已经失去了公正性,有时候还带来大量垃圾。

4. 索引技术

数据的索引分为三个步骤：网页内容的提取，词的识别，标引库的建立。

互联网上大部分信息都是以 HTML 格式存在，对于索引来说，只处理文本信息。因此，需要把网页中的文本内容提取出来，过滤掉一些脚本标示符和一些无用的广告信息，同时记录文本的版面格式信息。词的识别，是搜索引擎中非常关键的一部分，通过字典文件对网页内的词进行识别。对于西文信息来说，需要识别词的不同形式，例如：单复数、过去式、组合词、词根等，对于一些业洲语言（中义、日义、韩义等）需要进行分词处理。识别出网页中的每个词，并分配唯一的 wordID 号，用于为数据索引中的标引模块服务。

标引库的建立，是数据索引中结构最复杂的一部分。一般需要建立两种标引：文档标引和关键词标引。文档标引分配每个网页一个唯一的 docID 号，根据 docID 标引出在这个网页中出现过多少个 wordID，每个 wordID 出现的次数、位置、大小写格式等，形成 docID 对应 wordID 的数据列表；关键词标引其实是对文档标引的逆标引，根据 wordID 标引出这个词出现在哪些网页（用 wordID 表示），出现在每个网页的次数、位置、大小写格式等，形成 wordID 对应 docID 的列表。

5. 搜索技术

搜索的处理过程，是对用户的搜索请求进行满足的过程，通过用户输入搜索关键字，搜索服务器对应关键词字典，把搜索关键词转化为 wordID，然后在标引库中得到 docID 列表，对 docID 列表进行扫描和 wordID 的匹配，提取满足条件的网页，然后，计算网页和关键词的相关度，根据相关度的数值返回前 k 篇结果给用户。如果用户查看的是第二页或者第多少页，重新进行搜索，把排序结果中在第 $k+1$ 到 $2 \times k$ 的网页组织返回给用户。

5.3.3　搜索引擎面临的挑战

面对瞬息万变的环境，搜索引擎如果在技术上不创新进取，从信息服务质量的角度讲，尽管现在看来不错，将来很有可能落伍。不进则退，在搜索引擎领域体现得很明显。首先来看看目前影响搜索引擎的一些重要变化，以及搜索引擎所面临的挑战。

1. Web 技术的发展

1）Web 2.0 和 Deep Web 的发展

Web 产生以来，信息量一直以几何级数的形式递增，近两年来尤其如此。这主要有两方面的原因。首先，Web 2.0 用户和以前的用户有所不同，他们正在由单纯的信息消费者向生产者与消费者双重身份转变。其次，是 Deep Web 的发展。

"Web 2.0"的概念，始于 2004 年出版社经营者 O'Reilly 和 MediaLive International 之间的一场头脑风暴论坛。身为互联网先驱和 O'Reilly 副总裁，Dale Dougherty 指出，伴随着令人激动的新程序和新网站间惊人的规律性，互联网不仅远没有崩溃，甚至比以往更重要。Web 2.0，是相对 Web 1.0 的新的一类互联网应用的统称。Web 1.0 的主要特点，在于用户通过浏览器获取信息。Web 2.0 则更注重用户的交互作用，用户既是网站内容的浏览者，也是网站内容的制造者。所谓网站内容的制造者,是说互联网上的每一个用户不再仅仅是互联网的读者,同时也成为互联网的作者;不再仅仅是在互联网上冲浪,同时也成为波浪制造者;在模式上由单纯的"读"向"写"以及"共同建设"发展;由被动地接收互联网信息向主动创造互联网信息发展,从而更加人性化。这些 Web 2.0 技术主要包括:博客(Blog)、RSS、百科全书(Wiki)、网摘、社会网络(SNS)、P2P、即时信息(IM)等。

Deep Web,又被称为 Invisible Web 或者 Hidden Web,1994 年首次提出,是指那些常规搜索引擎难以发现的内容。美国互联网专家 Chris Sherman 和 Gary Price 在 *The Invisible Web* 中将 Invisible Web 定义为:"在互联网上可获得的,但传统的搜索引擎由于技术限制不能或者经过慎重考虑后不愿意做索引的那些文本网页、文件或其他高质量、权威的信息"。根据 Bright Planet 公司的调查,2001 年,Deep Web 大概是 Surface Web 的 500 倍,而且还在快速发展。而更为重要的是,大部分 Deep Web 质量很高,而且时新性强。正因为此,国内外许多人都在克服重重困难,探索如何有效地发现这些有价值的信息,提供给更多用户使用。并且,3G 网络的开通和移动智能终端的大量普及,网络内容以多媒体信息为主,一改往常的以文本信息为主的局面,这使得互联网上的信息存储量急剧增加。

2) 信息更新加快

Web 上不但信息量增长速度很快,信息变化速度也非常快。以网页中的链接为例,据研究,每星期将有 25% 的新链接产生,一年之后,将只有 24% 的原有链接仍然存在。主流搜索引擎的成功,在于正确地分析了页面间的链接关系,为了保持这种成功,搜索引擎必须不断地跟踪链接结构的变化,或者不断地刷新自己所保存的相关信息。就以每周 25% 的新链接为例,这样的链接更新速度要求搜索引擎至少每周重新计算一次所有页面的 Ranking 值,否则便不能及时地、恰如其分地反映真实 Web 上的当前状况,失去搜索引擎所必需的时效性和时新性。

3) 信息表现形式多种多样

随着网络速度的提高,Web 上的多媒体信息也急剧增加,因此,人们对多媒体信息的检索需求也就随之而来。传统的信息检索,主要集中于文本的检索,在多媒体方面的研究并不是很多。需求的发展,使得目前各大搜索引擎都不断推出自己的多媒体素材搜索产品,让用户可以在庞大的素材库中进行检索,然而,目前对这些多媒体素材库的使用,大多还是标注、分类等方法,缺乏对图像、音视频内容的直接检索。搜索引擎如何自动分析音视频的内容,允许用户按内容进行检索,甚至在抓取音视频素材时就按内容进行,这些问题,将在今后较长一段时间内构成挑战,成为搜索引擎所要迫切解决的问题。

4) 搜索引擎优化蓬勃发展

目前,搜索引擎优化(Search Engine Optimization,SEO)已经成为一个新兴的互联网行业。

从事这方面工作的,是搜索引擎优化师。

SEO 是一种利用搜索引擎的搜索规则,来提高目的网站在有关搜索引擎内的排名的方式。深刻理解是,通过 SEO 这样一套基于搜索引擎的营销思路,为网站提供生态式的自我营销解决方案,让网站在行业内占据领先地位,从而获得品牌收益。研究发现,搜索引擎的用户,往往只会留意搜索结果最前面的几个条目,所以不少网站都希望通过各种形式来影响搜索引擎的排序。当中,尤以各种依靠广告维生的网站为甚。所谓"针对搜索引擎做最佳化的处理",是指为了要让网站更容易被搜索引擎接受。搜索引擎优化技术,如图 5-30 所示。

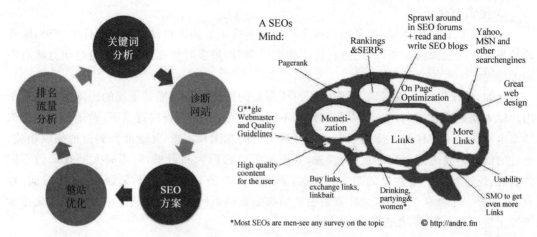

图 5-30 搜索引擎优化技术

搜索引擎优化师们并不等于垃圾页面制造者,但是,他们中的一部分的确为 Web 和搜索引擎制造着麻烦,为搜索引擎的用户制造着垃圾。

虽然有良好素养和道德观念的 SEO 们仍然通过网站结构的优化、页面质量的提高等方法进行他们的工作,但那些不道德的 SEO 们发现有一些"捷径"更加有效,如在页面上堆砌大量关键词、使用复位手段欺骗 Web Crawler 程序、构造 Link Farm 来提高目标页面的排名等。他们运用这些手段欺骗搜索引擎,浪费了搜索引擎大量带宽和时间,污染了搜索引擎的页面集合,歪曲了排名结果,浪费了用户的时间和精力,最后,带给用户的只是大量的垃圾。这些垃圾制造者,通常被称为 Web Spammer。他们所运用的手段,有 Booting 技术和 Hiding 技术两大类:Booting 技术是指使用不道德的页面排名提升技术;而 Hiding 技术是指对使用的 Booting 技术进行隐藏,尽量不让用户和 Web Crawler 发现。

2. 搜索需求的发展

1) 更准、更全、更新、更快

随着对搜索引擎的使用不断走向深入,网民的要求也在提高。从产品层面来看,准、全、新、快仍然是用户对搜索引擎最基本的 4 个要求。围绕这几个问题,各大搜索引擎服务商都在做许多细致的工作,以力求趋向完美解决。比如,在"准"方面,需要更准确地理解用户需求,需要不断地更新 Ranking 算法,同时又要严格控制好垃圾网页的干扰;"全"指的是全面,尽可能地把互联网中"有价值"的网页都索引下来,满足最大用户群的需要;"新"要求搜索引擎的抓取非常高效,能够把最新的东西及时提取出来,同时还要不断更新已抓取信息;"快"不仅要用户感觉速度很快,还要保持最大的系统稳定性。"搜得准、搜得全、搜得新、搜得快",是一个综合的服务过程,任何一个环节出了问题,都有可能导致用户满意度的下降。

2) 使用更加方便和容易

随着技术的发展,人们希望搜索引擎无处不在,在任何时间、任何地点,要寻找信息时都可以使用搜索引擎。而随着搜索引擎的逐步普及,越来越多的使用者(很大一部分对计算机和网络了解不多)希望搜索引擎的工具性进一步加强,最好在不觉察的情况下使用搜索引擎服务。人们甚至期望有一天,搜索引擎的使用如微波炉和洗衣机一样方便和容易。

3) 搜索个性化

搜索引擎的一个经验,就是用户很多时候并不确切地知道自己想要什么样的结果,除非把结果放在他的面前。所以,用户在使用搜索引擎时,很多时候相同表象的内容却意味着不同的需要。

比如,对于同一个查询词,不同的用户所需要的查询结果可能是不同的。即使是同一个用户输入同一个查询词,他在不同的时间、不同的地点、不同的查询背景下,希望得到的查询结果也可能是不一样的。搜索引擎必须理解用户的意图和需求,才能非常到位地提供相关、准确的信息。要理解用户的意图,首先,要理解用户的行为和习惯,对不同人的查询做不同的处理,反馈给用户个性化的内容;其次,要理解用户查询时的上下文背景,包括时间、地点、语义等。个性化的搜索,意味着向更加精确搜索结果的方向又迈进了一步。个性化搜索需要了解的用户需求,如图 5-31 所示。

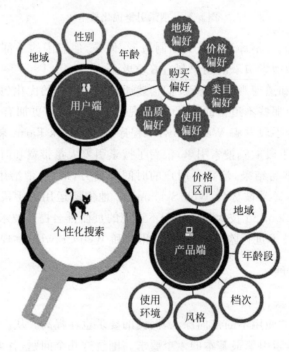

图 5-31　个性化搜索与用户需求

3. 网络的发展

(1) 网络终端形式更加丰富。目前各种客户端搜索工具的发展,使得用户可以不到搜索引擎的网站,而是直接在工具终端搜索所要查询的信息。手机、PDA、平板电脑等终端设备的不断发展,将最终帮助人们摆脱计算机的制约,而各种嵌入式智能装备的推广普及,正在印证着这一趋势。随着网络终端形式越来越丰富,很多应用找到了自己的位置,如手机电影;也有一些应用随着网络终端形式的发展而不断拓展,如 Gmail 的手机版、掌上百度,等等。

(2) 网络速度的提高。随着基础建设的发展和技术水平的提高,网络速度一直在不断提高。网速的提高,对于搜索引擎的影响主要在两个方面:首先,极大地促进了页面搜索的速度,能够使搜索的页面集合更全、覆盖率更高,同时使页面集合的更新更快,信息时新性更强;另一方面,在搜索结果的使用上,可以使用户更快地打开页面,下载自己需要的信息,包括 PDF 文件、图像文件、音视频文件等,给用户更好的应用体验。网络速度的提高,提供了以上的可能性,而搜索引擎必须把这种可能变为现实。另外,搜索引擎还要抓住机会,比如随着 IPv6 的发展,大力推进多媒体信息的搜索和使用。

(3) 无线网络的发展。互联网有着从有线网络向无线网络发展的趋势。随着无线通信技术的发展,无线传输速率、覆盖面、稳定性得到很大提高,3G 的应用将进一步扩大这个趋势。摩根斯坦利的一份《全球互联网趋势》的调查报告,从金融市场的角度分析了互联网市场的风险和机遇。这份报告试图说明,互联网的发展趋势已经从 PC 互联网转向移动互联网;而规模远超 PC 用户群,并且没有经过深度发掘的手机和消费电子设备,已经成为主导互联网发展的主角。摩根斯坦利认为,移动互联网将带来新的商机,在未来的数年内,移动互联网很可能会出现类似于谷歌那样的大服务商。

4. 非技术方面的挑战

(1) 知识产权问题。Web 上的知识产权保护,是一个很复杂的问题,不仅搜索引擎公司觉得麻烦,用户也很矛盾。一方面,认为合法的知识产权理所当然应该受到保护;另一方面,也希望自己能够更方便地获得更多权威的、有价值的信息。事实上,谷歌公司不止一次地受到侵权起诉,谷歌使出浑身解数,也不过与原告们打个平手而已。国内的百度公司也因为提供 MP3 下载,屡屡为人诟病。知识产权的问题,虽然最终要靠通过相应的法律解决,但某种程度上的技术处理,可以减轻侵权的压力。

(2) 所在国法律。搜索引擎的搜罗万象,并非总是优势,有时正是因为在这点上违反了所在国的相关规定,而遭到封锁。比如,"网页快照"是谷歌非常好的一项功能,但在中国内地因为相关法规抵触而被封锁,而该项功能的封锁,使得它的不少用户不得不转向其他竞争对手的产品。类似这种问题,是搜索引擎本地化时首要考虑的问题。

(3) 网络诚信问题。网络诚信不只是搜索引擎发展中所遇到的难题,而且是在整个互联网发展中的一个非技术瓶颈。以"点击欺诈"为例,"点击计费"是目前主力搜索引擎商普遍采用的广告收费模式,他们通过广告点击率向广告主收取费用,其"广告收费=有效点击次数×广告投放价格",其中,有效点击次数指排除点击欺诈后的次数。点击欺诈自互联网诞生之际就出现了,成为搜索引擎商们的一大心病。虽然几乎每个搜索引擎商都有自己的反欺诈系统,但判断出某个点击是"有效"还是"恶意",其实是非常困难的一件事。点击欺诈的泛滥告诉我们,网络诚信远远没有我们预期的那么好。

5.3.4　搜索引擎应对方略

1. 多元化

针对形形色色的用户,针对用户各种各样的需求,搜索引擎已经到了细分市场的时候,多元化是搜索引擎的必经之路。一方面,针对大量的普通用户,搜索引擎仍然致力于大量广泛、最全面的信息检索；另一方面，针对检索目的明确、查询要求精准的用户，搜索引擎在特定领域和行业中发展，推出更有针对性的垂直搜索系统，为这些专业人士更好地服务。

(1) 通用系统，其定位是一个好的推荐系统。在通用系统层面，搜索引擎的定位，更加清晰。它只是一个好的推荐系统，对于它的返回结果，用户必须经过自己的过滤和选择，而不是把排在前一、二位的结果直接拿来使用。

(2) 专业系统，要求非常精准，有专业特色。专业搜索系统，又称垂直搜索(Vertical Searching)系统，它是搜索引擎的细化和延伸，在最近几年发展得如火如荼。垂直搜索引擎和通用搜索引擎的最大区别，是对网页信息进行了一定程度的结构化提取，然后将提取的数据进行深度加工处理，为用户提供针对性更强、精确性更高的服务。

垂直搜索引擎，是针对某一个行业的专业搜索引擎，是搜索引擎的细分和延伸，是对网页库中的某类专门的信息进行一次整合，定向分字段抽取出需要的数据进行处理后再以某种形式返回给用户。垂直搜索是相对通用搜索引擎的信息量大、查询不准确、深度不够等提出来的新的搜索引擎服务模式，通过针对某一特定领域、某一特定人群或某一特定需求提供的有一定价值的信息和相关服务。其特点就是"专、精、深"，且具有行业色彩，相比较通用搜索引擎的海量信息无序化，垂直搜索引擎则显得更加专注、具体和深入。

垂直搜索引擎的应用方向很多，比如地图搜索、音乐搜索、图片搜索、文献搜索、企业信息搜索、求职信息搜索、购物搜索、房产搜索、天气搜索，等等。几乎各行各业、各类信息都可以细化成相应的垂直搜索对象。垂直搜索引擎一般在规模上比通用搜索引擎要小，因为它只涉及某个特定的领域。在信息搜集方面，Crawler 除了使用各种技术在限定领域内面向主题抓取尽可能全的信息外，从领域内的各种系统和数据库中获取信息更为重要，因为这些信息更为权威，也更有价值。

另外，百度 MP3、Citeseer、Google Earth、雅虎、Shopping.com 等，都是代表性的垂直搜索引擎。百度 MP3，作为一个垂直搜索引擎，主要提供用户搜索歌曲，是全球最大的中文 MP3 搜索引擎。通过百度 MP3，人们可以便捷地找到最新、最热的歌曲，更有丰富、权威的音乐排行榜，指引华语音乐的流行方向。计算机论文搜索引擎 CiteSeer，是 NEC 研究院建立的一个学术论文数字图书馆，提供了一种通过引文链接检索文献的方式。Google Earth，使用了公共领域的图片、授许可的航空照相图片、KeyHole 间谍卫星的图片和很多其他卫星所拍摄的城镇照片，并将它们和 GIS 布置在一个地球的三维模型上，使人足不出户就可以在名川大山间翱翔，在摩天楼群中俯瞰。

值得注意的是，通用搜索与专业系统有整合的趋势，例如，百度利用其网页搜索的强大优势，将 MP3、地图、图片、视频等垂直搜索结果与网页搜索结果整合，呈现给用户，较好地满足了用户需求。

2. 搜索质量提高

1) 过滤垃圾页面

Web 垃圾信息泛滥，不仅浪费了搜索引擎的带宽和时间等宝贵资源，更重要的是，它们的存在大大降低了搜索引擎的查询质量和查询效率，极大地影响了用户对 Web 信息的有效使用。搜索引擎主要在以下两个步骤上进行反击。

(1) 在 Crawler 抓取阶段即进行过滤，滤去那些质量极低、毫无内容可言的"高纯度垃圾",这样,可以节省网络带宽、费用、抓取时间、存储空间等。

（2）在信息分类和组织阶段,计算网页信息的可信度,在用户查询信息时,把可信度作为一个重要因子对查询结果进行排序,从而提高查询结果的信息质量,满足用户的实际需要。

对于各种垃圾页面,各大搜索引擎公司、国内外知名大学和研究机构,近几年开始从不同的角度研究和寻找更好的方法,代表性的研究成果如下。

（1）百度一直以来运用反作弊技术,对低质量信息、广告信息进行过滤,并可以灵活扩展各类过滤需求。

（2）谷歌在 2002 年就注意到 Web 垃圾信息日渐泛滥的问题,提出要在自己的排名算法中,加大页面质量的权重。

（3）Microsoft 对近六亿个页面进行了研究,从 URL 属性、Host Name 的解析、链接关系、内容特点等几方面,分析了 Web 垃圾页面的特点,并试图按照这些统计属性来确认 Web 垃圾页面。

（4）Stanford 大学的研究人员,基于 Topic-Sensitive PageRank 的启发,认为好的页面所指向的链接页面通常也是好的,提出了 TrustRank 的概念,依靠一个人工选取的好种子页面集,计算他们的传播结果,从而对 Web 站点按可信度排序,进而评估所有站点的质量。

2）提高查询准确度

对于一个查询,搜索引擎动辄返回几十万、几百万篇文档。面对大量的返回结果,用户可能在其中浏览筛选。实际上,用户大多数时间都没有足够的耐心去浏览多屏结果;根据 Silverstein 等人的研究结果,有 85% 的查询只需要给出 10 个结果。

如何使用户想要的查询结果出现在返回集合的前列(最好是前三条),这本来就是一个具有挑战性的问题,随着搜索引擎检索页面集的增大而越来越紧迫。目前,解决这个问题主要有以下几种方法。

（1）通过各种方法获得用户没有在查询语句中表达出来的真正用途,包括:让用相关度反馈机制,让用户告诉搜索引擎哪些文档和自己的需求相关;使用智能代理记录用户检索行为,分析用户模型。

（2）使用正文分类技术将查询结果分类,使用可视化技术显示分类结果,用户可以选择性地浏览自己感兴趣的类别(Google News 就采用了这种方法)。

（3）通过开放平台将权威数据和经过认证的应用与搜索引擎对接,百度框计算技术,在需求分析、语义分析、用户行为分析和海量数据处理基础上,准确地满足用户需求,使得"即搜即得、即搜即用"成为现实。2011 年 9 月 2 日发布的百度新首页,则进一步实现"不搜即得"的完美效果。

（4）使用链接结构分析进行站点或页面聚类,以提高查询准确度。

3. 搜索能力加强

（1）对多媒体搜索的支持。随着多媒体信息在网络上的大量涌现和人们对多媒体信息需求的高涨,知名搜索引擎谷歌、百度、雅虎、Alta Vista 等对于多媒体搜索的能力,也在不断加强。它们或在一个统一的用户界面上提供资料类型选择,或直接提供独立的多媒体搜索引擎。另外,各种图像搜索引擎和各种娱乐搜索引擎,也不断涌现。这些系统可以说在很大程度上满足了用户的需要,各主要搜索引擎都具备了以图搜图的技术和产品,以及语音搜索功能。

一般地说,多媒体信息的内容表示可分为物理层(如信号样本、像素等)、特征层(如图像的颜色和纹理、语音频谱)、语义层内容(如语音的脚本、音乐的音符、图像中的物体形状和人脸)等三个层次。基于内容的检索一般针对后两个层次。在音频检索方面,常用的特征包括短时能量(Short-term Energy)、频谱(Frequency Spectrum)、过零率(Zero Crossing Rate)等。针对大数据量检索问题,很多工作集中在特征匹配的策略优化上。基于内容的视频检索可以看作图像和视频检索的扩展,所有特征除图像和音频中的常用特征以外,还包括一些专有特征,如物体运动、镜头切换等。语义层次上的内容检索研究,相对更为困难一些,最近几年进展较快的几个方面包括场景分类计数、语音数据识别、语音说话人分割、视频数据中精彩片段提取等。然而,这些技术距离大规模检索应用还有相当的距离。

(2) 对 Deep Web 的搜索。几乎所有主流搜索引擎都尚未提供 Deep Web 搜索功能,主要原因是技术上还不够成熟。最大的中文搜索引擎百度,已于两年前尝试"阿拉丁"计划,发掘暗网数据,取得了巨大成功。但这仅仅是个开始。需求是创新之母,有理由期待在不久的将来能够使用谷歌、百度、雅虎等更好地查询 Deep Web 信息,或者是基于 Deep Web 查询的新的搜索引擎迅速发展起来,为人们提供更好的服务。

(3) Archive Search。搜索引擎通常能够提供的信息只是最近在网上有的信息,而很多情况下,需要了解网上曾有的历史信息,甚至需要将不同时间的信息进行归纳、比较和综合。另外,对于搜索引擎来说,把自己辛辛苦苦搜索来的信息轻易浪费掉也是一件很可惜的事。由于搜索能力和存储资源的限制,直到 2009 年,主流搜索引擎如谷歌,才开始准备提供 Google Archive Search 功能。如果能够有效利用 Archive Search 功能,例如,历史信息的自动排序、自动比较与合成等,那将是非常有意义的。

(4) 搜索引擎速度的提高。摩根斯坦利全球互联网分析师,2002 年就把整个互联网现象总结为 SFO,即搜索(Search)、发现(Find)和获得(Obtain)。利用搜索引擎查找相关信息,并不是最终目的,"搜索"和"发现"都只是手段和过程,用户的最终目的,是"获得"。鉴于此,用户在使用搜索引擎时,对速度的要求非常高,甚至超过搜索准确度。用户也许还能够容忍查询结果不尽如人意,搜索范围不够广泛,但如果一个系统每次查询要等上几分钟,或者想要获得查询的结果(如 PDF、MP3 文件等)需要半小时,那么可以想象,除非必须,否则用户很难有如此的耐心。

4. 其他方面

(1) 搜索个性化。搜索引擎服务商们,目前在进行一些诸如搜索历史记录服务尝试,并且通过对诸如 Toolbar、Deskbar 等客户端工具所收集的数据的理解,来提供更多满足用户趣味及习惯的服务,以提高用户对搜索服务本身更深层次的需求满足感。因此,在未来用户将越来越多地参与并体会到搜索的个性化。

(2) 桌面搜索。桌面搜索越来越受到关注的原因,在于未来的文档管理的核心就是搜索。目前,几大搜索引擎都推出了自己的桌面搜索系统。如 Google Desktop 允许使用者下载对象到计算机桌面,协助使用者在不用开启浏览器的情况下,直接获得例如天气预报等资料。

（3）移动搜索。移动搜索是指以移动设备为终端，进行对普遍互联网的搜索，从而实现高速、准确地获取信息资源。随着科技的高速发展，信息的迅速膨胀，手机已经成为信息传递的主要设备之一。尤其是，近年来手机技术的不断完善和功能的增加，利用手机上网，也已成为一种获取信息资源的主流方式。移动搜索是基于移动网络的搜索技术的总称，用户可以通过短信息（Short Message Service，SMS）、无线应用协议（Wireless Application Protocol，WAP）、互动式语音应答（Interactive Voice Response，IVR）等多种接入方式进行搜索，获取互联网信息、移动增值服务及本地信息等信息服务内容。

2011 年 2 月，著名风投、美国 KPCB 风险投资公司（Kleiner Perkins Caufield & Byers）合伙人 John Doerr，第一次提出了"SoLoMo"（所罗门）这个概念，如图 5-32 所示。

图 5-32　John Doerr、KPCB 和所罗门的概念

John Doerr 把最热的三个关键词整合到了一起：Social（社交）、Local（本地化）和 Mobile（移动）。

随后，SoLoMo 概念风靡全球，一致认为是互联网未来发展趋势，同样也是搜索引擎技术的发展方向，

以快拍购物搜索为例，基于社区概念的本地移动比价购物搜索，通过地理位置的购物商品信息比价，促进了好友之间以购物地点为契机的交流。在价格属性界面，软件会自动查询各大网上商城的报价，并汇总显示出来。用户可以按照日常的网购习惯选择一家常用的网购平台，单击后便会到达相应的产品购买页，让人们在选定产品后轻松一点便完成购买任务。

作为以真实关系为基础的 SoLoMo 产品，购物搜索有着其他服务无可比拟的天然优势：用户更加愿意与真实生活中的朋友分享他们在哪，正在做什么，或者分享身边的商业活动；而同样因为是真实朋友的分享，这些内容往往更能被信任。业界相信，符合这三个单词的公司都有希望成为下一个谷歌或者 Facebook，成为硅谷下一只会生金蛋的母鸡。更早之前，摩根斯坦利的分析师 Mary Meeker 就预言，移动互联网将于 5 年内超过桌面互联网。

总之，搜索引擎正取代门户网站成为真正意义上的互联网入口，并成为国民经济的助推剂。搜索引擎经历了以网页中关键字匹配的第一代搜索技术和以"超链分析"和 Page Rank 为技术特征的第二代搜索技术，目前，正在朝着语义搜索、推荐搜索和社区搜索为特征的第三代搜索技术发展。搜索引擎面临着用户需求不断提高、网络数据急剧增长、网络内容多元化等诸多挑战，正是因为这些挑战，搜索引擎服务提供商不断进行技术创新，带动了计算机技术、网络技术，甚至云计算、物联网技术等一系列关键的战略性新兴产业的发展。

5.4　大数据挖掘

5.4.1　大数据产生背景

大数据,或称巨量资料,指的是所涉及的资料量规模巨大到无法通过目前主流软件工具,在合理时间内达到撷取、管理、处理并整理成为帮助企业经营决策更积极目的的资讯。

对于大数据,研究机构 Gartner 给出了这样的定义:"大数据"是需要新处理模式才能具有更强的决策力、洞察发现力和流程优化能力的海量、高增长率和多样化的信息资产。

可以看出,大数据具备 4V 特性,即:体量(Volume)、多样性(Variety)、速度(Velocity)和价值密度(Value),如图 5-33 和图 5-34 所示。

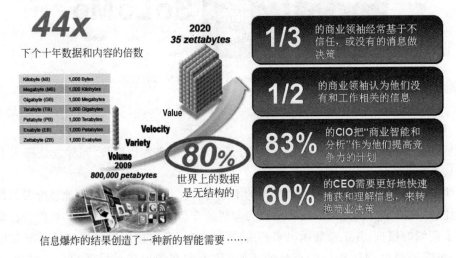

图 5-33　大数据的 4V 特性

大数据的特点有 4 个层面。第一,数据体量巨大,从 TB 级别,跃升到 PB 级别。第二,数据类型繁多,包括前面提到的网络日志、视频、图片、地理位置信息等。第三,价值密度低,商业价值高。以视频为例,连续不间断监控过程中,可能有用的数据仅有一两秒。第四,处理速度快,1 秒定律。最后这点,和传统的数据挖掘技术有着本质的不同。

IBM 前董事长兼首席执行官郭士纳认为,"计算模式每隔 15 年发生一次变革"。1965年前后出现大型计算机,1980 年前后出现 PC,1995 年前后发生了互联网革命,2010 年前后随着信息世界网络化、普适化、智能化,网络与传统技术交叉、融合,催生出云计算、物联网等新兴产业平台。虽然计算模式几经变迁,从单机到多机到协同等,围绕数据处理能力的研究应用,一直都是 IT 发展的永恒主题。如图 5-35 所示,2007 年美国总统科学技术顾问委员会的报告以及英国 e-Science 计划前首席科学家 Tony Hey 的著作《第四范式:数据密集型科学发现》,揭示出数据分析已经成为继理论、实验、计算之后的第四种科学发现基础,成为产生经济价值的新源泉。它有助于分析社会学、市场预测以及医学等领域的规律和趋势,形

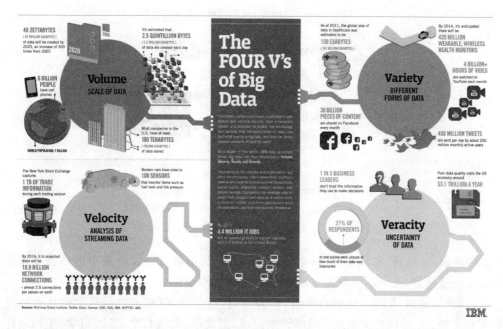

图 5-34　大数据的 4V 特性（来自 IBM）

成"真理尽在数据中"的效应。

随之，"数据科学"成为一个新兴的研究领域。

早在 1980 年，著名未来学家阿尔文·托夫勒，在《第三次浪潮》一书中，将大数据热情地赞颂为"第三次浪潮的华彩乐章"。近年来，"大数据"已经成为科技界和企业界关注的热点。2012年 3 月，美国奥巴马政府宣布投资两亿美元启动"大数据研究和发展计划"，这是继 1993 年美国宣布"信息高速公路"计划后的又一次重大科技发展部署。美国政府认为，大数据是"未来的新石油"，这标志着大数据已经上升到国家战略层面。此外，数据又并非单纯指人们在互联网上发布的信息，全世界的工业设备、汽车、电表上有着无数的数码传感器，随时测量和传递着有关位置、运动、振动、温度、湿度乃至空气中化学物质的变化，也产生了海量的数据信息。

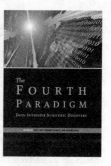

图 5-35　Tony Hey 和《第四范式：数据密集型科学发现》

大数据技术的战略意义，不在于掌握庞大的数据信息，而在于对这些含有意义的数据进行专业化处理。如果把大数据比作一种产业，那么这种产业实现赢利的关键，在于提高对数据的"加工能力"，通过"加工"实现数据的"增值"。中国物联网校企联盟认为，物联网的发展离不开大数据，依靠大数据提供足够有利的资源。

随着云时代的来临，大数据也吸引了越来越多的关注。如图 5-36 所示，大数据通常用来形容一个公司创造的大量非结构化、半结构化数据，这些数据在下载到关系型数据库用于分析时，会花费过多时间和金钱。大数据分析常和云计算联系到一起，因为实时的大型数据集分析需要像 MapReduce 一样的框架来向数十、数百或甚至数千台计算机分配工作。

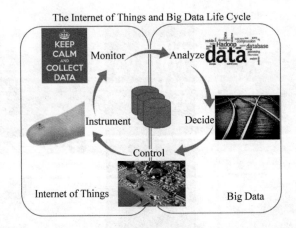

图 5-36　物联网和大数据

　　而物联网、云计算、移动互联网、车联网、手机、平板电脑、PC 以及遍布地球各个角落的各种各样的传感器,无一不是数据来源或者承载的方式。

　　例如,网络日志,RFID,传感器网络,社会网络,社会数据(由于数据革命的社会),互联网文本和文件;互联网搜索索引;呼叫详细记录,天文学,大气科学,基因组学,生物地球化学,生物,以及其他复杂和/或跨学科的科研,军事侦察,医疗记录;摄影档案馆视频档案;大规模的电子商务。

5.4.2　大数据的关键问题

　　大数据分析,则是为了解决现有的商业软件难以处理大数据的规模和复杂性,包括获取、存储、搜索、分享和可视化等。在数据科学领域,大数据管理及处理能力已经成为引领网络时代 IT 发展的关键。获取大量真实的运行数据并建立对其进行动态高效处理的能力,将成为产业竞争力的体现。如图 5-37 所示,软件是大数据的引擎,与数据中心一样,软件同样也是大数据的驱动力。

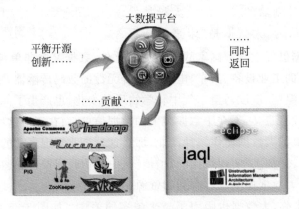

图 5-37　软件是大数据的引擎

　　大数据不仅是精准营销,一方面,用户行为分析实现精准营销,是大数据的典型应用;另一方面,大数据在各行各业特别是公共服务领域,具有广阔的应用前景,如图 5-38 所示。

在这种背景下,社会计算引起的应用模式变革,将深刻地影响、改变 IT 技术的研究理论和手段。在互联网数据为各领域应用带来新契机的同时,由于数据的异质异构、无结构、不可信等特征,互联网时代大数据的管理和分析研究,需要解决可表示、可处理、可靠性三个关键问题。

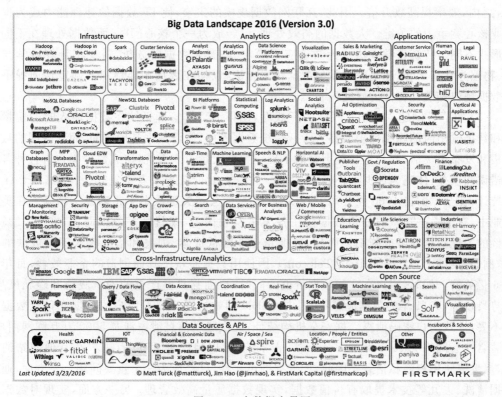

图 5-38　大数据全景图

(1) 可表示问题。当前互联网中的数据,向着异质异构、无结构趋势发展。非结构化数据在互联网大数据中占有的比例大幅增加。美国弗雷斯特研究公司分析师在 2010 年《政府今天所面临的挑战》报告中预计:"数据将会在今后的 5 年内增加 8 倍,其中非结构化数据在各组织机构的数据中所占份额超过 70％到 80％,并且,这些非结构化数据的增长速度,是结构化数据的 10～50 倍。"从数据管理角度看,非结构化数据很难按照统一的模型进行分析处理,比结构化数据处理难得多。正是这些非结构化数据,使企业面对信息的快速增长猝不及防。因此,如何有效地表示这些非结构化数据,成为首要问题。

(2) 可处理问题。如今数据规模急剧扩张,远远超越现有计算机处理能力。图灵奖获得者 Jim Gray 和 IDC 公司曾预测,全球数据量每 18 个月翻一番。目前,全球数据的存储和处理能力,已远落后于数据的增长幅度。例如,淘宝网每日新增的交易数据,达 10TB;eBay分析平台日处理数据量,高达 100PB,超过了美国纳斯达克交易所全天的数据处理量;沃尔玛是最早利用大数据分析并因此受益的企业之一,曾创造了"啤酒与尿布"的经典商业案例。现在,沃尔玛每小时处理 100 万件交易,将有大约 2.5PB 的数据存入数据库,此数据量是美国国会图书馆的 167 倍;微软花了 20 年,耗费数百万美元完成的 Office 拼写检查功能,谷歌公司则利用大量统计数据直接分析实现。此外,在数据处理面临规模化挑战的同时,数据处理需求的多样化逐渐显现。相比支撑单业务类型的数据处理业务,公共数据处理平台需要处理的大数据,涉及在线/离线、线性/非线性、流数据和图数据等多种复杂混合计算方式。例如,2011 年 Facebook 首度公开其新数据处理分析平台 PUMA,通过对数据多处理环节区分优化,相比之前单纯采用 Hadoop 和 Hive 进行处理的技术,数据分析周期从两天降到 10s 之内,效率提高数万倍。因此,互联网数据规模的集聚,使 IT 数据的处理能力成为保持企业核心竞争力的关键。大数据的高效处理,已经成为一个核心问题,而数据处理在不同阶段形式不同。传统数学方法已无法适应不确定、动态大数据的分析,需要将计算科学与数学、物理等学科结合,建立一种新型数据科学方法,以便在数据多样性和不确定性前提下进行数据规律和统计特征的研究。

(3) 可靠性问题。由于互联网的开放性,使得大数据管理系统在数据输入时的质量确保和数据输出时的隐私保护面临考验。传统数据库中,假设数据是确定的,而互联网的数据采集和发布更灵活,容易将各种类型的不确定数据大量引入系统,造成数据中含有各种各样的错误和误差,体现为数据不正确、不精确、不完全、过时陈旧或者重复冗余。据 Gartner 公司统计,在全球财富 1000 强公司中,有超过 25% 的公司关键数据不正确或不精确。在美国企业中,有 1%～30% 的公司数据存在各类错误和误差,仅就医疗数据而言,有 13.6%～81% 的关键数据遗缺或陈旧。而且,数据是企业降低成本、损失和增加收入不可或缺的工具,例如,英国 BT 公司(British Telecom),因使用数据质量工具而创造的企业效益,每年高达 6 亿英镑。同时,用户在享受数据价值的同时,也面临日益严重的安全威胁和隐私风险。趋势科技称,2011 年为数据泄露年,国内 CSDN 网站被曝 600 万用户的数据库信息数据保护不妥,导致用户密码泄露。据安全机构统计,此次隐私信息泄露涉及 5000 万互联网用户。而著名社会网络 Facebook 的 Beacon 广告系统,可以追踪到 5500 万用户在其他网站的活动,严重威胁用户隐私信息。因此,大数据的可靠性,已经成为一个重要问题。一方面,通过数据清洗、去冗等技术提取有价值数据,实现数据质量高效管理;另一方面,实现对数据的安全访问和隐私保护,两方面已成为大数据可靠性的关键需求。

5.4.3　大数据处理技术

由于海量数据的数据量和分布性的特点,使得传统的数据管理技术不适合处理海量数据。因此,对海量数据的分布式并行处理技术提出了新的挑战,开始出现以 MapReduce 为代表的一系列研究工作。

1. 数据并行处理

MapReduce 是 2004 年由谷歌公司提出的一个用来进行并行处理和生成大数据集的模型。Hadoop 是 MapReduce 的开源实现,是企业界、学术界共同关注的大数据处理技术。针对并行编程模型易用性,出现了多种大数据处理高级查询语言,如 Facebook 的 Hive、雅虎的 Pig、谷歌的 Sawzall 等。这些高层查询语言,通过解析器将查询语句解析为一系列 MapReduce 作业,在分布式文件系统上执行。与基本的 MapReduce 系统相比,高层查询语言更适于用户进行大规模数据的并行处理。MapReduce 及高级查询语言在应用中,也暴露了在实时性和效率方面的不足,因此,有很多研究针对它们进行优化。

MapReduce 作为典型的离线计算框架,无法满足许多在线实时计算需求。目前,在线计算主要基于两种模式研究大数据处理问题:一种基于关系型数据库,研究提高其扩展性,增加查询数量来满足大规模数据处理需求;另一种基于新兴的 NoSQL 数据库,通过提高其查询能力丰富查询功能,来满足有大数据处理需求的应用。使用关系型数据库为底层存储引擎上层对主键空间进行切片划分,数据库全局采用统一的哈希方式将请求分发到不同的存储节点,以达到可以水平扩展的要求,这种方案一般不能对上层提供原存储引擎的全部查询能力。Oracle NoSQL DB、MySQLCluster、MyFOX 即是典型系统,通过扩展 NoSQL 数据库的查询能力的方法来满足大规模数据处理需求的最典型的例子,就是谷歌的 BigTable 及其一系列扩展系统。

2. 增量处理技术

如何设计高效的增量算法,进行分布式大数据的动态更新,也是目前的研究热点。谷歌公司已经采用增量索引过滤器,而不是 MapReduce 来分析频繁变化的数据集,使搜索结果返回速度越来越接近实时。Percolator 通过只处理新增的、改动过的或删除的文档和使用二级指数来高效率地创建目录,并返回查询结果。Percolator 将文档处理延迟缩短了 99%,其索引万维网新内容的速度比 MapReduce 快很多。

5.4.4　复杂数据智能分析技术

现在,从海量的非结构化数据中归纳、过滤信息,并依据这些信息进行快速、准确地决策,已经成为用户最为迫切的需求。复杂数据的智能分析包括海量图数据的匹配分析和海量社交数据分析等。

1. 图匹配查询

图的表达能力强,应用广泛,在社交网络、生物数据分析、推荐系统、复杂对象识别、软件代码剽窃检测等领域,都起着重要的作用。图匹配的核心的关键问题,是建立满足新型应用需求的图匹配理论和模型,并提供高效的匹配查询技术,以提高查询的效率和查询结果的准确性。大数据时代的图匹配理论和技术,是目前国际上数据库领域的研究热点之一。

从查询语言的功能来看,图的查询语言可以分为两类。一类是 Ad-hoc 图查询语言,用以完成图中的某个单项查询任务。通常,这类图的查询没有明确规定查询语言的语法,比如最短路径、邻接查询、可达性查询、图同态及其扩展查询、子图同构查询、图模拟查询及其扩展查询等。另一类是通用图查询语言,可以完成多项查询任务,通常这类图的查询明确规定了查询语言的语法和表达能力,比如 GraphQL 等。

通过拓展已有的图查询语言来设计新型的图查询语言,是目前的一个研究热点,通过增强其表达能力,来适应新的应用需求。新型语言的设计,需要在图的表达能力和查询复杂性之间有一个权衡。另外,图表达和图划分,是与大规模图的分布式查询密不可分的,前者可以提高单个计算节点的图存储能力,后者通过分布式多计算节点,进一步提高整体的图存储能力和查询性能。

2. 社会网络数据分析

社会网络分析,包括社会网络结构分析、信息传播方式分析、社区群体结构分析(中心性分析、凝聚子群分析)和用户间关系的预测。随着微博客用户数量的激增以及人们获取信息方式的改变,最近,针对社会媒体信息内容的研究,也取得了一定的进展,其中包括重要舆情信息的发现,以及从微博客数据中挖掘社会网络的结构,进而预测舆情在社会网络中的信息传播模式。

融合社交网络数据的推荐系统,也是目前的一个研究热点,如图 5-39 所示。为了给网络用户生成合适的推荐并保证推荐系统的性能,研究者提供了很多解决方案,比如基于协同过滤的推荐技术、基于内容的推荐方法和基于模型的推荐系统。另外,传统的数据挖掘技术,如聚类技术和关联规则方法也被应用到推荐系统中。目前,这些传统的推荐算法最大的不足之处,是没有考虑用户间的隐性相似度,仅通过内容或用户的评分历史等要素显示的相似度来计算用户间可能存在的共同兴趣或爱好。随着社会网络和社会媒体的发展,互联网用户更希望从在线好友或在线社区等社交网站中得到有关产品的评论。

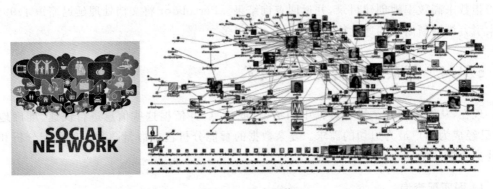

图 5-39　社交网络

5.4.5　数据质量基础理论与关键技术

数据的价值涉及很多因素,数据质量是决定数据价值的关键因素之一。数据质量管理的研究,旨在建立识别数据错误的理论和模型,提供自动发现和定位数据错误的方法,设计高效修复错误数据的关键技术,最终达到提高数据可用性的目的。数据质量管理研究与传统的数据管理研究具有本质区别。数据管理研究,专注于管理数据的"量",即如何快速集成、存储、查询大量数据。然而,由于这些系统中存储的数据具有各种各样的错误和误差,无论这些系统和引擎的速度多么快,处理的数据量多么大,都无法为用户提供正确的信息。数据质量的研究,则侧重于管理数据的"质",其目的是提供完整的理论体系和数据质量管理系统,自动发现和更正数据中的错误,保证数据和查询结果的正确性,从而提高数据的可用性。

现实世界对数据质量管理的需求,给数据质量的研究带来了诸多挑战。

1. 统一的逻辑框架

一个数据集可能同时包含各类错误,而且这些关键问题可能会相互影响。例如,部分数据可能不正确、不完全、过于陈旧或含有冗余。提高数据的正确性，可帮助识别实体。反过来，有效识别实体能够帮助提高数据的精确度、完全性和时效性。这意味着，我们不能仅关注解决某一个关键问题，而必须同时考虑如何保证数据的正确性、精确性、完全性、时效性和无冗余。因此，提出一个统一的逻辑框架，并在此框架下研究上述 5 个核心问题的相互影响，是数据质量理论和技术研究面临的巨大挑战。这也加大了数据规则描述定义、发掘、推理以及数据错误检错和纠错算法的难度。

2. 半结构化数据数据质量

现实中的数据，不只限于传统的关系数据，更经常以半结构化形式出现，如 XML 或具有图结构的数据。当前，XML 已成为现今数据交换和合成的标准模式，而具有图结构的数据在生物、社会网络、交通网络等领域应用很广泛。如上所述，这些问题，对于传统的关系数据而言，已非易事；对半结构化而言，则更具挑战性。因此，我们需要针对半结构化数据进行研究。

3. 分布式数据清洗

在实际应用中，数据往往被划分为若干片段并分布存储于不同的网络站点上。因此，不仅需要针对集中存储的数据质量进行研究，还需要对分布式存储的数据进行同样的研究。目前，已有的研究主要针对集中存储的数据，几乎未涉及分布式存储数据的质量问题。研究分布数据的质量问题更困难。例如，检测分布数据中的错误，需要将一些数据传输到其他站点，保障数据传输量最小化的数据错误检测问题，在分布式环境下成为 NP 完全问题，这就需要为分布式数据开发全新的错误检测算法和数据修复算法。因此，如何在分布网络环境下研究分布式存储数据的质量问题，就成了一个极具挑战性的问题。

5.4.6 数据挖掘的进展及挑战

1. 什么是数据挖掘

数据挖掘（Data Mining，DM），又译为资料探勘、数据采矿，是数据库中知识发现（Knowledge Discovery in Database，KDD）中的一个步骤。

数据挖掘一般是指从大量的数据中自动搜索隐藏于其中的有着特殊关系的信息的过程。数据挖掘通常与计算机科学有关，并通过统计、在线分析处理、情报检索、机器学习、专家系统（依靠过去的经验法则）和模式识别等诸多方法来实现上述目标。

数据挖掘通过分析大量的数据来揭示数据之间隐藏的关系、模式和趋势，从而为决策者提供新的知识。之所以称之为"挖掘"，是比喻在海量数据中寻找知识，就像从沙里淘金一样困难。数据挖掘是数据量快速增长的直接产物。数据仓库产生以后，如"巧妇"走进了"米仓"，数据挖掘如虎添翼，在实业界不断产生化腐朽为神奇的故事。

其中，最为脍炙人口的，当属"啤酒和尿布"案例。

Wal-Mart（沃尔玛）拥有世界上最大的数据仓库，在一次购物篮分析之后，研究人员发现，跟尿布一起搭配购买最多的商品，竟是风马牛不相及的啤酒。这是对历史数据进行"挖掘"和深层次分析的结果,反映的数据层面的规律。但是,这是一个有用的知识吗? 沃尔玛的分析人员也不敢妄下结论。经过大量的跟踪调查,终于发现事出有因:在美国,一些年轻的父亲,经常要被妻子"派"到超市去购买婴儿尿布,有 30%~40%的新生爸爸会顺便买点儿啤酒犒劳自己。沃尔玛随后对啤酒和尿布进行了捆绑销售,不出意料之外,销售量双双增加。这种点"数"成金的能力,是商务智能真正的"灵魂"和魅力所在,如图 5-40 所示。

图 5-40　啤酒尿布和数据挖掘

许多人把数据挖掘视为另一个"知识发现"的同义词。而另一些人只是把数据挖掘视为数据库知识发现过程的一个基本步骤。知识发现过程,如图 5-41 所示,由以下步骤组成。

(1) 数据清理:消除噪声或不一致数据。

(2) 数据集成:多种数据源可以组合在一起。

(3) 数据选择:从数据库检索与分析任务相关的数据。

(4) 数据变换:数据变换或统一成适合挖掘的形式,如通过汇总或聚集操作。

(5) 数据挖掘:基本步骤,使用智能方法提取数据模式。

(6) 模式评价:根据某种兴趣度量,识别表示知识的真正有趣的模式。

(7) 知识表示:使用可视化和知识表示技术,向用户提供挖掘的知识。

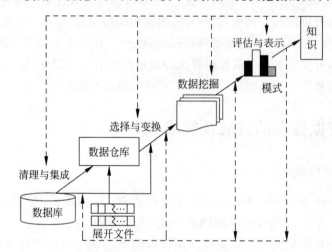

图 5-41　数据挖掘视为知识发现过程的一个步骤

数据挖掘步骤,可以与用户或知识库交互,以有趣的模式提供给用户,或作为新的知识存放在知识库中。根据这种观点,数据挖掘只是整个过程的一步,尽管是最重要的一步,因为它发现隐藏的模式。

典型的数据挖掘系统具有如下组成部分,如图 5-42 所示。

(1) 数据库、数据仓库或其他信息库:这是一个或一组数据库、数据仓库、电子表格或其他类型的信息库。可以在数据上进行数据清理和集成。

(2) 数据库或数据仓库服务器:根据用户的数据挖掘请求,数据库或数据仓库服务器负载提取相关数据。

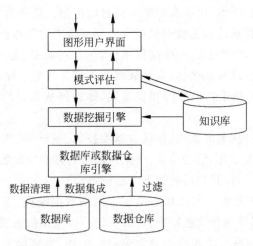

图 5-42　典型的数据挖掘系统结构

（3）知识库：这是领域知识，用于指导搜索，或评价结果模式的兴趣度。这种知识，可能包括概念分层，用于将属性或属性值组织成不同的抽象层。用户确信方面的知识也可以包含在内。可以使用这种知识，根据非期望性评估模式的兴趣度。领域知识的其他例子还有兴趣度限制或阈值和元数据（例如，描述来自多个异种数据源的数据）。

（4）数据挖掘引擎：这是数据挖掘系统基本的部分，由一组功能模块组成，用于特征化、关联、分类、聚类分析以及演变和偏差分析。

（5）模式评估模块：通常，此成分使用兴趣度量度，并与数据挖掘模块交互，以便将搜索聚集在有趣的模式上。它可能使用兴趣度阈值过滤发现的模式。模式评估模块也可以与挖掘模块集成在一起，这依赖所用的数据挖掘方法的实现。对于有效的数据挖掘，建议尽可能地将模式评估推进到挖掘过程之中，以便将搜索限制在兴趣的模式上。

（6）图形用户界面：本模块在用户和数据挖掘系统之间通信，允许用户和系统交互，指定数据挖掘查询或任务，提供信息、帮助搜索聚焦，根据数据挖掘的中间结果进行搜索式数据挖掘。此外，该成分还允许用户浏览数据库和数据仓库模式或数据结构，评估挖掘的模式，以不同的形式对模式可视化。

2. 数据挖掘的进展和趋向

自从 20 世纪 80 年代诞生以来，数据挖掘较好地解决了"数据丰富而知识贫乏"的状况。目前，数据挖掘已成为学术研究的热点，并应用于许多科学与工程领域。数据挖掘是数据库、机器学习、统计学和人工智能等多学科交叉的产物。作为一门交叉性学科，数据挖掘的内涵与外延从简单到复杂，经历了如下几个发展阶段。

（1）第一阶段是结构化数据挖掘。在初期，数据挖掘是面向结构化数据的，主要是指在关系数据库上进行的挖掘。

（2）第二阶段是复杂类型数据挖掘。与结构化数据挖掘不同，复杂类型数据挖掘，是指对万维网及多媒体等半（非）结构化数据构成的大型异质异构数据库的挖掘。主要包括，万维网挖掘和多媒体挖掘。万维网挖掘，主要有以文本为主的页面内容的挖掘（万维网文本挖掘）、以客户访问信息为主的挖掘和以万维网结构为主的挖掘。多媒体信息挖掘，主要指对音频、视频、超文本、空间、图像、图形和时序等信息的挖掘。复杂类型数据的广泛应用,直接驱动数据挖掘技术的进程从结构化数据挖掘发展到复杂类型数据挖掘。

(3) 第三阶段是进一步产生的一些挖掘系统,包括对动态、在线数据挖掘系统、分布式挖掘系统、并行挖掘系统,以及流数据、混合数据和不完备数据挖掘系统等。

(4) 第四阶段是开拓基于知识库的知识发现,即如何从现有的海量知识库中进一步发现更多深层次的知识。

数据挖掘涉及多学科技术的集成,包括数据库技术、统计学、机器学习、高性能计算、模式识别、神经网络、数据可视化、信息检索、图像与信号处理和空间数据分析。数据挖掘是信息产业很有前途的交叉学科,其趋向有如下一些特点。

(1) 原有理论方法不断深化与拓展。出现了网络数据挖掘、流数据、混合数据、基于神经网络的时序数据、相似序列和快速挖掘算法的研究,以及粗糙集模型与方法的扩展等。

(2) 复杂类型数据挖掘与动态挖掘成为热点。比如,生物信息挖掘、半结构化、非结构化等复杂类型数据挖掘和在线挖掘等。

(3) 新技术与方法的引入(其他学科领域的渗透)。比如,人工免疫系统方法、协同验算方法、模拟退火算法、语音识别方法、计算几何方法和智能蚁群算法等。

(4) 理论融合交叉的创新性研究。比如基于粗糙集的证据推理算法;模糊关系数据模型与粗集结合算法;认知心理学、认知物理学、认知生物学与知识发现的融合等。

(5) 基础理论研究渐趋重视。比如内在机理研究、自主知识发现框架、数据挖掘=数据集+似然关系+挖掘算法等。

3. 工业 4.0 和互联网+

工业 4.0(Industry 4.0)或称生产力 4.0,是德国政府提出的高科技计划。

不等于第 4 次工业革命,2013 年,德国联邦教育及研究部和联邦经济及科技部,将工业4.0 纳入《高技术战略 2020》的十大未来项目,投资预计达两亿欧元,来提升制造业的计算机化、数字化、智能化。德国机械及制造商协会等设立了"工业 4.0 平台";德国电气电子及信息技术协会,发布了德国首个工业 4.0 标准化路线图。

工业 4.0 的目标,并不是单单创造新的工业技术,而是着重将现有的工业相关的技术、销售与产品体验统合起来,是创建具有适应性、资源效率和人因工程学的智能工厂,并在商业流程及价值流程中,集成客户以及商业伙伴,提供完善的售后服务。工业 4.0 技术基础,是智能集成感控系统及物联网。

那么,从历史的角度讲,"工业 4.0"从何而来呢?

如图 5-43 所示,第一次工业革命,使得人类开始机械化进程,通过蒸汽机、动力系统等,翻开了人类工业文明的篇章。第二次工业革命,是电气化革命,工业进入到电气化进程当中,使得工业领域能够进一步实现大规模生产。第三次工业革命,则是随着工业发展大步地向前迈进,到了 20 世纪 70 年代,大规模机械化和电气化已经趋于稳定,人类更进一步开始了非常重要的工业信息化进程。通过信息化技术发展,人们得到了更多的数据,处理这些数据,解读这些数据,将不同的信息整合到完整的系统中,才催生出后来人工智能的话题。第四次工业革命,则是到了今天,数据处理已不仅局限在单独的机器上,而是形成信息互联,并且,越来越多的普通人都开始关注机器的人机交互功能,这说明,人们已经认识到它的重要性和未来的发展趋势。

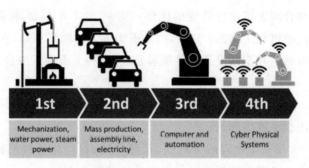

图 5-43　从工业 1.0 到工业 4.0

　　工业 4.0 的架构虽然还在摸索,但如果得以陆续成真并应用,最终将能建构出一个有感知意识的新型智能工业世界,能通过分析各种大数据,直接生成一个充分满足客户的相关解决方案产品(需求定制化),更可利用计算机预测,例如天气预测、公共交通、市场调查数据等等,及时精准生产或调度现有资源、减少多余成本与浪费等(供应端优化)。注意,工业只是这个智能世界的一个部件,需要以"工业如何适应智能网络下的未来生活"去理解,才不会搞混工业的种种概念。

　　当前,德国的三个"工业 4.0"之父,都对起草德国"工业 4.0"战略规划做出了重大贡献,如图 5-44 所示。第一个人,是德国人工智能研究中心(DFKI)的 CEO 和科学总监 Wolfgang Wahlster 教授;第二个人,是德国国家科学与工程院院士孔翰宁(Henning Kagermann)教授;第三个人,是德国联邦教育研究部部门主管 Wolf-Dieter Lukas 教授。他们以及其他一些研究人员在 2011 年创造出了"工业 4.0"概念,在全球范围内掀起了"工业 4.0"的风潮。

图 5-44　Wolfgang Wahlster、Henning Kagermann、Wolf-Dieter Lukas 三位教授
在汉诺威工业博览会上提出"工业 4.0"

　　工业互联网,是指全球工业系统与高级计算、分析、感应技术以及互联网连接融合的结果。工业互联网通过智能机器间的连接并最终将人机连接,结合软件和大数据分析,重构全球工业、激发生产力,让世界更美好、更快速、更安全、更清洁且更经济。

工业互联网将整合两大革命性转变的优势:其一,是工业革命,伴随着工业革命,出现了无数台机器、设备、机组和工作站;其二,则是更为强大的网络革命,在其影响之下,计算、信息与通信系统应运而生并不断发展。伴随着发展,三种元素逐渐融合,充分体现出工业互联网的精髓。

(1)智能机器:以崭新的方法将现实世界中的机器、设备、团队、网络,通过先进的传感器、控制器、软件应用程序连接起来。

(2)高级分析:使用基于物理的分析法、预测算法、自动化和材料科学,电气工程及其他关键学科的深厚专业知识来理解机器与大型系统的运作方式。

(3)工作人员:建立员工之间的实时连接,连接各种工作场所的人员,以支持更为智能的设计、操作、维护以及高质量的服务与安全保障。

这些元素融合起来,为企业与经济体提供了新的机遇。

例如,传统的统计方法采用历史数据收集技术,这种方式通常将数据、分析、决策分隔开来。伴随着先进的系统监控和信息技术成本的下降,工作能力大大提高,实时数据处理的规模得以大大提升,高频率的实时数据为系统操作提供全新视野。机器分析则为分析流程开辟新维度,各种物理方式相结合、行业特定领域的专业知识、信息流的自动化与预测能力相互结合可与现有的整套"大数据"工具联手合作。最终,工业互联网将涵盖传统方式与新的混合方式,通过先进的特定行业分析,充分利用历史与实时数据。

图 5-45 和图 5-46 分别描述了通用电气和工业互联网,以及工业互联网计算需求,包括云、访问、安全、用户体验、智能机器、资产管理、大数据。

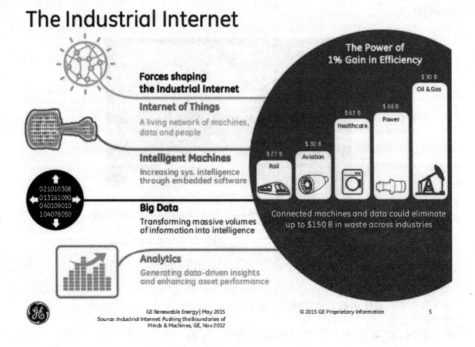

图 5-45　通用电气和工业互联网

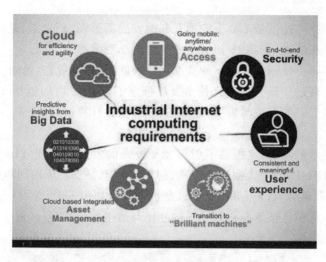

图 5-46　工业互联网计算需求

工业互联网要将两次重大转型变革所带来的发展成果汇集在一起：工业革命所带来的众多机器、设备和制造业大军，与数字革命带来的运算、信息和通信系统。依照通用电气（GE）的观点，上述的成果结合将带来三大要素，展现出工业网络的本质，即智能机器、先进分析和参与工作者。

图 5-47 解释了工业 4.0 如何运作的，并将运作过程分为 6 个阶段。

图 5-47　工业 4.0 如何运作

在中国,互联网＋,是创新 2.0 下中国互联网发展新形态、新业态,是知识社会创新 2.0 推动下的互联网形态演进,在 2015 年被国务院总理李克强率先提出。

"互联网＋"实际上是创新 2.0 下的互联网发展新形态、新业态,是知识社会创新 2.0 推动下的互联网形态演进。新一代信息技术发展催生了创新 2.0,而创新 2.0 又反过来作用于新一代信息技术形态的形成与发展,重塑了物联网、云计算、社会计算、大数据等新一代信息技术的新形态。

新一代信息技术的发展,又推动了创新 2.0 模式的发展和演变,Living Lab(生活实验室、体验实验区)、Fab Lab(个人制造实验室、创客)、AIP("三验"应用创新园区)、Wiki(维基模式)、Prosumer(产消者)、Crowdsourcing(众包、群智,如图 5-48 所示)等典型创新 2.0 模式不断涌现。新一代信息技术与创新 2.0 的互动与演进推动了"互联网＋"的浮现。

图 5-48　Crowdsourcing(众包、群智)

互联网随着信息通信技术的深入应用,带来的创新形态演变,本身也在演变变化并与行业新形态相互作用共同演化,如同以工业 4.0 为代表的新工业革命以及 Fab Lab 及创客为代表的个人设计、个人制造、群体创造。可以说,"互联网＋"是新常态下创新驱动发展的重要组成部分。

"互联网＋"是信息化促进工业化的提法的升级版,是未来中国经济发展的最重要引擎。其关键是创新,要将当前在中国大地正在掀起的创客的创新创业大潮引导其使用互联网及创新 2.0 这个利器,以期完成中国当前新常态的经济转型和中高速增长,迈向中高端水平,这样才能让"＋"更有意义,也为全面发展信息经济做好开局。

"互联网＋"在较早被提出时,聚焦在互联网对传统行业的渗透和改变。每一个传统行业,都孕育着"互联网＋"的机会。

"互联网＋"中的"＋"是什么? 是传统行业的各行各业。马化腾提出"互联网＋"是一个趋势,加的是传统的各行各业。互联网加媒体产生了网络媒体,对传统媒体影响很大;互联网加娱乐产生网络游戏;互联网加零售产生电子商务,已经成为我国经济重要组成部分;互联网加金融,使得金融变得更有效率,更好地为经济服务。从另一个角度分析,传统行业每一个细分领域的力量仍然是无比强大的,互联网是推动传统行业的有力工具。从 18、19 世纪第一次工业革命发明了蒸汽机技术到 19、20 世纪第二次工业革命有了电力的技术以来,很多的行业发生了变化。互联网诞生后,也进一步推动了知识的产生及传播。从这个角度看,互联网是可以更有力地推动各传统行业发展的工具。当然,互联网也会推动和衍生出很多新的事物、新的机会。

随着互联网的深入应用,特别是以移动技术为代表的普适计算、泛在网络的发展,与向生产生活、经济社会发展各方面的渗透,信息技术推动的面向知识社会的创新形态形成日益受到关注。创新形态的演变,也推动了互联网形态、信息通信技术形态的演变,物联网、云计算、大数据等新一代信息技术作为互联网的延伸和发展,在与知识社会创新 2.0 形态的互动中也进一步推动了创新形态的演变。

李克强总理在第十二届全国人大三次会议上的政府工作报告中提出的"互联网＋",也就具有了更丰富、更深刻、更富时代特征的内涵。报告中指出新兴产业和新兴业态是竞争高地,要实施高端装备、信息网络、集成电路、新能源、新材料、生物医药、航空发动机、燃气轮机等重大项目,把一批新兴产业培育成主导产业。

个人计算机互联网、无线互联网、物联网等,都是互联网在不同阶段、不同侧面的一种提法,这也是谈论未来变化的一个基础。未来"连接一切"时代,还有很多的想象空间。当然,"互联网＋"不仅是连接一切的网络或将这些技术应用于各个传统行业。除了无所不在的网络(泛在网络),还有无所不在的计算(普适计算)、无所不在的数据、无所不在的知识,一起形成和推进了新一代信息技术的发展,推动了无所不在的创新(创新民主化),推动了知识社会以用户创新、开放创新、大众创新、协同创新为特点的创新 2.0。正是新一代信息技术与创新 2.0 的互动和演进共同租用,改变着人们的生产、工作、生活方式,并给当今中国经济社会的发展带来无限的机遇。

"互联网＋"概念,是以信息经济为主流经济模式,体现了知识社会创新 2.0 与新一代信息技术的发展与重塑。而目前的新常态,是信息经济发展的起步,或信息经济全面发展的开端,今天经济的转型和增长,要从要素驱动转向创新驱动,而以互联网为载体的知识社会创新 2.0 模式是创新驱动的最佳选择。"互联网＋"不仅意味着新一代信息技术发展演进的新形态,也意味着面向知识社会创新 2.0 逐步形成演进、经济社会转型发展的新机遇,推动开放创新、大众创业、万众创新、推动中国经济走上创新驱动发展的"新常态"。

4. 物联网数据特性对挖掘的挑战

无论物联网在具体应用中有何种不同的表现形式,物联网数据挖掘分析、应用通常都可以归纳为以下两大类。

(1) 预测(Forecasting):主要用于在(完全或部分)了解现状的情况下,推测系统在近期或者中远期的状态。例如,在智能电网中,预测近期扰动的可能性和发生的地点;在智能交通系统中,预测拥阻和事故在特定时间和地点可能发生的概率;在环保体系中,根据不同地点的废物排放,预测将来发生生物化学反应产生污染的可能性。

(2) 寻证分析(Provenance Analysis):当系统出现问题或者达不到预期效果时,分析在运行过程中哪个环节出现了问题。例如,在食品安全应用中,一旦发生质量问题,需要在食品供应链中寻找相应证据,明确原因和责任;在环境监控中,当污染物水平超标时,需要在记录中寻找分析原因。

显然,数据挖掘、预测和寻证分析都不是新问题。但在物联网环境中,由于数据的特性不同(特别是复杂的物物关联),导致建模方式和传统方式有很大差异。因此,为了提出合适的解决方案和正确思路,需要先分析物联网的数据特性,然后讨论合适的数学模型。简单来讲,与传统数据挖掘领域的情形相比,物联网数据的主要特点是:时空性、关联性、质量差、海量和非结构性。

小结

随着社会信息化的快速发展,无论在科学研究、工业生产、娱乐,还是在社会民生、环境与商业等领域,数据都呈现出爆炸式增长。数据规模不断膨胀,是未来社会现代化的必然趋势,既给人们改造自身生存环境带来了便利,也给计算机发展带来了巨大挑战。为了对物联网数据进行处理,本章从数据库系统开始,介绍了海量信息存储技术,搜索引擎以及大数据挖掘。并结合数据中心管理、分布式存储,以及 NoSQL 等,讨论了物联网管理服务和云计算的相关内容。这些都将成为物联网应用支撑层发展的重要方向和热点。

习题

1. 术语辨析,试解释如下术语。

DBMS,数据中心,NAS,SAN,数据挖掘,云计算,数据融合,SQL,大数据,SEO,PageRank,工业 4.0,互联网+

2. 物联网有哪些数据特征? 其数据管理的主要问题有哪些?

3. 谷歌云计算技术包括哪些特点? 查阅资料,列举一些主要商业云计算解决方案的应用场景。

4. 当前主流分布式文件系统有哪些? 各有什么特点?

5. 搜索引擎按检索机制划分,可分为全文搜索引擎、目录搜索引擎以及元搜索引擎。分别各列出最常用的三个。

6. IT 部门应该花费多少时间在数据挖掘分析上面? 从商业的角度来看,这种投入是否有价值? 如果说数据分析是值得去做的事情,那么又表现在哪些方面?

7. 描述移动设备和远程云在移动云计算中的不足,并解释如何弥补这些不足,从而使得手持普适设备可以向云发送请求。

第6章
CHAPTER 6
应用接口层

物联网通过感知层获取数据,通过网络层传输数据,并在应用支撑层利用云计算、数据挖掘、中间件等技术进一步地对数据进行处理,在应用接口层根据用户的需求,与行业应用相结合,完成更加精细和准确的智能化信息管理。

6.1 物联网的业务分类

物联网在工业领域、农业领域、城市管理、公安消防及军事、民生及家庭和外贸出口等方面均有应用,按照技术特征可以把这些应用划分为 4 种不同的业务类型,分别是身份相关业务、信息汇聚型业务、协同感知型业务和泛在服务。

从信息汇聚到协同感知再到泛在聚合是目前业界认可的物联网的一种发展趋势,但物联网与应用相关,并不是所有的业务都会发展到泛在聚合的阶段,很多物联网是专用网络,是为了解决某个具体应用而搭建的,这样的网络中产生和传输的数据只对特定用户开放或有效,并不需要泛在聚合,更多的可能只需要身份认证或信息汇聚。

1. 身份相关业务

物联网若是利用射频标识、二维码、条形码等可以标识身份的技术,并基于身份所提供的各类服务则是身份相关业务。身份相关业务又可以分为主动模式和被动模式两种,若是物联网中的终端去识别其他身份信息,则为主动模式;若物联网中的终端是被识别,则是被动模式。身份相关业务系统中,一般是在需要识别的物品上贴上 RFID 标签,读写器通过读取 RFID 标签中的信息,得到物品 ID 信息,根据 ID 信息获取更多关于物品的详细信息。

2. 信息汇聚型业务

物联网利用终端对数据进行采集、处理,然后将信息通过网络上报,这类业务是信息汇聚型业务。这类业务中,网络终端、数据、应用和服务等由物联网平台统一管理。自动抄表、电梯管理、物流、交通管理等应用都是比较典型的信息汇聚型业务。

3. 协调感知型业务

在协调感知型业务中,物联网终端除了能接受物联网平台的管理、能进行数据采集和数据处理以及数据上报外,还能和另外的终端或人之间进行通信。这类业务中的通信能力在可靠性、时延等方面可能有更高要求,对物联网终端的智能化要求更为突出,是物联网发展的趋势。

4. 泛在服务

泛在服务是人类通信服务的最高境界,其以无所不在、无所不包、无所不能为基本特征,以实现在任何时间、任何地点、任何人、任何物都能顺畅地通信为目标。未来的泛在网很可能以互联网为载体,将物理世界中的物的信息融入到互联网上,从而实现物物相连,人物相连,支持物与物、人与物直接通信,达到更广泛的信息共享的目的。

6.2　物联网业务系统构架

物联网根据应用场景的不同可以分为 RFID 相关应用、基于传感器网络应用和基于 M2M 应用三类。下面分别介绍这三类业务系统架构。

1. 基于 RFID 的应用架构

通过给移动或非移动物品贴上电子标签的方式很容易将物品变成“智能物品”,从而实现对物品的各种跟踪和管理。RFID 是可电子化编码方式的一种载体,针对可电子化的编码方式,Auto-ID 中心提出了 EPCGlobal 体系,图 6-1 是 EPCGlobal 标准架构图。EPCGlobal 的 RFID 标准体系框架包含硬件、软件、数据标准,以及由 EPCGlobal 运营的网络共享服务标准等多个方面的内容。其目的是从宏观层面列举 EPCGlobal 硬件、软件、数据标准,以及它们之间的联系,定义网络共享服务的顶层架构,并指导最终用户和设备生产

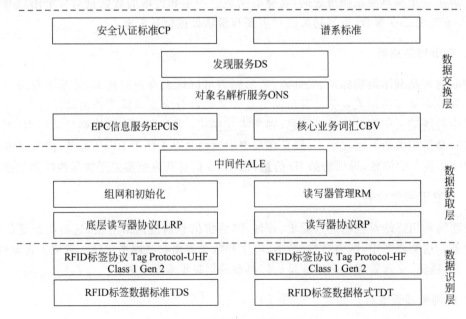

图 6-1　EPCGlobal 标准架构图

商实施 EPC 网络服务。EPCGlobal 标准框架,包括数据识别、数据获取和数据交换三个层次,其中,数据识别层的标准包括 RFID 标签数据标准和协议标准,目的是确保供应链上的不同企业间数据格式和说明的统一性;数据获取层的标准包括读写器协议标准、读写器管理标准、读写器组网和初始化标准,以及中间件标准等,定义了收集和记录 EPC 数据的主要基础设施组件,并允许最终用户使用具有互操作性的设备建立 RFID 应用;数据交换层的标准包括 EPC 信息服务标准(EPC Information Services,EPCIS)、核心业务词汇标准(Core Business Vocabulary,CBV)、对象名解析服务标准(Object Name Service,ONS)、发现服务标准(Discovery Services)、安全认证标准(Certificate Profile),以及谱系标准(Pedigree)等,提高广域环境下物流信息的可视性,目的是为最终用户提供可以共享的 EPC 数据,并实现EPC 网络服务的接入。

2. 基于传感器网络的应用架构

基于传感器网络的物联网主要是利用部署在感知区域的传感器节点自组成网,共同协作,完成对感知区域的数据采集、处理和传输,从而实现对感知对象的监控。传感器网络包括无线传感器网络(Wireless Sensor Network,WSN),视觉传感器网络(Visual Sensor Network,VSN),以及人体传感器网络(Body Sensor Network,BSN)等,目前研究得比较多的是无线传感器网络。

传感器网络中的每个节点一般由一个无线收发器、一个微处理器和电源部分组成,每个节点的通信能力、计算能力、处理能力以及电池能源都很有限,很多研究都集中在传感器网络能量高效上,也有研究关注网络底层的问题。传感器网络的架构在前面章节中已有提及,这里就不再重复。

3. 基于 M2M 的应用架构

M2M(Machine to Machine)把物品通过射频识别等信息传感设备与互联网连接起来,实现智能化识别和管理。业界认同的 M2M 理念和技术架构包含 EPCGlobal 和 WSN 的部分内容,具有有线和无线两种通信方式。M2M 的应用架构如图 6-2 所示,包括行业终端、M2M 终端、无线传输网络、M2M 后台服务器以及应用模块 5 个部分。

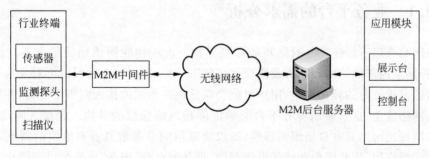

图 6-2　M2M 应用架构

(1)行业终端:主要包括各种传感器、视频监控探头、扫描仪等。它的主要作用是完成行业应用所需要的数据的采集并通过接口传递给 M2M 终端。例如,温度传感器把温度数据采集后通过该设备接口传递给 M2M 终端设备。

（2）M2M 终端：是整个系统中关键的部分之一，它的功能是把数据传输给无线网络（或者同时从无线网络得到遥控数据），由于 M2M 终端传输的不是语音，而是数据，因此在 M2M 终端操作系统、数据压缩使用的标准都不同于普通手机，需要单独进行开发设计。

（3）无线传输网络：在整个 M2M 中起承上启下的作用，只有高效且有保障的传输网络才能确保系统的正常运行。无线传输网络并不局限于某个特定网络，它可以包括 GSM\CDMA\TD-SCDMA\WDMA\Wi-Fi\ZigBee 等。

（4）M2M 后台服务器：主要完成两部分工作，一是完成数据的接收和转发，通过解码无线网络传输的数据，M2M 后台服务器可以进行存储和转发，这些数据可供应用模块进行使用和分析；二是对 M2M 终端的管理，通过无线网络，M2M 后台服务器可以完成 M2M 终端的实时、批量的配置。

（5）应用模块：是整个系统的末端，作用是负责对后台服务器的数据进行处理、分析以及人性化界面的展示等。

M2M 基于互联网等新技术，覆盖和拓展了工业信息化中传统的数据采集与监视控制系统（Supervisory Control And Data Acquisition，SCADA），可以在工业、建筑、能源、设施管理等领域进行设备数据收集和远程监控监测的工作。M2M 有两种业务模式，一种是移动虚拟网络提供商（Mobile Virtual Network Enabler，MVNE）模式，另一种是移动虚拟网络运营商（Mobile Virtual Network Operator，MVNO）模式。JasperWireless、Aeris 等公司一直采用 MVNO 业务模式，但这种模式目前在中国尚未形成。

6.3　行业运营平台

物联网根据用户的需求构建面向各类行业实际应用的管理平台和运行平台，并根据各种应用的特点集成相关的内容服务，为了更好地提供准确的信息服务，必须结合不同行业的专业知识和业务模型，但为了实现各种丰富的应用和各类信息的共享，还必须构建一个统一的行业营运平台，为各类用户提供具体业务和服务的接口。

6.3.1　业务平台的需求分析

物联网具有以下特征：①网络基础环境异构。由于物联网感知层是由不同的节点组成，网络传输层内部的结构和能力及协议也可能不一样，所以整个物联网可看成是一个能够提供丰富的基础能力的异构网络，用户可能会频繁地在不同的接入网络中迁移，并被若干个不同接入网络覆盖，这就要求业务平台必须能屏蔽网络底层的异构。②接入网络自组织。由于物联网底层网络具有自组织的特性，所以物联网的业务也具有自组织的特点。③由于物联网的广泛应用，物联网产业链将由运营商、设备制造商、服务/内容提供商等企业共同打造，这就要求物联网的体系结构是开放的。④物联网业务主要处理的是与用户有关的数据，对个人数据信息隐私安全的保护和管理将决定用户对物联网业务的接收度，因此如何保护用户隐私是非常重要的。

根据物联网的特征，物联网业务平台有如下的需求。

1. 自主自治

物联网感知层由各类传感器节点、FRID 标签等组成,这些节点和标签数量多,种类各异,使得感知层和网络传输层具有很大的异构,运营商无法管理和控制数量庞大的各类设备,这就要求物联网的业务平台应当具有更多的自主性,能够最大程度地自管理、自配置、自修复,并根据环境变化自发调整自己的行为。

2. 自适应

作为一个通用的业务平台,物联网业务平台将面临更多的变化,这种变化既包括下层基础网络能力的变化,又包含上层应用开发需求的变化。业务平台需要应对产业链的多个环节。为了延长整个业务平台的生命周期,业务平台内部结构需要有相应的适应环境变化的能力。

3. 智能感知

为了具备足够的智能,平台需要具有足够感知的能力,必须能够感知用户的状态和周围的环境,从而根据这些信息调整对业务逻辑判断、业务调用等行为。用户的相关信息是非常丰富的,包括物理位置、生理状况、心理状态,个人历史信息、日常行为习惯等,如何获取需要的信息是智能感知计算实现时的关键技术点。不同的内容来自于各种分布式的数据源,因此业务平台需要对这些信息进行收集管理,并运用一些相关的推理决策机制对这些原始数据进行评估和分析。

4. 安全可信

业务平台所处的网络是以多种无线网接入互联网实现的异构集成网络,开发的无线网络使得恶意攻击者能够随时随地以任意方式对网络发起攻击。此外,这种以用户需求为中心主动向用户提供服务的方式,决定了平台中必定存储大量的个人隐私以及保密性很强的一些信息,这样的一些信息一旦被人恶意地加以利用或是散布,都将给国家的安全和社会的稳定带来强烈的冲击和影响。因而,要求业务平台提供基于认证和信任的安全机制、个人隐私的保护机制等安全可信保证。

6.3.2 业务平台体系结构

1. 平台架构

通过对物联网业务运营支撑平台建设的需求分析,结合传统电信运营企业面临的挑战,如图 6-3 所示描绘了一种典型的物联网业务平台体系结构。

整个系统采用开放分层结构来实现,自下而上包括感知识别层、网络传输层、运营支撑和应用接口层以及应用服务层。其中,无线传感网、RFID 读写器、M2M 终端设备,构成物联网的感知层;运营商提供的网络资源,包括 GSM、WCDMA 以及 3G 网络和有线网络,构成网络传输层,实现信息在感知识别层和应用层间的交互;结合运营商的业务运营支撑环

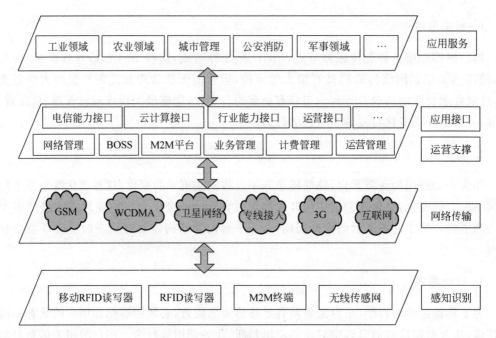

图 6-3 物联网业务平台体系结构

境,构成物联网的运营支撑层和应用接口层。平台通过标准化协议引入物联网终端和应用,并提供鉴权、计费、业务管理、业务受理等功能;各种行业应用构成物联网的应用层,它们通过开放接口调用各种能力,满足业务需求。考虑到物联网应用中可能产生大数据,可以将云计算方案融合在该平台上,利用云计算解决运营商大量闲置的计算和存储能力问题,为适应业务量的弹性增长、降低应用部署成本提供了重要的技术手段。

物联网的应用会用到短信、彩信、定位、呼叫中心等大量的电信业务,也可能用到第三方的服务和资源。通过该平台,实现业务能力的汇聚和开放,大大降低开发难度,为物联网的飞速发展奠定基础,是物联网未来实现信息智能化处理的普遍架构形式。在此基础上,实现机器到机器、机器到人、人到机器的互动与协作,实现物联网应用的融合。

2. 对外接口设计

物联网业务运营支撑平台总共包括与终端设备的接口、应用系统接口、管理接口、计费接口、网络管理接口和业务能力接口 6 大接口,如图 6-4 所示。其中,与终端设备的接口主要完成对物联网的传感器节点、RFID 标签以及 M2M 终端等感知终端设备的接入;应用系统接口主要为上层应用系统提供标准接口,为各行业应用系统提供基于面向服务的功能调用;管理接口实现与业务支撑系统(Business Support System,BSS)、运营支撑系统(Operation Support System,OSS)和管理支撑系统(Management Support System,MSS)三大系统的交互,主要提供客户签约信息,其中包括客户信息、所开通移动 M2M 的 SIM 卡信息,用户业务信息,用户账户信息,等等;计费接口主要记录物联网感知终端接入平台的各种计费数据,并与计费系统互通;网管接口主要提供与管理分析平台系统的接口,实现与告警、监控、性能分析等功能系统的接口;业务能力接口主要提供与短信中心、彩信中心的接口,通过此接口终端就可以通过短信与终端接入平台进行短信互通。

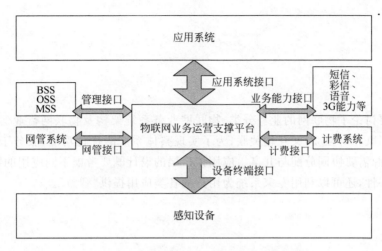

图 6-4 物联网业务运营支撑平台接口

3. 关键模块

根据物联网业务运营的特点,物联网业务运营支撑平台需要包括 4 个核心模块以及 4 个边缘模块等关键组件,如图 6-5 所示。4 个核心模块分别为安全访问控制模块、终端管理模块、业务管理模块以及业务定制模块。其中,安全访问控制模块主要是针对号码资源管理,SIM 个人化、密钥管理和鉴权访问控制;终端管理模块主要是对物联网终端的注册、状态和监控管理;业务管理模块主要是针对业务集成和全网应用以及各级应用管理;业务定制模块主要考虑对各行业的二次开发和增值业务管理。

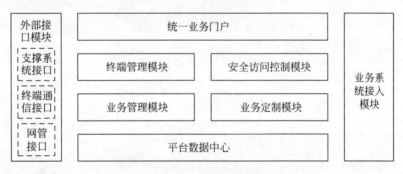

图 6-5 关键模块分布图

除此之外,还需要 4 个边缘模块提供业务信息的接入、展示、存储和反馈等,分别为业务系统接入模块、统一业务门户、外部接口模块以及平台数据中心等。其中,业务系统接入模块主要提供对业务的接入、鉴权以及计费等模型,可为运营商、应用提供商、用户三者提供基于统一共用的计费模型,可以各自获取关注的计费信息,对接入和鉴权也采用统一的模型进行处理;统一的门户提供统一的运营商门户,应用提供者门户以及用户门户,各个不同使用者的门户功能按照各自需求不同提供不同配置;统一的对外接口将为传感网提供统一的接入管理接口,对电信能力提供统一的接入,对支撑系统提供统一的集成以及对行业系统和社会公众系统提供统一的集成等;统一的数据中心将针对不同业务应用系统的数据提供存储,并在此基础上进行深入的业务数据挖掘,挖掘关联行业的应用,从而推出更多的行业融

合增值业务。·

小结

  本章主要讨论了物联网的业务分类、物联网业务系统架构及物联网行业运营平台。物联网各层之间既相对独立,又互相关联,为了实现整体系统的优化功能,服务于某一具体应用,各层间资源需要协同分配与共享。应用接口层的设计既要考虑不同应用的特点,也要考虑平台的统一性,还可以利用专家系统为用户的各类应用提供"智慧"。

习题

  1. 物联网业务分类有几种?
  2. 物联网业务系统架构包含哪些模块?
  3. 物联网业务运营支撑平台包括哪些接口? 各接口的功能如何?
  4. 物联网业务运营支撑平台包含哪些关键模块? 每个模块的功能如何?

第7章 物联网综合应用
CHAPTER 7

7.1 物联网应用发展现状

物联网(Internet of Things)就是物物相连的互联网。物联网被称为继计算机、互联网之后世界信息产业发展的第三次浪潮,它利用局部网络或互联网等通信技术把传感器、控制器、机器、人员和物等通过新的方式连在一起,形成人与物、物与物相连,实现信息化、远程管理控制和智能化的网络。物联网是互联网的延伸,它包括互联网及互联网上所有的资源,并兼容互联网所有的应用,但物联网中所有的元素(所有的设备、资源及通信等)都具有个性化和私有化的特点。物联网主要有两个特征:一是规模性,只有具备了规模,才能使物品的智能发挥作用;二是实时性,通过嵌入或附着在物品上的感知器件和外部信息获取技术,每隔极短的时间都可以反映物品状态。

自1999年麻省理工学院自动标识中心(MIT Auto-ID Center)提出物联网的概念后,国际电信联盟(ITU)在2005年发布的年度技术报告中也指出了"物联网"通信时代即将来临,信息与通信技术的目标已经从任何时间、任何地点连接任何人,发展到连接任何物品的阶段。

近些年来,全球物联网市场规模在不断扩大,联网设备高速增长。预计到2018年,全球物联网市场规模将超过千亿美元(图7-1),联网设备年均复合增长率将保持在31%以上(图7-2)。

图 7-1　2013—2018 年全球物联网市场规模及预测

图 7-2　2013—2020 年物联网联网设备数量

7.1.1　国外物联网应用发展现状

物联网技术已成为当前各国科技和产业竞争的热点,许多发达国家都加大了对物联网技术和智慧型基础设施的投入与研发力度,力图抢占科技制高点。随着物联网技术的不断发展和市场规模的不断扩大,其已经成为全球各国的技术及产业创新的重要战略。

2008 年 11 月,美国 IBM 公司总裁彭明盛在纽约对外关系理事会上发表了题为《智慧地球:下一代领导人议程》的讲话,正式提出“智慧地球”(Smarter Planet)的设想。2009 年 1 月,奥巴马对此给予积极回应,认为“智慧地球”有助于美国的“巧实力”(Smart Power)战略,是继互联网之后国家发展的核心领域。在美国国家情报委员会(NIC)发表的《2025 对美国利益潜在影响的关键技术》报告中,将物联网列为 6 种关键技术之一。美国国防部在 2005 年将智能微尘(SMARTDUST)列为重点研发项目。美国国家科学基金会的全球网络环境研究(GENI)把在下一代互联网上组建传感器子网作为其中的重要一项内容。在国家层面上,美国在更大方位地进行信息化战略部署,推进信息技术领域的企业重组,巩固信息技术领域的垄断地位。在争取继续完全控制下一代互联网(IPv6)的根服务器的同时,在全球推行 EPC 标准体系,力图主导全球物联网的发展,确保美国在国际上的信息控制地位。

日本对信息技术的重视程度有目共睹,发展物联网也比其他国家起步要早。2000 年公布的 5 年信息技术计划“e-Japan”就为日后日本物联网的发展做好了准备,之后又相继颁布了“u-Japan”国家物联网战略以及“ICT 维新愿景 2.0”计划,这些政策都大大促进了日本物联网的发展。2009 年 7 月,日本 IT 战略本部提出“I-Japan”战略 2015,目标是实现以国民为中心的数字安心、活力社会。在“I-Japan”战略中,强化了物联网在交通、医疗、教育和环境监测等领域的应用。日本物联网产业化主要还是日本政府对物联网发展的支持,主要体现在标准化制定、相关法律制定、基础设施建设和信息化人才培养等几个方面,是一个既有目标又有措施,而且非常鼓舞人心的信息化建设计划。

欧盟委员会在 2009 年 6 月发布《物联网—欧洲行动计划》,提出了包括芯片、技术研究在内的 14 项框架内容。欧盟在技术研究、指标制定、应用领域、管理监控、未来目标等方面陆续出台了较为全面的报告文件,建立了相对完善的物联网政策。2009 年 12 月,欧洲物联网项目总体协调组发布了《物联网战略研究路线图》,将物联网研究分为感知、通信、组网、宏观架构、软件平台及中间件、情报提炼、搜索引擎、硬件、能源管理、安全等 10 个层面,更加系统地提出了物联网战略的路径和关键技术。

7.1.2　我国物联网应用发展现状

我国也及时地将传感网和物联网列为国家重点发展的战略性新兴产业之一,制定了多项国家政策及规划,推进物联网产业体系不断完善。国务院在中国政府网公开发布的《“十三五”国家信息化规划》中有 20 处提到“物联网”,其中的“应用基础设施建设行动”方案中明确指出:“积极推进物联网发展的具体行动指南:推进物联网感知设施规划布局,发展物联网开环应用;实施物联网重大应用示范工程,推进物联网应用区域试点,建立城市级物联网接入管理与数据汇聚平台,深化物联网在城市基础设施、生产经营等环节中的应用。”《规划》

中还明确提出发展智慧农业,推进智能传感器、卫星导航、遥感、空间地理信息等技术应用,增强对农业生产环境的精准监测能力。提出新型智慧城市建设行动方案,包括分级分类推进新型智慧城市建设和打造智慧高效的城市治理两方面。此外,也分别提到了智慧物流、智慧交通、智慧健康医疗、智慧旅游、智慧休闲、智慧能源等物联网在各个细分领域的创新应用,智慧海洋工程建设、智慧流通基础设施建设、智慧社区建设等创新工程,以及"智慧法院""智慧检务""智慧用能"等现代政务的发展方向,提出着力培育绿色智慧产业,提升智慧服务能力的目标要求。

经过"十二五"期间的发展,我国在物联网关键技术研发、应用示范推广、产业协调发展和政策环境建设等方面取得了显著成效。

1. 政策环境不断完善

国务院成立了物联网发展部际联席会议和专家咨询委员会,统筹协调和指导物联网产业发展。相关部门制定和实施 10 个物联网发展专项行动计划,加强技术研发、标准研制和应用示范等工作。

2. 产业体系初步建成

已形成包括芯片、元器件、设备、软件、系统集成、运营、应用服务在内的较为完整的物联网产业链。物联网产业规模不断扩大,已形成环渤海、长三角、泛珠三角以及中西部地区 4 大区域聚集发展的格局,无锡、重庆、杭州、福州等新型工业化产业示范基地建设初见成效,涌现出一大批具备较强实力的物联网领军企业。物联网产业公共服务体系日渐完善,初步建成一批共性技术研发、检验检测、投融资、标识解析、成果转化、人才培训、信息服务等公共服务平台。

3. 创新成果不断涌现

在芯片、传感器、智能终端、中间件、架构、标准制定等领域取得一大批研究成果。光纤传感器、红外传感器技术达到国际先进水平,超高频智能卡、微波无源无线射频识别(RFID)、北斗芯片技术水平大幅提升,微机电系统(MEMS)传感器实现批量生产,物联网中间件平台、多功能便捷式智能终端研发取得突破。一批实验室、工程中心和大学科技园等创新载体已经建成并发挥良好的支撑作用。物联网标准体系加快建立,已完成二百多项物联网基础共性和重点应用国家标准立项。我国主导完成多项物联网国际标准,国际标准制定话语权明显提升。

4. 应用示范持续深化

在工业、农业、能源、物流等行业的提质增效、转型升级中作用明显,物联网与移动互联网融合推动家居、健康、养老、娱乐等民生应用创新空前活跃,在公共安全、城市交通、设施管理、管网监测等智慧城市领域的应用显著提升了城市管理智能化水平。物联网应用规模与水平不断提升,在智能交通、车联网、物流追溯、安全生产、医疗健康、能源管理等领域已形成一批成熟的运营服务平台和商业模式,高速公路电子不停车收费系统(ETC)实现全国联网,部分物联网应用达到了千万级用户规模。

在物联网发展热潮以及相关政策的推动下,我国物联网产业持续保持高速增长态势,虽然增长率近年略有下降,但仍保持 23% 以上的增长速度。到 2015 年,我国物联网产业规模已经超过 7500 亿元(图 7-3)。预计未来几年,我国物联网产业将呈加速增长态势,预计到 2020 年,我国物联网产业规模将超过 15 000 亿元(图 7-4)。

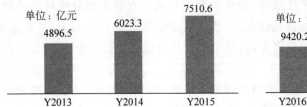

图 7-3　2013—2015 年中国物联网产业规模

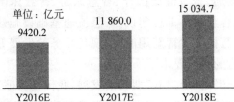

图 7-4　2016—2018 年中国物联网产业规模预测

我国物联网产业已拥有一定规模,设备制造、网络和应用服务具备较高水平,技术研发和标准制定取得突破,物联网与行业融合发展成效显著。但我国物联网产业发展面临的瓶颈和深层次问题依然突出。

(1)产业生态竞争力不强,芯片、传感器、操作系统等核心基础能力依然薄弱,高端产品研发能力不强,原始创新能力与发达国家差距较大。

(2)产业链协同性不强,缺少整合产业链上下游资源、引领产业协调发展的龙头企业。

(3)标准体系仍不完善,一些重要标准研制进度较慢,跨行业应用标准制定难度较大。

(4)物联网与行业融合发展有待进一步深化,成熟的商业模式仍然缺乏,部分行业存在管理分散、推动力度不够的问题,发展新技术新业态面临跨行业体制机制障碍。

(5)网络与信息安全形势依然严峻,设施安全、数据安全、个人信息安全等问题亟待解决。

7.2　智能家居

7.2.1　智能家居概述

智能家居是以家庭住宅为平台,利用综合布线技术、网络通信技术、安全防范技术、自动控制技术、音视频技术等将与家居生活有关的家庭设施进行集成,构建高效的住宅设施与家庭日程事务的管理系统,提升家居安全性、便利性、舒适性、艺术性,并创造出环保节能的居住环境。现阶段智能家居是物联网的主要应用领域之一。

智能家居系统通常能提供以下服务。

(1)始终在线的网络服务,与互联网随时相连,为在家办公提供了方便条件。

(2)安全防范:智能安防可以实时监控非法闯入、火灾、煤气泄漏、紧急呼救的发生。一旦出现警情,系统会自动向中心发出报警信息,同时启动相关电器进入应急联动状态,从而实现主动防范。

(3)家电的智能控制和远程控制,如对灯光照明进行场景设置和远程控制、电器的自动控制和远程控制等。

(4)交互式智能控制:可以通过语音识别技术实现智能家电的声控功能;通过各种主动式传感器(如温度、声音、动作等)实现智能家居的主动性动作响应。

（5）环境自动控制：如家庭中央空调系统。

（6）提供全方位家庭娱乐：如家庭影院系统和家庭中央背景音乐系统。

（7）家庭信息服务：管理家庭信息及与小区物业管理公司联系。

（8）自动维护功能：智能信息家电可以通过服务器直接从制造商的服务网站上自动下载、更新驱动程序和诊断程序，实现智能化的故障自诊断、新功能自动扩展。

目前，智能家居控制技术根据布线方式可以分为集中控制、现场总线控制、短距离无线控制三种方式。

1. 集中控制

采用集中控制方式的智能家居系统，主要是通过一个以单片机为核心的系统主机来构建，中心处理单元（CPU）负责系统的信号处理，系统主板上集成一些外围接口单元，包括安防报警、电话模块、控制回路输入/输出（I/O）模块等电路。这类集中控制方式的系统主机板一般带多路的灯光、电器控制回路、多路报警信号输入、3 或 4 路抄表信号接入等。由于系统容量的限制，一旦系统安装完毕，扩展增加控制回路将比较困难。这类系统由于采用星状布线方式，所有安防报警探头、灯光及电器控制回路必须接入主控箱，与传统室内布线系统相比增加了布线的长度，布线较复杂，早期市场上这类产品较多。

2. 现场总线控制

现场总线控制系统是通过系统总线来实现家居灯光、电器及报警系统的联网以及信号传输，采用分散型现场控制技术，控制网络内各功能模块只需要就近接入总线即可，布线比较方便。一般来说，现场总线类产品都支持任意拓扑结构的布线方式，即支持星状与环状结构走线方式。灯光回路、插座回路等强电的布线与传统的布线方式完全一致。"一灯多控"在家庭应用中比较广泛，以往一般采用"双联""四联"开关来实现，走线复杂而且布线成本高。若通过总线方式控制，则完全不需要增加额外布线。这是一种全分布式智能控制网络技术，其产品模块具有双向通信能力，以及互操作性和互换性，其控制的部件都可以进行编程。典型的总线技术采用双绞线总线结构，各网络节点可以从总线上获得供电，即通过同一总线实现节点间无极性、无拓扑逻辑限制的互连和通信，信号传输速率和系统容量不高。

3. 短距离无线控制

应用于智能家居中的短距离无线技术通常包括 ZigBee、RFID、Wi-Fi、蓝牙等 4 类技术。其中，ZigBee 技术由于其通信可靠性和成本低廉等原因，目前更多地被应用于智能家居的控制中。ZigBee 技术采用蜂巢结构组网，每个家庭设施都可以通过多个方向与智能家居控制器（如智能家庭网关）通信，一个方向断线不会造成家庭设施掉线，网络稳定性高。这是目前主流的智能家居控制方式，同时也是近期的技术发展方向。ZigBee 技术安全性高，采用 AES 加密（高级加密系统），严密程度相当于银行卡加密技术的 12 倍，可以较好地保障智能家居不被入侵干扰。ZigBee 网络容量巨大，理论节点 65 300 个，不仅可以满足家庭需要，用于智慧小区、智能楼宇、智慧酒店等也是绰绰有余的。ZigBee 技术具有双向通信的能力，不仅可以发送命令给家庭设施，家庭设施同时也会把执行状态反馈给智能家居控制器，这提供了通过智能家庭网关用移动终端对智能家居家庭设施进行远程控制的手段。

7.2.2 基于物联网的智能家居系统

1. 系统总体架构

一个典型的基于物联网的智能家居系统架构如图 7-5 所示。

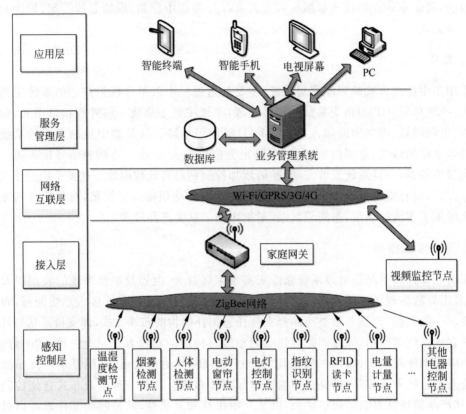

图 7-5　智能家居系统架构图

1）感知控制层

该层的主要作用是"感知"环境参数及电气设备的工作参数，并根据需要改变电气设备的工作状态。主要设备包括环境感知传感器、智能控制开关、具有电量计量功能的智能插座，也包括智能水表、智能电表和智能热表，以及可以进行开度控制或者简单通断控制的供热阀门，还包括温湿度传感器、烟雾探测器以及紧急报警按钮等安全报警装置。这些设备均采用 ZigBee 无线接口与位于接入层的家庭网关通信。除此之外，感知控制层还可以接入自带有网络接口的其他设备，如网络电视、网络摄像机等，可以直接与网络互联层的路由器通信。

2）接入层

该层的主要设备是家庭网关，它主要负责将感知控制层的众多终端接入互联网。它一方面通过 ZigBee 接口与感知控制层的终端通信，将终端发送来的数据转发给服务器或者向终端转发服务器的远程控制命令；另一方面又具有以太网、Wi-Fi 或 GPRS 等各种通信接口可以接入小区局域网，从而与远程服务器通信，如视频监控节点采用的网络摄像机。家庭网关之所以要具有如此多的通信接口，一方面是因为家庭上网的方式是多种多样的，另一方面需要通过物联网网关接入互联网的电气设备的通信接口也是多种多样的。如果用户家中没有可用的计算机网络,网关也可以通过 GPRS 或 CDMA 接口与远程服务器通信。

3) 网络互联层

该层的主要设备是那些负责将家庭网关联入小区内的局域网继而接入互联网或者直接接入网络运营商的网络设备。

4) 服务管理层

该层主要包括应用服务器、Web 服务器和数据库服务器。应用服务器负责与各个家庭网关定时通信,通过网关获取感知控制层设备的数据,并将其及时保存至数据库服务器中,而 Web 服务器则负责将这些数据发布到互联网上,供用户通过浏览器远程查看相关信息。用户需要远程控制某个设备时,通过 Web 服务器将控制命令写入数据库服务器,然后由应用服务器将其从数据库取出后发送给相应的物联网网关,最后由家庭网关负责将该命令转发给被控设备。

5) 应用层

该层主要包括台式计算机、便携式计算机、平板电脑以及智能手机等各种设备。主要功能是通过 Web 浏览器或客户端软件为用户提供一个可以与系统进行远程交互的人机接口。如果是通过浏览器监控住宅内的设备运行情况,由于 Web 服务器采用的是动态网页生成技术,各种设备上除了浏览器软件外不需要安装额外的应用软件,真正的后台程序在 Web 服务器上。如果是通过客户端软件监控家居内的设备运行,则需要针对 Windows、Android 和 iOS 等不同计算平台安装不同版本的客户端软件,这些软件以 Client/Server 的模式通过数据库接口访问数据库服务器。

2. 传感器、控制节点和无线网关硬件设计

1) 传感器和控制节点硬件设计

根据现场需要检测的不同参数和控制的不同设备,选择高性价比的传感器和设备控制器。根据不同的传感器类型设计相应的接口电路,将模拟型传感器以电压形式输出,数字型传感器以标准总线形式输出,主控制器检测、处理。根据设备控制器的类型不同,节点内的主控制器发出控制信号,例如继电器的控制,主控制器只需发出 1、0 的开关信号,来控制继电器的闭合、断开。

主控制器是各节点的核心,以单片机应用系统为基础,外加传感器接口电路、控制信号输出接口、按键接口、LED/数码管/LCD 显示接口、RF 射频输出芯片等电路组成。由于现场数据采集及设备控制部分采用 ZigBee 自组网方式,因此选用美国 Ti 公司的 CC2530 无线单片机。

CC2530 无线单片机使用单周期的 8051 兼容内核,程序控制较简单,通用性、可扩展性强,内部集成 32KB/64KB/128KB/256KB 的 Flash ROM,8KB RAM,具有 8 路输入和可配置分辨率的 12 位 ADC。关键是 CC2530 内部自带一个 IEEE 802.15.4 RF 无线收发模块,减小了设备体积,节省了节点成本,功耗、可靠性高。内嵌 ZigBee 协议栈即可实现终节点、路由节点和协调器的功能。图 7-6 为保证 CC2530 单片机正常运行的最小系统原理图及核心板。

节点控制程序固化在 CC2530 的 Flash ROM 中,实现对节点软硬件的统一管理。一般要实现的功能有:单片机系统的初始化、设备自检、看门狗和复位保护;模拟型传感器输出

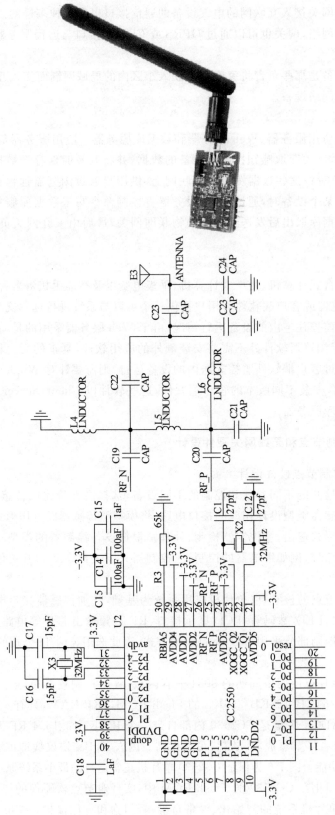

图 7-6 CC2530 单片机最小系统及核心板

信号的 AD 采集、转换,数字型传感器标准总线接口的驱动和数据读写;通过各种控制算法实现控制信号输出;ZigBee 协议栈的移植和应用设计,等等。

2) 无线网关硬件设计

无线网关是连接 ZigBee 网络和 Internet 的桥梁,需要接收 ZigBee 网络中各个终端节点和路由节点发送的数据,将数据封装后转发到 Internet 中。所以,无线网关中必须实现 ZigBee 网络中的协调器功能,分配和管理整个 ZigBee 网络。

无线网关一般采用 ARM 公司的 Cortex-A8/A9 处理器,移植嵌入式 Linux 操作系统和完整的 TCP/IP 协议栈,并设计相应的网关服务程序实现 ZigBee 网络和 TCP/IP 网络数据格式的转换。其功能结构如图 7-7 所示。

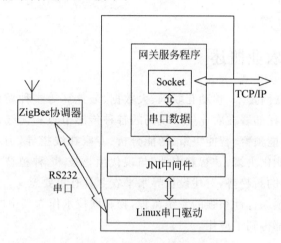

图 7-7　无线网关功能结构图

3. 服务管理系统设计

服务管理系统是基于物联网的智能家居系统的管理核心,可分为本地功能和远程访问功能两个部分。本地功能主要实现数据库管理、视频服务、设备管理、数据通信和服务层接口等;远程访问功能提供远程终端访问服务。整个软件框架如图 7-8 所示。

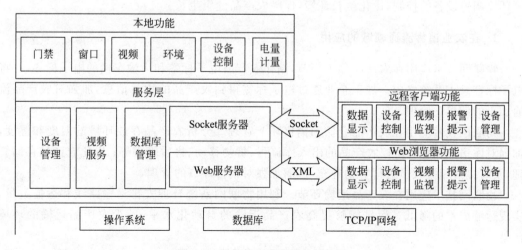

图 7-8　服务管理系统软件框架图

（1）设备管理（ZigBee 节点）：通过 ZigBee 网络获取传感器节点数据，发出控制节点指令。

（2）视频服务：通过视频服务器实现网络摄像机的远程访问，视频信号传输，本地视频显示，视频数据存储、记录及回放等。

（3）Socket 服务器：主要为远程终端的客户端访问功能而设计，包括初始化 Socket、建立坚挺连接线程、处理客户端请求等。

（4）Web 服务器：为远程终端提供的 B/S 访问功能，可采用 XML 格式数据交换。

7.3　智慧农业

7.3.1　智慧农业概述

"智慧农业"是物联网技术、移动互联网、大数据、云计算等多种新型信息技术在农业中综合、全面的应用。依托部署在农业生产现场的各种传感节点和无线通信网络实现农业生产环境的智能感知、智能预警、智能决策、智能分析、专家在线指导，为农业生产提供精准化种植、可视化管理、智能化决策。"智慧农业"与现代生物技术、种植技术等高新技术融合于一体，是现代农业发展的新趋势，对建设世界水平农业具有重要意义。

"智慧农业"是一项综合性很强的系统工程，物联网技术作为其中的核心技术之一，在农业生产的各个环节中都得到了应用。

1. 在农业信息监测中的应用

物联网技术应用在农业信息监测中能够实时监视农作物灌溉情况，监测土壤空气变更、畜禽的环境状况以及大面积的地表检测等，收集温度、湿度、风力、大气、降雨量等数据信息，测量有关土地的湿度、氮含量变化和土壤 pH 值等，从而进行科学预测，帮助农民合理灌溉、施肥、使用农药、抗灾、减灾，科学种植，提高农业综合效益。通过对温度、湿度、氧含量、光照等环境调控设备的控制，优化生长环境，保障农产品健康生长。

2. 在农业销售流通领域的应用

物联网技术应用在农产品加工环节，制作农产品电子标签和运输车辆的电子标签，并将电子标签录入系统之中。加工企业通过电子标签得到农产品的相关信息，加强对农产品流通加工的信息化管理。

物联网技术应用在农产品仓储和销售环节管理。分析农产品存放环境的温度和湿度，加强对库房的监控；监控农产品的出入库流程、货物移动、售后管理等；优化农产品存储管理，及时提醒相关人员进行货物补充，进而加强对销售环节的管理。

物联网技术应用在农产品运输环节。利用物联网系统合理安排运输路线和运输数量，实现运输成本的降低。而且能够提高农产品运输的自动化水平，减少农产品运输的环境污染。

3. 在农产品安全溯源系统的应用

物联网技术在农产品安全溯源系统中主要运用 RFID 技术。如在畜牧业中,为每一头牲畜制作 RFID 标签,在畜牧养殖、屠宰、物流、销售等阶段,通过对标签信息的解读和录入对其身份进行数字认证。消费者可以通过商家的 RFID 终端查询产品信息,发现问题产品或发生食品安全问题,可以向上层层追查,找到问题根源。

4. 在农业信息管理中的应用

通过对农产品的生产、流通、销售等环节中采集到的大量数据,可以建立起庞大的农业信息数据库。依托海量的农业信息,可以建立起农业信息发布平台、农业科技信息服务平台、农业专家咨询平台、农业电子商务平台等。通过对农业信息数据的分析,进而为智慧农业的发展提供高质量的信息服务。

7.3.2　基于物联网的智能大棚系统

基于物联网的智慧大棚系统设计利用物联网技术和网络通信技术,将大棚中的农作物生长环境信息和土壤参数(空气温度、湿度、二氧化碳浓度、光照度、土壤温湿度和 pH 值等)通过传感器动态采集,利用视频监控设备获取农作物生长状况等信息。将采集到的参数和信息进行数字化转换后,通过网络实时上传到数据管理平台中。农业生产管理人员、农业专家可通过计算机、手机或其他远程终端设备时刻掌握农作物生长环境和状态,并根据农作物生长各项指标的要求及时采用控制措施,远程控制农业设施的启动或关闭(如节水灌溉系统、通风设备、室内温度调节设备、光照调节设备等)。利用该系统可实现农业生产的精细化管理,提高对病虫害的监控水平,减少农药使用量,提高蔬菜品质,增加种植效益。在此基础上整合农业专家系统提高对大棚的生产指导和管理效益。

1. 系统总体架构

全系统主要分为现场数据采集及设备控制、网络传输、数据管理平台和终端展示等 4 层架构,如图 7-9 所示。

现场数据采集及设备控制主要负责大棚内部农作物生长环境信息的采集和现场控制设备的执行。现场传感器节点和设备控制节点采用 ZigBee 模式,可以无线自组网,并支持多级路由,构成分布式无线监控网络,省去了繁杂的通信布线,节点布设灵活,节点添加、删除方便。传感器节点将采集到的数据通过 ZigBee 发送模块传送到无线网关。无线网关是现场采集控制部分的核心,负责将无线传感器节点数据封装发送到数据平台中的业务管理系统中。手机、PC 级等终端设备通过业务管理系统下发的控制指令也通过无线网关传送到对应的现场设备控制节点,可灵活控制各个农业生产执行设备,包括喷水灌溉系统、空气调节系统、光照调节系统等。视频监控节点可采用网络摄像机通过 Wi-Fi 直接将视频信息发送至业务管理系统。

网络传输通过 Wi-Fi、GPRS、3G、4G 等多种远程传输方式将无线网关中的数据信息扩展到 Internet 中,并支持远程网络访问和监控。

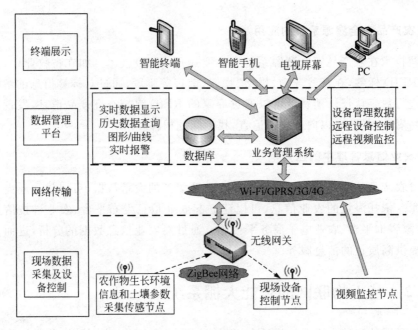

图 7-9   智能大棚系统架构图

数据管理平台负责对用户提供智能大棚的所有功能展示,主要实现实时数据监测、历史数据查询、图形/曲线绘制展示、实时报警、设备管理、远程设备控制和远程视频监控等 7 大功能。

农户或专家可通过 PC、手机、移动终端等多种终端设备,通过有线或无线网络,采用远程 Web 访问、客户端软件、Android APP 等方式访问业务管理系统,实现对系统信息的查询和控制。

2. 现场采集/控制节点和网关硬件设计

根据现场需要检测的不同参数,选择相应的传感器和设备控制器,如图 7-10 所示。由节点中的主控制器来获取传感器数据,或发出控制指令。传感器和控制节点也采用 ZigBee 网络方式组网、传输数据,所以,节点和网关的硬件设计也可采用 CC2530 无线单片机为核心的单片机应用系统,其结构和 7.2.2 节中的节点、网关设计类似。

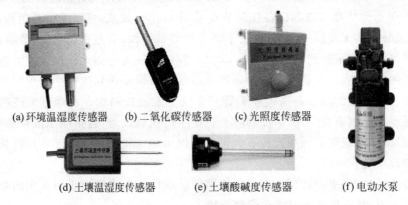

(a) 环境温湿度传感器   (b) 二氧化碳传感器   (c) 光照度传感器

(d) 土壤温湿度传感器   (e) 土壤酸碱度传感器   (f) 电动水泵

图 7-10   现场使用的部分传感器和控制器

3．业务管理系统设计

业务管理系统是基于物联网的智慧大棚系统的管理核心,本地功能主要实现数据库管理、数据通信和服务层接口;远程访问功能提供远程终端访问服务。整个软件框架如图 7-11 所示。

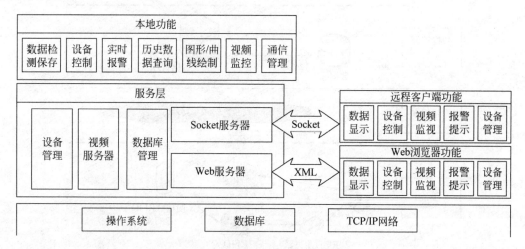

图 7-11　业务管理系统软件框架图

7.3.3　基于 RFID 的棉花质量溯源系统

基于 RFID 的棉花质量监管系统是运用物联网技术进行棉花质量监管的一种方式。建立一个可靠的棉花质量溯源系统,覆盖棉花种植、加工、检验、销售、配送等环节,实现对整个供应链的全程监控,及时发现问题。通过核查比对、综合分析,追溯到问题源头,以保证消费者权益。

传统的质量追溯系中较多使用条形码技术,而一维条形码尺寸较大,信息存储量小,只能存储英文和数字信息,缺乏容错能力,且易因受污染、磨损而失效,故不适宜在复杂的棉花供应链安全管理过程中使用;在一维条形码基础上发展的二维条形码,虽然数据储量增大且具备一定的纠错能力,但二维码识别对光照环境要求较高,易受光照、雾气等自然环境影响,且二维码识别需要人工近距离操作,在棉花供应链的每个环节中无法实时快速获取大批量的质量信息。

无线射频识别技术(RFID)是一种非接触式自动识别技术。相比于传统的条形码技术,RFID 电子标签信息存储量大,可重复读写数据,可在高温、多雾、高湿等恶劣的农业生产环境下工作,不受光照条件制约,因而 RFID 技术更适合应用于棉花质量追溯系统。RFID 标签可以实现对棉花供应链的每个生产环节进行有效标识,从而实现对棉花的种植、加工、包装、储藏、运输以及销售等环节的信息进行实时记录。当在某一环节出现质量问题时,可以及时追溯,查明源头。

1．系统总体架构

基于 RFID 的棉花质量溯源系统的系统总体架构如图 7-12 所示。这个系统也可以分为现场数据采集、网络传输、数据管理平台和终端展示 4 个部分。

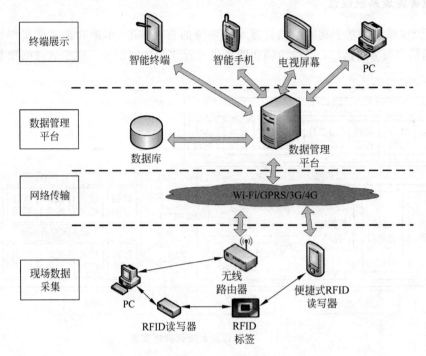

图 7-12　基于 RFID 的棉花质量监管系统架构图

　　棉花从种植到加工、包装、储藏、运输、销售的整个供应链各个环节中,都使用 RFID 标签。在棉花从种植到流通的各个环节,都需要继承上一环节的溯源信息,生成本环节的溯源信息,加上相关交易信息上传到后台的数据管理平台。同时本环节中的溯源信息也需要通过标签传递到下一环节,为了降低运行成本,RFID 标签中记录的溯源信息为最小溯源信息,一般只包含当前环节身份信息的必要项,其他与之关联的交易信息及上一环节溯源信息则记录在后台数据库中。RFID 标签的读写根据现场使用环境的需要,采用固定的 RFID 读写器,也可以使用便携式 RFID 终端。

　　网络传输可通过 Wi-Fi、GPRS、3G、4G 等多种远程传输方式将读取到的 RFID 标签信息上传至后台的数据管理平台。

　　数据管理平台要建立棉花种子生产、加工、运输、销售数据化档案系统,实现从育种基地环境、生产管理档案、生产资料使用、种子认证、质检、储藏、加工包装、运输、销售等环节的全程质量监控与查询。

　　终端用户,包括种植到销售各环节中的管理人员以及最终的消费者都可以凭借外包装上的 RFID 标签,通过 PC、手机、移动终端等多种终端设备查询商品的所有信息。

　　2. 现场数据采集设备硬件设计

　　RFID 读写器的基本任务是和电子标签建立通信关系,完成对电子标签信息的读写。在这个过程中涉及的一系列任务,如通信的建立、防止碰撞和身份验证等都是由读写器处理完成的。具体来说,读写具有以下功能。

　　(1)给标签提供能量。标签在被动式或者半被动式的情况下,需要读写器提供能量来激活电子标签。

（2）实现与电子标签的通信。读写器对标签进行数据访问，其中包括对电子标签的读数据和写数据。

（3）实现与计算机通信。读写器能够利用一些接口实现与计算机的通信，并能够给计算机提供信息，用于系统终端与信息管理中心进行数据交换，从而解决整个系统的数据管理和信息分析需求。

（4）实现多个电子标签识别。读写器能够正确地识别其工作范围内的多个电子标签，具备防碰撞功能，可以与多个电子标签进行数据交换。

（5）实现移动目标识别。读写器不但可以识别静止不动的物，也可以识别移动的物体。

（6）读写器必须具备数据记录功能。即对于需要记录的数据信息进行实时记录，以达到信息中心进一步进行数据分析的需求。

典型的 RFID 读写器如图 7-13 所示，包含射频模块（发送器和接收器）、控制处理模块以及阅读器天线三部分。

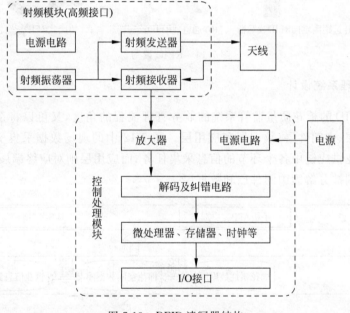

图 7-13　RFID 读写器结构

射频模块是读写器的射频前端，主要负责射频信号的发射及接收。射频模块完成如下功能。

（1）由射频振荡器产生射频能量，射频能量的一部分用于读写器，另一部分通过天线发送给电子标签，激活无源电子标签并为其提供能量。

（2）将发送给电子标签的信号调制到读写器载频信号上，形成已调制的发射信号，经读写器天线发射出去。

（3）将电子标签返回给读写器的回波信号解调，提取出电子标签发送的信号，并将电子标签信号进行放大处理。

读写器的控制处理模块是整个读写器工作的控制中心，一般由微处理器、时钟电路、应用接口以及电源组成。读写器在工作时由逻辑控制模块发出指令,射频接口模块按照指令做出相应操作。逻辑控制模块可以接收射频模块传输的信号,译码后获得电子标签内信息,或将要写入标签的信息编码后传递给射频模块,完成写标签操作;还可以通过标准接口将标签内容和其他的信息传递给 PC 或其他外部设备。

读写器天线的作用是发射电磁能量以激活电子标签,并向电子标签发出指令,同时也要接收来自电子标签的信息。读写器天线所形成的电磁场范围就是 RFID 系统的可读区域。任意 RFID 系统至少应该包含一根天线,用来发射或接收射频信号,所采用的天线的形式及数量应视具体应用而定。

图 7-14 为应用在不同环节的 RFID 读写器。

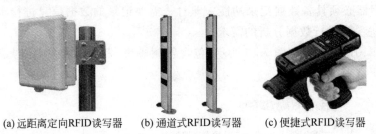

(a) 远距离定向RFID读写器   (b) 通道式RFID读写器   (c) 便捷式RFID读写器

图 7-14   RFID 读写器

3. 业务管理系统设计

从基于 RFID 的棉花质量监管系统的业务管理流程的角度,又可以将系统按照图 7-15 分为数据采集层、中间件层、数据层和应用层。图 7-12 中的现场数据采集实现的就是数据采集层中的棉花供应链中各个环节的信息采集任务,而应用层则对应终端展示部分,数据管理平台的任务则被分解为中间件层和数据层。

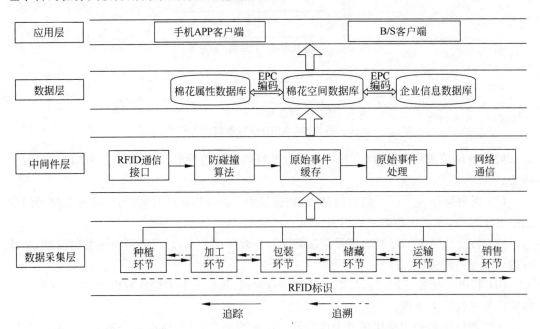

图 7-15   基于 RFID 的棉花质量监管系统业务流程图

1) 中间件层

由于追溯系统涉及生产、加工以及流通等多个企业,各环节使用的 RFID 读写器和电子标签型号多种多样,数据结构差异大,导致追溯系统各供应链环节之间的信息传递不流通,追溯系统拓展性差。中间件是数据采集层与数据层的中间桥梁,利用 RFID 中间件能够有效解决硬件标准不统一、数据结构差异大以及由于多次重复扫描,造成大量的信息冗余等问题,提高了 RFID 标签识别率优化和追溯系统的响应速率。

2) 数据层

数据层通过电子标签 EPC 编码实现各数据库的关联,存储管理系统数据。良好的追溯系统离不开高质量数据库的设计,通过数据采集、数据筛选和数据整编,系统利用 RFID 标签标识供应链信息流,因而 EPC 编码设计是数据库建立的基础和关键环节,是实现高效及时地信息追踪与追溯的技术保障。

EPC 编码体系是与 GTIN 兼容的新一代编码标准,是 EPC 系统的核心和关键,EPC 编码保证对供应链各环节中目标对象的唯一标识,是实现供应链透明、可追踪和可追溯的基础。EPC 代码是由版本号加上域名管理者、对象分类号和序列号组成,如图 7-16 所示为目前使用较为广泛的 96 位(二进制)EPC 编码。

X	XX···XXX	XX···XXX	XX···XXX
版本号(8b)	域名管理者(28b)	对象分类号(24b)	序列(36b)

图 7-16　EPC 编码结构

溯源系统数据库由棉花属性数据库、棉花空间数据库以及企业信息数据库三个数据库组成,通过电子标签 EPC 编码进行有机串联。其中,属性数据库存储棉花类型、种植基地、肥料成分等;棉花空间数据库存储产品批号、运输起止地点信息和运输车车牌号等;企业信息库存储加工包装厂信息、储藏室环境信息和销售点信息等。一旦发现棉花质量有问题,即可通过数据库系统查询溯源,即时召回不合格产品。

7.4　智慧交通

7.4.1　智慧交通概述

随着汽车等交通运输工具的普及、交通需求的急剧增长,城市道路运输所带来的交通拥堵、交通事故和环境污染等负面效应日益突出,居民对出行的满意度越来越低。大力发展智慧交通技术是缓解城市交通问题的有效手段。

智慧交通的概念可以追溯到 20 世纪 80 年代的智能交通系统(Intelligent Transportation System,ITS)。ITS 是在较完善的道路交通基础设施之上,综合运用信息处理和计算机等技术来提高交通运输服务成效的综合管理系统,现在已经被广泛应用。智慧交通可以理解为智能交通系统的升级版,它进一步融合了物联网、大数据、云计算移动互联技术等先进技术,综合运用于整个交通管理系统,建立一种在大范围、全方位发挥作用的实时、高效、准时的综合交通运输管理系统。它不但可以有效地缓解交通拥堵,而且对交通安全、交通事故快速处理和救援、交通运输管理、道路收费系统等各个方面都会产生巨大影响。

智慧交通一般包含以下内容。

(1) 先进的交通信息服务系统(ATIS)。ATIS 建立在完善的信息网络基础上。交通参与者通过装备在道路、车辆、换乘站、停车场以及气象站的传感器和传输设备,向交通信息中心提供各地的实时交通信息。ATIS 得到这些信息并处理后,实时向交通参与者提供道路交通信息、公共交通信息、换乘信息、交通气象信息、停车场信息以及其他相关的出行信息。

(2) 先进的交通管理系统(ATMS)。ATMS 有一部分与 ATIS 公用信息采集、处理和传输系统,但是 ATMS 主要是给交通管理者使用,用于检测控制和管理公路交通,在道路、车辆和驾驶员之间提供通信联系。它对道路系统中的交通状况、交通事故、气象状况和交通环境进行实时监视,并根据收集到的信息对交通进行控制。

(3) 先进的公共交通系统(APTS)。APTS 的目的是优化公共交通运输系统的效率,实现安全、便捷、经济、大运量的公共交通系统。它的目标是实现公共交通系统规划、运营及管理功能的自动化。其中的关键是基于 GPS 的车辆定位技术。

(4) 先进的车辆控制系统(AVCS)。AVCS 的目的是帮助驾驶员控制车辆,使车辆行驶安全、高效。该系统使用安装在车辆四周的雷达或红外探测仪,准确判断车辆和障碍物之间的距离,相邻车辆的位置。遇到紧急情况,车载控制系统及时发出报警或自动避让、刹车,防止碰撞的发生。

(5) 货运管理系统。利用高速道路网、GPS 定位技术、GIS 地理信息技术、物流技术和网络技术有效组织交通货物运输,提高货物运输效率。

(6) 电子收费系统(ETC)。通过安装在车辆前风挡玻璃上的车载 ETC 设备与收费站 ETC 车道的微波天线之间的通信,利用与银行间的联网,与银行后台快速结算,实现不需停车缴纳路桥费用的目的,提高车辆通行效率。

(7) 紧急救援系统(EMS)。EMS 以 ATIS、ATMS 和有关救援机构和设施为基础,通过 ATIS 和 ATMS 将交通监控中心与专业救援中心联成整体,为道路使用者提供车辆故障现场快速处置、拖车、现场救护等服务。

(8) 先进的商用车辆运营系统 CVOS。主要功能包括提供交通信息、车辆行驶信息、货物配送信息以及车辆电子通关等,大范围内监控商用车辆,提高车辆货物运输效率。

(9) 旅行信息系统。为外出旅行人员及时提供各种交通状况信息。

7.4.2 基于物联网的 ETC 智能停车场管理系统

随着城市经济繁荣,城市化进程的加快,城市道路机动车交通量剧增,同时城市停车位资源日益紧张。要想做好城市静态交通管理,除了做好城市规划和合理进行停车场布局外,如何完善停车场内部停车管理就显得非常重要。采用物联网技术的 ETC(Electronic Toll Collection,不停车收费)智能化管理系统已经在各国智能交通系统中得到广泛应用,ETC 智能停车场管理系统在我国的大中城市中也得到推广使用。

在停车场管理中采用 ETC 技术,通过埋设在 ETC 车道的传感器感知车辆,车道两边的射频设备与车辆中的射频设备通过射频信号交互,瞬间完成缴费。相比于以前的人工管理可以允许车辆不停车通过,提高了车道通行效率,避免了车道堵塞,同时也大幅度降低了噪声强度和其他污染的排放。

该系统在使用过程中也有一些局限性需要解决:系统造价较高,单条 ETC 车道建设费用高达 50～60 万元;相邻车道的 ETC 射频天线相互干扰,多通道同步技术会严重降低车辆通行速度;ETC 技术无法完全解决同道跟车问题等。

1. 系统总体架构

图 7-17 为基于物联网的 ETC 智能停车场管理系统结构图,从图中可知全系统分为三个层次。

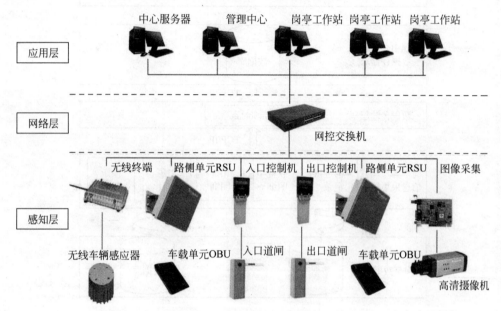

图 7-17　ETC 智能停车场结构图

1) 感知层

该层的主要功能有以下几个。

车辆感应检测:在车辆出入口接近地表的路面下布设地感线圈,地感线圈和车辆感应器内的电容构成振荡电路,该振荡电路会形成一个固定的振荡基频。该信号经过处理,传输到感应器内部的单片机中的频率检测电路。当有车辆经过地感线圈时会扰动振荡频率,频率检测电路会检测到频率的扰动。车辆出入口会布设多个车辆感应器构成检测群,因此一般采用无线感应器,通过无线终端汇集所有感应器信息。

路侧单元(RSU)和车载单元(OBU):路侧单元(RSU)安装在收费车道两侧或上方,使用 DSRC 协议与车载单元 OBU 通信,实现车辆识别和自动收费。路侧单元(RSU)遵循国标 GB20851,采用 5.8GHz 作为频率载波。RSU 分成两个部分:高增益定向读写天线调整和解调射频信号并定向发射;射频控制器是信号处理和控制单元,控制天线状态并负责编解码处理上行下行数据。车载单元 OBU 一般安装在汽车前风挡玻璃上,通过微波与 RSU 通信,识别车辆,完成缴费。

出入口控制:包括出入口自动发卡/读卡机和出入口道闸。对非 ETC 车辆进行临时停车卡和临时卡的识别，并控制出入口道闸的开闭。

图像采集：对出入车辆的车牌和外形进行抓拍，一般和出入口道闸联动。

2）网络层

感应层终端部分采集到的信息一般通过 Internet 传送到应用层的服务器。

3）应用层

应用层如图 7-18 所示，可以分为岗亭数据库层、前端岗亭信息采集层、数据传输层、管理中心服务器数据存储层和信息表现层。

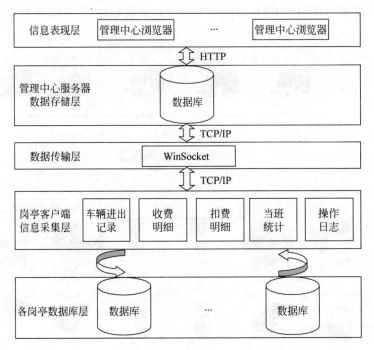

图 7-18　应用层结构

岗亭数据库层主要存储本岗亭的数据。前端岗亭信息采集层主要采集本岗亭车辆出入信息。数据传输层采用 WinSocket 通信机制，将各岗亭信息采集层的数据传输到管理中心服务器数据库中；信息表示层可通过 B/S、C/S 等方式给管理人员提供一个对车辆通行的相关信息进行查询的平台。

2. 系统工作流程

（1）车辆入口工作流程：当装有车载单元 OBU 的业主车辆要进入停车场，在经过第一个感应线圈时，路侧单元天线与 OBU 进行通信，读取并识别出车辆，记录所需数据，上传到岗亭数据库，并自动启动道闸栏杆放行，当车辆经过第二个感应线圈后栏杆自动关闭。如果车辆未装 OBU，或有外来临时访客车辆，在经过第一个感应线圈时，路侧单元天线读取 OBU 相关信息，车道摄像机自动抓拍来访车辆图片并保存到岗亭数据库，系统同时提示自动发卡机发放临时卡，驾驶员领卡，栏杆自动打开，车辆进入停车场。

（2）车辆出口工作流程：业主车辆驶进出口车道路侧单元天线感应区域时，路侧单元天线与 OBU 进行通信来判断其身份，栏杆自动打开放行，当经过第二个感应线圈后，栏杆自动关闭。对于临时来访车辆要离开停车场,经过第一个感应线圈时,路侧单元天线与OBU无法进行通信来判断其身份,提示刷卡,系统自动计算出停车时间金额,并显示在费额显示器上,当来访车辆付款后岗亭值班人员按道闸栏杆放行按钮,来访车辆方可驶出停车场。

3. 管理中心平台功能模块

(1) 车辆管理模块:对业主车辆可以通过该模块对OBU进行初始化设置,主要包括小区编号、门牌编号、车辆牌号、车辆类型以及业主身份等。对于临时来访车辆,对车辆牌号、车辆类型及所访问业主进行初始化设定。通过该模块也可以对业主的资料进行修改。

(2) 收费管理模块:业主可以通过该功能进行费用查询,账户续费、交费等。经过初始化设置的业主车辆进入小区停车场时,通过天线与OBU之间的通信,系统自动记录车辆牌号及进场时间,同时抓拍车辆照片用作日后取证。当车辆离开停车场时,系统通过读取车载卡的信息自动识别卡号,通过检索系统内部数据库里的信息,查到相应的车辆记录,业主可刷卡自动扣除费用。系统对来访的临时车辆按时收费,来访车辆离开停车场时,出口处的管理界面会显示该车辆的停放情况并进行收费。

(3) 记录与查询模块:业主车辆可以按业主本身的信息或车牌号等条件进行车辆进出小区的记录查询。该界面显示业主的姓名、车牌号、车载卡等基本资料,可以对业主车辆每次进场时间、出场时间、收费记录、经办人员等历史统计信息进行查询。对于临时来访车辆可根据来访时间和所访业主等条件进行查询。该模块还支持打印输出功能,对于用户的统计信息,可以进行打印输出。

(4) 车辆监控与管理模块:车辆监控与管理功能可以监控所有在位车辆。可以直接查看车牌号、车位号、车辆的状态、进场时间等。对出入次数、顺序不符等异常情况进行报警,对业主车辆停放时间过长等异常情况进行提示。该功能模块可有效地预防车辆被盗。

(5) 统计模块:该模块可以统计每天的收费总数,统计每个月的停车收费情况,据此项统计可直观地看出停车场的运营情况。同时可以统计出日最大停车数、各区车位使用情况、临时用户累计消费金额等。

7.4.3　采用物联网技术的数字化航道系统

智慧交通相关技术不仅可以在陆上交通中应用,数字化航道也是智慧交通的重要组成部分。

国家在"十二五"规划中对航道的信息化提出了详细的要求,要求"内河干线航道重要航段监测覆盖率达到70%以上,重点营业性运输装备监测覆盖率达到100%",2013年的"全国交通运输信息化工作会议"在"整合、应用、服务、效益"的理念基础上明确提出了"数字化航道"的概念,要求航道大力发展,实现信息化和数字化。

数字化航道是以航道基础数据以及交通航运信息为核心,在信息互通互享的基础上,通过网络互联,建立航道信息化综合平台,通过对该系统的建设,对航道以及航道水情实现全区域、全过程、全方位的及时、动态、准确的监测、管理和服务,同时也大大减轻航道管理部门的劳动强度、降低航道维护成本、提高航道管理的信息化水平。

1. 系统总体架构

数字化航道系统的系统框架如图 7-19 所示。

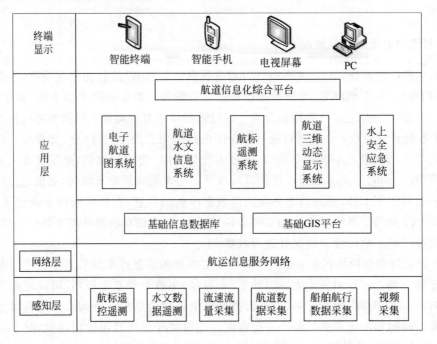

图 7-19 数字化航道系统框架图

（1）感知层：用于监测航道中的航道水文信息、航标灯工作情况和船舶通行状况。

航道水文信息是保证航运的关键信息，通过各种传感器，如流速仪、流量仪和水深测量设备等，定时采集、监测航道水文信息的变化，在不适合船舶运行时发出警报。通过远程通信技术向航道信息化平台上报水文信息。

航标遥测遥控终端(航标灯)是指示航道、保证水上船舶安全航行的关键设备，航道管理部门通过设置不同的灯质(航标灯亮灭周期和频率)代表不同的指示。为了保证船舶的正常运行，需要及时检测到航标灯的工作异常，如船舶航行偏离航道碰撞航标灯，需要及时报警；利用 GPS 定位技术在航标灯超出位移范围时能主动判断和自动报警，便于找回丢失的航标；航标灯一般采用太阳能和电池供电，在电源欠电压或过电压时自动报警；航标灯发光异常自动报警(如白天灯发光、夜晚不发光、可用灯泡数不足等)；闪光异常自动报警(闪光方式或灯质错误报警)。航标灯的报警信息和航道信息化平台的下发命令采用远程通信方式双向传递。航道水文信息监测所需的设备也可以集成到关键地点的航标灯中。

船舶在航道中的通行状况通过 GPS 定位技术和远程通信技术实时上报到航道管理部门的管理平台，以便管理部分随时掌握航道中船舶航行状态，对船舶的航行进行调度，或在事后回放船舶的轨迹线路。

在桥梁、码头和航道的重要位置安装视频摄像头，一方面可以实时监视这些位置的状况，另一方面可以针对性地回放事故场景。

各个信息采集设备在航道中的布设地点如图 7-20 所示。

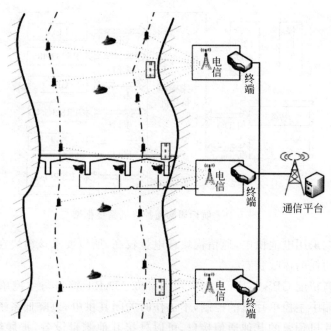

图 7-20　现场信息采集设备分布图

（2）网络层：由于船舶、航标灯等终端设备都是移动的，所以在数字化航道中使用远程移动通信技术，如 GPRS/3G/4G 等。为了保证航道信息的安全，可采用专网传输以及数据加密技术。

（3）应用层：信息综合平台由服务器、客户端以及相应的应用程序组成，感知层采集的数据存入基础信息数据库中，依托基础 GIS 平台以海图的形式实施呈现航道中船舶动态变化情况、航标灯工作状态和航道水文信息。

2．感知层设备硬件设计

1）航标遥测遥控终端（航标灯）

航标遥测遥控终端需要测量各种外部模拟信号量如电压和电流等；实现对外部相关设备的控制；通过各种接口完成与外部设备的通信。因此，终端必须是一个电源适应能力强、抗干扰能力强、功耗低、集成模数转换的 SOC(System On Chip)系统。

在如图 7-21 所示的航标遥测遥控终端结构中，主控单片机采用高性能 32 位 Cortex-M3 内核单片机，负责与 GPRS/3G/4G 模块的通信、GPS 信号的读取与差分处理、本地数据和未发送数据的存储、RS232/485 扩展通信、模拟量检测、外设电源通断等工作，并预留其他通信接口。

终端电气参数检测包括模拟信号测量，如电池、太阳能板等的电压、电流等，以及电量测量。电压直接通过滤波电路送入 A/D 转换器进行处理。电流的测量则通过电流传感器将电流转换成电压量，再通过滤波电路送入 A/D 转换器。

采用大容量的 E^2PROM 芯片，存储服务器设置的各种参数和电量累积数据。

无线通信模块 GPRS/3G/4G 模块的供电、模块启动受到终端中的主控单片机的控制，必要时可在主控单片机控制下重启该模块。采用异步 RS232 UART 接口与主控单片机通

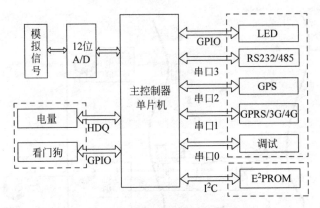

图 7-21　航标遥测遥控终端系统框架

信。由于航标终端采用电池供电,通信模块耗电量较高,所以要求该模块在工作间隙工作模式能够转换到低功耗的休眠状态。

终端中采用高精度 GPS 芯片,采用异步 RS232 UART 接口与主控单片机通信。该芯片的供电受到终端中主控单片机的控制,不工作时关闭其供电,以降低系统能耗。

通过主控单片机预留的其他通信接口,可以外接其他测量设备,扩展终端功能,如航道水文测量所需的流速仪、流量仪和水深测量设备等。

除以上各部分以外,航标遥测遥控终端还需外接太阳能面板和电池。

2）船舶终端

船舶终端结构上包括主控单片机、GPS 芯片、无线通信模块 GPRS/3G/4G 模块、终端电气参数检测模块,以及串口/USB 接口/蓝牙输出模块。采用船舶上的 220V 交流供电。

3. 航道信息化综合平台功能

航道信息化综合平台系统结构如图 7-22 所示,感知层采集终端到通信服务器之间的网络连接是采用 GPRS/3G/4G 无线通信连接,而服务器之间以及服务器与客户端之间是采用 Internet 连接。

1）航标终端

按设定的采集周期采集航标灯的位置和工作状态参数,通过无线通信网络将数据按设定的发送周期发送给通信服务器;或通过无线通信网络接收通信服务器发送过来的命令,对命令进行校验识别后,响应合法的控制命令,并返回相应数据。

数据采集和发送频度可控,最大发送/采集频度为 1 次/分钟。当采集和发送间隔时间较长时,为降低功耗,终端在非采集和非发送阶段,均进入待机或休眠状态。

2）船舶终端

船舶终端将实时采集到的 GPS 位置信息通过无线通信网络周期性地发送到数字航道服务平台,同时可通过串口/USB 接口/蓝牙输出,通过 PC 或手机上的客户端软件接收显示。

3）视频监视终端

整个视频监视部分采用高清摄像头和视频监控平台,航道信息化综合平台系统通过视频监控平台提供的编程接口实现对摄像头的监视、云台控制、视频回放等功能。

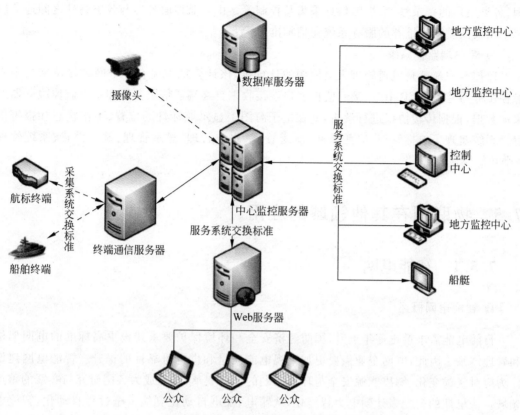

图 7-22　航道信息化综合平台系统结构

4）无线通信网络

无线通信网络利用移动、联通或电信的 GPRS/3G/4G 网络以及 SDH 传输网进行组网。利用 SDH 传输网实现通信服务器的 VPN Gateway 与 GPRS/3G/4G 网络接入平台的专线连接，并在专线中使用标准的 Internet 隧道协议（如 IPsec、L2TP、GRE 网络协议）直接与通信服务器连接，以保证传输上的安全性。在 GPRS 核心网络上为用户配置专有的 APN 接入号。在终端的通信模块上配置 SIM 卡（SIM 卡只开启数据传输功能），采用动态或者是静态 IP 地址分配方式。终端在配置和获取专有 APN 号码以及 IP 地址后，激活 GPRS VPN 连接，从而实现从终端向通信服务器的数据传送，达到远程监控的效果。

5）终端通信服务系统

通信服务器系统采用 C♯/Java 等语言开发，通过 TCP/IP 从航标终端和船舶终端实时采集位置信息和工作状态信息，并对其采集的数据进行有效性验证、报警处理，采用 ADO 将数据解析分别保存到历史数据库中，同时向终端用户转发实时信息；此外，通信服务器还要接收来自客户端对终端的数据请求和终端控制命令，并将这些命令发送到终端，以实现向终端的数据请求和控制。

6）中心监控服务系统

中心监控服务系统是整个航道信息化综合平台的中心，连接通信服务器、Web 信息服务器、视频服务器、监控客户端等多个系统，既有桥梁的作用，也有中心的作用。桥梁作用表现在：监控客户端与通信服务器之间数据转发。中心作用表现在：各个系统的运行状态监测、各类用户的登录管理、视频信息采集与控制等。中心监控服务器与各类终端之间通信协议采用长江航道局推荐的服务系统通信标准。

7) 客户端监控系统

监控客户端就是航道管理人员使用的计算机,该计算机需要有一个网络接口来与中心监控服务器建立 TCP/IP 连接。监控客户端接收来自终端通信服务器和中心监控服务器发来的数据,根据传输协议进行解析,并在电子海图上显示航标灯的位置、工作状态和报警信息。系统实现了航标管理、船舶监测、航道管理、水位管理、显示管理、显示设置、系统管理 7 个功能模块。

7.5 物联网在其他领域的应用

7.5.1 智能电网

1. 智能电网概述

目前电能需求量正逐年上升,国防经济安全和环境保护要求建设更高标准的电网架构和管理体系。因此,电网企业需要更加重视电能质量和供电可靠性的提升。智能电网建设作为应对气候变化、解决能源安全与环保问题的产业变革,已经成为各国研究与实践的重点领域。从早期的智能表计到电力智能化,从输电、配电自动化到能量全过程自动化,智能电网正逐步发展。

智能电网是将信息技术、通信技术、计算机技术与原有输配电基础设施高度集成而形成的新型电网,具有提高能源效率、减少对环境的影响、提高供电安全性与可靠性、减少输电网电能损耗等很多优点。智能电网的关键技术涉及诸多领域,其中物联网技术就是其核心技术之一,是其实现智能化的基础,贯穿发电、输电、变电、配电、用电、调度 6 大应用环节。

智能电网有如下 5 个方面的特点。

(1) 自愈和自适应。实时掌控电网运行状态,及时发现、快速诊断和消除故障隐患;在尽量少的人工干预下,快速隔离故障、自我恢复,避免大面积停电的发生。

(2) 安全可靠。更好地对人为或自然发生的扰动做出辨识与反应。在自然灾害、外力破坏和计算机攻击等不同情况下保证人身、设备和电网的安全。

(3) 经济高效。优化资源配置,提高设备传输容量和利用率;在不同区域间进行及时调度,平衡电力供应缺口;支持电力市场竞争的要求,实行动态的浮动电价制度,实现整个电力系统优化运行。

(4) 兼容。既能适应大电源的集中接入,也支持分布式发电方式友好接入以及可再生能源的大规模应用,满足电力与自然环境、社会经济和谐发展的要求。

(5) 与用户友好互动。实现与客户的智能互动,以最佳的电能质量和供电可靠性满足客户需求。系统运行与批发、零售电力市场实现无缝衔接,同时通过市场交易更好地激励电力市场主体参与电网安全管理,从而提升电力系统的安全运行水平。

2．智能电网体系架构

建设智能电力物联网一体化管理平台是实现完整智能电网运营管理体系的最终目标，该平台的体系结构包含 4 个层次，即电网设备感知层、网络通信层、数据融合层、应用平台层。物联网的信息支撑体系通过对电网基础信息分层分级的集成与整合，达到信息的纵向贯通与横向集成，为智能电网提供可靠的信息支撑。其体系结构如图 7-23 所示，具体可分为以下几个部分。

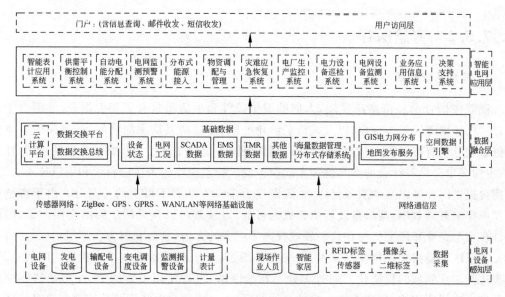

图 7-23　智能电网体系架构

1）电网设备感知层

电网设备感知层包括电网各类需要信息传输与交换的元件和设备，如二维码标签和识读器、射频识别标签和读写器、摄像头、各种传感器、传感器网络。感知层的主要作用是感知和识别物体，采集并捕获信息。对配电网和用户网而言，其物联网建设的关键点在于数据采集与数据采集过程中的智能化监控，负责整个系统的电能信息采集、用电管理以及数据管理和数据应用。

2）网络通信层

网络通信层以电力光纤网为主，辅以电力线载波通信网、无线宽带网，实现感知层各类电力系统信息在广域或局部范围内的信息传输。数据采集远程通信网络可采用多种无线、有线数据传输网络，可以是专用或公共的无线、有线通信网络以及电力线载波通信网络。采集终端之间的通信为本地通信网络，可采用电力线载波、微功率无线、RS485 总线以及其他有线网络。

3）数据融合层

利用云计算等各种数据融合技术，对海量数据的交换与融合进行管理，提供数据存储以及跨分区、跨系统的整合、集成、访问功能。对电网未来海量的各种数据等进行大量的压缩、存储、加工、共享，通过建立模型、数据挖掘、在线分析等信息技术实现数据的知识管理与智能决策。其主要技术涉及数据建模、数据存储、数据仓库、数据挖掘、网络分布处理、虚拟化、云计算等。

4) 智能电网应用层

智能电网应用层主要采用智能计算、模式识别、信息系统等技术实现电网运营的综合分析与监测处理,实现智能化的决策、控制和服务,从而提升电网各应用环节的智能化水平。智能电网应用层使物联网技术与智能电网的需求相结合,实现电网智能化应用的解决方案。智能电力物联网一体化管理平台的具体实现在一层当中,主要包括电网监测预警系统、电网设备监测系统、供需平衡控制等各种运营监测系统。

7.5.2 智慧医疗

1. 智慧医疗概述

随着中国社会经济高速发展,人们的卫生条件和生活质量有了很大提升,然而由于社会、经济、环境等因素的变化,以及人口老龄化加剧、慢性病发病率居高不下,居民的整体医疗健康服务仍有待提高。从全球范围看,现代医学正走向个体性、预测性、先发性、参与性时代,更加突出公民和社会的参与性和主动服务性。智慧医疗作为生命科学和信息技术交叉,为用户提供医疗健康互动服务保障,也逐渐成为未来生活必不可少的一部分。由于智慧医疗使医疗服务高效率、高质量及可负担成为可能,以及其可以预见的广阔的应用前景,国内外许多大型企业和研究机构在这一领域投入了巨大的人力、物力和财力。

智慧医疗是指利用物联网技术,实现患者、医务人员、医疗设备与医疗机构之间的互动,逐步达到医疗领域的智能化。通过无处不在的网络,患者使用手持的 PDA 可快速便捷地与各种诊疗仪器相连,迅速掌握自身的身体状况,也可以通过医疗网络快速调阅自身的转诊信息和病历;医务人员可以随时掌握患者的病情和诊疗报告,快速制定诊疗方案。

智能医疗的发展可分为 7 个层次:一是业务管理系统,包括医院收费和药品管理系统;二是电子病历系统,包括病人信息、影像信息;三是临床应用系统,包括计算机医生医嘱录入系统(CPOE)等;四是慢性疾病管理系统;五是区域医疗信息交换系统;六是临床支持决策系统;七是公共健康卫生系统。总体来说,中国处在第一、二阶段向第三阶段发展的阶段,还没有建立真正意义上的 CPOE,主要是缺乏有效数据,数据标准不统一,加上供应商欠缺临床背景,在从标准转向实际应用方面也缺乏标准指引。中国要想从第二阶段进入到第五阶段,涉及许多行业标准和数据交换标准的形成,这也是未来需要改善的方面。

2. 基于物联网的智慧医疗体系架构

智慧医疗的体系架构可分为智慧传感层、数据传输层、数据整合层、云计算层、应用层等5 个层次(图 7-24)。

1) 智慧传感层

这一层与物联网的基础层即感知层相对应。智慧传感层主要由感知设备和组网设备构成。感知设备首先通过传感器、探头等设备,采集外部物理世界的数据,识别物体,采集数据;组网设备将感知设备组成网络,然后通过 RFID、条形码、工业现场总线、蓝牙、红外等短距离传输技术传递数据,将数据汇聚,以便传输到主干网络。智慧医疗是利用以无线传感器

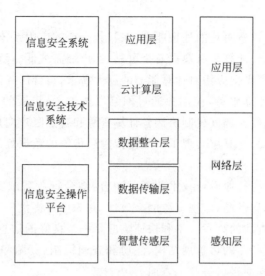

图 7-24 基于物联网的智慧医疗体系架构

网络为基础的感知网络来获取患者数据,构建智慧医疗感知网,建立患者数据感知体与服务体的广泛互联。

2) 数据传输层

这一层对应物联网的网络层。智慧医疗的数据传输层将建立在现有的移动通信网和互联网基础上,通过各种接入设备与移动通信网、互联网相连,实现数据实时传输功能。数据传输层起着承上启下的作用,向下要面向感知层的数据,向上要把数据准确无误地传输给应用层。在智慧医疗体系中,数据传输层主要是构建面向"智慧医疗"的高速数据感知网络、传输网络、应用服务网络,在保障数据感知、存储、传输和访问安全的基础上提出一套泛在互联的协议标准,形成完整的解决方案;建立时空基准与地址编码规范;建立感知网络组网部署和协同运行的规范。数据传输层设计需要适应患者感知网络的网络拓扑结构复杂,结合节点异构化、时变性、应用多样性等特点的空天地一体化传感布设进行优化设计;采用时空基准与地址编码技术,同时建立用户与服务网络之间的可信认证和海量多级别数据安全访问机制和架构,面向信息联动的应用平台安全基础设施及网络运行框架。

3) 数据整合层

数据传输层与数据整合层共同对应物联网中的网络层。数据整合层包含着整个智慧医疗所掌握的"知识"。随着数字医疗信息化建设的推进,产生了越来越多的数据,数据量的高速膨胀、数据无意义的冗余、数据原有关联的割裂又对数据的充分利用形成制约。数据活化是一种具有前瞻性的新型数据组织与处理技术,通过感知、关联、溯源等手段,可实现海量多源多模数据的自我认知、自主学习和主动生长。智慧医疗基础设施中的数据体系完成数据活化、数据深度感知、大规模场景建模和即时呈现、数据高效共享与协同等"智慧医疗"共性关键技术,建立集成创新体系和示范动态数据中心。通过建立智慧医疗时空数据仓库,支持矢量、三维模型等空间数据类型,能够集成医疗传感器的实时观测数据;智慧医疗分析决策平台支持空间与非空间信息混合处理与分析;建立基于"智慧医疗"的高可靠数据处理中心,构建高效的实时动态感知网络,建立面向"智慧医疗"的动态仿真与可视化基础数据处理平台。

4）云计算层

云计算层蕴含整个智慧医疗的处理能力，在智慧医疗的应用系统建设、数据中心建设等领域将得到广泛应用。云计算具有数据安全可靠、客户端需求低、轻松共享数据和可能无限多等特点，能满足计算密集型应用对计算能力的巨大需求，整合医疗网络上分布的高性能资源，提供透明的高性能计算服务，使用户通过网络以按需、易扩展的方式获得所需的服务。建立高效的资源管理和任务调度机制协调各计算资源和智慧医疗应用，以有效地利用资源，提高应用的执行效率。云计算层实现了将数据传输层传输的数据处理成信息的功能。

5）应用层

应用层是智慧医疗与行业专业技术的深度融合，结合行业需求实现行业智能化。应用层负责组织医疗中的信息资源，监视资源的有效性，并为用户提供一套资源发现机制。信息的可用性、一致性以及查询的高吞吐率和快速响应是一个良好的信息服务系统必备的条件。应用层主要包括信息服务器的可扩展结构、注册和查询机制、资源和信息的高效组织机制、服务能力评估、注册和查询接口等几个方面。

应用层解决的是信息处理和人机交互问题。数据传输层传输而来的数据在这一层进入各类信息系统进行处理，并通过各种设备与人进行交互。这一层也可按形态直观地划分为两个子层：一是应用程序层，进行数据处理，它涵盖了患者和医疗机构相关的方方面面，其功能主要包括支付、监控、定位、盘点、预测等，这正是智慧医疗作为深度信息化的重要体现；二是终端设备层，提供应用程序相连的各种设备与人的交互接口。

7.5.3 智慧物流

1. 智慧物流概述

物流是物品在从供应地向接收地的实体流动过程中，根据实际需要，将运输、储存、装卸、搬运、包装、流通加工、配送、信息处理等功能有机结合起来实现用户要求的过程。传统意义上的物流严重依赖于人工操作，效率低、成本高而且缺乏一套系统的管理理念，造成物流各环节的信息孤岛，上下游之间难以协同。2009 年提出"智慧供应链"的概念，强调未来的物流应该更重视将物联网、传感网与现有的互联网整合起来，以精细、动态、科学的管理，实现物流的自动化、可视化、可控化、智能化、网络化。

智慧物流就是利用 RFID 射频技术、传感器、GIS/GPS 技术、数据仓库与数据挖掘技术等现代信息化技术，在货物流通的环节中获取信息并分析信息从而做出决策，使得货物在物流的整个环节都可跟踪与管理，实现配送货物智能化、信息化和网络化。

随着信息化水平的逐步提高，我国智慧物流的发展也已初具规模。南方现代物流信息平台以广佛肇、深莞惠和珠中江为中心，建立了物流的"一站式"服务，实现了企业之间的信息互联互通。阿里巴巴利用淘宝数据、云计算、物联网技术组建"菜鸟网络"，旨在打造天、地、人三网合一的超级物流网络，搭建一个全国范围内 24 小时可达的物流平台。顺丰 HTT 的手持终端则已具备了数据存储及计算能力，可提供物流过程的实时人机交互、跨设备数据通信等功能，极大地提高了配送人员的工作效率。虽然目前我国的智慧物流得到了一定的发展，但由于基础设施还不够完善，管理水平发展不均，加上新兴技术的应用不足等因素的限制,智慧物流面临着诸多问题,如物流成本居高不下,企业信息化水平参差不齐,产业发展失衡,行业标准及规范缺失等。

2. 基于物联网的智慧物流体系架构

基于物联网的智慧物流系统遵循物联网的层级架构,通过感知层的物流设备采集物流数据,经由网络层传输至数据处理平台,平台层的数据经过按需处理为上层的智慧物流应用提供信息支撑,其体系架构如图 7-25 所示。

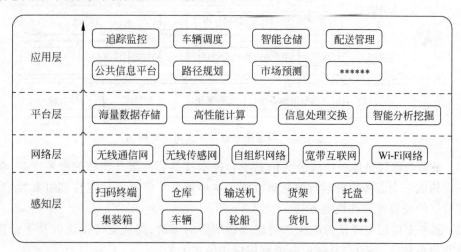

图 7-25 基于物联网的智慧物流体系架构

1)感知层

感知层用于识别物体、采集信息。感知层包括二维码标签和识读器、RFID 标签和读写器、摄像头、GPS、传感器、M2M 终端、传感器网关等,将这些标签及终端设备安装在仓库、车辆、集装箱等物流设备中,然后通过 RFID、条形码、工业现场总线、蓝牙、红外等短距离传输技术进行传递数据,完成底层信息的采集。感知层所需要的关键技术包括检测技术、短距离无线通信技术等。

2)网络层

网络层负责实现两个端系统之间的数据透明传送,具体功能包括寻址和路由选择、连接的建立、保持和终止等,主要由各种私有网络、互联网、有线和无线通信网、传感网等组成。

3)平台层

平台层负责处理感知层获取的信息,其主要功能是承载各类应用并推动其成果的转化,可提供海量数据存储、高性能计算、信息处理交换、智能分析挖掘等基本功能。

4)应用层

应用层是用户(包括人、组织和其他系统)的接口,它充分利用平台层数据,与行业需求相结合,实现物流的智能应用,如物流追踪、智能仓储、路径规划等。

3. 物流信息公共平台

平台层中的物流信息公共平台分为平台基础层、服务支撑层和应用扩展层,具体如图 7-26

所示,各层应可以调用下层提供的数据、功能或者服务机制,同层模块、系统可互相调用。

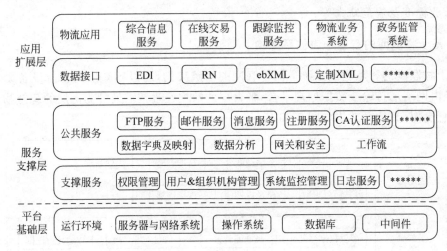

图 7-26　物流信息公共平台体系架构

(1)平台基础层是体现物流公共信息平台技术及其公共服务作用的重要支撑,所有低层系统应构成一个服务集群运行的基础设施。本层各系统应具备稳定性和可靠性,对各类软件有较好的兼容性和高性能支持。

(2)服务支撑层主要是为应用扩展层提供所需的部署、集成支持系统以及平台管理所需的公共服务软件,一般与具体业务流程或应用模式无关。

(3)应用扩展层提供与物流业务相关的共性功能的软件系统以及系统交互的数据接口软件。应用扩展层可以不断地扩充应用和接口以满足需要。应用扩展层有两方面内容,一是物流应用,二是数据接口。物流应用是物流领域内通用的应用系统并具有与平台交互的开放性和基本业务功能脱离于平台运行的独立性。数据接口应支持国内外成熟、通用的电子商务标准接口规范和报文协议,接口模块与应用系统之间应为松散耦合结构。

物流信息公共平台主要集成物流信息标准化模块、物流作业模块、物流智能决策支持平台、政务监管模块 4 大功能(图 7-27)。

(1)物流信息标准化功能模块主要完成各个接入行业的信息标准化工作,是实现互连互通的技术基础,通过平台的信息标准转化机制实现各行业企业的无障碍接入。

(2)物流作业模块旨在消除物流活动中的信息孤岛现象,为参与物流活动的供方和需方搭建一个通用的交易平台,以完成车、货、人的资源匹配,减少资源浪费。

(3)物流智能决策支持平台是基于平台数据中心的三大数据库(公共管理数据库、物流基础数据库和市场供需数据库),利用数据挖掘、智能分析等技术来帮助企业或行业进行智能决策的增值业务平台。

(4)政府监管模块的主体是接入平台的政府机关、海关、港口、交通管理等部门,主要是为物流活动的监管者提供一体化的监督平台,实现检查审批、业务监督等网络化管理。通过平台的统一接口,一来为监管部门实现了政务管理的便捷化,二来也为物流企业实现通关、报税等流程的便利化。

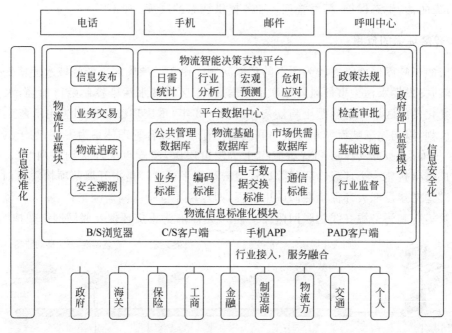

图 7-27　物流信息公共平台功能架构

7.5.4　智慧环保

1. 智慧环保概述

随着构建资源节约型、环境友好型社会被确定为国民经济与社会发展中长期规划的一项战略任务,国家对环境保护的重视程度日益提高。目前我国社会经济不断深入发展,环保问题越来越复杂,对环保工作的要求也日益提高,传统的环境管理方式已经难以满足环境管理和社会公众的需求。借助信息技术工具对环境进行监测和监控已成为人们的共识。

我国在 2013 年创建 103 个"智慧城市",在环保领域中充分利用各种信息通信技术,来感知、分析、整合各类环境保护信息,对各种需求做出智能响应,使环境决策更加切合环境发展的需要,"智慧环保"应运而生。

物联网技术的应用可有效提高环境监测的实时性、有效性,实现信息共享,为环境仲裁、环境评价、控制污染以及环境监督管理提供依据。

"智慧环保"的总体架构包括感知层、传输层、智能层、服务层。

(1) 感知层:利用可以随时随地感知、测量、捕获和传递信息的设备、系统,实现对环境质量、污染源、生态、辐射等环境因素的感知。

(2) 传输层:利用环保专网、网络运营商网络,结合 3G/4G、卫星通信等技术,将个人电子设备、政府或组织信息系统中存储的环境信息进行交换或共享,实现更全面的互联。

(3) 智能层:以大数据、云计算、高性能计算等技术手段,整合和分析海量的跨地区、跨行业的环境信息,实现海量数据存储、实时处理、深度挖掘和模型分析,实现更深入的智能化。

(4) 服务层:利用云服务模式,建立面向对象的业务应用系统和信息服务门户,为环境质量、污染防治、生态保护、辐射管理等业务提供智慧的决策。

2. 智慧环保的应用

重庆的三峡库区面临着较为严重的环保问题。由于三峡库区上游流域水环境安全状况日益严峻,突发性水污染事件风险概率不断增加,库区流域水污染控制亟待加强,水文水动力条件变化使库区水环境问题更趋复杂,因此 2012 年,重庆环保物联网应用示范工程建设被提上议程,以构建三峡流域水环境物联网监控预警和综合管理体系为突破,基于感知互动层、网络传输层、服务支撑层和智慧应用 4 个逻辑层次,实施重庆环保物联网"123 工程"。其中,"1"是指构建一个环保物联网数据资源云计算平台,"2"是指开展两项物联网创新体系研究,"3"是指建设三大环保物联网应用工程,即环境质量物联网监测工程、库区环境安全物联网监管工程和污染源在线物联网监控工程。图 7-28 为重庆环保互联网网络架构图。

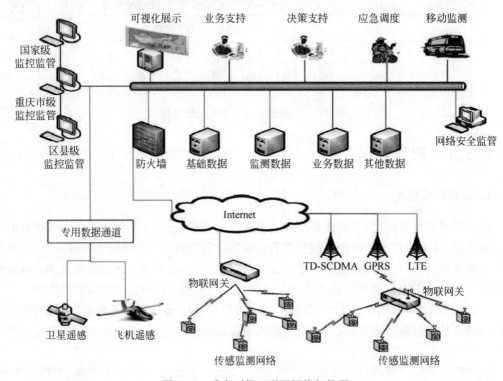

图 7-28　重庆环保互联网网络架构图

环保物联网数据资源云计算平台,包括水与生态环境质量评价、预测预警监测、总量减排与排污权交易、环境影响评价、环境信用和环保公共服务、GIS 支撑平台服务等内容。在重庆市环保局多年来环境信息化工作的基础上,针对物联网时代环保业务的海量数据,充分利用云计算和数据挖掘等先进技术,建立综合的环保业务数据支撑平台和智能应用服务平台,实现环保数据的充分应用。

环境质量物联网监测工程主要是建立动态的三峡库区"面源污染动态监控系统",以便在线持续地监控面源污染状况,并把不断改变的现状因素传输到系统,使系统处于跟踪变化的状态。该系统由 6 个相联系的工作模块组成,包括流域划定和细分模块、流域调查和植被土地利用类型区划模块、流域地理信息模块、检测工作模块、模型计算模块、决策和管理模块。

由于库区环境安全情况复杂,既要做好对传统空气、水、噪声等的安全保障,还需要能够对移动危险污染源、重金属、辐射源等平时能预防,出现突发事件能够进行应急处理。为此,亟需建立库区环境安全物联网监管工程,利用环境应急监测车实时定位、环境应急处置实时视频监控、环境应急管理实时监测建立全方位的环境应急管理处置体系,同时建立基于 GIS 的应急管理系统,实现移动指挥车的定位、查询功能,实现环境事故的视频监控功能、应急监测数据的实时显示功能和应急指挥调度功能。

污染源监控和防治是重庆环保物联网建设的关键,需要建立一个完善的污染源在线物联网监控工程,通过在全市范围内布置大气、水体、固体废弃物、特征污染物、辐射等监管物联网,多方位、全时段地对各种可能的污染源进行在线监控,实现事故早发现、早预警,为环境事故及时、有效的管理提供有力保障。这个污染源在线物联网监控工程至少要包含以下5 个系统。

(1) 流域内城镇排水系统及水污染治理设施物联网监控系统。通过在生产环节和污染治理环节电气控制设备上安装监控传感器,对各环节生产设备或污染治理设备是否开启、生产或污染治理规模等进行监控,判断企业污染治理设施是否正常运行,不仅监管了城镇排水系统向流域河道内排放的水质是否达标,还对污水治理设施的运行状况进行了监控。

(2) 河道运输污染物排放物联网监管系统。对在长江水域范围内注册的危险品运输船舶和途经该水域的危险品船舶实施全过程的监控跟踪,同时,规范港航管理部门、海事部门对危险品运输船舶的监控,实现监控资源的共享,使危险品船舶水上运输过程和在港口区域时的监控无缝对接。

(3) 大气环境质量物联网监测系统。在重庆市已有的污染源在线监测系统基础上,增设常规大气污染物和特征大气污染物传感器,采用地面、近地、高空感知等方式对大气温度、湿度、硫氧化物、氮氧化物、一氧化碳、二氧化碳、臭氧、PM10、PM2.5 等参数进行测量,形成高低空立体空气质量环境自动监测体系,从而更加全面地了解固定污染源的污染物排放情况。

(4) 机动车尾气排放物联网监控系统。为机动车排放污染物检测机构和机动车污染防治管理部门提供的一整套系统,对尾气污染状况、空气质量、超排车辆捕获以及特定车辆排放检测场、检测设备、检测数据进行管理、存储和加工,且系统提供双向的数据传输,不仅能采集车辆检测过程、结果数据,更能实现对检测场、检测设备、检测人员、运动中的车辆及低空空气质量的监控与管理。

(5) 固危废物联网动态监管系统。利用物联网技术对固危废物产生、储存、转移、处置利用等全过程进行实时监管、预测预警,确保固危废物安全,同时,能够有效对固废的转运过程进行监督,防止固危废在运输途中被丢弃而对环境造成污染,为固危废处置过程的科学管理提供有力的技术支撑。

小结

物联网(Internet of Things)就是物物相连的互联网,被称为继计算机、互联网之后世界信息产业发展的第三次浪潮。物联网是新一代信息技术的高度集成和综合运用,对新一轮产业变革和经济社会绿色、智能、可持续发展具有重要意义。

在我国工业和信息化部发布的《物联网"十二五"发展规划》中明确提出要推动物联网规模化应用,大力发展物联网与各行业领域的深度融合,推进物联网在消费领域的应用创新,深化在智慧城市领域的应用;在智能制造、智慧农业、智能家居、智能交通和车联网、智慧医疗和健康养老、智慧节能环保等 6 个重点领域建立应用示范工程。

在本章中,首先简要介绍了物联网在国内外的应用情况;随后以智能家居、智慧农业和智慧交通三个领域的物联网实际应用为例,详细介绍了基于物联网的应用系统的系统架构,感知层物理设备的结构和设计方法,以及应用层系统平台功能和工作流程;最后简要介绍了物联网在智能电网、智慧医疗、智慧物流、智慧环保等其他领域的应用实现。

随着物联网相关技术的发展,物联网将在推动社会进步中发挥重要的作用,将成为未来经济发展新的增长点。物联网建设过程既涉及国家和地方的发展规划、管理、协调与合作等多个方面,也面临着标准体系不统一、信息安全待加强、关键技术和商业模式需完善等急需解决的问题。

习题

1. 物联网技术可应用于哪些方面?
2. 智能家居和传统家居的主要区别在哪里?
3. 简要说明 EPC 编码的结构并说明每个字段的意义。
4. 无线网与物联网有哪些区别?
5. 什么是物联网中间件? 物联网中间件有哪些关键技术?
6. 以校园一卡通为例,设计一个基于物联网的智慧校园系统,画出其体系架构,并说明每层的功能。

第8章
CHAPTER 8 | **物联网安全**

物联网通过 RFID 技术、无线传感器网络技术及无线通信技术等手段实现物物相连,进而与互联网相连,实现人与物的通信。物联网技术在给人们的生活和工作带来便捷、给社会带来经济效益的同时,也带来了很多安全隐患,物联网除了具有互联网安全的问题外,还有其自身的安全问题,并且比互联网的安全问题更加复杂。本章主要讨论物联网通过无线传输时面临的一系列安全问题。

8.1 物联网安全概述

由于物联网是由大量的传感器节点或射频识别器构成,并且很多时候工作在无人值守的地方,缺少人对节点或识别器的有效监控,所以物联网的安全具有其特殊性,具体表现在以下几方面。

(1) 感知层中感知节点的本地安全问题。应用于无人值守的物联网可以代替人来完成复杂、危险或机械的工作,攻击者就可以轻而易举地捕获物联网中的感知节点,从而破坏被捕获的感知节点的物理结构,或提出密钥、撤出相关电路、修改其中的程序,或在攻击者的控制下用恶意节点来取代它们,等等,也可以将这些捕获的节点变成攻击者的卧底节点。

(2) 信息在网络层中传输时遇到的安全问题。感知节点通常能量有限、计算能力有限、通信能力有限、存储容量有限,这就导致感知节点不能有很复杂的安全保护能力,不能照搬传统的计算机网络中的加密解密技术及网络层的安全技术,感知节点在网络层传输数据时也无法提供一个特定的标准和统一的安全保护措施。

(3) 信息在核心网络中传输时遇到的安全问题。信息在核心网络中传输时具有相对完整的安全保护协议,但物联网中感知节点数量庞大,且以集群方式存在,大量节点在传输数据时会导致网络拥塞,产生拒绝服务攻击。此外,现有通信网络的安全构架都是从人通信的角度设计的,并不适用于机器的通信,使用现有的安全机制会割裂物联网中物与物之间的逻辑关系。

(4) 信息在应用层遇到的安全问题。物联网中的节点无人值守,一般情况下都是先部署节点然后构成网络,如何对成千上万的节点进行安全配置和用什么样的协议和加密解密技术保障大量节点的安全成为难题。庞大且多样性的物联网平台必然需要一个强大而统一的安全管理平台,但物联网与应用相关性强,统一的平台可能导致割裂网络与应用平台之间的信任关系,从而产生新的安全问题。

8.1.1 物联网的安全技术分析

物联网在移动网络基础上集成了感知网络和应用平台,移动网络中的大部分安全机制和协议可以为物联网的安全提供一定的保障,例如认证机制和加密机制等。由于物联网又不完全等同于移动网络,所以其安全策略又具有自身的特点。

1. 物联网中的认证机制

传统网络中的认证区分不同层次,例如网络层的认证负责网络层的身份鉴别,应用层的认证负责业务层的身份鉴别,但物联网与应用相关,其感知节点都有专门的用途,其应用与网络层紧密关联,所以对物联网中网络层的认证是必不可少的,但对应用层的认证机制则不是必需的,而是可以根据业务由谁来提供和业务的安全敏感程度来设计。

例如,当物联网的业务由运营商提供时,就可以充分利用网络层认证的结果而不需要进行业务层的认证;当物联网的业务由第三方提供也无法从网络运营商处获得密钥等安全参数时,它就可以发起独立的业务认证而不用考虑网络层的认证;当业务是如金融类业等敏感业务时,一般业务提供者不会信任网络层的安全级别,而使用更高级别的安全保护,这时就需要做业务层的认证;当业务是如气温采集等普通业务时,业务提供者认为网络认证就够了,不需要业务层的认证。

2. 物联网中的加密机制

从网络传输的角度看,传统的网络通常有两种加密策略,即链路加密与端到端加密。信息在网络层传输时经常采用的是链路加密,即每条链路上的加密是独立实现的,通常对每条链路使用不同的加密密钥。信息在传输工程中是加密的,但需要不断地在每个经过的节点上解密和加密,也就是说在每个节点上是明文。信息在应用层传输的时候一般采用端到端加密,信息只在发送端和接收端是明文,在中间节点上是密文。而物联网中的信息在网络层传输和具体应用紧密相关,加密策略究竟应该采用链路加密还是端到端加密就得依据具体情况而定。

若采用链路加密,则可以保证信息在传输链路上的安全,可以在网络层进行,适用于所有应用,也就是说不同的应用可以在统一的物联网应用平台上实施安全管理,从而做到安全机制对用户是透明的。链路加密的好处是低时延、高效率、低成本、可扩展性好。不过,链路加密需要在节点处对数据进行解密,所以信息在节点处是以明文方式呈现的,这就要求传输路径中各节点必须具有很高的可信度。

端对端的加密方式可以根据不同类型的应用选择不同的安全策略,从而为高安全要求的应用提供高安全等级的保护。在实施端到端加密时,每个信息所经过的节点都必须知道目的节点的地址,因此不能对目的地址进行保护,这就导致端到端加密方式中源节点和目的节点是无法隐藏的,容易受到对通信业务进行分析而发起的恶意攻击。

综上所述,对于安全要求不是很高的物联网应用,可以在网络层利用链路加密技术保证其安全,而对于高安全需要的物联网应用,则需要在应用层实现端到端的加密技术来保证其安全。

8.1.2　物联网面临的安全隐患

随着物联网在各行各业的应用,其安全隐患日渐突出,主要表现在如下几方面。

1. 计算机病毒和恶意入侵

物联网虽然具有自己的特点,但具有互联网的共性,互联网中可能存在的安全隐患物联网中也有,例如计算机病毒对网络的攻击、黑客入侵、非法授权访问等都会对物联网造成损害,若物联网与互联网相连,在互联网中传播的病毒、黑客、恶意软件可以绕过相关安全技术的防范,对物联网的授权管理进行恶意操作,掌握和控制他人的物品,进而对用户隐私权造成侵犯,甚至他人的银行卡、信用卡、身份证等敏感物品可能被别有用心的人掌控,从而造成他人财产的损失。

2. 节点数据泄露

物联网中部署了大量的传感器节点或 RFID 节点,这些节点很容易成为被攻击的目标,黑客可以盗取或截获节点中的数据从而导致节点数据泄密,甚至可以破解节点中的密文导出密钥,从而对系统进行非法授权。例如,攻击者可以直接破解 FRID 标签,这样不但可以获取节点中的数据,还能分析标签的结构设计,为攻击这一类 RFID 标签打开了缺口,这样会对整个物联网系统造成严重的安全隐患。就算有些 RFID 节点加密系统设计得很完善,攻击者不能破解其数据,但可以利用读卡器和附有 RFID 标签的智能卡设备对标签进行复制。

3. 链路数据泄露

信息在物联网中采用无线传输,这就给攻击者侦听链路上的数据带来了便利,攻击者可以发射干扰信号堵塞正常的通信链路,使得正常的业务被拒绝服务,也可以利用潜伏的节点向基站或阅读器发送数据,这样基站或阅读器处理的数据都是虚假的,达到破坏物联网正常工作的目的。

4. 阅读器接口的安全隐患

基于 RFID 的物联网中,阅读器是其中不可以缺少的设备,目前市场上的阅读器有手持式电子标签阅读器、基站式阅读器、第二代身份证阅读器、动物标识阅读器等多种类型,这些类型的阅读器除了有的中间件被用来完成数据的遴选、时间过滤和管理外,多数只能提供用户业务接口,没有给用户留下提升安全性能的接口,这就使得阅读器安全问题成为物联网安全的隐患之一。

5. 个人隐私泄露

在物联网技术应用中,携带有 RFID 标签或带有物联网传感器节点的人或物很容易被自动跟踪,节点中的信息很容易与一个人身份一一对应,这样就可以通过监控节点的行踪而获得一个人的行为轨迹。还可以通过节点或标签对用户实现关联威胁,例如,在用户购买一个携带 EPC 标签的物品时,可以将用户的身份与该物品的电子序列号相关联,这类关联可能是秘密的,甚至是无意的,或仅仅是为售后服务而进行的,这些信息很容易被泄露或出售,这就给用户带了相应的关联威胁。

总之,物联网中用户的位置隐私和信息隐私都可能被暴露。

8.1.3　物联网安全的内容

1. 保密性

对存储在物联网中节点的信息进行加密,使得在物联网中传输的信息具有机密性,这是物联网安全的重要内容。机密性虽然不是物联网安全的全部内容,但没有机密性的物联网肯定没有安全可言,机密性是物联网其他安全机制的基础。

2. 安全协议的设计

目前在安全协议设计方面,主要是针对具体的攻击设计安全的通信协议,通信协议的设计与 RFID、传感器网络及移动通信技术相关。设计出来的协议可以通过形式化证明的方法或人工分析的方法来讨论其安全性。

3. 访问控制

对接入网络用户权限加以控制称为访问控制,物联网中必须规定并控制用户的存取权限,由于网络是个复杂的系统,物联网中的访问控制权限虽然是建立在计算机操作系统的访问控制机制之上,但比操作系统的访问控制机制更复杂,特别是在多级安全的高级别安全问题上表现得尤为突出。

加密解密技术渗透在物联网的保密性、安全协议的设计及访问控制中,保密性可以通过加密技术来实现,加密算法的强度如何是安全协议的设计的一个标准,对用户和权限及口令的加密也访问控制采用的手段。下面介绍常用的两类密码体制。

8.1.4　两类密码体制

通信系统中典型的数据加密模型如图 8-1 所示,发送方 A 向接收方 B 发送的明文经过加密算法得到密文,密文通过公共网络,到达接收方 B 后经过解密运算得到明文。

数据加密模型由 5 元组构成,这 5 元组是{明文,密文,密钥,加密算法,解密算法}。其中:

明文 m:是发送方要发送的原始信息,通常用 m 或 p 表示,所有可能的明文构成一个集合,称为明文集,用 M 或 P 表示。

密文 c:是明文经过加密变换后得到的结果,通常用 c 表示,所有可能的密文构成一个一个集合,称为密文集,用 C 表示。

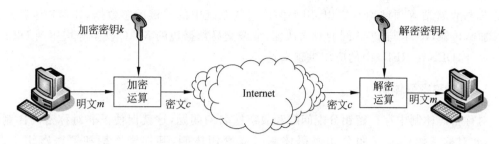

图 8-1　典型的数据加密模型

密钥 k：是参与密码变换的参数，通常用 k 表示，所有可能的密钥构成一个集合，称为密钥集。

加密算法 E：是将明文变换为密文的函数，相应的变换过程称为加密运算，通常用 E 表示，明文在加密密钥的作用下通过加密变换得到密文，表示为 $c=E_k(m)$。

解密算法 D：是将密文变换为明文的函数，相应的变换过程称为解密运算，通常用 D 表示，密文在解密密钥的作用下通过解密变换得到明文，表示为 $m=D_k(c)$。

在加密模型中，根据密钥的不同，可以分为对称密码体制和非对称密码体制两大类，下面分别介绍它们。

1. 对称密码体制

加密密钥和解密密钥相同的密码体制就是对称密码体制。图 8-2 是对称密码模型。典型的对称密码体制有数据加密标准 DES，它由 IBM 公司研制出，于 1977 年被美国定为联邦信息标准后，在国际上引起了极大的重视，ISO 曾将 DES 作为数据加密标准。

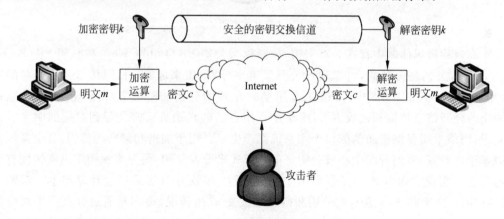

图 8-2　对称密码模型

DES 是一种分组密码，其密钥长度为 64 位，实际密钥长度为 56 位，另外 8 位用于奇偶校验。在加密前先将整个明文进行分组，每一个分组为长度是 64 位的二进制数据。然后对每个分组进行加密，产生一组 64 位的密文数据，最后将各个密文分组串接起来，就得到了整个密文。DES 的解密过程和加密类似，解密时使用与加密同样的算法和密钥，只是子密钥的使用次序要反过来。

DES 在物联网安全中应用非常广泛，DES 算法在 POS、ATM、智能卡（IC 卡）、加油站、高速公路收费站等领域均有应用,用来保护这些系统中的关键敏感数据,如信用卡持卡人 PIN 加密传输,IC 卡与 POS 间的双向认证、金融交易数据包的 MAC 校验等均用到 DES 算法。另外,DES 在 RFID 中的应用也越来越多。

2. 非对称密码体制

对称密码体制中存在密钥分配问题和数字签名的问题,这就促使了非对称密码体制的产生,非对称密码体制又叫公钥密码体制或双密钥体制,其加密密钥和解密密钥不同。图 8-3 是非对称密码体制模型。

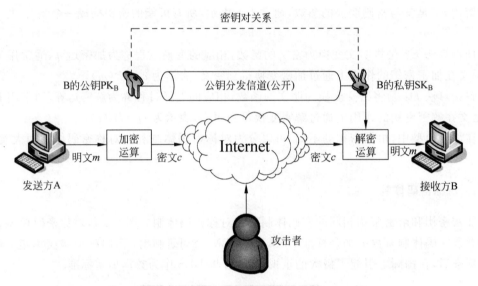

图 8-3　非对称密码体制

在非对称密码体制中存在一对密钥,分别称为公钥 PK(Public Key)和私钥 SK(Secret Key),其中,公钥是公开的,可以通过公开渠道来分发,用来加密;私钥是与公钥配对的密钥,用来解密。例如图 8-3 中,发送方 A 用接收方 B 的公钥加密明文,得到密文,密文通过不安全的公开信道传输到接收方 B,接收方 B 用自己的私钥解密密文得到对应的明文。也就是说,网络中需要保密通信的每个端系统都产生一对用于加密和解密的密钥,每个系统都可以基于点对点、密钥分发中心或公钥证书等形式来分发公钥,另一个私钥则由密钥拥有者自己保管。假设发送方 A 想给接收方 B 发送报文,接收方 B 容易通过计算产生一对密钥 PK_B 和 SK_B,发送方 A 知道 B 的公钥和待加密报文 m 的情况,很容易通过计算产生对应的密文 $c = E_{PK_B}(m)$,接收方 B 使用自己的私有密钥容易通过计算解密所得的密文从而得到明文 $m = D_{SK_B}(c) = D_{SK_B}(E_{PK_B}(m))$,攻击者即使知道公钥 PK,要根据公钥推出私钥 SK 在计算上是不可行的,攻击者即使知道公钥 PK 和密文 c,要想恢复原来的报文 m 在计算上也是不可行的。

典型的非对称密码体制有 RSA 和 ECC。RSA 公钥密码算法是由美国麻省理工学院的 Rivest、Shamir 和 Adleman 在 1978 年提出来的。RSA 方案是唯一被广泛接受并实现的通用公开密钥密码算法,目前已成为公钥密码的国际标准,该算法的数学基础是初等数论中的欧拉定理,其安全性建立在大整数因子分解的困难性上。基于 RSA 算法的公钥密码体制得到了广泛的应用,但其在加密和解密过程中计算速度缓慢,并且随着计算机处理能力的提高和计算机网络技术的发展,安全使用 RSA 要求密钥长度增加,这就使得使用 RSA 的应用系统需要更多时间用来计算,这对于进行大量安全交易的电子商务网站来说显得更为不利。物联网中节点具有有限的计算能力和存储空间,这使得 RSA 在物联网安全应用中受到限制。

椭圆曲线密码体制(Elliptic Curve Cryptography,ECC)是 Neal Koblitz 和 Victor Miller 在 1985 年分别提出并在近年开始得到重视的,其安全性基于椭圆曲线离散对数问题的难解性,ECC 没有亚指数攻击,它的密钥长度大大减少,256 比特的 ECC 密钥就可以达到对称密码体制 128 比特密钥的安全水平,这就保证了 ECC 密码体制成为目前已知公钥密码体制中每位提供加密强度最高的一种体制。达到与 RSA 相同的安全强度,ECC 需要的密钥比特大小比 RSA 少得多,这样就减少了存储开销、提高了计算效率并节约了通信带宽。ECC 这样的特性使得它在物联网的安全方面得到广泛的应用,例如传感器节点的加密、智能卡的加密、手机的加密及 RFID 节点的加密等,都使用了 ECC 密码体制。

8.2　物联网安全之传感器网络安全问题

传感器网络是物联网重要的组成部分,物联网安全问题之一就是无线传感器网络的安全问题。本节将对无线传感器网络的安全问题进行探究。

8.2.1　无线传感器网络的安全需求

无线传感器网络在环境监测、森林防火、智能家居等非商用的场合对安全问题要求不高,但在军事、安防及商业等应用场合安全问题就显得尤为重要。和一般网络安全的需求一样,传感器网络的安全需求也体现在如下几个方面。

1. 机密性

传感器网络中的机密性要求所有敏感数据比如传感器身份、密钥、军事机密等在存储和传输过程中对非授权方是保密的,也就是必须以密文的方式进行存储和传输,非授权方即使在截获节点物理通信信号的情况下,仍然不能正确读取消息的内容。

2. 消息认证

消息认证又分为点到点的认证和认证组播或广播问题。点到点的认证意味着传感器节点在接收到另外一个节点发过来的消息时,能够确认所收到的数据包确实是真实的源点发过来的,而不是其他节点冒充的,从而实现点到点的认证。而认证组播或广播解决的是单一节点向一组节点或所有节点发送统一通告的认证安全问题,认证广播的发送者是一个,而接收者是很多个,所有认证方法和点到点的认证方式完全不同。

3. 完整性

完整性要求节点在收到一个数据包时,能够确认这个数据包没有在传输过程中被执行插入、删除、篡改或在传输过程中出错,即保证收到的数据包跟源节点发出的数据包是完全一致的。

4．新鲜性

传感器网络中的数据具有时效性,但由于网络多路径延时的非确定性导致数据包的接收错序或由恶意节点的重放等因素,可能使得目标接收到延后的相同的数据包,新鲜性就是要求接收方收到的数据包都是最新的。

5．鲁棒性

无线传感器网络因各种原因使得旧节点失效、死亡、新节点加入从而让网络拓扑经常变化,因此网络对各种安全攻击应具有强适应性和鲁棒性。

8.2.2 无线传感器网络面临的安全挑战

1．有限的存储空间和计算能力

传感器网络节点存储空间和计算能力有限,导致已经成熟的安全协议和算法不能直接使用,例如对称密码体制因为密码过长、空间和时间复杂度大就不能直接应用在传感器网络上;又如非对称密码体制,虽然已经很成功地应用在商用场合,是最理想的认证和签名体制,但一对公私钥的长度就达到几百个字节,在加密和解密过程中形成的中间结果也需要很大的存储空间,而传感器节点有限的存储空间是无法存储大量的中间结果的,有限的计算能力也是无法完成大量的计算的,甚至有限的电能会很快耗尽,这就决定了已有的经典的加密算法无法直接应用在传感器网络上。

2．节点随机部署

传感器节点随机播撒,特别是在大型传感器网络中,节点可能是通过飞机或大炮播撒出去的,这些节点通过自组织的方式构成网络,任何两个节点是否互为邻居在节点部署之前是不知道的,这给在网络中实现点到点的动态安全连接带来挑战。

3．节点可能被捕获

特别是应用于敌方阵地的传感器网络,其节点本身就处于危险区域,很可能被敌方从物理上或逻辑上捕获,如何及时地从网络中移除被捕获的节点,如何将被捕获的节点带来的信息泄露降到最低,如何防止被捕获节点带来的安全隐患的扩散问题,这是传感器网络安全设计应该考虑的问题。

4．有限的带宽和通信能量

传感器节点能量有限,一般通过电池供电,在无人值守的区域,给传感器节点更换电池是不可能的。为了让传感器网络能量高效地工作,通常采用低速、低功耗的通信技术,这就要求传感器网络中安全协议的设计不同于常规网络,必须考虑通信开销的问题。

5. 安全的全局性

传感器网络中的每个节点既要感受数据也要传输数据和接收数据,也就是说每个节点同时充当了主机和路由器的功能,其安全问题除了涉及点到点之间通信时存在信任度和保密性的问题外,还表现在所有节点作为一个整体完成某个应用时信任广播信息的问题。当基站向全网发送查询命令时,每个节点都能够有效判断消息确实来自有广播权限的基站,这对资源有限的传感器网络来说是非常难于解决的问题。

6. 应用相关性

传感器网络是应用相关的网络,其路由、数据查询等协议的设计都与应用相关,安全协议的设计也不例外。传感器网络在商用和民用系统中,更注重信息本身的保密,对于信息的窃取和修改比较敏感,而在军事领域,除了要保证信息本身的机密性外,还必须对被俘节点及投放在网络中的各种监听和干扰设备的入侵进行充分的考虑。

8.2.3　无线传感器网络可能受到的攻击和防御

传感器网络因其部署区域的开放性和无线电网络的广播特性而容易受到被动攻击和主动攻击,在被动攻击中,攻击者主要采用流量分析的方式观察和分析某一个协议数据单元而不干扰通信,攻击者可以不需要理解信息的真实内容,而是通过观察协议数据单元的协议控制信息部分,了解正在通信的协议实体的地址和身份,研究协议数据单元的长度和传输的频率,从而推导正在交换的数据的某种性质。主动攻击是指攻击者对某个连接中通过的协议数据单元进行中断、篡改和伪造等处理,从而实现对信息的真实性、完整性和有序性的攻击或是拒绝服务的攻击或是伪造连接初始化等。对于主动攻击,可以采用适当措施加以检测,而对于被动攻击的检测则很困难。

下面从传感器网络协议栈分层的角度具体分析物理层、数据链路层、网络层和传输层可能遇到的各类攻击及防御方法。

1. 物理层的攻击与防御

1) 节点捕获

应用于开放环境的大量的传感器节点的物理安全是无法保证的,有些部署了传感器节点的区域甚至掌控在敌方手中,攻击者很容易捕获节点从而进行物理攻击,比如对其进行物理上的分析和修改,或是从中提取密钥,并利用它干扰网络正常功能。

针对节点捕获的攻击,可以采用以下方式进行防御:①敏感数据以密文方式存储,通过加密手段使得节点中的信息以密文方式存储,就算攻击者捕获了节点也不能理解节点中存储的信息,并且尽可能地将敏感信息存储在节点的易失存储器上,因为攻击者读取系统动态内存中的信息比较困难;②增加物理损害感知机制,当节点感知到攻击时实施自销毁,破坏节点内的所有数据和密钥。节点可以通过其收发数据包的情况、外部环境的变换和一些敏感信号的变化,判断是否遭受物理侵犯。感知是否受到物理攻击的方法可以是定期进行邻居节点核查或是自身位置是否被移动等。

2) 拥塞攻击

在物理层对传感器网络的标准攻击就是一个或一组节点的拥塞攻击,因为传感器网络采用无线技术传输信息,无线环境是个开放的环境,所有无线设备共享同一个开放空间,若攻击者使用与传感器网络相同或接近的无线频率发送无用信号,则可以使在攻击节点通信范围内的节点无法正常工作,即网络产生了拥塞。拥塞有恒定式和断续式两种,恒定式拥塞使得整个网络被完全拥塞,消息在网络中无法发送或接收;断续式拥塞中节点只能定期而不是连续地交换信息,使得网络中消息的发送和接收具有间歇性。

拥塞攻击中,攻击者只要获得或检测到目标网络的通信频率的中心频率,就可以通过在这个频点附近发射无线电波进行干扰,所以可以使用宽频和跳频的方法来防御这类拥塞攻击,也就是在检测到所在空间遭受攻击后,网络节点将通过统一的策略跳转到另外的一个频率进行通信。

若攻击者采用的是全频长期持续拥塞攻击,则可以通过转换通信模式的方式进行防御。例如可以转换成光通信和红外线等无线通信方式。全频长期持续拥塞攻击是一种非常有效的攻击手段,但全频干扰要求有复杂而庞大的干扰设备,有持续的能量供应和强大的功率输出,同时全频干扰也意味着在干扰我方节点正常通信的同时也会干扰到敌方的正常通信,所以全频长期持续拥塞攻击实施起来很困难,攻击者一般不会采用。所以传感器网络对拥塞攻击就可以采用以下方法进行防御。

(1) 通过定期检查攻击是否存在,若检测到攻击,则节点不断地降低自身工作的占空比,进入防御状态;若检测到攻击停止,则恢复到正常的工作状态。这种方法可以有效地防御攻击者使用能量有限持续的拥塞攻击。

(2) 在攻击者为了节省能量,采用间歇式拥塞攻击方法时,节点可以利用攻击间歇进行数据转发。如果攻击者采用的是局部攻击,节点可以在间歇期间使用高优先级的数据包将受到攻击的消息通知基站,基站收到节点的拥塞报告后,将拥塞区域通知到整个网络,数据在网络中进行传输时绕开拥塞区域。

2. 数据链路层的攻击与防御

1) 能量耗尽攻击

攻击者利用协议漏洞,通过持续通信的方式使节点能量耗尽而死亡,从而破坏网络的连通性和可用性,例如,可以利用链路层错误包的重传机制,使节点不断重复发送上一数据包,直到节点能量耗尽死亡为止。又如,在 802.11 的 MAC 协议中使用 RTS(Request To Send)、CTS(Clear To Send)和 MAC(Data ACKnowledge)机制,如果恶意节点向某节点持续发送 RTS 数据包,该节点就要不断发送 CTS 回应,最终导致节点资源被耗尽。

通过限制网络发送速度,节点对重复的数据请求自动丢弃等方法可以应对能量耗尽攻击,这种应对策略会降低网络速率。也可以在协议实现时制定一些策略,使得节点不理睬过度频繁的请求,或者对同一数据包的重传次数进行限制,从而避免正常节点的能量损耗。

2) 碰撞攻击

传感器网络是共享同一开放环境的无线局域网,消息在网络中有时会以广播方式传播,若两个节点在同一时间发送数据,则它们发出的数据包在数据链路层会产生碰撞,从而导致两个数据包都无效,攻击者正是利用这一点可以在数据链路层对传感器网络实施碰撞攻击。

针对数据链路层的碰撞攻击,传感器网络可以采用以下方法进行防御。

(1) 使用 CSMA/CA 协议进行碰撞检测和避免。节点在发送数据之前,先对信道进行检测,若信道忙,则停止发送,避免发生冲突,若信道空闲,则发送数据。若是有确认的数据传输协议,发送方在一定时延内没有收到对方确认消息,则将数据重传,为了避免节点因为重传而耗尽能量,可以设置一个最大的重传次数,若超过最大重传次数还没收到对方的确认消息,则直接丢弃数据包。

(2) 使用纠错编码。如果碰撞攻击采用的是瞬时攻击,只影响个别数据位,则可以在通信数据包中增加冗余信息来纠正数据包中的错误位。

3) 非公平竞争

若传感器网络 MAC 层协议中存在优先级控制,并且攻击者完全了解传感器网络 MAC 层协议机制,则攻击者可以利用恶意节点或被捕获的节点在网络上发送高优先级的数据包来占据信道,从而抑制其他正常节点的数据传输。

针对非公平竞争类的攻击,可以用短包策略进行缓解,也就是在 MAC 层中不允许使用过长的数据包,这样就可以缩短每包占用信道的时间;也可以在 MAC 层协议中不采用或弱化数据包的优先级策略,采用信道竞争的方式实现数据的传输。

3. 网络层的攻击与防御

1) 黑洞攻击

若网络层使用的是基于距离向量的路由机制,则容易受到黑洞攻击,基于距离向量的路由机制是通过路径长短选择路径,攻击者可以发送零距离公告,也就是会在网络中宣告攻击者选择的路由是最佳路由,这样网络中的正常节点就会把信息都发到攻击者而不能达到真正的目标节点,从而在网络中形成一个路由黑洞。

黑洞攻击对网络的破坏力是比较大的,但是也比较容易感知,可以通过通信认证、多路径路由等方法防御黑洞攻击。

2) 方向误导攻击

恶意节点收到一个数据包后,不是简单地丢弃,而是修改该数据包的源和目的地址,然后选择一条错误的路径发送出去,从而导致路由混乱。如果恶意节点将收到的数据包全部转向网络中某一个固定节点,该节点必然会因为通信阻塞和能量耗尽而失效。

针对方向误导攻击的防御可以根据不同的网络层协议采用不同的措施,对于分簇路由机制,可以通过认证源路由的方式确认一个数据包是否是从它的合法子节点发送过来的,直接丢弃不能认证的数据包,这样攻击数据包在前几级的节点转发过程中就会被丢弃,从而达到保护目标节点的目的。使用这种输出过滤方法,可以在 Internet 上抵制方向误导。

3) 汇聚节点攻击

传感器网络中节点并不完全对等,有些节点需要完成比普通节点更多的任务,例如基站节点、汇聚节点、分簇拓扑结构中的簇头节点等,这些节点往往是敌方攻击的对象,攻击者很容易通过路由信息或流量信息分析出这些特殊节点,特别是在地理位置路由系统中,很容易得出这些节点的地理位置,从而对这些节点进行攻击。

针对汇聚节点攻击,可以通过节点间端到端的加密进行防御。也就是说信息在任意两个节点之间都用密文传输,同时节点间数据的收发采用认证机制,采用逐跳认证的方法抵制异常包的插入,增加对地理信息传输的加密强度,提高节点位置信息的机密性。

对汇聚节点还可以进行漏洞攻击,攻击者可以使用一个功能强大的处理器来代替被捕获或被控制节点,使其传输速率、通信能力和路由质量都比其他节点强,这样就相当于建立了一个以攻击者为中心的、类似汇聚节点的节点,该节点会引诱所在区域的几乎所有的流量,其他节点的信息通过它路由到基站的可能性大大提高,以此吸引其他节点选择通过它的路由。

针对汇聚节点漏洞攻击,也可以通过加密和认证进行防御。

4) 丢弃和贪婪破坏

攻击者作为网络中的一部分,会被当成正常节点来使用,它在接收和转发数据包的过程中,可能随机丢弃其中的一些数据包,即丢弃破坏;另外也可能将自己的数据包以很高的优先级发送,从而破坏网络通信秩序。

可以使用多路径的方法防御丢弃和贪婪破坏,这样,即使攻击者丢弃某条路径上的数据包,数据包仍然可以从其他路径达到目的节点。

4. 传输层的攻击与防御

传输层容易受到洪泛攻击。传输层中的有些协议需要节点通过洪泛消息来找到自己的邻居节点,同时向邻居节点宣告自己的存在,节点洪泛 hello 消息,并认为对此 hello 消息进行确认的节点就在自己的通信范围之内,是自己的邻居。攻击者利用这一点就可以使用大功率膝上型设备广播路由或其他信息,它能引诱网络中部分甚至全部节点将攻击者设定为邻近节点,然后攻击者广播自己有一条到基站的高质量路由供其他节点选择,这些节点虽然可以收到攻击者发过来的消息,但实际上这些节点距离攻击者的距离较远,也就是说攻击者不在这些节点的通信范围之内,所以这些节点发送的消息不能被攻击者接收从而造成数据的丢失,这样一来网络会陷入混乱状态。

解决这种问题的一个办法是:通过一个可信任的基站利用身份鉴别协议为每个节点证实它的邻居。

应用层的安全问题经常和应用系统密切相关,这里就不详细分析了。

8.2.4 传感器网络安全框架协议 SPINS

SPINS(Security Protocols for Sensor Network)安全体系是传感器网络安全机制中比较流行、实用的安全方案,包含 SNEP(Secure Network Encryption Protocol)和 μTESLA(micro Timed Efficient Streaming Loss-tolerant Authentication Protocol)两部分。SNEP 用以实现通信的机密性、完整性、新鲜性和点到点的认证;μTESLA 用以实现点到多点的广播认证。

1. 安全网络加密协议 SNEP

SNEP 是一个为传感器网络量身定做的低通信开销的安全协议,它描述了安全实施的协议过程,没有规定实际使用的算法,具体的算法在具体实现时考虑。SNEP 实现了数据机密性、数据认证、完整性保护和新鲜性,采用预共享主密钥的安全引导模型,假设每个节点都和基站之间共享一对主密钥,其他密钥都是从主密钥衍生出来的,其各种安全机制是通过信任基站完成的。

1) SNEP 协议的机密性

SNEP 协议实现的机密性不仅具有加密功能,还具有语义安全特性。所谓语义安全特性是指相同的明文在不同的时间和不同的上下文语义环境中,使用相同的密钥和加密算法可以产生不同的密文。语义安全特性可以有效抑制已知明密文对攻击。SNEP 协议采用计数器 CTR 模式实现语义安全,在 CTR 模式中,使用与明文分组规模相同的计数器长度,但要求加密不同的分组所用的计数器值必须不同,典型地,计数器从某一初值(IV)开始,依次递增 1,计数器值经加密函数变换的结果再与明文分组异或,从而得到密文。其加密公式如下:

$$C = \{M\}(K_{enc}, CTR)$$

其中,C 是加密后得到的密文;M 是加密前的明文;K_{enc} 是密钥,通过与基站共享的主密钥按照相同的算法推演出来的,CTR 表示计数器的值,其初始向量为 IV。

2) SNEP 协议的完整性和点到点认证

SNEP 通过消息认证码(Message Authentication Code,MAC)协议实现消息完整性和点到点认证,消息认证码协议的认证公式定义如下:

$$A = MAC(K_{mac}, CTR \mid C)$$

其中,K_{mac} 表示消息认证算法的密钥,也是通过与基站共享的主密钥按照相同的算法推演出来的;CTR 表示计数器的值;C 表示密文;CTR$\mid C$ 表示将计数器的值和密文连接起来。也就是说,SNEP 中是将计数器的值和密文一起在密钥 K_{mac} 的作用下进行消息认证,用明文也是可以进行消息认证的,但用密文认证方式可以加快接收节点认证数据包的速度,接收节点在收到数据包后无须解密,可以马上对密文进行认证,发现问题直接丢弃。若用明文认证,则接收点必须先解密再认证,这样会产生时延,浪费节点计算资源,同时使系统对 DoS 攻击更加敏感。另外,因为中间节点没有端到端的通信密钥,不能对加密的数据包进行解密,所以逐跳认证方式只能选择密文认证的方式。

3) SNEP 协议的新鲜性认证

SNEP 协议通过 CTR 模式支持数据通信单向新鲜性认证,即弱新鲜性认证。比如发送方 A 通过 CTR 模式发送 10 个数据包给接收方 B,接收方 B 通过计数器值能够知道这 10 个请求数据包是顺序从 A 发送出来的,得到这 10 个数据包后,接收方 B 将相应消息回复给 A,A 同样根据计数器值可以判断这 10 个响应包是从 B 顺序发送出来的,并且对于任何响应包的重放攻击都能有效抑制,从而实现弱新鲜性认证。

弱新鲜性认证中,发送方 A 不能判断它收到的响应包是否按顺序达到,那么它就不能保证为每个请求回送正确的响应,为此,SNEP 定义了强新鲜性认证方法。

SNEP 强新鲜性认证协议中通过真随机数发生器产生一个足够长的随机数 N_A,用它来唯一标识当前状态,在新鲜性认证中,发送方 A 在每个安全通信的请求数据包中增加一个随机数字段 N_A,用来唯一地标识请求包的身份,接收方 B 在对该消息应答时让 N_A 参加回应包的消息认证计算,并返回给 A。这样 A 就可以通过相应包的认证码得知这个回应是针

对 N_A 标识的请求消息给出的,不必考虑回应的顺序问题。通信过程描述如下。

$$A \rightarrow B: N_A, \{R_k\}(K_{enc}, CTR), MAC(K_{mac}, CTR \mid \{R_k\}(K_{enc}, CTR) \mid)$$

$$B \rightarrow A: \{RSP_k\}(K_{enc}, CTR'), MAC(K_{mac}, N_A \mid CTR' \mid \{RSP_k\}(K_{enc}, CTR'))$$

强新鲜性认证会增加安全通信开销和计算开销。如果系统是单任务的应用,或者应用层任务持续对通信协议栈占用,那么就没有必要采用强新鲜性认证,在计数器同步的时候,强新鲜性认证是必需的,否则可能受到 DoS 攻击。

4) 用 SNEP 协议完成节点间通信

SNEP 协议中,所有节点与基站共享密钥,任何两个普通节点之间是不共享密钥的,若要完成节点间的安全通信,则可以用如下方式进行:

$$A \rightarrow B: N_A, A$$

$$B \rightarrow S: N_A, N_B, A, B, MAC(K_{BS}, N_A \mid N_B \mid A \mid B)$$

$$S \rightarrow A: \{SK_{AB}\}K_{AS}, MAC(K_{AS}, N_A \mid B \mid \{SK_{AB}\}K_{AS})$$

$$S \rightarrow B: \{SK_{AB}\}K_{BS}, MAC(K_{BS}, N_B \mid A\{SK_{AB}\}K_{BS})$$

其中,A 和 B 是除基站外的两个普通节点;S 是基站;N_A 和 N_B 是节点 A 和 B 产生的随机数,用于强新鲜性认证;K_{AS} 和 K_{BS} 分别是节点 A、B 和基站 S 共享的密钥;SK_{AB} 是基站 S 为节点 A、B 分配的临时通信密钥,有了临时通信密钥,节点 A、B 不需要通过基站就可以完成安全通信,完成安全通信后,双方可以直接丢弃这个信任密钥,在下次通信中可以用同样的方法重新协商密钥。

2. 基于时间的高效的容忍丢包的流认证协议 μTESLA

μTESLA 协议用以实现点到多点的广播认证,认证广播协议的安全条件是"没有攻击者可以伪造正确的广播数据包",μTESLA 协议就是依据这个安全条件来设计的,其主要思想是先广播一个通过密钥 K_{mac} 认证的数据包,然后公布密钥 K_{mac}。这样就保证了在密钥 K_{mac} 公布之前,没有人能够得到认证密钥的任何消息,也就没法在广播包正确认证之前伪造出正确的广播数据包。这种思想的合理性在于认证本身不能防止恶意节点制造错误的数据包来干扰系统的运行,只保证正确的数据包一定是由授权的节点发送出来的。

μTESLA 协议在设计中解决了以下几个问题。

1) 共享秘密问题

认证广播协议的密钥和数据包都通过广播方式发送给所有节点,所以节点必须能够首先认证公布的密钥,然后用密钥认证数据包,以防止恶意节点同时伪造密钥和数据包。对于这样的问题,μTESLA 协议采用了在基站中存放密钥池,在全网共享密钥生成算法,每次广播者(基站)公布使用密钥池中的那个密钥,接收者则通过共享的密钥生成算法计算出相应的密钥,在不增加节点存储负担的情况下,达到基站和节点共享密钥的目的。

2) 密钥生成算法的单向性问题

因为全网共享的秘密是密钥生成算法,若正常节点被捕获,密钥生成算法可能被暴露,密钥发布包是明文广播,所以恶意节点和正常节点一样可以获得密钥明文。为了防止恶意节点根据已知密钥明文和密钥生成算法推测出新的认证密钥,μTESLA 协议使用单向散列函数来解决密钥生成问题,这样即使恶意节点拥有了算法和已公开的密钥,仍然不能计算出下一个要公布的密钥。

3）密钥发布包丢失问题

数据包在没有质量保证的无线信道传输，容易产生数据冲突或出现数据丢失的情况，如果一个密钥发布包在广播过程中丢失了或产生了冲突则不能被网络中的其他节点正确认证。μTESLA 协议通过引入密钥链机制来解决丢失给认证带来的问题。该机制在基站的密钥池中存放的是经过单向密钥生成算法迭代运算产生出来的一串密钥，已知祖先密钥，可以通过单向密钥生成函数产生所有子孙密钥，这样即使中间丢失几个发布的密钥，也可以根据最新的密钥把它们推算出来。所以，μTESLA 协议叫做容忍丢失的流认证协议。

4）时间同步和密钥公布延迟问题

若在广播过程中采用一包一密，攻击者就没有机会用已知密钥伪造合法的广播包，但一包一密在广播频繁时导致信道拥塞，而在不频繁时导致认证延迟。μTESLA 协议使用了周期性公布认证密钥的方法来解决拥塞和延迟问题，它在一段时间内使用相同的认证密钥，这样在广播频繁的应用系统中特别高效，对于频率低的应用也不会增加认证延迟。周期性更新密钥，要求节点可以通过当前时钟判断收到的密钥的时间段，然后用该密钥认证的该时间段的数据包，这就要求基站和节点之间要维持一个简单的同步。若密钥使用时间和密钥公布时间之间的延迟太长，会增加节点的存储负担，太短则会增加节点的通信开销，所以，基站必须在密钥使用时间和密钥公布时间之间折中处理，这两者之间的延迟时间一般可以根据广播包的发送频率确定。

5）密钥认证和初始化问题

节点对每个收到的密钥首先要确认它不是一个恶意节点伪造的，而是可信任的基站发送出来的，这就需要对收到的密钥进行认证。μTESLA 协议中，密钥生成算法是单向函数，所以密钥是单向可推导的，可以根据已获得的合法密钥来验证新收到的密钥是否合法：用密钥生成算法对新收到的密钥进行运算，如果能够得到原来收到的合法密钥，并且满足时间同步要求，那么新收到的密钥就是合法的，否则就不合法。但这个过程要求初始第一个密钥必须是确认合法的，μTESLA 协议使用 SNEP 协议来进行初始化认证密钥和同步时间的协商。

3. 美国加州大学伯克利分校的模型系统

SPINS 协议定义的只是一个协议框架，在具体应用时，究竟该使用何种加密、鉴别、认证、单向密钥生成算法和随机数发生器，如何在有限资源内融合各种算法以达到最高效率，还需要具体应用具体分析。美国加州大学伯克利分校的电子工程与计算机科学系为 SPINS 协议开发了模型系统，表 8-1 是该系统的实现算法和性能评估表。

表 8-1 伯克利分校模型算法和性能评估表

协　　议	算　　法	协议代码量/B	内存占用/B	运行指令数/(指令数/包)
加密协议	RC5-CTR	392	80	120
		508		
		802		
认证协议	RC5-CBC-MAC	480	20	600
		596		
		1210		

协 议	算 法	协议代码量/B	内存占用/B	运行指令数/(指令数/包)
广播认证密钥建立协议	RC5-CBC-MAC	622 622 686	120	8000

下面对模型中加密算法、认证算法、密钥生成算法及随机数发生器的选择进行分析。

1) 加密算法

模型中选择了 RC5 和计数器模式 CTR 进行加密。RC5 算法简单高效,不需要很大的表支持,并且可以制定分组大小(32/64/128 比特可选)、密钥大小(0~2040 位)和加密轮数(0~255 轮)。对于要求不同、节点能力不同的应用可以选择不同的定制参数,非常方便和灵活。加法、异或和 32 位循环移动是 RC5 加密算法的基本运算,RC5 加密过程是数据相关的,加上三种算法混合运算,有很强的抗差分攻击和线性攻击能力。RC5 算法有 CBC 和 CTR 等运行模式,密码分组链接模式 CBC(Cipher Block Chaining Mode)可以使得当同一个明文分组重复出现时产生不同的密文分组,如果 RC5 算法使用 CBC 模式,则其加解密过程不一样,需要两段代码完成;如果 RC5 使用计数器模式 CTR,因为 CTR 模式处理的不是明/密文,而是密钥和计数器的值,则对分组来说其加解密过程相同,节省代码空间,而且同样保留了 CBC 模式所拥有的语义安全特性。

2) 认证协议

消息完整性和新鲜性保证都需要消息认证算法,消息认证算法通常使用单向散列函数,目前常用的单向散列函数有 MD5、SHA、CBC-MAC 等。伯克利分校模型中选用了 CBC-MAC 算法,该算法使用 CBC 块加密算法完成数据的认证和鉴别。在这里使用 CBC 模式只是计算消息认证码,所以使用 CBC-MAC 算法进行消息认证代码长度方面并没有增加太多额外开销,只是效率比直接使用散列函数低。

3) 密钥生成算法

基站和节点之间共享主密钥对是在网络部署之前就确定好了的,由主密钥对生成的通信密钥和认证广播密钥是通过算法完成的,伯克利分校模型中通信密钥和认证广播密钥生成都是通过单向散列函数完成的,通信密钥通过单向散列函数作用在主密钥上产生。信息认证码 MAC 算法一般具有很好的散列特性,鉴于节省代码空间的考虑,模型中直接使用了 CBC-MAC 算法作为密钥生成函数。

从表 8-1 中可以看出,模型中安全协议占用的代码空间在 1.5~2.7KB 之间,占用的数据存储空间在 200B 左右,广播认证协议的密钥建立过程虽然耗费资源,但是在节点的生命周期内运行次数非常少,所以不会对系统效率造成太大的影响。

按照每秒处理 20 个大小为 30B 的数据包计算,数据包处理大约占用实验节点处理器 50% 的计算资源,如果进行一次密钥建立过程,每包进行一次加密和一次认证,该节点的处理能力足够对所有的包进行加密和认证保护。

8.3 物联网安全之 RFID 安全问题

无线射频识别 RFID 技术是物联网的核心技术之一,它通过射频信号来自动识别目标对象并获取相关数据,在 20 世纪末开始逐渐进入企业应用领域,RFID 的典型应用包括:在物流领域用于仓库管理、生产线自动化、日用品销售;在交通运输领域用于集装箱与包裹管理、高速公路收费与停车收费;在农牧渔业用于羊群、鱼类、水果等的管理及宠物、野生动物跟踪;在医疗行业用于药品生产、患者看护、医疗垃圾跟踪;在制造业用于零部件与库存的可视化管理;RFID 还可以应用于图书馆与文档管理、门禁管理、定位与物体跟踪、环境感知和支票防伪等多种应用领域。

随着 RFID 技术应用的广泛和深入,个人用户的隐私保护及信息安全已成为 RFID 应用系统急迫需要重视和解决的问题。

8.3.1 RFID 系统的安全需求

机密性、完整性、真实性、可用性及隐私性是一个 RFID 系统应该具有基本的安全特性。

1. 机密性

在许多 RFID 应用系统中,电子标签中会有消费者的私密信息,这些敏感信息一旦被攻击者获取,消费者的隐私权可能被侵犯。所以,RFID 电子标签中的数据应该通过加密方式保证其机密性,没有授权的读写器不能读取其中的信息,RFID 安全方案必须保证电子标签中所包含的信息仅能被授权读写器访问。

2. 完整性

在 RFID 系统中,通常使用消息认证来进行数据完整性的检验,数据完整性能够保证接收者收到的信息在传输过程中没有被攻击者篡改或替换,它使用的是一种带有共享密钥的散列算法,即将共享密钥和待检验的消息连接在一起进行散列运算,对数据的任何改动都会导致消息认证码的值发生变化,从而发现攻击行为的存在。

3. 真实性

攻击者可以伪造电子标签,也可以通过某种方式隐藏标签,使读写器无法发现该标签,读写器只有通过身份认证才能确信消息是从正确的电子标签处发送过来的。基于电子标签的身份认证是 RFID 系统的重要应用方向。

4. 可用性

RFID 节点存储空间、计算能力、通信能力和能量都有限,这就意味着 RFID 节点的各类安全协议和安全算法不能太复杂,要尽量避开公钥运算,RFID 系统的安全解决方案不应当限制 RFID 系统的可用性,并能有效防止攻击者对电子标签资源的恶意消耗。

5. 隐私性

RFID 标签可能会泄露使用者个人喜好、消费习惯、行踪等隐私信息,一个安全的 RFID 系统应当能够保护使用者的隐私信息或商业利益。

8.3.2　RFID 面临的安全攻击

RFID 系统安全方案主要是保护系统中在节点处存储的数据和在无线信道中传输的数据,RFID 除了具有类似于计算机网络的安全问题外,还有其自身的安全问题,例如攻击者可以非接触地识别受害者身上的标签,掌握受害者的位置信息,从而给非法侵害行为或活动提供便利的目标及条件。当 RFID 用于个人身份标识时,攻击者可以从标签中读取唯一的电子编码,从而获得使用者的相关信息;当 RFID 用于物品标识时,攻击者可以用阅读器确定自己攻击的目标。攻击者也可以改变甚至破坏 RFID 的有用信息,也可以通过拒绝服务攻击等手段破坏系统的正常通信。攻击者若掌握了 RFID 制造技术就可以伪造或克隆 RFID 标签,从而影响 RFID 技术在零售业和自动付款等领域的应用。概括地说,RFID 面临的攻击可以有如下几类。

1. 电子标签数据的获取攻击

每个电子标签通常都包含一个带内存的微芯片,当未授权方进入一个授权的读写器时仍然设置一个读写器与某一特定的电子标签通信,电子标签的数据就会受到攻击。在这种情况下,未经授权使用者可以像一个合法的读写器一样去读取电子标签上的数据,在可写标签上,数据甚至可能被非法使用者修改或删除。

2. 电子标签和读写器之间的通信侵入

电子标签和读写器之间是通过无线电波进行数据的传输和查询的,在这个通信过程中,数据容易受到攻击,这类无线通信易受攻击的特性包括以下几个方面。

(1) 非法读写器截获数据:非法读写器中途截取标签传输的数据。

(2) 第三方堵塞数据传输:非法用户可以利用某种方式去阻塞数据和读写器之间的正常传输,最常用的方法是欺骗,通过很多假的标签响应让读写器不能区分出正确的标签响应,从而使读写器负载,制造电磁干扰,这种方法也叫做拒绝服务攻击。

(3) 伪造标签发送数据:伪造的标签向读写器提供无用信息或错误数据,可以有效地欺骗 RFID 系统接收、处理并且执行错误的电子标签数据。

3. 侵犯读写器内部的数据

当电子标签向读写器发送数据、清空数据或是将数据发送给主机系统之前,都会先将信息存储在内存中,并用它来执行一些功能。在这些处理过程中,读写器功能就像其他计算机一样存在传统的安全入侵问题。目前,市场上大部分读写器可以二次开发、具备可扩展接口的读写器将变得非常重要。

4. 主机系统侵入

电子标签传出的数据，经过读写器达到主机系统后，将面临现存主机系统的 RFID 数据安全侵入。这些安全侵入跟传统的计算机网络中安全侵入类似。

8.3.3　RFID 安全机制

RFID 系统中解决安全与隐私问题的方法主要有物理方法和逻辑方法及两者的结合。

1. 物理方法

1）Kill 标签机制

Kill 标签机制是由标准化组织自动识别中心 Auto-ID Center 提出来的，RFID 标准设计模式中包含 Kill 命令，执行 Kill 命令可以杀死标签，也就是从物理上毁坏标签，使标签丧失功能，并且无法再次激活，进而防止了攻击者对标签及其携带者的跟踪，从而实现隐私的保护。这种方法虽然彻底防止了用户隐私泄露，但也破坏了标签功能，限制了标签的进一步使用。

2）法拉第网罩

利用电磁屏蔽原理，用金属箔片或金属网形成的无线电信号不能穿透的容器就叫法拉第网罩，它可以屏蔽电磁波，从而使阅读器无法读取标签，标签也无法向阅读器发送信息。标签放进法拉第网罩内就可以阻止标签被扫描，被动标签接收不到信号不能获得能量，主动标签发射的信号不能发出，从而阻止标签和阅读器之间的通信。拥有 RFID 标签的顾客可以将自己的私人物品放在具有法拉第网罩屏蔽功能的手提袋里，防止非法阅读器的侵犯。不过这样的话，顾客会增加额外的开销，另外，也不是所有的物品都适合使用法拉第网罩，例如带有 RFID 标签的衣服就无法使用法拉第网罩进行屏蔽。

3）主动干扰

标签用户主动发出无线电干扰信号，从而使得附近 RFID 系统中的阅读器无法正常工作，从而达到保护隐私的目的。主动干扰无线电信号是另外一种屏蔽标签的方法，但这种方法可能会干扰到周围其他合法 RFID 系统的正常工作，也有可能影响其他无线通信系统，成为非法干扰。

4）阻塞器标签

阻塞器标签是 RSA 安全公司提出的一种特殊电子标签，当一个阅读器询问某个标签时，阻塞器标签可以返回一个并不存在的物品信息给阅读器，达到防止阅读器读取顾客隐私的目的；另外，通过设置标签的区域，阻塞器标签可以有选择地阻塞那些被设定为隐私状态的标签，设定为公共状态的标签仍然可以正常读取。也就是说，阻塞器标签可以防止标签被非法阅读器扫描和跟踪，在需要的时候，也可以取消阻塞，使标签开放可读。阻塞标签也会带来成本的增加。

5）可分离的标签

IBM 公司利用 RFID 标签物理结构上的特点推出了可分离的 RFID 标签。它的基本设计理念是使无源标签上的天线和芯片可以方便地拆分，从而改变电子标签的天线长度，极大地缩短了标签的读取距离。如果用手持的阅读器设备几乎要紧贴标签才可以读取信息，这样就使得攻击者妄想通过远程隐蔽获取信息成为不可能。缩短天线后的标签本身并没失效,商家在对货物进行售后服务和产品退货时仍然可以通过标签进行识别,所以这种设计在为客户消除隐私顾虑的同时,也保证了制造厂家与商家的利益。不过,可分离标签的制作成本还是比较高的。

2. 逻辑方法

除了以上介绍的物理方法外,通过各种加密手段的逻辑方法也越来越多地应用于RFID 系统中,例如散列锁定、临时 ID、重加密等。

1) 散列锁定

散列锁定 Hash-Lock 协议是由 MIT 和 Auto-ID-Center 提出的,是一种基于单向 Hash函数的简单访问控制,可以更完善地抵制标签未授权访问。它使用简单的 Hash 函数,增加闭锁和开锁状态,对标签与阅读器之间的通信进行访问控制:使用 metaID 代替标签真实的ID,当标签处于"闭锁"状态时,拒绝显示标签编码信息,只返回使用散列函数产生的散列值,只有发送正确的密钥或电子编码信息,标签才会利用散列函数确认后解锁;当标签处于"开锁"状态时,是可以向邻近的阅读器提供它的信息的。

该方法可以提供访问控制和标签数据隐私保护,且成本较低。但因其固定的 metaID不会更新,攻击者仍然可以通过 metaID 追踪标签获得标签定位隐私,并且访问密钥是以明文的方式通过前向信道传输,因此容易被截获,无法解决位置隐私和中间人攻击问题。

2) 临时 ID

顾客若想隐藏处于公共状态标签中的 ID 信息时,临时 ID 方法可以让顾客在标签芯片的 RAM 中输入一个临时 ID,并利用这个临时 ID 回复阅读器的查询,只有把 RAM 重置,标签才显示它的真实 ID,从而起到保护顾客隐私的作用。不过,临时 ID 给顾客使用 RFID 标签带来额外的负担,同时,临时 ID 的更改也存在潜在安全问题。

3) 重加密

在 RFID 系统中,通过公钥密码体制对已经加密的信息进行周期性再加密,可以防止RFID 标签与阅读器之间的通信被非法监听。因为标签和阅读器间传递的加密 ID 信息变化很快,使得标签电子编码信息很难被盗取,非法跟踪也很实现。由于 RFID 的计算资源和存储资源非常有限,在 RFID 系统中使用公钥密码体制的加密方案非常少见。

8.3.4 RFID 安全服务

1. 访问控制

为防止 RFID 电子标签内容的泄露,保证仅有授权实体才可以读取和处理相关标签上的消息,必须建立相应的访问控制机制。

Weis 等人提出了一种基于散列函数的访问控制协议,协议流程如图 8-4 所示。

协议中利用散列函数给 RFID 标签加锁,并使用 metaID 来代替标签真实的 ID。协议给标签定义了两种状态:开锁状态和封锁状态。当标签处于"封锁"状态时,将拒绝显示电子编码信息,只返回使用散列函数产生的散列值,只有发送正确的密钥或电子编码信息,标

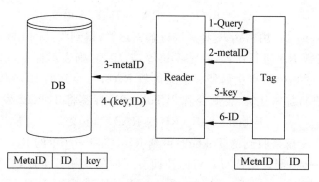

图 8-4 基于散列函数的访问控制协议

签才会在利用散列函数确认后来解锁。

图 8-4 表示,当读写器向标签发送查询认证请求时,标签会将自己的 metaID 发送给读写器,读写器将 metaID 转发给后台数据库,后台数据库查询自己的数据库表单,看是否有与 metaID 匹配的项,若有,则将该项对应的(key,ID)发送给读写器,其中,ID 为待认证标签的标识,metaID=H(key);否则,返回给读写器认证失败消息。读写器将从后台数据库接收过来的 key 发送给标签,标签验证 metaID=H(key)是否成立,若成立,则将 ID 发送给读写器,读写器比较来自标签的 ID 是否与来自后台数据库的 ID 一致,若一致,则认证通过,否则认证失败。

该协议采用静态 ID 机制,metaID 保持不变,且 ID 以明文形式在不安全的信道传送,容易受到假冒攻击、重用攻击和标签跟踪。

2. 标签认证

为了防止电子标签的伪造和标签内容的滥用,必须在通信之前对电子标签的身份进行认证,目前已经提出了多种标签认证方案,这些方案必须考虑电子标签资源有限的特点。

1)互相对称的鉴别

互相对称的鉴别方法是指读写器和标签之间利用对称密码体制,双方在通信中互相检测另一方的密码的过程。对称密码体制中,加密密钥与解密密钥相同,密码算法的安全强度依赖于密钥的保密程度。图 8-5 是标签和读写器互相鉴别的过程。

当标签或阅读器首次进入某项应用时,它无法判断与之通信的阅读器或标签是否属于同一应用,这时就需要读写器和标签互相鉴别,从而保证读写器拒绝接收到假冒的伪造数据,保证标签不被未授权的读写器读写。

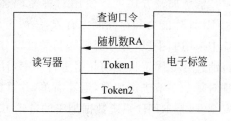

图 8-5 标签和读写器互相鉴别的过程

图 8-5 中,阅读器和标签具有相同密钥 K,读写器首先给电子标签发送查询口令,标签收到查询口令后,生成一个随机数 RA,并将 RA 发送给阅读器;阅读器收到 RA 后,产生一个随机数 RB,然后通过对称密码算法用密钥 K 加密得到令牌 1(Token1),Token1 包含 RA、RB 两个随机数及附加的控制数据,阅读器将令牌 1 传给电子标签。

$$Token1 = E_k(RB \,||\, RA \,||\, IDA \,||\, 电文 1)$$

标签收到 Token1 后,用密钥 K 对其进行解密运算,得到收到的 RA'、RB。将 RA' 与原先发送出去的随机数 RA 进行比较,看是否相等,若相等,则表示标签可以确认它与读写器的密钥是一致的。然后标签产生另外一个随机数 RA2,与收到的 RB 和附加的控制数据连接起来用密钥 K 进行加密运算,得到令牌 2(Token2),标签将 Token2 发送给读写器。

$$Token2 = E_k(RB \,||\, RA2 \,||\, 电文 2)$$

读写器用密钥 K 解密收到的 Token2,得到 RB',将原来产生的 RB 与 RB' 进行比较,看两者是否一致,若一致,则表明读写器与标签拥有同样的密钥。至此,读写器与标签双方完成了互相对称的鉴别。

2) 用导出密钥鉴别

互相对称的鉴别使用了随机数,并且密钥不通过网络传输,可以很好地防御重放攻击,但是这种方法要求应用系统中的所有标签和阅读器都具有相同的密钥,当某个应用系统拥有大量廉价的标签并且这些标签以不可控的数量分布在众多的使用者手中时,一旦标签中的密钥被破解,意味着系统中大量的标签均无安全性可言,这时要更换密钥的代价会非常大,实现起来也很困难。

导出密钥鉴别方法对互相对称的鉴别方法进行了改进,它将每个标签使用不同的密钥来保护。每个标签有自己的序列号,标签通过分配给它的序列号,利用加密算法和主控密钥 K_M 计算密钥 K_x。读写器读取电子标签的 ID 号,然后通过安全模块使用主控密钥 K_M 计算出标签的专用密钥 K_x。这样读写器和标签都拥有了相同的密钥 K_x,每个标签的序列号不同,所以每个标签的密钥也不一样。导出密钥后,剩下的鉴别过程与图 8-5 类似,这里就不再描述。

3. 消息加密

消息加密是为了实现电子标签中的数据机密性所采用的手段。读写器和电子标签在进行消息传输时,很多情况下都是用明文直接传输,这就给攻击者提供了可乘之机,攻击者可以被动地窃听传输线路获取标签中的内容,也可以主动地篡改标签中的内容从而到达非法目的。消息加密可以将标签中的内容通过一定的加密机制变成攻击者无法识别的密文,使得攻击者就算窃听到了标签中的消息也无法理解其内容。

消息加密方式可以使用对称密码体制加密,也可以使用非对称密码体制加密,鉴于 RFID 计算能力和存储能力有限,一般不用非对称密码体制加密。对称密码体制是 RFID 系统中采用的手段,对称密码体制又可以分为分组密码体制和流密码体制。分组密码体制是将消息分成固定长度的几组进行加密,计算强度大,在 RFID 系统中并不常用。流密码体制是对每个字节进行加密,运算简单,并且比较容易通过随机数实现一次一密,具有比较强的安全性,是 RFID 系统数据加密的首选方案。图 8-6 是一个流密码模型。

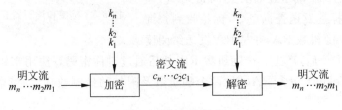

图 8-6 流密码模型

8.4 物联网安全的 3G 技术安全问题

3G 技术是物联网不可或缺的关键技术之一,其安全问题也不容忽视。

8.4.1 3G 面临的安全威胁

1. 违反机密性

违反机密性指攻击者对敏感数据的非授权访问,攻击者可能通过窃听、伪装、流量分析、浏览、泄露和推论等手段获得对敏感数据的非授权访问,从而违反数据的机密性。

2. 违反完整性

攻击者对敏感数据进行篡改、插入、删除或重放等非授权操作。

3. 拒绝服务

攻击者通过阻塞合法用户的流量、信号或控制数据来阻止其使用服务;或攻击者通过过载服务来阻止合法用户使用系统的服务;或利用用户的优先权来获得非法授权的服务或信息;或攻击者滥用一些特定的服务或设施来获得某种优势或破坏网络,这都会导致网络拒绝服务或网络可用性降低。

4. 否认

用户或网络拒绝承认已执行过的行为或动作。

5. 非授权接入服务

攻击者伪装成合法用户或网络实体来访问服务。

8.4.2 3G 的安全特性要求

1. 提供用户身份机密性

包括以下几方面:①使具有永久用户身份的用户在无线访问链路上的信息不能被窃听,也即是保证用户身份机密性;②使窃听者不能通过无线接入链路上的窃听来确定一个用户在某个确定的区域内或达到某个确定的区域内,也即是保证用户位置机密性;③使攻击者不能通过窃听来推断出是否在给同一个用户提供不同的服务,也即保证用户不可被跟踪。

2. 实体认证

实体认证包括:①服务网络使用该服务确保用户的身份,也就是用户认证;②用户通过用户本地环境获得该服务,以确保自己连接到一个已授权的服务网络,且保证这个授权在时间上是最近的,也即是实现网络认证。

3. 数据传输机密性

数据传输机密性包括以下几方面：①攻击者不能从无线信道上接收用户数据，也就是保证用户数据的机密性；②攻击者不能通过无线信道接收信令数据，从而保证信令数据的机密性；③移动站 MS 和网络服务 SN 能够通过加密算法协议安全地协商在通信过程中要使用的加密算法；④移动站 MS 和服务网络 SN 能通过加密密钥协议确定采用的加密算法中的加密密钥。

4. 数据完整性

数据完整性包括以下几点：①移动站 MS 和服务网络 SN 能够安全地协商双方在通信中将要使用的完整性算法；②移动站 MS 和服务网络 SN 能够安全地协商双方在通信中将要使用的完整性密钥；③移动站 MS 或服务网络 SN，也就是接收实体能够核实信令数据未被授权地修改过，信令数据的数据源同时被认证。

5. 安全的能见度和可配置性

安全的能见度和可配置性包括以下几点：①通知用户其用户数据在无线信道上传输时是否受到机密性保护，即指定网络加密；②用户在通信过程中，特别是在用户越区切换或漫游到一个安全级别较低的网络，将网络提供安全服务的安全级别告知用户，即指定安全等级；③用户为了某些事件、某些服务或用途可以控制用户业务识别模块 USIM 之间的认证操作，即使能/取消用户和用户业务识别模块 USIM 之间的认证；④用户能够控制自己是否接受或拒绝非加密呼叫输入；⑤用户能够控制自己是否建立网络中没有加密的呼叫连接；⑥用户能够控制使用哪些加密算法。

8.4.3 3G 的安全机制

3G 中定义了网络接入安全、网络域安全、用户域安全、应用域安全和安全的可视性和可配置性 5 种安全机制。其中，网络接入安全包括用户身份和动作的保密、用户数据的保密、用户与网络间的互相认证等，是为用户提供安全的 3G 网络接入，防止对无线链路接入的攻击；网络域安全包括网络实体间的互相认证、数据的加密、数据来源的认证等，是为了在运营商间提供安全的信令数据交换；用户域安全包括用户和 SIM 卡的认证、SIM 卡和终端间的认证等，是为移动终端提供安全接入服务的；应用域安全包括应用数据的完整性检查等，保证用户与服务提供商间在应用层安全地交换数据；安全的可视性和可配置性使用户找到网络的安全性服务是否在运行及它所使用的服务是否安全。图 8-7 是 3G 的安全结构图。

8.4.4 3G 认证与密钥协商

3G 安全框架的核心内容之一就是认证与密钥协商（Authentication and Key Agreement，AKA）机制，它沿用了 GSM 中的请求/响应认证模式，在最大限度地与 GSM 安全机制兼容的同时也进行了较大改进。图 8-8 是 3G 认证与密钥协商流程。

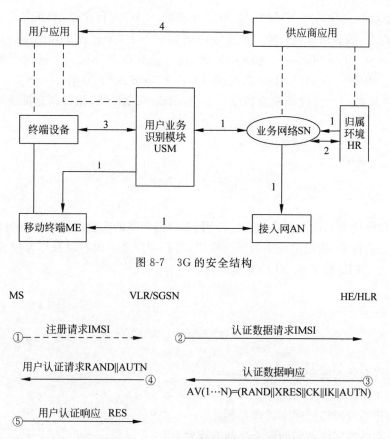

图 8-7　3G 的安全结构

图 8-8　3G 认证与密钥协商流程

从图中可以看出,3G 的 AKA 认证与密钥协商协议移动站 MS、访问位置寄存器或支持 GPRS 服务节点(Visitor Location Register/Serving GPRS Support Node,VLR/SGSN)、归属环境或归属位置寄存器(Home Environment /Home Location Register,HE/HLR)三个实体参与,它通过在 MS 和 HE/HLR 间共享密钥实现它们间的双向认证。具体步骤如下。

(1) 当 MS 初次入网时,或 VLR/SGSN 需要 MS 的永久身份认证时,MS 向 VLR/SGSN 发送用户永久身份标识 IMSI,请求注册。

(2) VLR/SGSN 把 IMSI 转发到 HE/HLR,请求认证向量 AV 对 MS 进行认证。

(3) HE/HLR 接收到由认证中心生成 N 组认证向量 AV 之后,发送给 VLR/SGSN;认证向量由随机数 RAND、期望响应值 XRES、加密密钥 CK、完整性密钥 IK 和认证令牌 AUTN 连接而成,即 $AV = RAND \parallel XRES \parallel CK \parallel IK \parallel AUTN$。其中,随机数 RAND 由认证中心产生,期望响应值 $XRES = f_{2k}(RAND)$,加密密钥 $CK = f_{3k}(RAND)$,完整性密钥 $IK = f_{4k}(RAND)$,认证令牌 AUTN 中有序列号 SQN,匿名密钥 AK,认证管理域 AMF 和消息认证码 MAC,即 $AUTN = SQN \oplus AK \parallel AMF \parallel MAC$。其中,$AK = f_{5k}(RAND)$,$MAC = f_{1k}(SQN \parallel RAND \parallel AMP)$,$f_1 \sim f_5$ 是 3G 安全结构定义的密码算法,k 是 MS 和 HE/HLR 之间共享的密钥。

(4) VLR/SGSN 接收到认证向量后,将其中的 RAND 和 AUTN 发送给 MS 进行认证。

(5) MS 收到 RAND 和 AUTN 后,计算期望消息认证码 XMAC 的值,$XMAC = f_{1k}$

(SQN ‖ RAND ‖ AMP),将 XMAC 与 AUTN 中的 MAC 进行比较,如果二者不相等,则发送拒绝认证消息,放弃该过程;若二者相等,MS 验证 SQN 是否在正确范围内,如果不在正确范围内,MS 向 VLR/SGSN 发送同步失败消息,并放弃该过程。上述两项验证通过后,MS 计算 RES(RES=f_{2k}(RAND))、CK、IK,并将 RES 发送给 VLR/SGSN。

最后,VLR/SGSN 在收到响应消息后,比较 RES 和 XRES,相等则认证成功,否则认证失败。

小结

随着物联网技术在各行各业的广泛使用,物联网面临的安全问题也日渐突出,本章分析了物联网的安全技术,物联网面临的安全隐患,物联网安全的内容以及作为物联网核心技术的传感器网络、RFID 技术和 3G 的安全问题。

习题

1. 物联网面临的安全隐患有哪些?
2. 什么是物联网安全的内容?
3. 无线传感器网络的安全需求是什么?
4. 无线传感器网络面临的安全挑战有哪些?
5. 无线传感器网络可能受到的攻击有哪些? 如何防御这些攻击?
6. RFID 系统的安全需求是什么?
7. RFID 面临的攻击有哪些? 如何防御这些攻击?
8. RFID 的安全机制是什么?
9. RFID 安全服务有哪些?
10. 3G 面临哪些安全威胁?
11. 3G 的安全特性有哪些要求?
12. 3G 的安全机制是什么?
13. 3G 是如何进行认证与密钥协商的?

第 9 章
CHAPTER 9

物联网的标准化

物联网跨行业、跨领域,具有明显的交叉学科特征。特别是物联网面向应用的信息基础设施,其标准需要各行业与通信行业分工协作。

物联网覆盖的技术领域非常广泛,涉及总体架构、感知技术、通信网络技术、应用技术等各个方面,并且新的技术正在不断涌现。没有规矩,不成方圆。对于物联网来说,标准的制定显得尤为重要。在统一的技术标准下,物联网将能降低研发成本,形成规模效应,整合商业模式。

在物联网发展过程中,需要同步推进应用示范和标准制定工作。反观互联网的发展过程,TCP/IP 标准是实际的标准,而 ISO 的 OSI 标准并不被采用。因此我们应该清醒地认识到,几乎所有成功的商用技术都是通过一系列的标准化来实现对市场的渗透和占领,但是标准也不是轻易地制定出来的,而是体现着一定的实力。

从整个国际标准化组织来看,有从整体框架制定标准的,有从技术领域方面制定标准的,也有从业务方面来制定标准的,同时也还有一些应用的标准。在我国发布的《物联网"十二五"发展规划》中明确指出,要以构建物联网标准化体系为目标,依托各领域标准化组织、行业协会和产业联盟,重点支持共性关键技术标准和行业应用标准成为国际标准。

9.1 物联网标准的研究现状

物联网标准是国际物联网技术竞争的制高点。由于物联网涉及不同专业技术领域、不同行业应用部门,物联网的标准既要涵盖面向不同应用的基础公共技术,也要涵盖满足行业特定需求的技术标准;既包括国家标准,也包括行业标准。

从物联网体系结构构建标准体系,感知识别层、网络传输层、应用支撑层到应用接口层,每一层都涉及一些标准化组织。物联网标准体系涵盖架构标准、应用需求标准、通信协议、标识标准、安全标准、应用标准、数据标准、信息处理标准、公共服务平台类标准,每类标准还可能会涉及技术标准、协议标准、接口标准、设备标准、测试标准、互通标准等方面。物联网总体性标准包括物联网导则、物联网总体架构、物联网业务需求等。

目前已经包括二十几个标准化组织,主要分为国际标准化组织以及国际工业组织和联盟两类。

9.1.1 国际标准化组织

国际标准化组织是负责制定包括物联网整体架构标准、WSN/RFID 标准、智能电网/计量标准和电信网标准的国际组织。负责制定物联网整体架构标准的国际组织主要包括国际电信联盟电信标准化分部(ITU Telecommunication Standardization Sector,ITU-T)、欧洲电信标准化协会(European Telecommunication Standards Institute,ETSI)、国际标准化组织/国际电工委员会(ISO/IEC)、美国电气与电子工程师学会(Institute of Electrical and Electronics Engineers,IEEE)、互联网工程任务组(Internet Engineering Task Force,IETF)、第三代合作伙伴计划(the 3rd Generation Partnership Project,3GPP)。

1. 国际电信联盟电信标准化分部(ITU-T)

国际电信联盟是最早开始进行物联网研究的国际组织,总部设在瑞士日内瓦。国际电信联盟主要通过三个部门开展工作,即无线电通信部门(ITU-R)、电信发展部门(ITU-D)、电信标准化部门(ITU-T)。ITU-R 负责协调与无线电通信业务、无线电频谱管理和无线业务有关的事宜。ITU-D 的工作重点是对发展中国家和处于经济转型期的国家给予技术援助,以便促进这些国家电信网络和业务的发展。ITU-T 的作用如同一个平台,各国政府和私营部门在此就如何制定全球电信网络和业务所采用的国际标准进行协调。工作旨在确保及时高效地制定涉及电信各个领域的高质量的国际标准,并为国际电信业务确定资费和结算原则。

世界电信标准化全会每 4 年举行一次,负责确定 ITU-T 的总体方向和组织结构。该全会制定本部门的总体政策,设立研究组并批准研究组下一个 4 年周期的工作计划,同时任命各研究组的主席和副主席。

目前,ITU-T 正在研究制定下列领域在 21 世纪所需的标准。

(1) 下一代网络(NGN);

(2) 宽带接入;

(3) 多媒体业务;

(4) 应急通信;

(5) IP 问题;

(6) 光网络;

(7) 网络管理;

(8) 互联网管理;

(9) 信息通信技术(ICT)安全问题;

(10) 固定/移动通信的融合。

ITU-T 与诸多其他国际标准制定组织进行合作,如国际标准化组织(ISO)和互联网工程任务组(IETF)。ITU-T 也与国际电工技术委员会(IEC)、国际标准化组织(ISO)和联合国欧洲经委会(UNECE)(涉及电子商务领域的标准化工作)、欧洲电信标准学会(ETSI)签署了谅解备忘录。

ITU-T 的技术工作由制定建议书和其他出版物的研究组(SG)承担。参加这些研究组工作的人员为来自世界各地的电信专家。目前有十几个研究组，与物联网相关的有 SG11、SG13、SG16、SG17。

SG11 组成立有专门的问题组"NID 和 USN 测试规范"，主要研究节点标识（NID）和泛在感测网络（USN）的测试架构、H. IRP 测试规范以及 X. oid-res 测试规范。

SG13 主要从下一代互联网（NGN）角度展开泛在网相关研究，标准主导是韩国。目前，标准化工作集中在基于 NGN 的泛在网络/泛在传感器网络需求及架构研究、支持标签应用的需求和架构研究、身份管理（IDM）相关研究、NGN 对车载通信的支持等方面。

SG16 组成立了专门的问题组展开泛在网应用相关的研究，日、韩共同主导，内容集中在业务和应用、标识解析方面。SG16 组研究的具体内容有：Q. 25/16 泛在感测网络（USN）应用和业务、Q. 27/16 通信/智能交通系统（ITS）业务/应用的车载网关平台、Q. 28/16 电子健康（E-Health）应用的多媒体架构、Q. 21 和 Q. 22 标识研究（主要给出了针对标识应用的需求和高层架构）。

SG17 组成立有专门的问题组展开泛在网安全、身份管理、解析的研究。SG17 组研究的具体内容有：Q. 6/17 泛在通信业务安全，Q. 10/17 身份管理架构和机制，Q. 12/17 抽象语法标记（ASN. 1）、OID 及相关注册。

另外，ITU-T 还在智能家居、车辆管理等应用方面开展了一些研究工作。

2. 欧洲电信标准化协会（ETSI）

欧洲电信标准化协会是由欧共体委员会 1988 年批准建立的一个非营利性的电信标准化组织，总部设在法国南部的尼斯。ETSI 的标准化领域主要是电信业，并涉及与其他组织合作的信息及广播技术领域。ETSI 作为一个被 CEN（欧洲标准化协会）和 CEPT（欧洲邮电主管部门会议）认可的电信标准协会，其制定的推荐性标准常被欧共体作为欧洲法规的技术基础而采用并被要求执行，其 M2M（Machine to Machine）技术委员会（M2M TC）主要以研究 M2M 网络为目标。

ETSI 的 M2M TC 的主要研究目标是从端到端的全景角度研究机器对机器通信，并与 ETSI 内 NGN 的研究及 3GPP 已有的研究进行协同工作。

M2M TC 的职责是：从利益相关方收集和制定 M2M 业务及运营需求；建立一个端到端的 M2M 高层体系架构（如果需要会制定详细的体系结构）；找出现有标准不能满足需求的地方，并制定相应的具体标准；将现有的组件或子系统映射到 M2M 体系结构中；M2M 解决方案间的互操作性（制定测试标准）；硬件接口标准化方面的考虑；与其他标准化组织进行交流及合作。主要工作领域：M2M 设备标识、名址体系；QoS；安全隐私、计费、管理、应用接口、硬件接口、互操作等。表 9-1 显示了部分 ETSI 制定的标准。

表 9-1　ETSI 制定的标准

标准号	名　　称	发 布 日 期
TS 102 689	机器到机器通信（M2M）；M2M 业务要求	2010-08-03
TS 102 690	M2M Functional Architecture	正在进行，未发布（2011.7.14 stable draft）TG：2011.10.27

标准号	名 称	发 布 日 期
TR 102 691	机器到机器通信（M2M）；智能测量使用案例	2010-05-18
TR 102 725	M2M definition	正在进行,未发布（2011.3.28 Early draft）TG：2011.7.8
TR 102 732	Use cases of M2M applications for e-Health	正在进行,未发布（2011.6.24 stable draft）TG：2011.7.27
TR 102 857	Use cases of M2M applications for Connected Consumer	正在进行,未发布（2011.6.24 stable draft）TG：2011.7.27
TR 102 897	Use cases of M2M applications for City Automation	正在进行,未发布（2010.3.19 Early draft）TG：2011.7.27
TR 102 898	Use cases of Automotive Applications in M2M capable networks	正在进行,未发布（2010.10.8 Stable draft）TG：2011.7.27
TR 102 920	Technical Report on ETSI M2M plans and deliverables for the EU Smart Meter Mandate M/441	正在进行,未发布（2010.3.19 Early draft）TG：2011.7.27
TS 102 921	mIa,dIa and mId interfaces	正在进行,未发布（2011.6.23 Early draft）TG：2011.7.8
TR 103 167	Threat Analysis and Counter-Measures to M2M Service Layer	正在进行,未发布（2011.6.29 Draft receipt by ETSI Secretariat）TG：2011.7.27
TR 101 531	Reuse of Core network functionality by M2M Service Capabilities	正在进行,未发布（2011.6.30 Early draft）TG：2011.7.8

3. 国际标准化组织/国际电工委员会（ISO/IEC）

国际标准化组织是世界上最大的非政府性标准化专门机构,是国际标准化领域中一个十分重要的组织,它在国际标准化中占主导地位。ISO 的主要活动是制定国际标准,协调世界范围内的标准化工作,组织各成员国和技术委员会进行情报交流,以及在知识、科学、技术和经济活动中发展国际间的相互合作。它显示了强大的生命力,吸引了越来越多的国家参与其活动。随着国际贸易的发展,对国际标准的要求日益提高,ISO 的作用也日趋扩大,世界上许多国家对 ISO 也越加重视。

国际电工委员会,是由各国电工委员会组成的世界性标准化组织,其目的是为了促进世界电工电子领域的标准化。国际电工委员会的起源是 1904 年在美国圣路易召开的一次电气大会上通过的一项决议。根据这项决议,1906 年成立了 IEC,它是世界上成立最早的一个标准化国际机构。IEC 的宗旨是通过其成员,促进电气化、电子工程领域的标准化和有关方面的国际合作,例如,根据标准进行合格评定的工作,电气、电子和相关技术方面的合作等。世界上大多数国家都将 IEC 标准作为统一电气工程语言的依据。我国于 1986 年采用 IECl13《简图、表图、表格》、IEC60750《电气技术中的项目代号》及相关文件发布了 GB/T 6988《电气制图》系列标准、GB/T 5094《电气技术中的项目代号》等标准。这些标准,统一了电气制图的规则,为提高电气技术信息交流的速度和质量发挥了重要作用。

ISO/IEC JTC1(1 号技术联合委员会)于 2007 年年底成立了 SGSN(Study Group on Sensor Networks)研究组,2009 年发布了《SGSN 技术报告》。同年 10 月,JTC1 宣布成立传感器网络工作组(JTC1 WG7),正式开展传感器网络的标准化工作。

ISO/IEC 在 RFID 和传感器网络方面开展了大量研究工作,其中,RFID 相关标准已经比较成熟,已经发布的 RFID 标准涵盖了标签标识编码(15963 系列)、空中接口协议(18000 系列)、数据协议(15962 系列、24753 系列)、应用接口(15961 系列)、实时定位系统(24730 系列)、软件体系(24791 系列)、测试(18046 系列、18047 系列)、非接触卡(14443 系列、15693 系列)、具体应用技术标准(如货物集装箱、物流供应链、动物管理)等。

4. 美国电气与电子工程师学会(IEEE)

美国电气和电子工程师协会 1963 年 1 月 1 日由美国无线电工程师协会(IRE,创立于 1912 年)和美国电气工程师协会(AIEE,创建于 1884 年)合并而成。总部在美国纽约市。IEEE 在一百五十多个国家中拥有三百多个地方分会。透过多元化的会员,该组织在太空、计算机、电信、生物医学、电力及消费性电子产品等领域中都是主要的权威。专业上它有 35 个专业学会和两个联合会。IEEE 发表多种杂志、学报、书籍,每年组织三百多次专业会议。IEEE 定义的标准在工业界有极大的影响。

IEEE 定位在科学和教育,并直接面向电子电气工程、通信、计算机工程、计算机科学理论和原理研究的组织,以及相关工程分支的艺术和科学。为了实现这一目标,IEEE 承担着多个科学期刊和会议组织者的角色。它也是一个广泛的工业标准开发者,主要领域包括电能、能源、生物技术和保健、信息技术、信息安全、通信、消费电子、运输、航天技术和纳米技术。在教育领域 IEEE 也积极发展和参与,例如,在高等院校推行电子工程课程的学校授权体制。

IEEE 在物联网标准化研究方面主要集中在近距离无线通信物理层、MAC 层和智能电网方面。IEEE 与物联网相关的标准化工作主要在 IEEE 802.15(WPAN)工作组,形成了一系列重要标准。其中,TG4f 专注于 RFID,TG4j 专注于医疗网络,TGKMP 专注于关键管理协议等。同时 IEEE 802.15.4 是 ZigBee、WirelessHART、RF4CE、MiWi、ISA100.11a、6LoWPAN 等规范的基础,已在无线传感网、工控网等延伸网广泛使用。IEEE 智能电网方面形成的成果有智能电网互操作性系列标准(P2030 系列)和智能电网近距离无线标准(802.15.4g)两方面。

IEEE 802 系列标准是 IEEE 802 LAN/MAN 标准委员会制定的局域网、城域网技术标准。1998 年,IEEE 802.15 工作组成立,专门从事无线个人局域网(WPAN)标准化工作。在 IEEE 802.15 工作组内有 5 个任务组,分别制定适合不同应用的标准。这些标准在传输速率、功耗和支持的服务等方面存在差异。

TG1 组制定 IEEE 802.15.1 标准,即蓝牙无线通信标准,适用于手机、PDA 等设备的中等速率、短距离通信。

TG2 组制定 IEEE 802.15.2 标准,研究 IEEE 802.15.1 标准与 IEEE 802.11 标准的共存。

TG3 组制定 IEEE 802.15.3 标准,研究超宽带(UWB)标准,适用于个域网中多媒体方面高速率、近距离通信的应用。

TG4组制定IEEE 802.15.4标准,研究低速无线个人局域网(WPAN)。该标准把低能量消耗、低速率传输、低成本作为重点目标,旨在为个人或者家庭范围内不同设备之间的低速互联提供统一标准。

TG5组制定IEEE 802.15.5标准,研究无线个人局域网(WPAN)的无线网状网(MESH)组网。该标准旨在研究提供MESH组网的WPAN的物理层与MAC层的必要的机制。

传感器网络的特征与低速无线个人局域网(WPAN)有很多相似之处,因此传感器网络大多采用IEEE 802.15.4标准作为物理层和媒体存取控制层(MAC),IEEE 802.15工作组也是目前物联网领域在无线传感网层面的主要标准组织之一。中国也参与了IEEE 802.15.4系列标准的制定工作,其中,IEEE 802.15.4c和IEEE 802.15.4e主要由中国起草。IEEE 802.15.4c扩展了适合中国使用的频段,IEEE 802.15.4e扩展了工业级控制部分。

5. 互联网工程任务组(IETF)

互联网工程任务组是松散的、自律的、志愿的民间学术组织。IETF是一个由为互联网技术发展做出贡献的专家自发参与和管理的国际民间机构。它汇集了与互联网架构演化和互联网稳定运作等业务相关的网络设计者、运营者和研究人员,并向所有对该行业感兴趣的人士开放。任何人都可以注册参加IETF的会议。IETF大会每年举行三次。

IETF目前正在进行IPv6应用于低速、低功耗近距离无线通信的标准研制,已有了基于IEEE 802.15.4实现IPv6通信(6LowPAN)、低功率损耗网络中的路由(ROLL)、基于802.15.4的应用协议等标准项目。

6. 第三代合作伙伴计划(3GPP)

第三代合作伙伴计划采用M2M的概念进行研究。作为移动网络技术的主要标准组织,3GPP关注的重点在于物联网网络能力增强方面,是在网络层方面开展研究的主要标准组织。3GPP针对M2M的研究主要从移动网络出发,研究M2M应用对网络的影响,包括网络优化技术等。

3GPP研究范围为:只讨论移动网的M2M通信;只定义M2M业务,不具体定义特殊的M2M应用。Verizon、Vodafone等移动运营商在M2M的应用中发现了很多问题,例如,大量M2M终端对网络的冲击、系统控制面容量的不足等。因此,在Verizon、Vodafone、三星、高通等公司推动下,3GPP对M2M的研究在2009年开始加速,目前基本完成了需求分析,转入网络架构和技术框架的研究,但核心的无线接入网络(RAN)研究工作还未展开。

9.1.2　国外物联网标准的发展

1. 全球物联网技术现状

感知技术:以传感器为代表的感知技术是发达国家重点发展的核心技术,美、日、英、法、德、俄等国都把传感器技术列为国家重点开发关键技术之一。传感器技术依托于敏感机理、敏感材料、工艺设备和计测技术,对基础技术和综合技术要求较高。

RFID 技术:RFID 集成了无线通信、芯片设计与制造、天线设计与制造、标签封装、系统集成、信息安全等技术,已步入成熟发展期。目前 RFID 应用以低频和高频标签技术为主,超高频技术具有可远距离识别和低成本的优势,有望成为未来主流。

通信和网络技术:近距离无线通信技术目前面临多种技术并存的现状,其中 IEEE 802.15.4 技术影响较大。IEEE 802.15.4 低速低功耗无线技术正在面向智能电网和工业监控应用研究增强技术。广域无线接入以蜂窝移动通信技术为代表,国际上正在开展核心网和无线接入 M2M 增强技术研究。

微机电系统技术:MEMS 综合了设计与仿真、材料与加工、封装与装配、测量与测试、集成与系统技术等,处于初期发展阶段。LIGA(LIGA 是德文 Lithographie,Galanoformung 和 Abformung 三个词,即光刻、电铸和注塑的缩写)工艺可加工多种材料可批量制作,但尚难普及,MEMS 封装成本高,测试困难。未来 MEMS 技术将进一步向微型化、多功能化、集成化发展。

软件和算法:物联网中间件技术方面,国外软件巨擘占据主导地位。在系统集成方面,国外企业研发能力强,部分企业掌握核心技术,并且在市场上占据绝对主导地位。面向服务的体系结构(Service-Oriented Architecture,SOA)已成为软件架构技术主流发展趋势,国际上尚没有统一的概念和实施模式。

2. 标准化现状

国际上针对不同技术领域的标准化工作早已开展。由于物联网的技术体系庞杂,因此物联网的标准化工作分散在不同标准化组织,各有侧重。

RFID:标准已经比较成熟,ISO/IEC、EPCglobal 标准应用最广。

传感器网络:ISO/IEC JTC1 WG7 负责标准化。

架构技术:ITU-T SG13 对 NGN(下一代网络)环境下无所不在的泛在网需求和架构进行了研究和标准化。

M2M:ETSI M2M TC 开展了对 M2M 需求和 M2M 架构等方面的标准化、3GPP 在 M2M 核心网和无线增强技术方面正开展一系列研究和标准化工作。

通信和网络技术:重点由 ITU、3GPP、IETF、IEEE 等组织开展标准化工作。目前, IEEE 802.15.4 近距离无线通信标准被广泛应用,ETF 标准组织也完成了简化 IPv6 协议应用的部分标准化工作。

SOA:相关标准规范正由多个国际组织,如 W3C、OASIS、WS-I、TOG、OMG 等研究制定。

智能电网:国际上主要有 IEC、NIST、ITU-T、IEEE P2030、CEN/CENELEC/ETSI 等组织进行智能电网标准化工作。

智能交通:国际上主要有 ISO TC204、ITU、IEEE 以及欧洲的 ETSI 等组织开展智能交通标准化工作。

智能家居:智能家居相关国际标准化组织包括 X-10、CEBus、LonWorks、DLNA、UPnP、Broadband Forum 等。

9.1.3 国内物联网标准的现状

物联网发展的战略机遇推动了我国在不同技术领域的全面提升。我国在传感器、RFID、网络和通信、智能计算、信息处理等领域的技术研究能力不断提升,技术创新能力也取得了一定突破。但是由于信息产业长期的基础性瓶颈和大型应用系统综合集成能力薄弱,我国在物联网核心技术上与国外发达国家还存在一定的差距,部分技术领域没有掌握核心技术,长期受制于人;大部分技术领域落后于国际先进水平,以跟随为主,处在产业链低端。

传感器技术:我国企业基本掌握了低端传感器研发的技术,但高端传感器和新型传感器的部分核心技术仍然未掌握。我国仅有组件式传感器的通用标准,新型传感器标准基本为空白。

识别技术:缺乏具有自主知识产权的接口协议标准和自主可控的标签芯片和读写器芯片,标签制造技术有待提高,封装技术基本成熟,RFID 中间件技术与国外相比,仍有较大差距。

微机电系统:我国 MEMS 技术在新原理微器件、通用微器件、新工艺及测试技术、初步应用等方面取得了显著进展,初步形成微惯性器件和微惯性测量组合、微传感器和微执行器、微流量器件和系统、生物传感器、生物芯片和微操作系统等研究方向。

通信和网络技术:目前近距离无线通信技术基本采用 IEEE 802.15.4、WLAN 等国外提出的技术,芯片以国外产品为主,国内在面向应用的无线传感器组网技术方面寻求突破。在 2G/3G 无线接入增强、IP 承载和网络传送技术上,我国技术研发水平与国外基本相当,我国主导了 3GPP RAN(无线接入)优化项目立项,并争取关键技术突破。

物联网软件和算法:物联网底层基础软件、中间件技术的研究水平较国外存在一定差距。系统集成方面,国内使用和代理国外产品的情况较多,自主研发较少。SOA 方面,国内主要集中在现有架构的优化和改造或重新设计阶段,相比国外仍然存在较大差距。

海量信息智能处理:国内海量信息智能处理技术研究和发展比较滞后。目前国内有少数研究单位和企业正在开展研究,以跟随为主,技术水平和影响力较弱。

总的来说,我国物联网的标准化工作刚刚起步,标准化体系尚未形成。我国相关研究机构和企业积极参与物联网国际标准化工作,在 ISO/IEC、ITU-T、3GPP 等标准组织取得了重要地位。我国有多个标准化组织开展物联网标准化工作。同时在行业应用领域,在物联网概念发展之前,已经有不同的标准化组织开展相关研究,总体看来,我国物联网标准化工作得到了业界的普遍重视,但整体标准化工作需要重视顶层设计,客观分析物联网整体标准需求;其次还需统筹协调国际标准、国家标准、行业标准、地区标准的推进策略,进一步优化资源配置。

目前,中国已有涉及物联网总体架构、无线传感网、物联网应用层面的众多标准正在制定中,并且有相当一部分的标准项目已在相关国际标准组织立项。中国研究物联网的标准组织主要有传感器网络标准工作组(WGSN)和中国通信标准化协会(CCSA)。

WGSN 是由中国国家标准化管理委员会批准筹建,中国信息技术标准化技术委员会批准成立并领导,从事传感器网络(简称传感网)标准化工作的全国性技术组织。WGSN 于

2009 年 9 月正式成立,由中国科学院上海微系统与信息技术研究所任组长单位,中国电子技术标准化研究所任秘书处单位,成员单位包括中国三大电信运营商、主要科研院校、主流设备厂商等。传感器网络标准工作组将"适应中国社会主义市场经济建设的需要,促进中国传感器网络的技术研究和产业化的迅速发展,加快开展标准化工作,认真研究国际标准和国际上的先进标准,积极参与国际标准化工作,并把中国和国际标准化工作结合起来,加速传感网标准的制修订工作,建立和不断完善传感网标准化体系,进一步提高中国传感网技术水平"作为其宗旨。目前,WGSN 已有一些标准正在制定中,并代表中国积极参加 ISO、IEEE 等国际标准组织的标准制定工作。由于成立时间尚短,目前 WGSN 还没有形成可发布的标准文稿。

　　CCSA 于 2002 年 12 月 18 日在北京正式成立。CCSA 的主要任务是为了更好地开展通信标准研究工作,把通信运营企业、制造企业、研究单位、大学等关心标准的企事业单位组织起来,按照公平、公正、公开的原则制定标准,进行标准的协调、把关,把高技术、高水平、高质量的标准推荐给政府,把具有中国自主知识产权的标准推向世界,支撑中国的通信产业,为世界通信做出贡献。2009 年 11 月,CCSA 新成立了泛在网技术工作委员会(即 TC10),专门从事物联网相关的研究工作。虽然 TC10 刚刚成立不久,但在 TC10 成立以前,CCAS 的其他工作委员会对物联网相关的领域也进行过一些研究。目前 CCSA 有多个与物联网相关的标准正在制定中,但尚没有发布标准文稿。

　　我国已经初步形成三级协同物联网标准化工作机制,但标准研制工作亟待加强。2010 年以来,由国家发展改革委员会和国家标准委员会会同有关部门,相继成立了国家物联网标准推进组、国家物联网基础标准工作组及公安、交通、医疗、农业、林业和环保 6 个物联网行业应用标准工作组,初步形成了组织协调、技术协调、标准研制三级协调推进的标准化工作机制(见图 9-1)

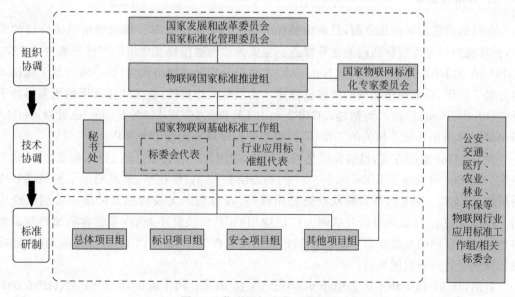

图 9-1　物联网标准化工作架构

　　然而,我国物联网标准化研制工作亟待加强。国家物联网标准化工作机制的形成,为物联网标准研制工作有序快速开展提供了保障,然而我国物联网标准研制工作远远不能满足产业发展需求,亟待加强。目前为止,物联网基础性标准确实严重,关键技术领域和应用领域的标准研制工作也远远落后于产业的需求,我国物联网标准制修订工作任重道远。

9.2 物联网标准的主要分类

物联网的重要标准在物联网的各个体系结构中,各层都有自己的技术标准。下面从体系结构、标识、协同信息处理以及接口几个方面来介绍。

9.2.1 物联网体系结构标准

1. 感知识别层

在当前的物联网标准体系中,感知识别层的工作重点在于近距离无线接入技术方向。在近距离无线接入方向上,IEEE 802.15.4 标准被接受和采用得最为广泛,是目前感知识别层应用最为广泛的基础技术,目前正在面向工业控制、智能电网、医疗应用等物联网的主要应用领域进行特定增强。RFID 技术是近距离无线接入技术中的另一个得到广泛应用的技术,以 EPCglobal 为代表的标准化组织完成了 RFID 技术基本的标准化工作。

感知识别层标准体系:主要涉及传感器等各类信息获取设备的电气和数据接口、感知数据模型、描述语言和数据结构的通用技术标准、RFID 标签和读写器接口和协议标准、特定行业和应用相关的感知识别层技术标准等。

2. 网络传输层

在网络传输层标准化方面,目前主要标准化工作集中于对现有移动通信网络协议的增强,使其能更好地适应物联网的业务特点。主要的移动通信标准化组织均已开展相关工作,3GPP SA 和 RAN(Radio Access Network)工作组分别针对网络架构、核心网以及无线接入网开展了工作,目前网络架构的增强已经进入实质性工作阶段,而无线接入网的增强仍处于研究(Study Item)阶段。类似地,3GPP2 和 IEEE 802.16/WiMAX Forum 也针对 CDMA 和 WiMAX 系统开展了相关的工作,但目前的工作进展普遍慢于 3GPP。

在 Ad Hoc 组网方面,目前标准化进展较快,应用较广的有 ZigBee 协议,由 ZigBee 联盟制定。ZigBee 协议基于 IEEE 802.15.4 的物理层和 MAC 层技术,重点制定了网络层和应用层协议,支持 Mesh 网络和簇状动态路由网络,在目前的无线传感器网络中得到广泛应用。但是 ZigBee 体系与目前互联网上广泛应用的 IP 协议并不兼容,可能会限制感知识别层与广域互联网的全面联通。所以,IETF 也正在积极工作,制定以 IP 协议为基础的,适应感知识别层特点的组网协议。

目前,IETF 的工作主要集中于 6LoWPAN 和 ROLL 两个方面,6LoWPAN(IPv6 over Low power Wireless Personal Area Networks)以 IEEE 802.15.4 为基础,针对传感器节点低开销、低复杂度、低功耗的要求,对现有 IPv6 系统进行改造,压缩包头信息,提高对感知识别层应用的使用能力。而 IETF ROLL(Routing Over Low power and Lossy networks)的

目标是使公共的、可互操作的第三层路由能够穿越任何数量的基本链路层协议和物理媒体。例如,一个公共路由协议能够工作在各种网络,如 802.15.4 无线传感网络、蓝牙个人区域网络以及未来低功耗 802.11Wi-Fi 网络之内和之间。目前,6LoWPAN 已进入标准化的中期阶段,而 ROLL 仍处于草案阶段。

网络传输层标准体系:主要涉及物联网网关、短距离无线通信、自组织网络、简化 IPv6 协议、低功耗路由、增强的机器对机器(Machine to Machine,M2M)无线接入和核心网标准、M2M 模组与平台、网络资源虚拟化标准、异构融合的网络标准等。

3. 应用支撑层和应用接口层

物联网应用层的标准化工作领域较多,进展也相对网络层更快。对于物联网应用层又可以分为应用支撑和应用接口两部分。在应用支撑层面,ZigBee 联盟已经先后发布了 5 类应用。ETSI M2M TC 则已经完成制定 M2M 的功能架构。在物联网应用接口层,目前的标准化工作侧重于大的规模化的行业应用,如 IEC TC65 制定的工业监控类的标准已经开始商业应用,而智能电网则是目前物联网应用标准化的热点领域,不管是 ITU、IEC、IEEE,还是 NIST、ETSI 等国际和地区性标准化组织都在积极开展相关工作。

应用层标准体系:包括应用层架构、信息智能处理技术,以及行业、公众应用类标准。应用层架构重点是面向对象的服务架构,包括 SOA 体系架构、面向上层业务应用的流程管理、业务流程之间的通信协议、元数据标准以及 SOA 安全架构标准。信息智能处理类技术标准包括云计算、数据存储、数据挖掘、海量智能信息处理和呈现等。云计算技术标准重点包括开放云计算接口、云计算开放式虚拟化架构(资源管理与控制)、云计算互操作、云计算安全架构等。

4. 其他标准

共性关键技术标准体系:包括标识和解析、服务质量(Quality of Service,QoS)、安全、网络管理技术标准。

标识和解析标准体系:包括编码、解析、认证、加密、隐私保护、管理,以及多标识互通标准。

安全标准重点包括安全体系架构、安全协议、支持多种网络融合的认证和加密技术、用户和应用隐私保护、虚拟化和匿名化、面向服务的自适应安全技术标准等。

9.2.2 物联网标识标准

物联网物体标识标准属于感知识别层技术标准。目前,物联网物体标识方面标准众多,很不统一。

条形码标识方面,GS1(国际物品编码协会)的一维条形码使用量约占全球总量的三分之一,而主流的 PDF417(Portable Data File 417)码、QR(Quick Response)码、DM(Data Matrix)码等二维码都是 AIM(自动识别和移动技术协会)标准。

智能物体标识方面,智能传感器标识标准包括 IEEE 1451.2 和 1451.4。手机标识包括 GSM 和 WCDMA 手机的 IMEI(国际移动设备标识)、CDMA 手机的 ESN(电子序列编码)

和 MEID(国际移动设备识别码)。其他智能物体标识还包括 M2M 设备标识、笔记本序列号等。RFID 标签标识方面,影响力最大的是 ISO/IEC 和 EPCglobal,包括 UII(Unique Item Identifier)、TID(Tag ID)、OID(Object ID)、tag OID 以及 UID(Ubiquitous ID)。此外,还存在大量的应用范围相对较小的地区和行业标准以及企业闭环应用标准。

物体标识标准的多样造成了标识的不兼容甚至冲突,给更大范围的物联网信息共享和开环应用带来困难,也使标识管理和使用变得复杂。实现各种物体标识最大程度的兼容,建立统一的物体标识体系逐渐成为一种发展趋势,欧美、日韩等都在展开积极研究。

通信标识方面,现阶段正在使用的包括 IPv4、IPv6、E. 164、IMSI、MAC 等。物联网在通信标识方面的需求与传统网络的不同主要体现在两个方面:一是末端通信设备的大规模增加,带来对 IP 地址、码号等标识资源需求的大规模增加。IPv4 地址严重不足,美国等一些发达国家已经开始在物联网中采用 IPv6。

近年来全球 M2M 业务发展迅猛,使得 E. 164 号码方面出现紧张,各国纷纷加强对号码的规划和管理。二是以无线传感器网络(WSN)为代表的智能物体近距离无线通信网络对通信标识提出了降低电源、带宽、处理能力消耗的新要求。目前应用较广的 ZigBee 在子网内部允许采用 16 位短地址。而传统互联网厂商在推动简化 IPv6 协议,并成立了 IPSO(IP for Smart Objects)联盟推广 IPv6 的使用,IETF 成立了 6LoWPAN、ROLL 等课题进行相关研究和标准化。

1. RFID 标准

RFID 标准涉及的主要内容包括识别技术(接口和通信技术,如空中接口、防碰撞方法、中间件技术、通信协议)、一致性(数据结构、编码格式及内存分配)、电池辅助及与传感器的融合、应用(如停车收费系统、身份识别、动物识别、物流、追踪、门禁等,应用往往涉及有关行业的规范)等。图 9-2 显示了 RFID 相关部分标准。

1) 技术标准

空中接口通信协议规范是主要的 RFID 技术标准,标准号从 ISO 18000-1 至 ISO 18000-7。读写器与电子标签之间信息交互,目的是为不同厂家生产设备之间的互联互通。ISO/IEC 制定 5 种频段的空中接口协议,主要因为不同频段的 RFID 标签在识读速度、识读距离、适用环境等方面存在较大差异,单一频段的标准不能满足各种应用的需求。这种思想充分体现标准统一的相对性。一个标准是对相当广泛的应用系统的共同需求,但不是所有应用系统的需求,一组标准可以满足更大范围的应用需求。

2) 数据结构标准

数据结构标准主要规定数据在标签、读写器到主机,也即中间件或应用程序各个环节的表示形式。因为标签能力、存储能力、通信能力的限制,在各个环节的数据表示形式必须充分考虑各自的特点,采取不同的表现形式。另外,主机对标签的访问可以独立于读写器和空中接口协议,也就是说读写器和空中接口协议对应用程序来说是透明的。RFID 数据协议的应用接口基于 ASN.1,它提供一套独立于应用程序、操作系统和编程语言,也独立于标签读写器与标签驱动之间的命令结构。

3) 性能标准

性能标准是所有信息技术类标准中非常重要的部分。ISO/IEC、RFID 标准体系中包括

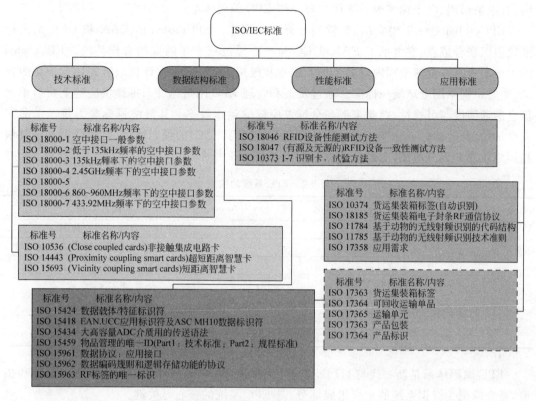

图 9-2 RFID 相关部分标准

设备性能测试方法和一致性测试方法。

4) 应用标准

早在 20 世纪 90 年代,ISO/IEC 已经开始制定集装箱标准 ISO 10374 标准。后来又制定集装箱电子关封标准 ISO 18185、动物管理标准 ISO 11784/5、ISO 14223 等。随着 RFID 技术应用越来越广泛,ISO/IEC 认识到需要针对不同应用领域中所涉及的共同要求和属性制定通用技术标准,而不是每一个应用技术标准完全独立制定。这就是前面提到的通用技术标准。

在制定物流与供应链 ISO 17363、17367 系列标准时,直接引用 ISO/IEC 18000 系列标准。通用技术标准提供的是一个基本框架,而应用标准是对它的补充和具体规定。这样既保证不同应用领域 RFID 技术具有互联互通与互操作性,又兼顾应用领域的特点,能够很好地满足应用领域的具体要求。应用技术标准是在通用技术标准基础上,针对行业应用领域所涉及的共同要求和属性,根据各个行业自身的特点而制定。应用技术标准与用户应用系统的区别在于,应用技术标准针对一大类应用系统的共同属性,而用户应用系统针对具体的一个应用。用面向对象分析思想来比喻,如果把通用技术标准看成是一个基础类,则应用技术标准就是一个派生类。

2. 物品编码标准

物品编码涉及两个方面:编码及载体。编码体系有 GTIN、EPC 等,载体有一维条形码、二维条形码、电子标签等。下面主要介绍 EPC 编码体系。

EPCglobal 是一个中立的、非营利性标准化组织。EPCglobal 由 EAN 和 UCC 两大标准化组织联合成立,它继承了 EAN. UCC 与产业界近三十年的成功合作传统。EPCglobal 的主要职责是在全球范围内对各个行业建立和维护 EPC 网络,保证供应链各环节信息的自动、实时识别采用全球统一标准。通过发展和管理 EPC 网络标准来提高供应链上贸易单元信息的透明度与可视性,以此来提高全球供应链的运作效率。其最终目标是为每一单品建立全球的、开放的标识标准。它由全球产品电子代码(EPC)的编码体系、射频识别系统及信息网络系统三部分组成,主要包括 6 个方面,如表 9-2 所示。

表 9-2　EPC 系统的构成

系　统　构　成	名　　　称	注　　释
EPC 编码体系	EPC 代码	用来标识目标的特定代码
射频识别系统	EPC 标签	贴在物品之上或者内嵌在物品之中
	读写器	识读 EPC 标签
信息网络系统	EPC 中间件	EPC 系统的软件支持系统
	对象名称解析服务(Object Naming Service,ONS)	
	EPC 信息服务(EPC IS)	

EPC 编码体系是新一代与 GTIN 兼容的编码标准,它是全球统一标识系统的延伸和拓展,是全球统一标识系统的重要组成部分,是 EPC 系统的核心与关键。

EPC 代码是由标头、厂商识别代码、对象分类代码、序列号等数据字段组成的一组数字。具体结构如表 9-3 所示,具有以下特性。

表 9-3　EPC 编码结构

	标头	厂商识别代码	对象分类代码	序列号
EPC-96	8	28	24	36

1) 科学性

结构明确,易于使用、维护。

2) 兼容性

EPC 编码标准与目前广泛应用的 EAN. UCC 编码标准是兼容的,GTIN 是 EPC 编码结构中的重要组成部分,目前广泛使用的 GTIN、SSCC、GLN 等都可以顺利转换到 EPC 中去。

3) 全面性

可在生产、流通、存储、结算、跟踪、召回等供应链的各环节全面应用。

4) 合理性

由 EPCglobal、各国 EPC 管理机构(中国的管理机构称为 EPCglobal China)、被标识物品的管理者分段管理、共同维护、统一应用,具有合理性。

5) 国际性

不以具体国家、企业为核心,编码标准全球协商一致,具有国际性。

6）无歧视性

编码采用全数字形式,不受地方色彩、语言、经济水平、政治观点的限制,是无歧视性的编码。

当前,出于成本等因素的考虑,参与 EPC 测试所使用的编码标准采用的是 64 位数据结构,未来将采用 96 位的编码结构。

9.2.3　物联网协同信息处理标准

协同信息处理标准主要涉及云计算、数据中心、海量存储以及远程控制方面的技术标准,负责为物联网处理、存储信息,完成对应用的支持和管理。

近两年,云计算在国际上已成为标准化工作热点之一。当前国际上已有一些组织和团体在进行"云计算"相关的标准化工作。各组织的工作内容、目标及组织中的重要成员见表 9-4。

表 9-4　国际上开展"云计算"标准化工作组织信息

序号	标准化组织	工 作 目 标	主 要 成 员
1	国际标准化组织/国际电工委员会第一联合技术委员会/软件工程分技术委员会（ISO/IEC JTC1/SC7）	2009 年 5 月成立了"云计算中 IT 治理研究组",以研究分析市场对于 IT 治理中的云计算标准需求,并提出 JTC1/SC7 内的云计算标准目标及内容	韩国、中国及其他有兴趣的国家成员体
2	国际标准化组织/国际电工委员会第一联合技术委员会/分布式应用平台与服务分技术委员会（ISO/IEC JTC1/SC38）	2009 年 10 月成立了"云计算研究组",以研究分析市场对于云计算标准的需求,与云计算相关的其他标准化组织或协会沟通,并确立 JTC1 内的云计算标准内容	韩国、中国及其他有兴趣的国家成员体;ISO 内的其他有兴趣的标准化组织及云计算协会
3	分布式管理任务组（DMTF）	2009 年,成立 DMTF 开放式云标准孵化器（DMTF Open Cloud Standards Incubator）,着手制定开放式云计算管理标准。其他工作还有:开放式虚拟化格式（OVF）,云可互操作性白皮书,DMTF 和 CSA 共同制定云安全标准	AMD、Cisco、CITRIX、EMC、HP、IBM、Intel、Microsoft、Novell、Red Hat、Sun、VMware、Savvis 等
4	云安全联盟	促进最佳实践以提供在云计算内的安全保证,并提供基于使用云计算的教育来帮助保护其他形式的计算	eBay,ING,Qualys,PGP,zScaler 等
5	欧洲电信标准研究所（ETSI）	其网格技术委员会正在更新其工作范围以包括云计算这一新出现的商业趋势,重点关注电信及 IT 相关的基础设施即服务	涉及电信行政管理机构、国家标准化组织、网络运营商、设备制造商、专用网业务提供者、用户研究机构等

续表

序号	标准化组织	工作目标	主 要 成 员
6	美国国家标准技术研究所(NIST)	NIST 正在制定云计算的定义,NIST 的科学家通过产业和政府一起来制定这些云计算的定义。NIST 将主要为美国联邦政府服务,主要聚焦云构架,安全和部署策略	美国 NIST 相关成员
7	全国网络存储工业协会(SNIA)	SNIA 云存储技术工作组于 2010 年 1 月发布了云数据管理接口(CDMI)草案 1.0 版本,其中包括 SNIA 云存储的参考模型以及基于这个参考模型的 CDMI 参考模型。SNIA 希望为云存储和云管理提供相应的应用程序接口并向 ANSI 和 ISO 提交这些标准	ActiFio,Bycast,Inc. ,Calsoft,Inc. Cisco,The CloudStor Group at the San Diego Supercomputer Center, EMC,GoGrid,HCL Technologies, Hitachi Data Systems,HP,IBM, Intransa Joyent LSI Corporation NetApp Nirvanix Patni Computer Systems Ltd. , Sun, Symantec, VMware Xyratex
8	开放网格论坛(OGF)	开发管理云计算基础设施的 API,创建能与云基础设施(IaaS)进行交互的实际可用的解决方案	Microsoft, Sun, Oracle, Fujitsu, Hitachi, IBM, Intel, HP, AT&T, eBay 等
9	开放云计算联盟(OCC)	开发云计算基准和支撑云计算的参考实现;管理开放云测试平台;改善跨地域的异构数据中心的云存储和计算性能,使得不同实体一起无缝操作	Cisco,MIT 林肯实验室,Yahoo,各个大学(包括芝加哥的伊利诺斯州大学)
10	结构化信息标准促进组织(OASIS)	OASIS 认为云计算是 SOA 和网络管理模型的自然延伸,致力于基于现存标准 Web Services、SOA 等相关标准建设云模型及轮廓相关的标准。OASIS 最近成立云技术委员会 IDCloud TC,该技术委员会定位于云计算中的识别管理安全	OASIS 相关成员
11	开放群组(TOG)	最近刚成立云计算工作组,以确保在开放的标准下高效安全地使用企业级架构与 SOA 的云计算	TOG 相关成员
12	云计算互操作论坛(CCIF)	建立一个共同商定的框架/术语,使得云平台之间能在一个统一的工作区内交流信息,从而使得云计算技术和相关服务能应用于更广泛的行业	Cisco, Intel, Thomson Reuters, Orange,Sun,IBM,RSA 等

续表

序号	标准化组织	工作目标	主要成员
13	开放云计算宣言（Open Cloud Manifesto）	研究在同样应用场景下两种或多种云平台进行信息交换的框架，同时为云计算的标准化进行最新趋势的研究、提供参考架构的最佳实践等。该组织主要是负责收集用户和云计算提供方对于云计算技术的需求并发起相关的讨论，为其他标准化组织提供参考。该组织协会将会继续发起类似的讨论。目前发布了《云计算案例白皮书》V3.0	目前已有二百多家单位参与

部分国际标准组织制定了云计算标准的动态图，在图 9-3 中可以清晰地了解到，当前对云标准的制定，各个主要国际标准化机构乃至国家标准机构处于起步阶段，标准制定时间多数集中在 2008、2009 年，云标准大多是处于草案规划阶段，有的目前只停留在筹建云计算标准工作组阶段。云计算商业服务模式炒做大于云计算标准制定本身。

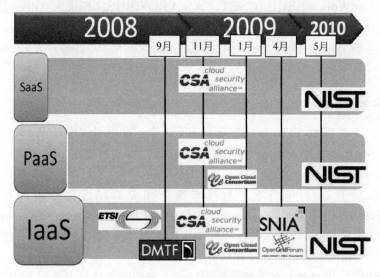

图 9-3 2010 年部分国际标准组织的云计算标准动态

各个国际标准组织对云计算标准关注的侧重点不同，诸如：云安全云存储云互操作云IaaS（基础设施即服务）接口等方面，且提供的使用模型参考和一些标准定义还相对笼统。

9.2.4 物联网应用标准

物联网在多个行业的应用表明，必须制定相关行业的应用标准。目前，智能电网、智能家居、智能交通等都有初步的行业标准。

1. 智能电网

2008 年年底,IEC SMB 批准设立战略小组 SG3 来帮助 IEC 制定智能电网标准。SG3 主要任务是智能电网体系的研发,包括首先应建立的达到设备和系统互操作的规约和模型的标准化。美国 2007 年能源独立与安全法案鼓励研究、发展和实施智能电网。法案要求 NIST 作为牵头机构制定标准和协议;在能源部建立一个智能电网技术的研究,开发和示范计划;并为部分通过审批的智能电网投资提供配套的联邦基金。因此 NIST 在 2009 年 9 月月底推出标准体系 V1.0,智能电网标准制定三步走计划及智能电网互操作体系框架和路线图。IEEE 也于 2009 年 6 月成立工作组 P2030,为智能电网互操作提供指导、研究标准体系。

SG3 明确了一百余项与智能电网相关的标准,核心标准包括:①IEC/TR 62357 电力系统控制和相关通信、目标模型、服务设施和协议用参考体系结构;②IEC 61850 变电站自动化;③IEC 61970 电力管理系统 CIM 和 GID 定义;④IEC 61968 配电管理系统 CIM 和 CIS 定义;⑤IEC 62351 安全防护。

2. 智能家居

智能家居的标准,目前主要集中在家庭网络、综合布线、通信技术这几个方面。家庭网络方面常见的标准有 HAVi、DLNA、HomePlug、ECHONET、HomePNA、PLC 等协议;现场总线标准有 LonWorks、EIB、BACNET、CAN、PROFIBUS、CEBUS、APBus、X10 等。

智能家居环境下,涉及无线通信技术实现家居各个元素之间的互联及互通,目前适于智能家居的技术主要有 802.11 系列、Bluetooth、Home RF、M2M 等多种方案。由此可见,智能家居各个不同环节都有多种标准共存,缺乏完整的智能家居体系。

3. 智能交通

从 2003 年 11 月开始,ITU-T 与 ISO 及 ETSI 等标准化组织就以 Workshop 的方式开展了合作。目前,其涉及 ITS 标准化研究工作的研究组包括 SG12(Performance,QoS 和 QoE),SG13(Future Networks)及 SG16(Multimedia)。

ITU-T SG12 于 2003 年成立了与汽车通信相关的标准协作咨询委员会 APSC TELEMOV(The Advisory Panel for Standards Cooperation on Telecommunications Related to Motor Vehicles),旨在提供一个开放的平台连接国际主要标准化组织及产业联盟,共同推进 ITS 和汽车通信的标准化研究。

在 2011 年 1 月 28 日举行的全体会议上,SG13 批准了新建议书草案 ITU-TY.2281,即《利用下一代网络(NGN)提供网络化车辆服务与应用的框架》。

SG16 下的 Q27(Vehicle Gateway Platform for Telecommunication/ITS Services / Applications)旨在提出汽车网关的全球统一标准,使得所有汽车用户可享受即插即用、无缝连接的服务。Q27/16 当前研究的项目有:《汽车网关平台的业务及功能需求》(F. VGP-REQ);《汽车网关与 ICT 设备间的开放接口》(H. VG-OIF);《汽车网关平台的功能架构模型》(H. VGP-FAM);《支持汽车业务的业务能力与协议》(H. VGP-PRT);《基于通信的汽车架构》(H/F-Supp-VCF)。

ISO 和 ETSI 也制定了相关的智能交通标准,这里不一一列举。

9.3　物联网标准化所需要做的工作

作为新一代信息技术的重要组成部分,物联网产业的发展也必将影响到国民经济更多领域的技术创新和产业升级和信息化水平的提高。其标准化工作的基础作用显得尤为重要。

首先,要加强物联网标准的顶层设计和体系的统筹规划。我国于 2010 年成立了国家技术标准工作组,并且组织专家开展了一系列物联网技术架构和标准体系研究工作。国家标准委和发改委联合发文成立了物联网国家标准推进组,从部门和行业管理的角度进行统筹协调,相关的部门积极参与,探讨物联网标准化工作的相关工作的机制,审议 2012 年第一批物联网国家标准项目申报的情况。

其次,加强核心技术和标准的研制工作。开展标准项目组和信息安全项目组等工作,开展相关领域标准化研究,开展支撑物联网总体标识网络信息安全等方面体系研究和关键技术研制的工作。

再次,组织开展应用标准的研究与衔接配套,发文成立了交通、农业、公共安全等 5 个重点领域的物联网标准工作组,力争以统一的标准体系作为指导,提高各领域各行业物联网应用实际效果。

国家标准化管理委员会为了更好地落实国家培育和落实战略性新兴产业,为我国物联网标准化工作制定了几个工作要点。

第一是要加强标准的统筹规划,一方面配合物联网示范试点的工作,对各应用领域的标准化工作进行统一的规划,另一方面加强信息通信技术、信息安全技术等物联网基础技术的衔接配套和共性的技术支撑,实现物联网统一发展。

第二是开展体系建设和关键标准的研制工作,结合实际情况和产业的基础,研究建立适合国情的物联网标准体系,及时把握技术发展趋势,研制相关关键技术,紧跟产业发展实际,提高推广应用效果。

第三是整合产业资源实现产学研用结合,实现技术标准和产业化的有机衔接,做好产业发展的支撑工作。探索新的组织模式和工作机制,结合示范试点工作创新成果,提炼总结后纳入标准的相关内容,有效推动标准的应用和产业的发展。

第四是注重国际国内两个大局,注重开始开展国际的合作,结合前期国际标准化工作的基础,力争形成新的标准提案,提交到国际标准化组织,推动我国创新技术成果融入国际成果,另外注重对国际和国内标准的研究,开展采标和国际标准转化的工作,推动我国相关产业的发展。

9.4　物联网标准的发展趋势

9.4.1　物联网涉及标准组织众多

物联网涉及的标准组织十分复杂,既有国际、区域和国家标准组织,也有行业协会和联盟组织。依据物联网的参考体系结构和技术框架,不同标准组织侧重的技术领域也不同,有些标准组织的工作覆盖多个层次,不同标准组织之间错综交互。

1. 我国物联网相关标准组织相继成立

物联网作为战略性新兴产业,中国的物联网标准制定还处于起步阶段,我国政府非常重视物联网标准工作。在发展和改革委员会、国家标准化管理委员会和工业和信息化部的指导下,物联网标准工作在2009年以来,取得了很大的进展。我国主要物联网相关标准化组织如图9-4所示。

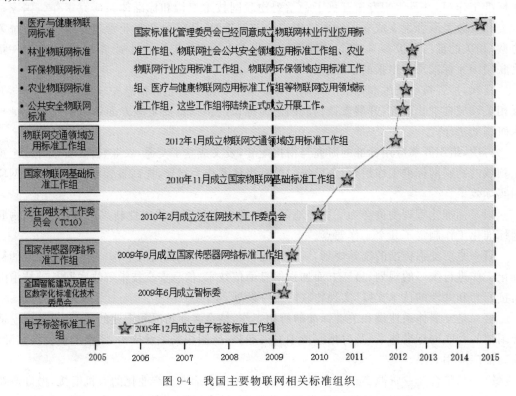

图9-4 我国主要物联网相关标准组织

2. 国际标准化组织高度重视

从电子标签(Radio Frequency Identification,RFID)、机器类通信(Machine to Machine,M2M)、传感网(Sensor Network,SN)、物联网(Internet of Things,IoT)到泛在网(Ubiquitous Networking,UN),国外标准组织开展了大量的物联网相关标准工作。主要国际标准组织包括 IEEE、ISO、ETS、ITU-T、3GPP、3GPP2 等。ISO 主要针对物联网、传感网的体系结构及安全等进行研究;ITU-T 与 ETSI 专注于泛在网总体技术研究,但二者侧重的角度不同,ITU-T 从泛在网的角度出发,而 ETSI 则是以 M2M 的角度对总体架构开展研究;3GPP 和 3GPP2 是针对于通信网络技术方面进行研究,IEEE 针对设备底层通信协议开展研究。自 2009 年至今,物联网标准已成为国外标准化组织工作热点。国外主要物联网相关的标准组织如图9-5所示。

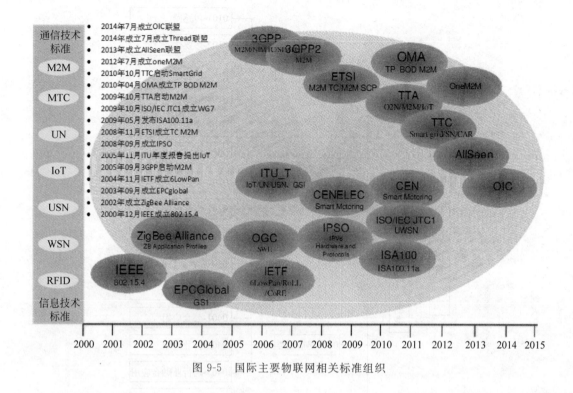

图 9-5 国际主要物联网相关标准组织

9.4.2 物联网标准体系框架

物联网标准体系的建立应遵照全面、明确、兼容、可扩展的原则。在全面综合分析物联网应用生态系统设计、运行涵盖领域基础上,将物联网标准体系划分为 6 个大类,分别为基础类、感知类、网络传输类、服务支撑类、业务应用类、共性技术类。物联网标准体系总体框图见图 9-6。

9.4.3 物联网基础类标准亟待统一

一般基础类标准包括体系结构和参考模型标准、术语和需求分析标准等,它们是物联网标准体系的顶层设计和指导性文件,负责对物联网通用系统体系结构、技术参考模型、数据体系结构设计等重要基础性技术进行规范。目前,出于对统一社会各界对物联网认识、为物联网标准化工作提供战略依据的需要,该部分标准亟待立项并开展制定工作。

在物联网的总体架构方面,国际电信联盟(ITU)提出了泛在网(USN/UN)的概念,并成立了 SG20 工作组专门从事物联网标准工作,ETSI 对 M2M 体系架构进行分析,ISO/IEC 对物联网、传感网相关的术语和架构进行了研究。不同的标准组织针对不同概念和对象进行了研究,从不同的角度规范了物联网术语和框架。基础类标准进展如表 9-5 所示。

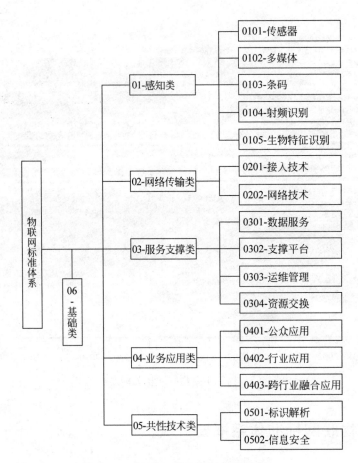

图 9-6　物联网标准体系总体框图

表 9-5　基础类标准进展表

标 准 组 织	术语、需求及架构等标准工作
ISO/IEC	JTC1 WG10 启动 ISO/IEC 30141 项目,开始制定物联网的参考体系结构标准。JTC1 WG7 启动 ISO/IEC 29182 项目,完成传感网的架构和需求等标准制定
ITU-T	ITU-T SG13 制定了 Y.2002、Y.2221 和 Y.2060 规范,分别研究了 NGN 环境支撑的泛在网、泛在传感器网和物联网架构和需求分析等。2015 年 10 月在日内瓦 ITU 总部,ITU-T 物联网及智慧城市工作组 SG20 成立,并在会上成立了两个工作组和 5 个问题组讨论物联网和智慧城市相关标准
IIC	技术工作组研究工业互联网的参考架构、术语、连接性参考架构、数据管理及开放框架等
ETSI	成立 M2M TC,开展应用无关的统一 M2M 解决方案的业务需求分析,网络体系架构定义和数据模型、接口和过程设计等工作
IEEE	IEEE P2413 启动研究物联网参考架构框架方面的研究
OneM2M	需求工作组研究 M2M 业务需求,架构工作组研究 M2M 的功能架构,目前已经发布 release 1 版本
CCSA	TC10 开展了泛在网术语、泛在网的需求和泛在网总体框架与技术要求等标准项目
国家物联网基础标准工作组	国家物联网基础工作组下成立"总体项目组",研制我国物联网术语、架构、物联网测试评价体系等标准

9.4.4　物联网感知类标准亟须突破

感知类标准是物联网标准工作的重点和难点,它是物联网的基础和特有的一类标准,感知类标准要面对各类被感知的对象,涉及信息技术之外的多种技术,由于复杂性、多样性、边缘性、多领域性造成的难度是很突出的,其核心标准亟待突破。感知技术是物联网产业发展的核心,目前感知类标准呈现小、杂、散的特征,严重制约物联网产业化和规模化发展。感知类标准主要包括传感器、多媒体、条形码、射频识别、生物特征识别等技术标准,涉及信息技术之外的物理、化学专业,涉及广泛的非电技术。当前主要相关的标准组织包括 ISO、IEC、EPCglobal、IEEE、WGSN 和电子标签工作组等。感知类标准进展情况如表 9-6 所示。

表 9-6　感知类标准情况

标 准 组 织	感知类标准工作情况
ISO/IEC	JTC1/SC31 制定条形码、二维码、RFID 技术标准、应用标准；JTC1/WG7 定义了传感器数据采集接口标准；JTC1/SC37 制定生物特征识别
ISO	TC122 制定条形码、RFID 在包装领域的技术、应用、检测标准
IEC	TC104 制定电工仪器仪表标准；TC23 制定电器附件标准,包括插头、插座、开关、电缆、家用断路器等
IEEE	IEEE 1451 定义的是智能传感器内部的智能变送器接口模块 SMT 和网络适配处理器模块 NCAP 之间的软硬件接口
ITU-T	ITU-T 启动关于标识系统(包括 RFID)的网络特性的面向全球的标准,利用存储在 RFID 电子标签、一维和二维条形码中的 ID 号触发相关的网络信息服务
CEN\CENELEC	CENELEC 欧洲电工标准化委员会负责电工电子工程领域的标准化工作,CEN 欧洲标准化委员会负责其他领域的标准化工作。CEN、CENELEC 和 ETSI 三个组织共同成立的标准化组织主要有 CEN/CLC/ETSI/SSCC-CG 和 CEN/CLC/ETSI/SMCG,其工作重点分别在智慧城市通信联合,以及智慧仪表。CEN 单独成立仪表通信委员会 CEN/TC 294、燃气表技术委员会 CEN/TC 237、水表技术委员会 CEN/TC /92、热量表技术委员会 CEN/TC /176
ETSI	欧洲电信标准学会负责通信技术与工程领域的标准化工作,TG34 负责制定欧洲 RFID 相关频谱、兼容性等标准,负责 RFID 产品及服务需求分析,协调 RFID 产业利益
EPCglobal	EPCglobal 致力于建立一个向全球电子标签用户提供标准化服务的 EPCglobal 网络
IEC	SC65B(测量和控制装置)针对智能传感器、执行器方面已经开展了相关标准制修订工作。SC65E 定义设备属性和功能的数字化表示
SAC/TC124、SAC/TC78、SAC/TC103 和 SAC/TC104	我国仪器仪表及敏感器件行业与传感器直接相关的技术标准共有约 540 余项,分别由 SAC/TC124 工业过程测量控制、SAC/TC78 半导体器件、SAC/TC103 光学和光学仪器、SAC/TC104 电工测量仪器、SAC/TC122 实验机、SAC/TC338 测量控制和实验室电器设备安全,以及机械行业、电子行业、医疗行业等十几个标委会和行业归口单位制定
电子标签标准工作组	建立一套基本完备的、能为我国 RFID 产业提供支撑的 RFID 标准体系,完成 RFID 基础技术标准,主要行业的应用标准等工作,积极推动我国 RFID 技术的发展与应用
传感器网络标准工作	制定传感器的接口标准,定义数据采集信号接口和数据接口
生物特征识别分技术委员会	制定生物特征识别的公共文档框架、数据交换格式、性能测试等标准
多媒体语音视频编码	制定音频、图像、多媒体和超媒体信息编码标准

9.4.5 物联网网络传输类标准相对完善

物联网网络传输类标准包括接入技术和网络技术两大类标准，接入技术包括短距离无线接入、广域无线接入、工业总线等，网络技术包括互联网、移动通信网、异构网等组网和路由技术。网络传输类标准相对比较成熟和完善，在物联网发展的早期阶段基本能够满足应用需求。为了适应在特定场景下的物联网需求，国内外主要标准组织展开了针对物联网应用的新型接入技术和优化的网络技术研究，并取得了一定的成果。物联网网络传输类标准情况如表 9-7 所示。

表 9-7 物联网网络传输类标准总体情况

标准组织		针对物联网网络传输类标准工作
ITU-T	SG13	研究下一代网络（NGN）支持泛在网络、泛在传感器网络的需求，网络架构等标准工作
ISO/IEC	JTC1/SC6、JTC1/WG7	SC6 研究电信与系统间信息交换，包括无线局域网、时间敏感性网络、泛在网等；WG7 全面启动传感网国际标准的制定工作
ETSI	TC M2M	ETSI 专门成立技术委员会，开展应用无关的统一 M2M 解决方案的业务需求分析，网络体系架构定义和数据模型、接口和过程设计等工作。重点研究为 M2M 应用提供 M2M 服务的网络功能体系结构，包括定义新的功能实体等
IETF	ROLL WG	RoLL（Routing over Lossy and Low-power Networks）低功耗路由，是 IETF 成立的进行低功耗 IPv6 网络路由方面的工作组
	DetNet WG	解决跨子网情况下的实时性问题，可在多个实时性网络互联时，提供端到端的时间确定性
	LWIG WG	为 IETF 相关协议，如 TCP/IP、CoAP、IKEv2 等协议在小型受限设备中的实现提供指引
	6TiSCH WG	在 IEEE 802.15.4e 的 TSCH 模式（即支持一定实时性的无线个域网）下承载 IPv6 的传输机制
	6lo WG	在资源受限网络中使用 IPv6 的传输机制，包括 IEEE 802.15.4 链路、低功率蓝牙，ITU-T G.9959 等接入技术
3GPP2	TSG-S	3GPP2 启动 Study for Machine-to-Machine（M2M）Communication for CDMA2000 Networks 项目，研究 M2M 对 CDMA 网络带来的影响
LoRa		LoRa 联盟发布了针对远距离低功耗的 LoRaWAN Release 1.0 版本，适用于传感器、基站和网络服务提供商
OGC		开放的地理空间联盟（Open Geospatial Consortium，OGC）正式提出了传感器 Web 网络框架协议（Sensor Web Enablement，SWE），为传感器定义网络层接口标准
Thread		智能家居标准联盟 Thread Group 希望通过统一底层传输标准打造 Thread 生态圈。Thread 本身是一种新的低功耗物联网连接协议。2015 年 7 月，发布 Thread 标准协议 Thread Specification v1.0

标 准 组 织	针对物联网网络传输类标准工作
IEEE	IEEE 802.1 对传统以太网的竞争接入技术进行优化,以满足时间敏感性场景需求。IEEE 802.3 针对工业场景的需求,在实时性、数据线供电、单根双绞线传输等方面对传统的以太网技术进行增强。IEEE 802.15.4,定义设备间的低速率个域网中物理层和 MAC 层通信规范。IEEE 802.3 制定无线局域网接入标准,IEEE 802.11ah 定义 1GHz 以下频段操作,针对物联网应用场景的低功率广域无线传输技术。IEEE P1901 对于电力行业需求直接的电力线通信 PLC 技术进行标准化,发布了宽带高速率和窄带低速率两套标准
信标委电力线(PLC)通信标准工作组	开展电力线通信相关标准的制定。在研标准包括《低压电力线通信 物理层规范》和《低压电力线通信 数据练链路层规范》
IEC	IEC SC65C 制定工业测量与控制过程中的数字通信子系统,其中,MT9 负责制定与维护各种现场总线通信技术、工业以太网通信技术标准;WG16 负责制定工业无线相关标准,如 WIA-PA、无线 HART 和 ISA 100.11a
ZigBee	ZigBee 联盟在 IEEE 802.15.4 的基础上定义了高层通信协议,用于指导厂商开发可靠安全、低速低功耗的短距离无线传输芯片设备
HART 通信基金会	无线 HART(可寻址远程传感器高速通道)标准在物理层上基于 IEEE 802.15.4,对 MAC 层进行了修改,以提高跳频的可靠性,实现完全的 MESH 网络拓扑
SA-100.11a	ISA-100.11a(无线工业自动化系统:过程控制及相关应用)是一个开放的、面向多种工业应用的标准族,定义了无线网络的构架、共存性、鲁棒性以及与有线现场网络的互操作性,主要针对传感器、执行器、无线手持设备等工业现场自动化设备
CCSA TC 10	开展感知层性能评价体系研究、物联网终端及通信模块数据通信接口标准化研究、基于泛在网的智能卡研究等标准项目。设置了网络工作组(WG3)负责研究支持 M2M 通信的移动网络技术研究、下一代网络(NGN)支持泛在网络需求、泛在网 IPv6 相关技术等标准
WGSN WGSN	开展通信与信息交互、协同信息处理、标识、安全、接口、网关、无线频谱研究与测试、传感器网络设备技术要求等工作

9.4.6 物联网服务支撑类标准尚待探索

物联网服务支撑类标准包括数据服务、支撑平台、运维管理、资源交换标准。数据服务标准是指数据接入、数据存储、数据融合、数据处理、服务管理等标准。支撑平台标准是指设备管理、用户管理、配置管理、计费管理等标准。运维管理标准是指物联网系统的运行监控、故障诊断和优化管理等标准,也涉及系统相关的技术、安全等合规性管理标准。资源交换标准是指物联网系统与外部系统信息共享与交换方面的标准。目前,海量存储、云计算、大数据、机器学习、SOA 等技术标准可为物联网应用支撑提供帮助,但针对物联网应用的支撑标准需求分析及现有标准评估工作尚处于探索阶段。现有标准组织针对数据接入、设备管理、运行监控方面有相关研究,但缺乏对于系统合规性以及其他方面的管理研究。在我国,为了推动物联网信息资源共享和交换,物联网资源交换标准已经开始进行相关研究。服务支撑类标准情况如表 9-8 所示。

表 9-8 物联网服务支撑类标准情况

标准组织	服务支撑类标准工作
ISO/IEC	ISO/IEC JTC1 开展了中间件、接口、集装箱货运和物流供应链等应用支撑领域的标准工作
信标委 SOA	SOA 分委会主要开展我国 SOA、Web 服务、中间件、软件构件、智慧城市领域的标准制(修)订及应用推广工作
IEC	SC 65E 了定义电子设备描述语言(Electronic Device Description Language, EDDL)、工程数据交换格式(Engineering Data Exchange Format) AutomationML 等；SC 3D 定义了用于描述电子设备属性及标识符的通用数据字典(Common Data Dictionary,CDD)
ITU-T	ITU-T F.744 研究泛在传感器网络中间件的服务描述和需求，Y.2234 研究 NGN 开放业务环境能力，Y.2234 为 NGN 描述了一个开放的服务环境(OSE)。成立智能电网焦点组和云计算焦点组，研究物联网相关应用需求。ITU-T SG20 研究组开展物联网及其应用，其中，问题组 Q4 研究应用物联网的应用和服务
ZigBee	ZigBee 制定了 11 个行业应用相关的 Profile，包括智慧能源、健康监测、智能家居和照明控制等
ETSI	ETSI 对应用实例研究，分析通信网络为支持 M2M 服务在功能和能力方面的增强，具体包括 eHealth、用户互联、城市自动化、汽车应用和智能电网等
OASIS	OASIS 组织并未针对物联网成立专门的标准组。但由于其在 XML、Web Service、SOA、MQTT、云计算和安全方面的标准，对物联网应用服务产生了很大的影响
W3C	W3C 联盟制定 Web 相关的标准，包括 HTML、XML、RDF、OWL 等数据描述标准
IETF	CORE 工作组定义了针对受限网络的轻量级应用层协议 CoAP，以替代 HTTP，解决 HTTP 开销大不适应物联网场景的问题。JSON 工作组定义了用于描述结构化数据的格式规则。CBOR 工作组定义了一种类似于 JSON，但针对受限设备，采用二进制的对象描述语言，以节省开销
OIC	开放互联联盟正组织撰写一系列开源标准，促进各类联网设备，将能寻找、识别、完成数据交换。目前已经发布了核心框架规范、安全、智能家居设备、资源类型、远程访问的规范
OMA	OMA 定义与系统无关的、开放的、使各种应用和业务能够在全球范围内的各种终端上实现互联互通的标准。相关 M2M 规范包括融合的个人网络服务(CPNS)、设备管理协议(OMA DM)、轻量级 M2M 协议(LWM2M)、开放连接管理 API(OpenCMAPI)和客户端 API 框架(GoAPI)
OneM2M	由 7 个地区性电信标准组织共同创建的国际物联网标准化组织，目标是制定物联网业务层标准，下设需求 REQ、体系架构 ARC、协议 PRO 等工作组，目前已经发布的标准包括数据通信、设备管理和服务层协议等相关标准

标 准 组 织	服务支撑类标准工作
ALLSeen	AllSeen 联盟是国际上最具影响力的、非营利的家庭设备互联标准联盟,基于高通公司的近距离 P2P 通信技术 AllJoyn,建立互操作的通用软件框架和系统服务核心集
OPC 基金会	定义的 OPC UA 协议,为工业自动化的应用开发,提供了一致的、统一的地址空间和服务模型,避免了由于设备种类和通信标准众多给系统集成带来的巨大开发负担
CCSA	TC5 WG7 完成了移动 M2M 业务研究报告,描述了 M2M 的典型应用,分析了 M2M 的商业模式、业务特征以及流量模型,给出了 M2M 业务标准化的建议。TC10 WG2 负责物流信息 M2M 技术、煤矿安全生产与监控、汽车信息化、智能环境预警系统、医疗健康监测系统、无线城市、智能交通系统、智能家居系统等应用场景分析
SOA 标准工作组	开展 SOA、Web 服务、云计算技术、中间件领域的标准制(修)订工作
物联网基础标准工作组	开展物联网信息共享和交换系列标准、协同信息处理、感知对象信息融合模型的研究,目前物联网信息共享和交换总体要求、总体架构、数据格式、数据接口等系列标准正在制定中
WGSN	传感器网络标准工作组开展了面向大型建筑节能监控的传感器网络系统技术要求和机场围界传感器网络防入侵系统技术要求
大数据工作组	统筹开展我国大数据标准化工作。工作组下设了 7 个专题组,分别开展专项领域的标准化研究制定工作
云计算工作组	开展我国云计算标准化工作,主要包括云计算领域的基础、技术、产品、测评、服务、系统和装备及节能环保等国家标准、行业标准的制(修)订工作

9.4.7　物联网业务应用类标准严重缺失

物联网业务应用标准具有鲜明的行业属性,需要按照行业配置、推进。由于物联网涉及的行业众多、行业发展不平衡,现在缺失多的是行业应用标准,导致物联网建设不能满足最终应用要求,这也是直接制约物联网发展的主要因素。标准缺失导致物联网面临竖井式应用、重复建设问题,当前的物联网应用呈现小、杂、散的特征,标准化需求迫切。发展物联网业务应用标准采取从国情出发,兼顾国际适用的方针。国家非常重视物联网业务应用标准的建设,已经在公安、医疗、环保、农业、林业、交通 6 个行业开展先行的标准建设试点,有望在不久的将来取得显著的突破。物联网业务应用类标准情况如表 9-9 所示。

表 9-9　物联网业务应用类标准情况

应用领域	业务应用标准总体工作
公共安全	2011 年 3 月中国成立了公共安全行业物联网应用标准工作组,并将标准化项目列为发改委支持的公共安全国家物联网示范工程组成部分。公共安全物联网领域主要开展了基础标准(如术语)、安全类标准(如感知层安全导则、物联网等保、终端防护)和应用类标准,应用类标准主要有图像联网深度智能应用、汽车电子标识以及警用物资监管类

应用领域	业务应用标准总体工作
健康医疗	2014年,卫计委申请筹建医疗健康物联网应用标准工作组,并正在推进医疗健康物联网应用系统体系结构与通用技术要求等11项医疗健康物联网国标制定工作。我国医疗信息化相关的标准主要包括GB/T 17006.10—2003(医用成像部门的评价及例行实验)、GB/T 21715—2008(患者健康卡数据)、GB/Z 24464—2009(电子健康记录.定义、范围与语境)、GB/T 24466—2009(电子健康记录体系架构需求)、GB/T 25514—2010(健康受控词表结构和高层指标)、GB/T 24465—2009(健康指标概念框架)等;国际上医疗信息化领域主流的标准有ISO/IEEE 11073系列标准、DICOM、HL7等
智能交通	我国成立了物联网交通领域应用标准工作组,开展车辆远程服务系统通用技术要求等交通物联网相关标准化工作。国际上已公布的ITS标准主要分为三个系列,分别是IEEE 1609系列、IEEE 802.11p,以及ISO组织定义的CALM系列标准
智能家居	我国相继成立了"数字电视接收设备与家庭网络平台接口标准"工作组、"资源共享、协同服务标准工作组(IGRS)"和"家庭网络标准工作组",开展相关标准化工作;IEEE 1888开展了泛在绿色社区相关标准化工作。ITU-T SG20开展物联网和智能社区的相关标准工作
智能电网	IEEE 1588网络测控系统精确时钟同步协议。ISA SP100非紧急监控、报警和控制应用提供可靠和安全操作的无线通信标准,可应用于智能电网的工业级电表上。IEEE P2030制定了一套智能电网的标准和互通原则,并推广为全球标准的计划。IEC 61850标准是电力系统自动化领域的全球通用标准。它是由国际电工委员会第57技术委员会(IECTC57)的三个工作组10,11,12(WG10/11/12)负责制定的。IEC 61850建模了智能变电站领域的大多数公共实际设备和设备组件,包括传感设备等
智能制造	2015年12月29日,工业和信息化部、国家标准委联合发布了《国家智能制造标准体系建设指南》,SAC/TC 28开展面向智能制造的新一代信息技术标准化工作;SAC/TC124全国工业过程测量和控制标准化技术委员会针对工控领域应用开展了相关标准化工作;IEC SG8制定了工业4.0的参考架构标准
林业	我国成立了林业物联网应用标准工作组,开展了林业物联网术语等林业物联网相关标准化工作
农业	我国成立了农业物联网应用标准工作组,开展了大田种植物联网数据传输标准等13项农业物联网相关标准化工作
环保	我国成立了环保物联网应用标准工作组,开展了环保物联网术语等9项环保物联网标准研制工作

9.4.8 物联网共性技术类标准亟须完善

1. 物联网标识标准进展

物联网编码标识技术是物联网最为基础的关键技术,编码标识技术体系是由编码(代码)、数据载体、数据协议、信息系统、网络解析、发现服务、应用等共同构成的完整技术体系。物联网中的编码标识已成为当前的焦点和热点问题,部分国家和国际组织都在尝试提出一种适合于物联网应用的编码。我国物联网编码标识存在的突出问题是编码标识不统一,方案不兼容,无法实现跨行业、跨平台、规模化的物联网应用。当前物联网相关的标准情况如

表 9-10 所示。

表 9-10 物联网编码标识标准情况

标准组织	标识相关标准工作
ISO/IEC	同编码标识相关的机构包括 SC 02(编码字符集)、SC6(OID 标识与解析)、SC 34(文档描述和处理语言)、SC 32(数据管理和互换)、SC 29(声音图像多媒体和超媒体信息的编码)、SC 31(自动识别和数据捕获技术)、SC 17(卡与个人标识)和 SC 24(计算机图形图像处理和环境数据表示)等。 目前,MCODE 已列入 ISO 标准,制定了比较完整的标准体系。OID 是 ISO/IEC 8824 和 ISO/IEC 9834 系列标准中定义的一种标识体系,其目的是实现在开放系统互连(OSI)中对"对象"的唯一标识。"OID 在物联网领域中应用指南"正在 SC6 讨论立项
ITU	SG 16 组成立了专门的 Question 展开泛在网应用相关的研究,包括标识解析等方面。SG 17 展开身份管理、解析的研究,Q10/17 身份管理架构和机制;Q12/17 抽象语法标记(ASN.1),对象标识(OIDs)及注册
ETSI	ETSI 在 2008 年 11 月成立 M2M TC (Technical Committee),主要工作内容包含 M2M 设备标识、名址体系等
EPCglobal	EPCglobal 推出了电子产品编码标准,也是 RFID 技术中普遍采用的标识编码标准。EPCglobal 在物品标识解析方面,制定了 ONS(Object Naming Service)标准,并建设 ONS 应用系统,在物流行业有广泛应用
IETF	IETF 制定了互联网的域名解析系统(DNS)、IPv4/IPv6 的相关标准。IETF 还定义了将终端标识与地址分离开的主机标识协议(Host Identity Protocol,HIP),这是一种基于公开密钥的地址空间机制
OGC	OGC 推出了 Sensor Model Language、Transducer Markup Language、Observation and Measurement 等一系列描述传感器行为、传感器数据、观测过程的语言标准
3GPP	研究项目 FS_AMTC-SA1 旨在寻找 E.164 的替代,用于标识机器类型终端以及终端之间的路由消息。3GPP 中涉及标识的研究内容主要是移动通信终端设备的码号解析相关。3GPP 中启动了对 eSIM 的标准化,以适应物联网中海量终端的标识下发,嵌入式标识安全等需求
WCO	世界海关组织(World Customs Organization,WCO) 1983 年 6 月主持制定了一部供海关、统计、进出口管理及与国际贸易有关各方共同使用的商品分类编码体系
联合国统计委员会	联合国统计委员会制定了《CPC 暂行规定》,该规定为商品、服务及资产统计数据的国际比较提供一个框架和指南
T-Engine Forum	UID 中心具体负责研究和推广自动识别的核心技术,UID 的核心是赋予现实世界中任何物理对象唯一的泛在识别号(Ucode)
Mobile RFID Forum	韩国 SK 电讯提出了 MRFID 标识编码系统方案,并通过 ITU 推进其标准国际化
CCSA TC10	通信标准化协会下辖的 TC 10 在开展泛在网络标识、解析与寻址体系的工作
WGSN	传感器网络标准工作组下辖的标识项目组负责制定传感器网络标识技术标准。目前,标识项目组完成了"传感器网络标识传感节点编码规范"的草案稿
国家物联网基础标准工作组	国家物联网基础工作组下成立"标识项目组",研制我国物联网编码标识基础技术标准
电子标签工作组	电子标签标准工作组成立的目的是建立中国的 RFID 标准,推动中国的 RFID 产业发展。数据格式项目组的主要工作任务是制定电子标签编码的标准

2. 物联网安全标准进展

物联网是基于现有网络将物联系起来,因此决定了它的安全问题既同现有网络安全密切联系,又具有一定的特殊性。除了传统的安全问题,针对物联网特殊的安全需求,不同的安全组织已经开展了相关工作。但总体来说还处在探索阶段,各个标准组织主要从各自领域进行安全标准研究,缺乏针对物联网系统安全的技术标准分析研究。物联网安全相关标准情况如表 9-11 所示。

表 9-11　物联网安全标准情况

标准组织	物联网安全标准工作
ISO/IEC	JTC1 开展了编号为 29180 的泛在传感器网络安全框架标准项目;ISO/IEC 19790 2006 年针对计算机及通信系统加密模型的安全管理进行了说明
IEC	TC65 WG10 工作组的工作范围为网络和系统安全,开展了 IEC 62443《工业过程测量和控制安全　网络和系统安全》系列标准研制。SC 65A 定义了电子电器设备功能安全的标准 IEC 61508,用于油气、核电站等对易燃易爆、对设备运行有高安全要求的行业
ITU_T	ITU_T 启动了一系列针对物联网安全的项目,包括标签应用安全的 X. 1171 威胁分析,X. rfpg 安全保护指南,针对泛在传感器网络安全包括 X. usnsec-1 安全框架;X. usnsec-2 中间件安全指南;X. usnsec-3 路由安全,针对泛在网安全需求和架构的 X. unsec-1 等
IEEE	IEEE 的各种接入技术中,基本上都在 MAC 层定义了数据安全传输机制,如 802.3、802.11 使用的 802.1X 及 802.15.4 提供的三级安全性
ZigBee	ZigBee 联盟在标准体系中定义了安全层,以保证便携设备不会意外泄露其标识,并保障数据传输不会被其他节点获得
ETSI	ETSI M2M TC 在其规范中也研究了机器类通信安全,TS 102 689 需求规范明确提出了可信环境和完整性验证需求、私密性需求等;TS 106 690 功能架明确了各层安全功能需求;TR 103 167 专门分析应用层安全威胁
EPCglobal	EPCglobal 与安全相关的规范是 EPCglobal Reader Protocol Standard,Version 1.1,规范中提供读写器与主机(主机是指中间件或者应用程序)之间的数据与命令交互接口,并将读写器协议分为三层,在消息层实现安全保障
IETF	在 DICE 工作组中,进行对受限环境下传输层安全 DTLS 的标准化;在 ACE 工作组中,开展受限环境下认证与授权协议的研究。在 OAuth 工作组中,进行对 Web 开放服务中认证授权机制的标准化
ISA	ISA 100.11a 安全工作组负责制定安全标准并推荐安全应用解决方案等
HART	HART 通信基金会公布了无线 HART 协议,无线 HART 采用强大的安全措施,确保网络和数据随时随地受到保护
3GPP	USIM 业务远程管理,TR 33.868 M2M 安全威胁及解决方案标准项目
OneM2M	安全工作组研究发布 M2M 的安全解决方案 release 1 版本
CCSA	TC8 开展了"机器对机器通信的安全研究"项目,TC10 开展了"泛在网安全需求"标准项目
WGSN	WGSN 开展了国家标准"传感器网络安全"的标准项目,并发布了"传感器网络信息安全通用技术规范"文档
SAC/TC124	全国工业过程测量和控制标准化技术委员会(SAC/TC124)组织相关的行业专家起草"工业过程测量和控制安全　网络和系统信息安全"的系列标准
国家物联网基础标准工作组	国家物联网基础工作组下成立"国家物联网安全项目组",研制我国物联网安全基础技术标准

9.4.9 我国物联网标准工作取得较快发展

尽管我国物联网标准的制定工作还处于起步阶段,但发展迅速,物联网标准化组织纷纷成立,标准制修订数量逐年增长。国家物联网基础标准工作组成立后,推动物联网国家标准第一批立项 47 项,其中基础共性 6 项,农业 13 项,公安 13 项,林业 4 项,交通 11 项;推动第二批立项 83 项,其中基础共性 23 项,数据采集 18 项,网络传输 19 项,交通 1 项,医疗 11 项,电力 1 项,智能家居 10 项;协调第三批 39 项国家标准立项工作。各项目组标准化活动如下。

1. 总体项目组

总体项目组目前在研标准 13 项,其中,《物联网标准化工作指南》《物联网术语》和《物联网参考体系结构》等三项标准已完成送审稿,目前正在整理报批。2015 年提出国标申请项目共 17 项,已全部上报国家标准化管理委员会,等待批复和计划下达。

物联网总体项目组作为物联网基础标准工作组最活跃的标准化实施组织,每季度均召开项目组会议及编辑会议。总体项目组除标准研制工作外,还开展物联网相关项目的研究工作,包括《信息物理系统(CPS)》《物联网标准化白皮书》和《物联网应用案例》。

2. 物联网标识技术项目组

标识项目工作组依托 ISO/IEC 和 ITU 国际标准机构提出的 OID 标识体系,成功研制具有我国自主知识产权的 OID 标识注册解析系统,具备支持二维码、RFID 技术的智能软件识读、分布式系统部署、虚拟站点应用、系统对接、多 DNS 服务器部署等功能。

目前,该系统已成功为一百多家政府机关、企事业单位和社会团体分配了一百六十余项顶层 OID 标识符,并结合二维码、RFID、传感网等物联网技术开展了一系列的标识管理服务,为物联网各应用领域的标识体系建设提供了强有力的技术支撑。农业、林业、交通、卫生、医疗、公安等物联网各应用领域均选择 OID 技术作为其行业领域标识体系建设的核心基础技术。

标识项目工作组依托物联网基础共性技术标准研究制定项目,已研制完成与 OID 技术相关的 6 项标准,其中 13 项标准已获得国家标准立项,两项拟立项。

3. 物联网信息安全技术项目

物联网信息安全技术项目组负责物联网安全国家标准的立项、编制、协调工作,目前已有 7 项国家标准计划获得立项批准。

4. 国际标准化研究组

国际标准化研究组负责跟踪和参与国际物联网领域标准化工作,主要对口 ISO/IEC JTC1/WG10(IOT)的相关工作,并参与 JTC1/WG7、IEEE、3GPP 等国际标准化的组织工作。由我国提交并批准立项的国际标准 ISO/IEC 30141《物联网参考体系结构》在 ISO/IEC JTC1/WG10 工作组研制,该标准处于 WG(工作组草案)阶段。

9.4.10 国际标准竞争力和影响力有待提升

近年来,我国在国际标准化工作中的影响力和竞争力呈不断上升趋势,但总体来说核心竞争力和影响力有待提升。我国在国际标准组织的影响力和竞争力最近这些年得到了较大的提升,尤其是在物联网相关的标准领域。在 OneM2M、3GPP、ITU、IEEE 等主要标准化组织物联网相关领域,获得三十多项物联网相关标准组织相关领导席位,主持相关领域标准化工作,有力地提升了我国国际标准影响力(见图 9-7)。

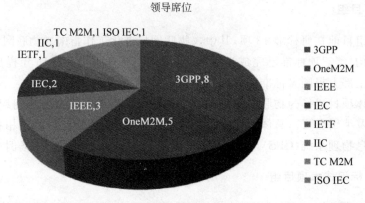

图 9-7 我国担任物联网领域主要国际标准化组织领导席位情况

在国际标准制(修)订方面,我国标准化专家不仅积极参与相关国际标准研制工作,并且主动牵头部分物联网相关国际标准的研制工作,在 ISO/IEC JTC1、3GPP、ITU、IEEE 等标准化组织,获得部分国际物联网相关标准项目的主编辑或联合编辑席位,主导标准研制工作,极大地提升了我国国际标准竞争力(见图 9-8)。

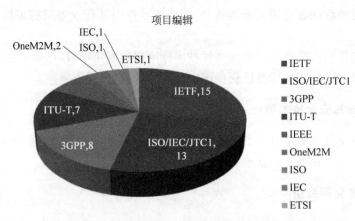

图 9-8 我国担任物联网领域主要国际标准项目编辑情况

注:图中 IETF 只计算进入工作组 draft 后的标准

小结

物联网涉及的学科、领域、行业众多，标准化工作更加复杂。涉及众多的国际标准化组织以及国际工业组织和联盟。每个组织都为物联网的发展制定了多个标准。这些标准可以分为架构标准、应用需求标准、通信协议、标识标准、安全标准、应用标准、数据标准、信息处理标准、公共服务平台类标准，每类标准还可能会涉及技术标准、协议标准、接口标准、设备标准、测试标准、互通标准等方面。

本章介绍了国际和国内物联网标准化发展的现状，也从物联网体系结构、物品标识、物联网应用等多个方面介绍了物联网的技术标准。

习题

1. 国际物联网的标准化组织有哪些？各制定了哪些有代表性的标准？
2. 物联网体系结构是如何分类的？各包含哪些技术？
3. 我国参与的物联网标准化工作的组织有哪些？
4. 简述 IEEE 802.11 标准体系。
5. EPC 编码规则是什么？
6. 请列出部分条形码、RFID 技术的相关标准。
7. 云计算的标准制定工作有何进展？
8. 除了书上列出的智能交通标准，ISO 和 ETSI 还制定了哪些标准？

参 考 文 献

[1] 魏长宽. 物联网 后互联网时代的信息革命[M]. 北京：中国经济出版社，2011.

[2] 王志良，王粉花. 物联网工程概论[M]. 北京：机械工业出版社，2011.

[3] 薛燕红. 物联网技术及应用[M]. 北京：清华大学出版社，2012.

[4] 张春红，裘晓峰，夏海伦等. 物联网技术与应用[M]. 北京：人民邮电出版社，2011.

[5] 丁继斌. 传感器[M]. 北京：化学工业出版社，2010.

[6] 张宪，宋立军. 传感器和测控电路[M]. 北京：化学工业出版社，2011.

[7] 俞阿龙. 传感器原理及其应用[M]. 南京：南京大学出版社，2010.

[8] 钱显毅. 传感器原理与检测技术[M]. 北京：机械工业出版社，2011.

[9] 刘君华. 智能传感器系统[M]. 2版. 西安：西安电子科技大学出版社，2010.

[10] 黄玉兰. 物联网射频识别(RFID)核心技术详解[M]. 北京：人民邮电出版社，2010.

[11] 张铎. 生物识别技术基础[M]. 武汉：武汉大学出版社，2009.

[12] 薛红. 条码技术及商业自动化系统(上册)：条码技术[M]. 北京：中国轻工业出版社，2007.

[13] 郎为民. 射频识别(RFID)技术原理与应用[M]. 北京：机械工业出版社，2006.

[14] 王晓平. 物流信息技术[M]. 北京：清华大学出版社，2011.

[15] 宋文官. 连锁企业信息管理教程[M]. 北京：高等教育出版社，2008.

[16] Yan Zhang，Yang L T，Chen Jiming. RFID与传感器网络：架构、协议、安全与集成[M]. 北京：机械工业出版社，2012.

[17] 黄玉兰. 物联网射频识别(RFID)核心技术详解[M]. 北京：人民邮电出版社，2010.

[18] http://baike.baidu.com/view/1028.htm?fromId=7011

[19] http://baike.baidu.com/view/5958.htm

[20] http://baike.baidu.com/view/3941.htm?fromId=335926

[21] http://baike.baidu.com/view/3941.htm

[22] 董健. 物联网与短距离无线通信技术[M]. 北京：电子工业出版社，2012.

[23] 王汝传，孙力娟. 物联网技术导论[M]. 北京：清华大学出版社，2011.

[24] 刘纪红，潘学俊，梅梅. 物联网技术及应用[M]. 北京：国防工业出版社，2011.

[25] 王志良，王粉花. 物联网工程概论[M]. 北京：机械工业出版社，2011.

[26] 刘化君，刘传清. 物联网技术[M]. 北京：电子工业出版社，2010.

[27] 王汝林. 物联网基础及应用[M]. 北京：清华大学出版社，2011.

[28] 刘云浩. 物联网导论[M]. 北京：科学出版社，2011.

[29] 颜军. 物联网概论[M]. 北京：中国质检出版社，2011.

[30] Kai Hwang，Geoffrey C F，Jack J D. Distributed and Cloud Computing：From Parallel Processing to the Internet of Things[M]. 2012 by Elsevier.

[31] Jiawei Han. Data Mining：Concepts and Techniques，Third Edition[M]. Morgan Kaufmann，2011.

[32] 刘鹏. 云计算[M]. 2版. 北京：电子工业出版社，2011.

[33] 王伟. 计算机科学前沿技术[M]. 北京：清华大学出版社，2012.

[34] 刘云浩. 物联网导论[M]. 北京：科学出版社，2010.

[35] 吴功宜，吴英. 物联网工程导论[M]. 北京：机械工业出版社，2012.

[36] 于戈，李芳芳. 物联网中的数据管理[J]. 中国计算机学会通信，2010.

[37] 周立柱，邢春晓，高凤荣等. 海量数字资源据管理技术[J]. 中国计算机学会通信，2006.

[38] 吴锐. 大规模数据云端存储[J]. 中国计算机学会通信，2012.

[39] 孟小峰. 云数据管理与NoSQL运动[J]. 中国计算机学会通信，2011.

[40] 丁治明. 物联网对软件技术的挑战及其对策[J]. 中国计算机学会通信, 2011.

[41] 范伟, 李晓明. 物联网数据特性对建模和挖掘的挑战[J]. 中国计算机学会通信, 2010.

[42] 韩燕波, 赵卓峰, 王桂玲等. 物联网与云计算[J]. 中国计算机学会通信, 2010.

[43] 马帅, 李建欣, 胡春明. 大数据科学与工程的挑战与思考[J]. 中国计算机学会通信, 2012.

[44] 李国杰. 大数据研究的科学价值[J]. 中国计算机学会通信, 2012.

[45] 杨炳儒, 高静. 在数据挖掘发展中引发的两大核心问题[J]. 中国计算机学会通信, 2007.

[46] 陈康, 郑纬民. 云计算: 系统实例与研究现状[J]. 软件学报, 2009, 20(5): 1337-1348.

[47] 刘云浩. 从互联到新工业革命[M]. 北京: 清华大学出版社, 2017.

[48] http://book.51cto.com/art/201012/236831.htm

[49] http://www.docin.com/p-213087818.html

[50] http://wenku.baidu.com/view/0e88cb1555270722192ef795.html

[51] 胡昌玮, 周光涛, 唐雄燕. 物联网业务运营支撑平台的方案研究[J]. 信息通信技术, 2010, 2: 55~57

[52] 张鸿涛, 徐连明, 张一文. 物联网关键技术及系统应用[M]. 北京: 机械工业出版社, 2012.

[53] 薛燕红. 物联网技术及应用[M]. 北京: 清华大学出版社, 2012.

[54] 工信部. 信息通信行业发展规划物联网分册(2016—2020 年). http://www.miit.gov.cn/n1146295/n1146562/n1146650/c5465203/content.html

[55] 国务院. "十三五"国家信息化规划. http://www.gov.cn/zhengce/content/2016-12/27/content_5153411.htm

[56] 王金旺. 物联网发展现状及未来趋势[J]. 电子产品世界, 2016(12): 3-5.

[57] 薛艳红. 物联网组网技术及案例分析[M]. 北京: 清华大学出版社, 2013.

[58] 苑宇坤等. 智慧交通关键技术及应用综述[J]. 电子技术应用, 2015(8): 9-16.

[59] 申斌等. 基于物联网的智能家居设计与实现[J]. 自动化与仪表, 2013, 28(2): 6-10.

[60] 罗庆俊. 从"数字环保"迈向"智能环保"——重庆环保物联网的"123 工程[J]. 信息化建设, 2012, (7): 28-29.

[61] 刘丙午. 基于物联网技术的智能电网系统分析[J]. 中国流通经济, 2013, (2): 67-73.

[62] 孙利民, 李建中, 陈渝等. 无线传感器网络[M]. 北京: 清华大学出版社, 2005.

[63] Perrig A, Szewzyk R, et al. SPINS: Security protocol for sensor networks[J]. Wireless Networks, 2002, 8(5): 521-534.

[64] 董健. 物联网与短距离无线通信技术[M]. 北京: 电子工业出版社, 2012.

[65] 刘化君, 刘传清. 物联网技术[M]. 北京: 电子工业出版社, 2010.

[66] 胡向东, 魏琴芳, 胡蓉. 应用密码学[M]. 北京: 电子工业出版社, 2011.

图 书 资 源 支 持

感谢您一直以来对清华版图书的支持和爱护。为了配合本书的使用，本书提供配套的资源，有需求的读者请扫描下方的"书圈"微信公众号二维码，在图书专区下载，也可以拨打电话或发送电子邮件咨询。

如果您在使用本书的过程中遇到了什么问题，或者有相关图书出版计划，也请您发邮件告诉我们，以便我们更好地为您服务。

我们的联系方式：

地　　址：北京海淀区双清路学研大厦 A 座 707

邮　　编：100084

电　　话：010－62770175－4604

资源下载：http://www.tup.com.cn

电子邮件：weijj@tup.tsinghua.edu.cn

QQ：883604(请写明您的单位和姓名)

用微信扫一扫右边的二维码，即可关注清华大学出版社公众号"书圈"。

资源下载、样书申请

书圈